MATEMÁTICAS

Edición basada en los estándares comunes

AUTHORS
Carter • Cuevas • Day • Malloy
Kersaint • Reynosa • Silbey • Vielhaber

Mc
Graw
Hill
Education

Bothell, WA • Chicago, IL • Columbus, OH • New York, NY

connectED.mcgraw-hill.com

STEM McGraw-Hill is committed to providing
instructional materials in Science, Technology,
Engineering, and Mathematics (STEM) that give all
students a solid foundation, one that prepares them for
college and careers in the 21st century.

Send all inquiries to:
McGraw-Hill Education
8787 Orion Place
Columbus, OH 43240

ISBN: 978-0-02-145998-8 (*Volumen 2*)
MHID: 0-02-145998-3

Printed in the United States of America.

1 2 3 4 5 6 7 8 9 RMN 20 19 18 17 16 15 14

RESUMEN DEL CONTENIDO

Todo lo que necesitas,

en cualquier momento, desde cualquier lugar

Con ConnectED, tendrás acceso inmediato a todo nuestro material de estudio, en cualquier momento y desde cualquier lugar. En ConnectED encontrarás el material en inglés: desde herramientas para hacer la tarea hasta guías de estudio. Todo está en un solo lugar, solo tienes que hacer un clic. Con ConnectED, podrás ayudar a tus compañeros e incluso acceder desde tu celular para que estudiar sea más fácil.

Este recurso se hizo para ti, y está disponible las 24 horas del día, los 7 días de la semana.

- Tu libro en línea disponible donde estés

- Tutores personales y pruebas de autoevaluación para mejorar tu aprendizaje

- Un calendario en línea con todas las fechas de entrega

- Una aplicación de tarjetas en línea para facilitar el estudio

- Un centro de mensajes para estar conectado con los demás

¡Ahora en tu celular!

Visita mheonline.com/apps para divertirte y recibir instrucciones. Con ConnectED Mobile y demás aplicaciones disponibles para tu celular podrás seguir aprendiendo.

¡Conéctate!

connectED.mcgraw-hill.com

Nombre de usuario

Contraseña

Vocabulario
 Aprenderás palabras de vocabulario nuevas.

Observa
 Podrás ver animaciones y videos.

Tutor
 Un maestro te explicará cómo resolver los problemas.

Herramientas
 Podrás explorar interfaces en línea.

Sketchpad
 Podrás descubrir conceptos usando Sketchpad® para Geometría.

Comprueba
 Podrás comprobar tu progreso.

Ayuda en línea
 Podrás recibir ayuda cuando hagas tarea desde casa.

Hoja de trabajo
 Podrás acceder a hojas de trabajo.

v

UNIDAD 1 Razones y relaciones proporcionales

VISTAZO AL PROYECTO DE LA UNIDAD página 2

Capítulo 1 Razones y tazas

pág. 31

℮ **Pregunta esencial**

¿CÓMO usas tasas equivalentes en el mundo real?

Capítulo 2
Fracciones, decimales y porcentajes

 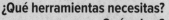

Pregunta esencial

¿CUÁNDO es más conveniente usar una fracción, un decimal o un porcentaje?

pág. 155

PROYECTO DE LA UNIDAD **169**

Personas por todos lados

Capítulo 3
Hacer cálculos con números de varios dígitos

Pregunta esencial

¿CÓMO puede ser útil la estimación?

pág. 215

Capítulo 4
Multiplicar y dividir fracciones

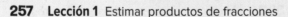

> **Pregunta esencial**
> ¿QUÉ significa multiplicar y dividir fracciones?

pág. 257

Capítulo 5
Enteros y el plano de coordenadas

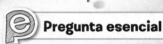

Pregunta esencial

¿CÓMO se usan los enteros y el valor absoluto en situaciones del mundo real?

El mundo real
pág. 387

PROYECTO
DE LA UNIDAD 421

¡A viajar!

Capítulo 6
Expresiones

e **Pregunta esencial**

¿POR QUÉ es útil escribir números de diferentes maneras?

El mundo real

pág. 495

Capítulo 7
Ecuaciones

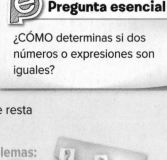

Pregunta esencial

¿CÓMO determinas si dos números o expresiones son iguales?

pág. 535

Capítulo 8
Funciones y desigualdades

Pregunta esencial

¿EN QUÉ son útiles los signos como <, > e =?

pág. 595

PROYECTO DE LA UNIDAD **649**

De otro mundo

VISTAZO AL PROYECTO
DE LA UNIDAD
página 652

Capítulo 9
Área

Pregunta esencial

¿CÓMO te ayudan las mediciones a resolver problemas de la vida cotidiana?

pág. 661

Capítulo 10
Volumen y área total

pág. 783

Pregunta esencial

¿POR QUÉ la forma es
importante para medir una
figura?

Un zoológico nuevo

UNIDAD 5 Estadística y probabilidad

VISTAZO AL PROYECTO DE LA UNIDAD
página 800

Capítulo 11
Medidas estadísticas

Pregunta esencial

¿CÓMO te ayudan la media, la mediana y la moda a describir datos?

pág. 809

Capítulo 12
Representaciones estadísticas

pág. 891

Pregunta esencial

¿POR QUÉ es importante evaluar detenidamente las gráficas?

PROYECTO DE LA UNIDAD 925
Hagamos ejercicio

Estándares comunes estatales para MATEMÁTICAS, Grado 6

El Curso 1 de *Matemáticas Glencoe* se centra en cuatro áreas muy importantes: (1) usar los conceptos de razón y tasa para resolver problemas; (2) comprender la división de fracciones; (3) usar expresiones y ecuaciones; y (4) comprender el razonamiento estadístico.

Contenido de los estándares

Rama 6.RP
Razones y relaciones proporcionales
- Comprender el concepto de razón y usar el razonamiento sobre razones para resolver problemas

Rama 6.NS
El sistema numérico
- Aplicar y ampliar los conocimientos previos sobre la multiplicación y la división para dividir fracciones entre fracciones
- Hacer cálculos con números de varios dígitos con rapidez y hallar factores comunes y múltiplos
- Aplicar los conocimientos previos sobre los números y ampliarlos al trabajar con el sistema de números racionales

Rama 6.EE
Expresiones y ecuaciones
- Aplicar los conocimientos previos sobre la aritmética y ampliarlos al trabajar con las expresiones algebraicas
- Comprender y resolver ecuaciones y desigualdades con una variable
- Representar y analizar las relaciones cuantitativas entre variables dependientes e independientes

Rama 6.G
Geometría
- Resolver problemas del mundo real y matemáticos sobre área, área total y volumen

Rama 6.SP
Estadística y probabilidad
- Comprender la variabilidad estadística
- Resumir y describir distribuciones

Prácticas matemáticas

1. Entender los problemas y perseverar en la búsqueda de una solución
2. Razonar de manera abstracta y cuantitativa
3. Construir argumentos viables y hacer un análisis del razonamiento de los demás
4. Representar con matemáticas
5. Usar estratégicamente las herramientas apropiadas
6. Prestar atención a la precisión
7. Buscar una estructura y usarla
8. Buscar y expresar regularidad en el razonamiento repetido

Marca tu progreso en los estándares comunes

Estas páginas listan las ideas clave que deberás poder comprender al final de año. En estas tablas marcarás cuánto aprendiste sobre cada estándar. No te preocupes si no conoces el tema **antes** de trabajarlo. ¡Observa cómo se amplía tu conocimiento a medida que avanza el año!

 No lo sé.   Me suena.   ¡Lo sé!

	Antes			Después		
6.RP Ratios and Proportional Relationships	☹	😐	🙂	☹	😐	🙂
Understand ratio concepts and use ratio reasoning to solve problems.						
6.RP.1 Understand the concept of a ratio and use ratio language to describe a ratio relationship between two quantities.						
6.RP.2 Understand the concept of a unit rate a/b associated with a ratio $a:b$ with $b \neq 0$, and use rate language in the context of a ratio relationship.						

6.RP.3 Use ratio and rate reasoning to solve real-world and mathematical problems, e.g., by reasoning about tables of equivalent ratios, tape diagrams, double number line diagrams, or equations.
  a. Make tables of equivalent ratios relating quantities with whole number measurements, find missing values in the tables, and plot the pairs of values on the coordinate plane. Use tables to compare ratios.
  b. Solve unit rate problems including those involving unit pricing and constant speed.
  c. Find a percent of a quantity as a rate per 100 (e.g., 30% of a quantity means 30/100 times the quantity); solve problems involving finding the whole, given a part and the percent.
  d. Use ratio reasoning to convert measurement units; manipulate and transform units appropriately when multiplying or dividing quantities.						

6.NS The Number System	☹	😐	🙂	☹	😐	🙂
Apply and extend previous understandings of multiplication and division to divide fractions by fractions.						
6.NS.1 Interpret and compute quotients of fractions, and solve word problems involving division of fractions by fractions, e.g., by using visual fraction models and equations to represent the problem.						
Compute fluently with multi-digit numbers and find common factors and multiples.						
6.NS.2 Fluently divide multi-digit numbers using the standard algorithm.						
6.NS.3 Fluently add, subtract, multiply, and divide multi-digit decimals using the standard algorithm for each operation.						
6.NS.4 Find the greatest common factor of two whole numbers less than or equal to 100 and the least common multiple of two whole numbers less than or equal to 12. Use the distributive property to express a sum of two whole numbers 1–100 with a common factor as a multiple of a sum of two whole numbers with no common factor.						

	Antes			Después		
6.NS The Number System *continued*	😞	😐	😊	😞	😐	😊
Apply and extend previous understandings of numbers to the system of rational numbers.						
6.NS.5 Understand that positive and negative numbers are used together to describe quantities having opposite directions or values (e.g., temperature above/below zero, elevation above/below sea level, credits/debits, positive/negative electric charge); use positive and negative numbers to represent quantities in real-world contexts, explaining the meaning of 0 in each situation.						
6.NS.6 Understand a rational number as a point on the number line. Extend number line diagrams and coordinate axes familiar from previous grades to represent points on the line and in the plane with negative number coordinates. a. Recognize opposite signs of numbers as indicating locations on opposite sides of 0 on the number line; recognize that the opposite of the opposite of a number is the number itself, e.g., $-(-3) = 3$, and that 0 is its own opposite. b. Understand signs of numbers in ordered pairs as indicating locations in quadrants of the coordinate plane; recognize that when two ordered pairs differ only by signs, the locations of the points are related by reflections across one or both axes. c. Find and position integers and other rational numbers on a horizontal or vertical number line diagram; find and position pairs of integers and other rational numbers on a coordinate plane.						
6.NS.7 Understand ordering and absolute value of rational numbers. a. Interpret statements of inequality as statements about the relative position of two numbers on a number line diagram. b. Write, interpret, and explain statements of order for rational numbers in real-world contexts. c. Understand the absolute value of a rational number as its distance from 0 on the number line; interpret absolute value as magnitude for a positive or negative quantity in a real-world situation. d. Distinguish comparisons of absolute value from statements about order.						
6.NS.8 Solve real-world and mathematical problems by graphing points in all four quadrants of the coordinate plane. Include use of coordinates and absolute value to find distances between points with the same first coordinate or the same second coordinate.						

	😞	😐	😊	😞	😐	😊
6.EE Expressions and Equations						
Apply and extend previous understandings of arithmetic to algebraic expressions.						
6.EE.1 Write and evaluate numerical expressions involving whole-number exponents.						

	Antes			Después		
6.EE Expressions and Equations *continued*	😦	😐	🙂	😦	😐	🙂

6.EE.2 Write, read, and evaluate expressions in which letters stand for numbers.
  a. Write expressions that record operations with numbers and with letters standing for numbers.
  b. Identify parts of an expression using mathematical terms (sum, term, product, factor, quotient, coefficient); view one or more parts of an expression as a single entity.
  c. Evaluate expressions at specific values of their variables. Include expressions that arise from formulas used in real-world problems. Perform arithmetic operations, including those involving whole number exponents, in the conventional order when there are no parentheses to specify a particular order (Order of Operations).						

6.EE.3 Apply the properties of operations to generate equivalent expressions.						
6.EE.4 Identify when two expressions are equivalent (i.e., when the two expressions name the same number regardless of which value is substituted into them).						
Reason about and solve one-variable equations or inequalities.						
6.EE.5 Understand solving an equation or inequality as a process of answering a question: which values from a specified set, if any, make the equation or inequality true? Use substitution to determine whether a given number in a specified set makes an equation or inequality true.						
6.EE.6 Use variables to represent numbers and write expressions when solving a real-world or mathematical problem; understand that a variable can represent an unknown number, or, depending on the purpose at hand, any number in a specified set.						
6.EE.7 Solve real-world and mathematical problems by writing and solving equations of the form $x + p = q$ and $px = q$ for cases in which p, q and x are all nonnegative rational numbers.						
6.EE.8 Write an inequality of the form $x > c$ or $x < c$ to represent a constraint or condition in a real-world or mathematical problem. Recognize that inequalities of the form $x > c$ or $x < c$ have infinitely many solutions; represent solutions of such inequalities on number line diagrams.						
Represent and analyze quantitative relationships between dependent and independent variables.						
6.EE.9 Use variables to represent two quantities in a real-world problem that change in relationship to one another; write an equation to express one quantity, thought of as the dependent variable, in terms of the other quantity, thought of as the independent variable. Analyze the relationship between the dependent and independent variables using graphs and tables, and relate these to the equation.						

	Antes			Después		
6.G Geometry	😞	😐	🙂	😞	😐	🙂
Solve real-world and mathematical problems involving area, surface area, and volume.						
6.G.1 Find the area of right triangles, other triangles, special quadrilaterals, and polygons by composing into rectangles or decomposing into triangles and other shapes; apply these techniques in the context of solving real-world and mathematical problems.						
6.G.2 Find the volume of a right rectangular prism with fractional edge lengths by packing it with unit cubes of the appropriate unit fraction edge lengths, and show that the volume is the same as would be found by multiplying the edge lengths of the prism. Apply the formulas $V = l\,w\,h$ and $V = b\,h$ to find volumes of right rectangular prisms with fractional edge lengths in the context of solving real-world and mathematical problems.						
6.G.3 Draw polygons in the coordinate plane given coordinates for the vertices; use coordinates to find the length of a side joining points with the same first coordinate or the same second coordinate. Apply these techniques in the context of solving real-world and mathematical problems.						
6.G.4 Represent three-dimensional figures using nets made up of rectangles and triangles, and use the nets to find the surface area of these figures. Apply these techniques in the context of solving real-world and mathematical problems.						

	Antes			Después		
6.SP Statistics and Probability	😞	😐	🙂	😞	😐	🙂
Develop understanding of statistical variability.						
6.SP.1 Recognize a statistical question as one that anticipates variability in the data related to the question and accounts for it in the answers.						
6.SP.2 Understand that a set of data collected to answer a statistical question has a distribution which can be described by its center, spread, and overall shape.						
6.SP.3 Recognize that a measure of center for a numerical data set summarizes all of its values with a single number, while a measure of variation describes how its values vary with a single number.						
Summarize and describe distributions.						
6.SP.4 Display numerical data in plots on a number line, including dot plots, histograms, and box plots.						
6.SP.5 Summarize numerical data sets in relation to their context, such as by: **a.** Reporting the number of observations. **b.** Describing the nature of the attribute under investigation, including how it was measured and its units of measurement. **c.** Giving quantitative measures of center (median and/or mean) and variability (interquartile range and/or mean absolute deviation), as well as describing any overall pattern and any striking deviations from the overall pattern with reference to the context in which the data were gathered. **d.** Relating the choice of measures of center and variability to the shape of the data distribution and the context in which the data were gathered.						

Unidad 3

Expresiones y ecuaciones

Pregunta esencial

¿CÓMO puedes comunicar eficazmente los conceptos matemáticos?

Capítulo 6
Expresiones

Las expresiones numéricas y algebraicas se usan para representar y resolver problemas del mundo real. En este capítulo, escribirás y evaluarás expresiones y aplicarás las propiedades de las operaciones para crear expresiones equivalentes.

Capítulo 7
Ecuaciones

Las variables representan un número desconocido en una expresión o ecuación. En este capítulo, escribirás y resolverás ecuaciones de suma, resta, multiplicación y división con una sola variable.

Capítulo 8
Funciones y desigualdades

Las funciones pueden representarse con palabras, ecuaciones, tablas y gráficas. En este capítulo, representarás y analizarás la relación entre dos variables usando funciones. También escribirás, representarás gráficamente y resolverás desigualdades con una variable.

Observa

¡De otro mundo! La velocidad a la que un planeta orbita su sol, o a la que una luna orbita su planeta, se llama *velocidad de órbita*. Cada planeta y luna de nuestro sistema solar tiene una velocidad de órbita promedio diferente.

Trabaja con un compañero o una compañera. Túrnense para contar el número de pasos que da cada uno en 10 segundos, caminando en un círculo. Luego, usen la información para hallar la cantidad aproximada de pasos que darán en 20, 30 y 40 segundos. Escriban y representen gráficamente los pares ordenados para representar su velocidad de caminata.

Al final del Capítulo 8, completarán un proyecto para comparar las órbitas de dos planetas alrededor del sol. Esas velocidades... ¡son de otro mundo!

Mi velocidad de caminata

Cantidad de pasos

Tiempo (s)

Capítulo 6
Expresiones

 Pregunta esencial

¿POR QUÉ es útil escribir números de diferentes maneras?

 Common Core State Standards

Content Standards
6.EE.1, 6.EE.2, 6.EE.2a, 6.EE.2b, 6.EE.2c, 6.EE.3, 6.EE.4, 6.EE.6, 6.NS.3, 6.NS.4

PM **Prácticas matemáticas**
1, 2, 3, 4, 5, 6, 7

 Matemáticas en el mundo real

Un velero puede navegar a una velocidad de crucero de aproximadamente 6 nudos. En una carrera reciente, entre Estados Unidos y el Reino Unido, un velero de competición navegó a una velocidad promedio de 25.8 nudos.

Usa el diagrama de barras para hallar la diferencia entre la velocidad de crucero de un velero y la velocidad del velero de competición.

	25.8	
6		

FOLDABLES®
Ayudas de estudio

1 Recorta el modelo de papel de la página FL3 de este libro.

2 Pega tu modelo de papel en la página 506.

3 Usa este modelo de papel en todo este capítulo como ayuda para aprender sobre expresiones.

Vocabulario

álgebra	exponente	propiedades
base	expresión algebraica	propiedades asociativas
coeficiente	expresión numérica	propiedades conmutativas
constante	expresiones equivalentes	propiedades de identidad
cuadrado perfecto	factorizar la expresión	término
definir la variable	potencias	términos semejantes
evaluar	propiedad distributiva	variable

Destreza de estudio: Leer matemáticas

Significados de la división Ten en cuenta estos significados cuando resuelvas un problema.

- **Compartir o repartir:**
  Zach y su amigo quieren repartirse 3 manzanas en porciones iguales. ¿Cuántas manzanas tendrá cada uno de ellos?

- **Quitar cantidades iguales:**
  Isabel corta trozos de cinta para hacer señaladores. Cada señalador mide 6.5 centímetros de longitud. ¿Cuántos señaladores puede cortar si tiene un trozo de cinta que mide 26 centímetros de longitud?

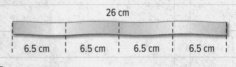

26 cm

6.5 cm   6.5 cm   6.5 cm   6.5 cm

- **Hallar cuántas veces más grande es algo:**
  El río Nilo, el más largo de la Tierra, mide 4,160 millas de longitud. El río Grande mide 1,900 millas de longitud. Aproximadamente, ¿cuántas veces más largo que el río Grande es el río Nilo?

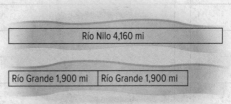

Río Nilo 4,160 mi

Río Grande 1,900 mi   Río Grande 1,900 mi

Práctica

Identifica el significado de la división que corresponde a cada problema. Luego, resuelve los problemas.

1. La familia Jackson quiere comprar un televisor de pantalla plana que cuesta $1,200. Planean pagarlo en seis cuotas iguales. ¿Cuál será el valor de cada cuota?

2. Si una ballena azul pesa 150 toneladas y un elefante africano pesa unas 5 toneladas, ¿cuántas veces más pesada que el elefante es la ballena?

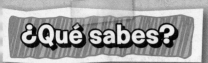

Lee los enunciados. Decide si estás de acuerdo (A) o en desacuerdo (D). Haz una marca en la columna apropiada y, luego, justifica tu razonamiento.

Enunciado	Expresiones		¿Por qué?
	A	D	
Debes seguir el orden de las operaciones para hallar el valor de una expresión numérica.			
Una variable es un símbolo que representa una operación.			
La frase "4 menos que *x*" puede escribirse como 4 − *x*.			
La identidad multiplicativa es 0.			
La resta es una operación conmutativa.			
La propiedad distributiva combina la suma y la multiplicación.			

¿Cuándo usarás esto?

Estos son algunos ejemplos de cómo se usan las expresiones en el mundo real.

Actividad 1 Busca en Internet el costo de las entradas a un museo de ciencias. ¿Cuánto te costará la entrada? ¿Qué otras exhibiciones o actividades del museo pagarías por ver?

_____

_____

Actividad 2 Conéctate en **connectED.mcgraw-hill.com** para leer la historieta sobre el *Centro de Ciencias*. Imagina que visitas el centro de estudios científicos al mediodía. Si planeas ver la película,

¿cuánto te costará? _____

Antes de seguir...

Resuelve los ejercicios de la sección
Comprobación rápida o conéctate
para hacer la prueba de preparación.

Comprueba

CCSS Repaso rápido

Repaso de los estándares comunes 4.NBT.5, 5.NF.1

Ejemplo 1

Multiplica $5 \times 5 \times 5 \times 5$.

El 5 se usa cuatro veces como factor.

$5 \times 5 \times 5 \times 5 = 625$

Ejemplo 2

Halla $3\frac{7}{8} - 1\frac{1}{2}$.

$$3\frac{7}{8} = \quad 3\frac{7}{8}$$ Usa el m.c.d., 8, para convertir.

$$-1\frac{1}{2} = -1\frac{4}{8}$$

$$\overline{\qquad 2\frac{3}{8}}$$ Resta.

Comprobación rápida

Patrones numéricos **Multiplica.**

1. $7 \times 7 \times 7 =$ _____

2. $2 \times 2 \times 2 =$ _____

3. $9 \times 9 \times 9 \times 9 =$ _____

Muestra tu trabajo.

Fracciones **Suma o resta. Escribe las fracciones en su mínima expresión.**

4. $\frac{4}{5} - \frac{1}{2} =$ _____

5. $\frac{8}{9} + \frac{2}{3} =$ _____

6. $3\frac{1}{10} - 2\frac{5}{6} =$ _____

7. ¿Cuántas más libretas de cupones vendió Jabar que Guto? Expresa la respuesta como fracción.

_____

Ventas de libretas de cupones	
Estudiante	Fracción de las ventas totales
Guto	$\frac{1}{12}$
Holly	$\frac{3}{40}$
Jabar	$\frac{2}{15}$

¿Cómo te fue?

Sombrea los números de los ejercicios de la sección Comprobación rápida que resolviste correctamente.

① ② ③ ④ ⑤ ⑥ ⑦

Laboratorio de indagación

Estructura de las expresiones

 Indagación ¿CÓMO puedes usar términos matemáticos para identificar las partes de una expresión?

 CCSS Content Standards
6.EE.2, 6.EE.2b

PM Prácticas matemáticas
1, 3, 4

En el gimnasio Fortaleza reciclan botellas plásticas de agua. El sábado, dejaron 8 botellas en los cestos de reciclaje. El domingo, se reciclaron 8 botellas más.

Manos a la obra: Actividad 1

Puedes usar una expresión para representar la cantidad de botellas recicladas. Una *expresión* consiste en combinar números y operaciones. Cada *término* de una expresión está separado de los otros por un signo de suma o de resta.

Paso 1 Usa un diagrama de barras para representar la cantidad de botellas que se reciclaron el sábado. Usa un segundo diagrama de barras para representar cuántas se reciclaron el domingo.

Sábado	8 botellas
Domingo	8 botellas

Paso 2 La expresión de suma 8 + 8 representa el total.

¿Cuántos términos tiene la expresión? ☐

¿La expresión representa una *suma*, un *producto* o un *cociente*?

_____

Paso 3 La expresión de multiplicación 2 × 8 también representa el total.

¿Cuántos términos tiene la expresión? ☐

¿La expresión representa una *suma*, un *producto* o un *cociente*?

_____

 ## Investigar

Colabora

Trabaja con un compañero o una compañera. Reescribe las sumas como productos. Luego, identifica la cantidad de términos en cada expresión.

1. 14 + 14 = _____

Suma: _____

Producto: _____

2. 92 + 92 + 92 = _____

Suma: _____

Producto: _____

Algunas expresiones pueden escribirse como el producto de una suma. Por ejemplo, $2 \times (3 + 4)$ representa el producto de 2 y la suma de 3 y 4. La expresión $2 \times (3 + 4)$ también puede pensarse como el producto de dos *factores*.

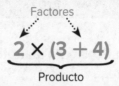

Factores

$$2 \times (3 + 4)$$

Producto

Manos a la obra: Actividad 2

Melina y Kendrick venden latas de anacardos para recaudar fondos para la escuela. Melina vendió 5 latas el lunes y 5 latas el martes. Kendrick vendió 4 latas el lunes y 4 latas el martes.

Paso 1 Divide y rotula los diagramas de barras para representar las cantidades vendidas cada día.

Lunes [ ]

Martes [ ]

Paso 2 Escribe una expresión de suma de cuatro términos para representar el total de latas vendidas.

[ ] + [ ] + [ ] + [ ]

Paso 3 Completa la siguiente expresión del producto de una suma para representar el total de latas vendidas.

$2 \times \left([\ ] + [\ ] \right)$

En esa expresión, ¿cuáles son los dos factores? _____

En esa expresión, ¿cuál de los factores puede evaluarse como un término único y como la suma de dos términos? _____

Colabora

Investigar

Trabaja con un compañero o una compañera. Reescribe las sumas como productos de una suma. Luego, identifica los factores.

3. $1 + 4 + 1 + 4 =$ _____

Factores: _____

4. $32 + 32 + 2 + 2 =$ _____

Factores: _____

5. $79 + 8 + 79 + 8 =$ _____

Factores: _____

6. $19 + 56 + 56 + 19 =$ _____

Factores: _____

Investigar

Trabaja con un compañero o una compañera. Representa las expresiones con diagramas de barras.

7. $5 + 5$

8. $9 + 9$

Trabaja con un compañero o una compañera. Representa las expresiones con diagramas de barras. Luego, identifica los factores.

9. $2 \times (3 + 1)$

Factores: _____

¿Qué factor es también una suma?

_____

10. $2 \times (5 + 2)$

Factores: _____

¿Qué factor es también una suma?

_____

Trabaja con un compañero o una compañera. Representa los diagramas de barras como sumas.

11. _____

17	17

12. _____

74	74

Trabaja con un compañero o una compañera. Representa los diagramas de barras como productos de una suma. Luego, identifica los factores.

13. Producto: _____

Factores: _____

¿Qué factor es también una suma?

_____

5	8
5	8

14. Producto: _____

Factores: _____

¿Qué factor es también una suma?

_____

54	58
54	58

Analizar y pensar

Trabaja con un compañero o una compañera para unir las descripciones con las expresiones correctas. La primera está hecha y te servirá de ejemplo.

Descripción	Expresión
15. Esta expresión es la suma de dos términos.	**a.** $(1 + 2) \times 2$
16. Esta expresión puede pensarse como el producto de dos factores. Uno de los factores es la suma de 6 y 4.	**b.** $6 + 6$
17. Esta expresión puede pensarse como el producto de dos factores. Uno de los factores es la suma de 1 y 2.	**c.** $14 \div 7$
18. Esta expresión es el cociente entre 14 y 7.	**d.** $(6 + 4) \times 2$

19. (PM) **Razonar de manera inductiva** Consuelo escribió la expresión $2 \times (31 + 47)$. Afirma que la expresión es un producto y que la expresión $(31 + 47)$ es un factor. Marcus afirma que la expresión $(31 + 47)$ es la suma de dos términos. ¿Quién tiene razón? Explica tu respuesta. _____

_____

_____

Crear

20. (PM) **Representar con matemáticas** Escribe una expresión y un problema del mundo real que se correspondan con la situación de la derecha.

4 libras	6 libras
4 libras	6 libras

_____

_____

21. (indagación) ¿CÓMO puedes usar términos matemáticos para identificar las partes de una expresión?

_____

_____

_____

Potencias y exponentes

Vocabulario inicial

Un producto de factores semejantes puede escribirse en forma exponencial, con un exponente y una base. La **base** es el número que se usa como factor. El **exponente** indica cuántas veces se usa la base como factor.

1. Completa con las palabras *factores*, *exponente* y *base*.

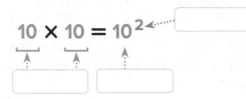

$$10 \times 10 = 10^2$$

2. Da un ejemplo de un exponente.

_____

3. Escribe la definición de exponente con tus propias palabras.

_____

_____

 ## Conexión con el mundo real

Los reproductores de MP3 tienen diferentes capacidades de almacenamiento, como 2GB, 4GB o 16GB en las que GB significa *gigabyte*. Un *gigabyte* equivale a $10 \times 10 \times 10 \times 10 \times 10 \times 10 \times 10 \times 10 \times 10$ bytes.

¿Cómo se escribe este número con exponentes? [ ]

 ### ¿Qué **Prácticas matemáticas** **PM** usaste?
Sombrea lo que corresponda.

① Perseverar con los problemas   ⑤ Usar las herramientas matemáticas

② Razonar de manera abstracta   ⑥ Prestar atención a la precisión

③ Construir un argumento   ⑦ Usar una estructura

④ Representar con matemáticas   ⑧ Usar el razonamiento repetido

Escribir productos como potencias

Los números expresados con exponentes se llaman **potencias**. Por ejemplo, 100 es una potencia de 10 porque puede escribirse como 10^2. Los números como el 100 son **cuadrados perfectos** porque son cuadrados de números enteros no negativos.

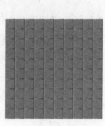 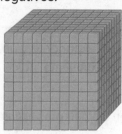

$$10 \times 10 = 100$$
$$10^2 = 100$$

$$10 \times 10 \times 10 = 1{,}000$$
$$10^3 = 1{,}000$$

Los cubos perfectos son números formados por tres factores enteros no negativos idénticos, como $4 \times 4 \times 4 = 64$. Por lo tanto, el número 64 es un cubo perfecto.

Ejemplos

Tutor

1. **Escribe $6 \times 6 \times 6 \times 6$ usando un exponente.**

$6 \times 6 \times 6 \times 6 = 6^4$ 6 se usa como factor cuatro veces.

2. **Escribe $4 \times 4 \times 4$ usando un exponente.**

El factor ⬜ es la base.

El factor se multiplica ⬜ veces.

El exponente es ⬜.

Por lo tanto, $4 \times 4 \times 4$ puede escribirse como _____.

Muestra tu trabajo.

¿Entendiste? **Resuelve estos problemas para comprobarlo.**

Escribe los productos usando exponentes.

    a. $7 \times 7 \times 7 \times 7$

    b. $9 \times 9 \times 9 \times 9 \times 9 \times 9 \times 9$

a. _____

b. _____

Escribir potencias como productos

Para escribir potencias como productos, determina la base y el exponente. La base de 10^2 es 10, y el exponente es 2. Para leer una potencia, evalúa el exponente. La potencia 10^2 se lee *diez al cuadrado*, y 10^3 se lee *diez al cubo*.

Ejemplos

Tutor

3. **Escribe 5^2 como un producto del mismo factor. Luego, halla su valor.**

La base es 5. El exponente es 2. Por lo tanto, 5 se usa como factor dos veces.

$5^2 = 5 \times 5$ Escribe 5^2 como un producto.

$\quad\ = 25$ Multiplica 5 por sí mismo.

4. **Escribe 1.5^3 como un producto del mismo factor. Luego, halla su valor.**

La base es 1.5. El exponente es 3. Por lo tanto, 1.5 se usa como factor tres veces.

$1.5^3 = 1.5 \times 1.5 \times 1.5$ Escribe 1.5^3 como un producto.

$\quad\ \ = 3.375$ Multiplica.

5. **Escribe $\left(\dfrac{1}{2}\right)^3$ como un producto del mismo factor. Luego, halla su valor.**

La base es $\dfrac{1}{2}$. El exponente es 3. Por lo tanto, $\dfrac{1}{2}$ se usa como factor tres veces.

$\left(\dfrac{1}{2}\right)^3 = \dfrac{1}{2} \times \dfrac{1}{2} \times \dfrac{1}{2}$ Escribe $\left(\dfrac{1}{2}\right)^3$ como un producto.

$\qquad\ = \dfrac{1}{8}$ Multiplica.

¿Entendiste? **Resuelve estos problemas para comprobarlo.**

Escribe las potencias como productos del mismo factor. Luego, halla su valor.

    c. 10^5 **d.** 2.1^2 **e.** $\left(\dfrac{1}{4}\right)^2$

Notación

En el Ejemplo 5, la fracción $\frac{1}{2}$ está entre paréntesis para mostrar que la fracción completa es la base.

$\left(\dfrac{1}{2}\right)^3 = \dfrac{1}{2} \times \dfrac{1}{2} \times \dfrac{1}{2} = \dfrac{1}{8}$

Sin los paréntesis, se entiende que la base es únicamente el numerador de la fracción.

$\dfrac{1^3}{2} = \dfrac{1 \times 1 \times 1}{2} = \dfrac{1}{2}$

Muestra tu trabajo.

c. _____

d. _____

e. _____

Ejemplo

6. **STEM** En el zoológico hay un acuario con capacidad para aproximadamente 7^4 galones de agua. Aproximadamente, ¿cuántos galones de agua caben en el acuario?

$7^4 = 7 \times 7 \times 7 \times 7$ Escribe 7^4 como un producto.

$ = 2{,}401$ Multiplica.

Por lo tanto, en el acuario caben aproximadamente 2,401 galones de agua.

¿Entendiste? **Resuelve este problema para comprobarlo.**

Muestra tu trabajo.

f. _____

f. **STEM** En Michigan hay más de 10^4 lagos interiores. Halla el valor de 10^4.

Práctica guiada

Comprueba

Escribe los productos usando exponentes. (Ejemplos 1 y 2)

1. $8 \times 8 \times 8 =$ _____

2. $1 \times 1 \times 1 \times 1 \times 1 =$ _____

Muestra tu trabajo.

Escribe las potencias como productos de un mismo factor. Luego, halla su valor. (Ejemplos 3 a 5)

3. $\left(\dfrac{1}{7}\right)^3 =$

4. $2^5 =$

5. $1.4^2 =$

6. En las minas de carbón hay pozos que pueden medir hasta 7^3 pies de profundidad. Aproximadamente, ¿a qué profundidad de la corteza terrestre llegan esos pozos? (Ejemplo 6)

_____

_____

7. **ℯ** **Desarrollar la pregunta esencial** ¿Por qué es útil usar exponentes? _____

_____

_____

_____

¡Califícate!

¿Entendiste las potencias y los exponentes? Sombrea el círculo en el blanco.

Di en el blanco.

Necesito ayuda.

Para obtener más ayuda, conéctate y accede a un tutor personal.

Tutor

Práctica independiente

Conéctate para obtener las soluciones de varios pasos.

Escribe los productos usando exponentes. (Ejemplos 1 y 2)

1. $6 \times 6 =$

2. $1 \times 1 \times 1 =$

3. $5 \times 5 \times 5 \times 5 \times 5 \times 5 =$

Muestra tu trabajo.

4. $12 \times 12 =$

5. $27 \times 27 \times 27 \times 27 =$

6. $15 \times 15 \times 15 =$

Escribe las potencias como productos de un mismo factor. Luego, halla su valor. (Ejemplos 3 a 5)

7. $6^4 =$

8. $0.5^3 =$

9. $\left(\dfrac{1}{8}\right)^2 =$

10. **PM** **Identificar el razonamiento repetido** Un byte es una unidad básica que se usa en informática y mide la capacidad de almacenamiento de información. (Ejemplo 6)

a. Un kilobyte es igual a 10^3 bytes. Escribe 10^3 como producto de un mismo factor. Luego, halla su valor.

_____

_____

b. Un megabyte es igual a 10^6 bytes. Escribe 10^6 como producto de un mismo factor. Luego, halla su valor.

_____

_____

c. ¿Cuántos más bytes de información caben en un

gigabyte que en un megabyte? _____

_____

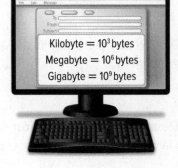

Kilobyte = 10^3 bytes
Megabyte = 10^6 bytes
Gigabyte = 10^9 bytes

Halla el valor de las expresiones.

🏛 $0.5^4 + 1 =$ _____ | **12.** $3.2^3 \times 10 =$ _____ | **13.** $10.3^3 + 8 =$ _____

Problemas S.O.S. Soluciones de orden superior

14. 🅿️ **Representar con matemáticas** Escribe una potencia cuyo valor sea mayor que 1,000. _____

15. 🅿️ **Perseverar con los problemas** Usa la tabla para resolver.

a. Describe el patrón que forman las potencias de 2. Escribe los valores de 2^1 y 2^0 en la tabla.

_____

_____

Potencias de 2	Potencias de 4	Potencias de 10
$2^4 = 16$	$4^4 = 256$	$10^4 = 10,000$
$2^3 = 8$	$4^3 = 64$	$10^3 = 1,000$
$2^2 = 4$	$4^2 = 16$	$10^2 = 100$
$2^1 =$	$4^1 =$	$10^1 =$
$2^0 =$	$4^0 =$	$10^0 =$

b. Describe el patrón que forman las potencias de 4. Escribe los valores de 4^1 y 4^0 en la tabla. _____

_____

c. Describe el patrón que forman las potencias de 10. Escribe los valores de 10^1 y 10^0 en la tabla. _____

_____

d. Escribe una regla para hallar el valor de cualquier base que tenga 0 como exponente.

_____

_____

16. 🅿️ **Responder con precisión** La multiplicación se define como una suma repetida. Usa la palabra *repetida* para definir la forma exponencial. Justifica tu razonamiento.

_____

_____

17. 🅿️ **Razonar de manera inductiva** Imagina que la población de Estados Unidos es de aproximadamente 230 millones. ¿Este número está más cerca de 10^7 o de 10^8? Explica tu razonamiento.

_____

_____

_____

Más práctica

Escribe los productos usando exponentes.

18. $6 \times 6 \times 6 = \underline{6^3}$

El factor 6 se usa
3 veces.
La base es 6.
El exponente es 3.

para rea

19. $10 \times 10 \times 10 = $

_____

20. $32 \times 32 \times 32 \times 32 = $

_____

21. $9 \times 9 = $

_____

22. $7 \times 7 \times 7 \times 7 \times 7 \times 7 = $

_____

23. $13 \times 13 \times 13 \times 13 \times 13 = $

_____

Escribe las potencias como productos de un mismo factor. Luego, halla su valor.

24. $3^7 = $

_____

25. $0.06^2 = $

_____

26. $\left(\dfrac{1}{4}\right)^3 = $

_____

27. **(PM) Responder con precisión** La parte interior del campo de béisbol de la derecha tiene un área de 90 pies cuadrados. ¿Cuál es el área de la parte inferior?

_____

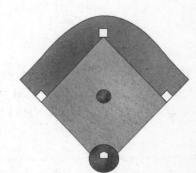

28. La semana pasada, en la panadería Las delicias hornearon 5^5 pastelitos. ¿Cuántos pastelitos hornearon?

_____

29. Luke corrió 3.5^3 millas en enero. ¿Cuántas millas corrió Luke en enero? _____

30. La Sra. Torrey recorrió $8 \times 8 \times 8 \times 8$ millas de Ohio a Hawái. Selecciona los valores para completar el modelo y mostrar la multiplicación repetida como una potencia.

2	4
6	8

La base es [ ].

El exponente es [ ].

La multiplicación repetida puede expresarse con la potencia [ ] [ ].

Aproximadamente, ¿cuántas millas recorrió la Sra. Torrey? [ ]

31. Claire usó fichas para formar el siguiente patrón.

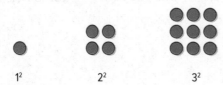

1^2 2^2 3^2

Continuó el patrón para formar varias figuras más. ¿Cuál de las siguientes opciones es una descripción exacta de la cantidad de fichas que usó para formar diferentes figuras? Selecciona todas las opciones correctas.

☐ Hay 25 fichas en la 5.ª figura.　　☐ Hay 81 fichas en la 9.ª figura.

☐ Hay 42 fichas en la 6.ª figura.　　☐ Hay 121 fichas en la 11.ª figura.

 Estándares comunes: Repaso en espiral

Multiplica o divide. 4.NBT.5, 4.NBT.6

32. $6 \times 8 =$ _____

33. $64 \div 8 =$ _____

34. $42 \div 7 =$ _____

35. En la tienda La Casa de Juegos, todos los videojuegos se venden, en oferta, a \$29 cada uno. ¿Cuánto pagará Bella por 3 videojuegos? 4.NBT.5

_____

_____

36. Max y dos de sus amigos comparten el carro para ir al zoológico. El costo de la entrada es \$12 por persona. El estacionamiento cuesta \$7 por carro. ¿Cuánto gastó el grupo de amigos en total en su visita al zoológico? 4.OA.3

_____

Expresiones numéricas

 ## Conexión con el mundo real

Meriendas La tabla muestra el costo de diferentes meriendas en un puesto de venta instalado para el juego de hockey escolar.

Producto	Precio ($)
Palomitas de maíz	2
Jugo o gaseosa	1
Perro caliente	4

1. $= \$ \boxed{}$

2. $= \$ \boxed{}$

3. Halla el costo total de 3 cajas de palomitas de maíz y 4 perros calientes.

_____

4. ¿Qué operaciones podrías usar para resolver los Ejercicios 1 y 2? Explica cómo hallar la respuesta del Ejercicio 3 usando esas mismas operaciones.

_____

_____

 Pregunta esencial

¿POR QUÉ es útil escribir números de diferentes maneras?

 Vocabulario

expresión numérica
orden de las operaciones

Common Core State Standards

Content Standards
6.EE.1
PM Prácticas matemáticas
1, 2, 3, 4, 5

¿Qué **Prácticas matemáticas** PM usaste?
Sombrea lo que corresponda.

① Perseverar con los problemas

② Razonar de manera abstracta

③ Construir un argumento

④ Representar con matemáticas

⑤ Usar las herramientas matemáticas

⑥ Prestar atención a la precisión

⑦ Usar una estructura

⑧ Usar el razonamiento repetido

Área de trabajo

Orden de las operaciones

1. Simplifica las expresiones agrupadas por símbolos, como los paréntesis.
2. Halla el valor de las potencias.
3. Multiplica y divide de izquierda a derecha.
4. Suma o resta de izquierda a derecha.

Una **expresión numérica** como $3 \times 2 + 4 \times 4$ es una combinación de números y operaciones. El **orden de las operaciones** te indica qué operación resolver primero, de manera que todos puedan hallar el mismo valor de una expresión.

Tutor

Ejemplos

Halla el valor de las expresiones.

1. $10 - 2 + 8$

No hay símbolos que agrupen operaciones, ni potencias.

No hay signos de multiplicación o división.

Suma o resta de izquierda a derecha.

$10 - 2 + 8 = 8 + 8$ Primero, resta 2 a 10.

$= 16$ Luego, suma 8 y 8.

2. $4 + 3 \times 5$

No hay símbolos que agrupen operaciones, ni potencias.

Multiplica antes de sumar.

$4 + 3 \times 5 = 4 + 15$ Multiplica 3 y 5.

$= 19$ Suma 4 y 15.

Muestra tu trabajo.

¿Entendiste? **Resuelve estos problemas para comprobarlo.**

a. $10 + 2 \times 15$ **b.** $16 \div 2 \times 4$

a. _____

b. _____

Paréntesis y exponentes

Las expresiones que están dentro de los signos que agrupan, como los paréntesis, se resuelven primero. Dentro de los paréntesis, sigue también el orden de las operaciones. Por ejemplo, en la expresión $3 + (4^2 + 5)$, debes hallar primero el valor de la potencia, 4^2, antes de sumar la expresión que está entre paréntesis.

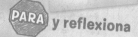

PARA y reflexiona

¿Por qué es importante respetar el orden de las operaciones?

Ejemplos

Tutor

Halla el valor de las expresiones.

3. $20 \div 4 + 17 \times (9 - 6)$

$$20 \div 4 + 17 \times (9 - 6) = 20 \div 4 + 17 \times 3 \qquad \text{Resta 6 a 9.}$$
$$= 5 + 17 \times 3 \qquad \text{Divide 20 entre 4.}$$
$$= 5 + 51 \qquad \text{Multiplica 17 y 3.}$$
$$= 56 \qquad \text{Suma 5 y 51.}$$

4. $3 \times 6^2 + 4$

$$3 \times 6^2 + 4 = 3 \times 36 + 4 \qquad \text{Halla } 6^2.$$
$$= 108 + 4 \qquad \text{Multiplica 3 y 36.}$$
$$= 112 \qquad \text{Suma 108 y 4.}$$

5. $5 + (8^2 - 2) \times 2$

$$5 + (8^2 - 2) \times 2 = 5 + \left(\boxed{} - 2 \right) \times 2 \qquad \text{Simplifica el exponente.}$$
$$= 5 + \boxed{} \times 2 \qquad \text{Simplifica dentro del paréntesis.}$$
$$= 5 + \boxed{} \qquad \text{Multiplica.}$$
$$= \boxed{} \qquad \text{Multiplica.}$$

¿Entendiste? Resuelve estos problemas para comprobarlo.

c. $25 \times (5 - 2) \div 5 - 12$

d. $24 \div (2^3 + 4)$

Muestra tu trabajo.

c. _____

d. _____

Ejemplo

6. Escribe una expresión para el costo total de 5 lociones, 2 velas y 4 bálsamos para labios. Halla el costo total.

Costo de los artículos			
Artículo	Loción	Vela	Bálsamo para labios
Costo ($)	5	7	2

$5 \times \$5 + 2 \times \$7 + 4 \times \$2$

$= 5^2 + 2 \times 7 + 4 \times 2$

$= 25 + 2 \times 7 + 4 \times 2$ Simplifica 5^2 para hallar el costo de las lociones.

$= 25 + 14 + 4 \times 2$ Multiplica 2 y 7 para hallar el costo de las velas.

$= 25 + 14 + 8$ Multiplica 4 y 2 para hallar el costo de los

$= 47$ bálsamos para labios.

El costo total de la compra es $47.

¿Entendiste? **Resuelve este problema para comprobarlo.**

e. _____

e. Alexis y 3 amigos están en el centro comercial. Cada uno compra un pretzel por $4, salsa por $1 y una bebida por $2. Escribe una expresión para hallar el total. Luego, resuélvela.

Práctica guiada

Halla el valor de las expresiones. (Ejemplos 1 a 5)

1. $9 + 3 - 5 =$

... Muestra tu trabajo.

_____

2. $(26 + 5) \times 2 - 15 =$

_____

3. $5^2 + 8 \div 2 =$

_____

4. **Conocimiento sobre finanzas** Los boletos para una obra de teatro cuestan $10 para los socios y $24 para los que no son socios. Escribe una expresión para hallar el costo de 4 boletos para no socios y 2 para socios. Luego, calcula el costo total. (Ejemplo 6)

_____

5. **Desarrollar la pregunta esencial** ¿Por qué los signos que agrupan son útiles para simplificar las expresiones?

_____

_____

¡Califícate!

¿Entendiste el orden de las operaciones? Encierra en un círculo la imagen que corresponda.

No tengo dudas.   Tengo algunas dudas.   Tengo muchas dudas.

Para obtener más ayuda, conéctate y accede a un tutor personal.

Práctica independiente

Conéctate para obtener las soluciones de varios pasos.

Ayuda en línea

Halla el valor de las expresiones. (Ejemplos 1 a 5)

1. $8 + 4 - 3 =$ _____

Muestra tu trabajo.

2. $38 - 19 + 12 =$ _____

3. $7 + 9 \times (3 + 8) =$ _____

4. $15 - 2^3 \div 4 =$ _____

5 $55 \div 11 + 7 \times (2 + 14) =$ _____

6. $5^3 - 12 \div 3 =$ _____

7. $8 \times (2^4 - 3) + 8 =$ _____

8. $9 + 4^3 \times (20 - 8) \div 2 + 6 =$ _____

9. Conocimientos sobre finanzas Tyree y cuatro amigos van al cine. Cada uno compra un boleto que cuesta $7, un bocadillo por $5 y una bebida por $2. Escribe una expresión para hallar el costo total de la salida al cine. Luego, calcula el costo total. (Ejemplo 6)

_____

_____

10. Conocimientos sobre finanzas La familia Molina va a un concierto. Compran 4 boletos para el concierto, que cuestan $25 cada uno, 3 camisetas, que cuestan $15 cada una, y un cartel, que cuesta $10. Escribe una expresión para hallar el costo total. Luego, calcula el costo total. (Ejemplo 6)

_____

_____

11. **PM Usar las herramientas matemáticas** Un vendedor mayorista vende bocaditos de fruta en bolsas de dos tamaños. La tabla muestra las cantidades de bocaditos que caben en cada bolsa. Escribe una expresión que pueda usarse para determinar la cantidad de bocaditos en 3 bolsas grandes y 2 bolsas pequeñas. Luego, halla la cantidad de bocaditos.

Bolsa	Cantidad de bocaditos
Grande	10
Pequeña	5

Problemas S.O.S. Soluciones de orden superior

12. **PM Hallar el error** Luis quiere calcular $9 - 6 + 2$. Halla el error y corrígelo.

$$9 - 6 + 2 = 9 - 8$$
$$= 1$$

13. **PM Razonar de manera inductiva** Usa la expresión $34 - 12 \div 2 + 7$.

   a. Agrega los paréntesis a la expresión de manera que su valor sea 18.

   b. Agrega los paréntesis a la expresión de manera que su valor no sea 18.

   Luego, halla el valor de la nueva expresión.

14. **PM Perseverar con los problemas** Escribe una expresión cuyo valor sea 12.

   Debe contener cuatro números y dos operaciones diferentes.

15. **PM Usar las herramientas matemáticas** Agrega los paréntesis a las ecuaciones, si es necesario, para que sean verdaderas.

   a. $7 + 3 \times 2 + 4 = 25$

   b. $8^2 \div 4 \times 8 = 2$

   c. $16 + 8 - 5 \times 2 = 14$

16. **PM ¿Cuál no pertenece?** ¿Cuál de estas expresiones no pertenece al mismo grupo que las otras tres? Justifica tu respuesta.

   $6^2 - 9$ 3^3 $(5 + 4)^2 \div 3$ $4 \times 5 + 9$

Más práctica

Halla el valor de las expresiones.

17. $9 + 12 - 15 =$ _6_____

> uda para
> a tarea

$$9 + 12 - 15 = 21 - 15$$
$$= 6$$

18. $22 - 17 + 8 =$ _____

19. $(9 + 2) \times 6 - 5 =$ _____

20. $27 \div (3 + 6) \times 5 - 12 =$ _____

21. $26 + 6^2 \div 4 =$ _____

22. $22 \div 2 \times 3^2 =$ _____

23. $12 \div 4 + (5^2 - 6) =$ _____

24. $96 \div 4^2 + (25 \times 2) - 15 - 3 =$ _____

25. Conocimientos sobre finanzas Los boletos para el circo cuestan $16 para los adultos y $8 para los niños. Escribe una expresión para hallar el costo total de 3 boletos para adultos y 8 boletos para niños. Luego, calcula el costo total.

_____

26. (PM) Razonar de manera inductiva Addison está preparando manzanas al caramelo. Tiene $2\frac{1}{2}$ bolsas de manzanas. En cada bolsa llena hay 8 manzanas, y cada manzana pesa 5 onzas. Escribe una expresión para hallar la cantidad total de onzas de manzana que tiene Addison. Luego, calcula la cantidad total de onzas.

_____

_____

27. Kailey quiere comprar 4 lápices y 3 cuadernos. ¿Cuál de las siguientes opciones representa el costo total de la compra? Selecciona todas las opciones correctas.

Lápices	$0.50
Cuadernos	$2.25

☐ 4($0.50) + 3($2.25)   ☐ 7($0.50 + $2.25)

☐ $8.75   ☐ $19.25

28. Denzel tiene $3\frac{2}{3}$ cajas de regalitos para entregar en una fiesta. En cada caja llena caben 15 bolsas de regalitos, y en cada bolsa caben 3 regalitos. Además, tiene 7 regalitos de más, que no están en ninguna caja o bolsa.

Selecciona la operación correcta para representar una expresión numérica de la cantidad total de regalitos.

×
÷
+
−

$3\frac{2}{5}$ [   ] 15 [   ] 3 [   ] 7

¿Cuántos regalitos tiene Denzel en total?

[   ]

Halla los números que faltan. 4.NBT.4

29. 131 + [   ] = 140

30. [   ] − 6 = 354

31. [   ] + 210 = 224

32. Cuenta salteado y usa la recta numérica para hallar el número que falta. 4.OA.5

3 × [   ] = 12

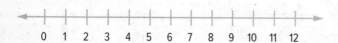

0 1 2 3 4 5 6 7 8 9 10 11 12

33. Sophie gana $7 por hora como niñera y $8 por hora limpiando la casa. La semana pasada, trabajó 3 horas como niñera y limpió la casa durante 2 horas. ¿Cuánto dinero ganó Sophie la semana pasada? 4.OA.3

Álgebra: Variables y expresiones

Vocabulario inicial

El **álgebra** es un lenguaje de símbolos que incluye variables. Una **variable** es un símbolo, usualmente una letra, que se usa para representar un número.

Echa un vistazo a la lección para completar el organizador gráfico.

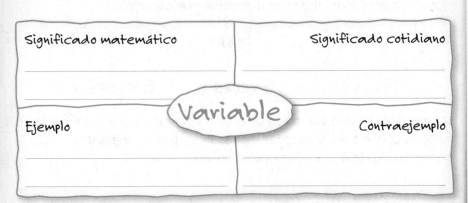

Significado matemático	Significado cotidiano
Ejemplo	Contraejemplo

Variable

Conexión con el mundo real

Una caja contiene una cantidad desconocida de marcadores. Hay 2 marcadores fuera de la caja. El diagrama de barras representa el número total de marcadores.

Cantidad desconocida de marcadores	2 marcadores

1. Imagina que hay 14 marcadores en la caja. Halla el número total de marcadores. Explica tu respuesta. _____

_____

_____

¿Qué **Prácticas matemáticas** (PM) usaste?
Sombrea lo que corresponda.

① Perseverar con los problemas
② Razonar de manera abstracta
③ Construir un argumento
④ Representar con matemáticas

⑤ Usar las herramientas matemáticas
⑥ Prestar atención a la precisión
⑦ Usar una estructura
⑧ Usar el razonamiento repetido

Evaluar expresiones de un solo paso

Las **expresiones algebraicas** contienen al menos una variable y al menos una operación. Por ejemplo, la expresión $n + 2$ representa *la suma de un número desconocido y dos*.

> Cualquier letra puede usarse como variable. ⋯⋯> $n + 2$

A menudo se usa la letra x como variable. Para evitar confusiones con el signo ×, hay otras maneras de mostrar la multiplicación.

$$5 \cdot x \qquad 5(x) \qquad 5x$$
$$\uparrow \qquad\qquad \uparrow \qquad\qquad \uparrow$$
5 veces x **5 veces x** **5 veces x**

Las variables en una expresión pueden reemplazarse por cualquier número. Una vez reemplazadas las variables, puedes **evaluar** la expresión algebraica, es decir, hallar su valor.

Ejemplos

1. **Evalúa $16 + b$ si $b = 25$.**

$16 + b = 16 + 25$ Reemplaza b por 25.

$\quad\quad\;\; = 41$ Suma 16 y 25.

----

2. **Evalúa $x - y$ si $x = 64$ e $y = 27$.**

$x - y = 64 - 27$ Reemplaza x por 64 e y por 27.

$\quad\quad\;\; = 37$ Resta 27 a 64.

----

3. **Evalúa $6x$ si $x = \frac{1}{2}$.**

$6x = 6 \cdot \frac{1}{2}$ Reemplaza x por $\frac{1}{2}$.

$\quad\; = 3$ Multiplica 6 y $\frac{1}{2}$.

> Muestra tu trabajo.

a. _____

b. _____

c. _____

d. _____

¿Entendiste? **Resuelve estos problemas para comprobarlo.**

Evalúa las expresiones si $a = 6$, $b = 4$ y $c = \frac{1}{3}$.

    a. $a + 8$ **b.** $a - b$ **c.** $a \cdot b$ **d.** $9c$

Evaluar expresiones de varios pasos

Para evaluar expresiones de varios pasos, reemplaza cada variable por el valor correcto y sigue el orden de las operaciones.

Ejemplos

4. **Evalúa $5t + 4$ si $t = 3$.**

$$5t + 4 = 5 \cdot 3 + 4 \qquad \text{Reemplaza } t \text{ por } 3.$$
$$= 15 + 4 \qquad \text{Multiplica } 5 \text{ y } 3.$$
$$= 19 \qquad \text{Suma } 15 \text{ y } 4.$$

- -

5. **Evalúa $4x^2$ si $x = \dfrac{1}{8}$.**

$$4x^2 = 4 \cdot \left(\frac{1}{8}\right)^2 \qquad \text{Reemplaza } x \text{ por } \tfrac{1}{8}.$$
$$= 4 \cdot \frac{1}{64} \qquad \text{Simplifica } \left(\tfrac{1}{8}\right)^2.$$
$$= \frac{1}{16} \qquad \text{Multiplica.}$$

- -

6. **Evalúa $10a + 7$ si $a = \dfrac{1}{5}$.**

$$10a + 7 = 10\left(\boxed{\atop}\right) + 7 \qquad \text{Reemplaza } a \text{ por } \tfrac{1}{5}.$$
$$= \boxed{} + 7 \qquad \text{Multiplica } 10 \text{ y } \tfrac{1}{5}.$$
$$= \boxed{} \qquad \text{Suma } 15.$$

¿Entendiste? **Resuelve estos problemas para comprobarlo.**

Evalúa las expresiones si $d = 12$ y $e = \dfrac{1}{3}$.

- **e.** $2d - 5$
- **f.** $50 - 3d$
- **g.** $9e^2$

Muestra tu trabajo.

e. _____

f. _____

g. _____

Ejemplo

7. Khalil envuelve un regalo de cumpleaños para su hermano. La caja mide $\frac{1}{2}$ pie de longitud por lado. Usa la expresión $6l^2$, donde l representa la longitud de un lado, para hallar la superficie de la caja que está envolviendo. Expresa tu respuesta en pies cuadrados.

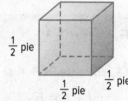

$6l^2 = 6 \cdot \left(\frac{1}{2}\right)^2$ Reemplaza l por $\frac{1}{2}$.

$= 6 \cdot \frac{1}{4}$ Simplifica $\left(\frac{1}{2}\right)^2$.

$= \frac{6}{4}$, o $1\frac{1}{2}$ Multiplica.

Por lo tanto, la superficie de la caja es $1\frac{1}{2}$ pies cuadrados.

$\frac{1}{2}$ pie $\frac{1}{2}$ pie $\frac{1}{2}$ pie

Práctica guiada

Comprueba

Evalúa las expresiones si $m = 4$, $z = 9$ y $r = \frac{1}{6}$. (Ejemplos 1 a 6)

1. $3 + m$ _____

2. $z - m$ _____

3. $12r$ _____

4. $4m - 2$ _____

5. $60r - 4$ _____

6. $3r^2$ _____

7. La cantidad de dinero que le queda a Melina de un billete de 20 dólares después de comprar 4 regalitos que cuestan r dólares cada uno es $20 - 4r$. Halla la cantidad de dinero que le queda si cada regalito cuesta \$3. (Ejemplo 7)

_____

8. Ⓟ **Desarrollar la pregunta esencial** ¿En qué se diferencian las expresiones numéricas y las expresiones algebraicas?

_____

_____

_____

¡Califícate!

¿Estás listo para seguir? Sombrea lo que corresponda.

SÍ   ?   NO

Para obtener más ayuda, conéctate y accede a un tutor personal.

Nombre _____ Mi tarea _____

Práctica independiente

Conéctate para obtener las soluciones de varios pasos.

Evalúa las expresiones si $m = 2$ $n = 16$ y $p = \dfrac{1}{3}$. (Ejemplos 1 a 6)

Muestra tu trabajo.

1. $m + 10$ _____

2. $n \div 4$ _____

3. $m + n$ _____

4. $6m - 1$ _____

5. $3p$ _____

6. $12p$ _____

7 $12m - 4$ _____

8. $9p^2$ _____

9. Un cesto para reciclado de papel tiene las medidas que se muestran. Usa la expresión l^3, donde l representa la longitud de un lado, para hallar el volumen del cesto. Expresa tu respuesta en metros cúbicos. (Ejemplo 7)

_____

$\dfrac{1}{2}$ m

$\dfrac{1}{2}$ m

$\dfrac{1}{2}$ m

10. **PM** **Representar con matemáticas** Consulta la siguiente viñeta de la historieta para resolver los Ejercicios a y b.

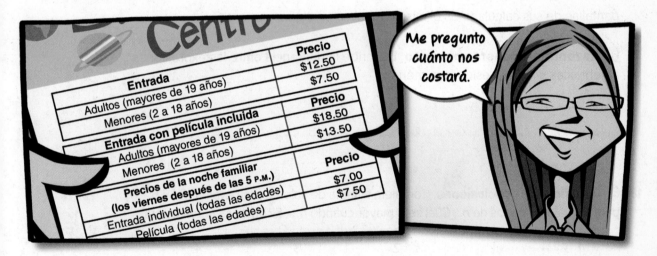

	Precio
Entrada	$12.50
Adultos (mayores de 19 años)	$7.50
Menores (2 a 18 años)	**Precio**
Entrada con película incluida	$18.50
Adultos (mayores de 19 años)	$13.50
Menores (2 a 18 años)	
Precios de la noche familiar	**Precio**
(los viernes después de las 5 P.M.)	
Entrada individual (todas las edades)	$7.00
Película (todas las edades)	$7.50

Me pregunto cuánto nos costará.

a. ¿Cuál es el precio total de una entrada individual y una entrada individual para ver la película con la promoción de la noche familiar? _____

b. La expresión $14.50x$ puede usarse para hallar el precio total de x entradas de la promoción de la noche en familia, tanto para entrar al centro espacial como para ver la película. ¿Cuál es el precio de 3 de estas entradas? _____

Lección 3 Álgebra: Variables y expresiones **453**

11 **Conocimiento sobre finanzas** Julián gana $13.50 por hora. Su empleador deduce 23% de su paga semanal en concepto de impuestos. Julián usa la expresión 0.77(13.50h) para calcular sus ganancias, ya deducidos los impuestos, según las horas h que trabaja. ¿Cuánto ganará, deducidos los impuestos, si trabaja 40 horas? _____

Evalúa las expresiones si $x = 3$, $y = 12$ y $z = 8$.

12. $4z + 8 - 6$ _____

13. $7z \div 4 + 5x$ _____

14. $y^2 \div (3z)$ _____

15. 🅿🅼 **Responder con precisión** Para hallar el área del trapecio, usa la expresión $\frac{1}{2}h(b_1 + b_2)$, donde h representa la altura, b_1 representa la longitud de la base superior y b_2 representa la longitud de la base inferior. ¿Cuál es el área de la mesa con forma de trapecio? _____

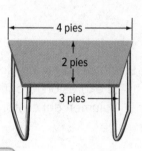

4 pies
2 pies
3 pies

Problemas S.O.S. Soluciones de orden superior

16. 🅿🅼 **Perseverar con los problemas** Isandro e Yvette tienen una calculadora cada uno. Yvette empieza desde 100 y resta 7 cada vez. Isandro empieza desde 0 y suma 3 cada vez. Si presionan las teclas al mismo tiempo, ¿mostrarán las pantallas de sus calculadoras el mismo número en algún momento? _____

17. 🅿🅼 **Razonar de manera abstracta** Describe la diferencia entre las expresiones algebraicas y las expresiones numéricas.

_____

_____

_____

18. 🅿🅼 **Justificar las conclusiones** Completa la tabla de valores para evaluar $5n$ y 5^n para los valores dados de n. ¿Cuál será mayor cuando $n > 5$? Justifica tu respuesta.

n	1	2	3	4
$5n$				
5^n				

_____

_____

Más práctica

Evalúa las expresiones si $m = 2$, $n = 16$ y $g = \frac{1}{5}$.

19. $n + 8$ _24_

$$n + 8 = 16 + 8$$

Ayuda para la tarea ➡ $= 24$

20. $12 \div m$ _____

21. $n - m$ _____

22. $2n - 6$ _____

23. $15g$ _____

24. $45g$ _____

25. $7m + 8$ _____

26. $50g^2$ _____

27. Conocimientos sobre finanzas Colton gana $7 por hora, más $1.50 por cada envío de pizza. La expresión $7h + 1.50e$ puede usarse para hallar el total de dinero que gana después de trabajar h horas y entregar e pizzas. ¿Cuánto dinero ganará Colton si trabaja 15 horas y entrega 8 pizzas?

_____

_____

28. **(PM) Responder con precisión** Si eres socio de un club de música, puedes comprar CD a $14.99 cada uno. El club también cobra $4.99 por cada envío. La expresión $14.99n + 4.99$ representa el costo de n CD. Halla el costo total de comprar 3 CD.

_____

Evalúa las expresiones si $a = \frac{1}{2}$, $b = 15$ y $c = 9$.

29. $c^2 + a$ _____

30. $2ac$ _____

31. $b^2 - 5c$ _____

32. ¿Cuál es el valor de $st \div (6r)$ si $r = 5$, $s = 32$ y $t = 45$?

_____

33. La altura del triángulo que se muestra puede hallarse con la expresión $48 \div b$, donde b es la base del triángulo.

¿Cuál es la altura del triángulo? [ ]

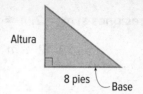

Altura

8 pies — Base

34. La tabla muestra los totales de las medallas ganadas por los 6 países que más medallas ganaron en los Juegos Olímpicos de Verano de 2012. Los 6 países ganaron 421 medallas en total en esos juegos. A partir de la información de la tabla, escribe una expresión que represente la cantidad total de medallas que ganaron esos países.

[ ]

¿Cómo puedes usar tu expresión y la información dada para determinar la cantidad de medallas que ganó Gran Bretaña? Explica tu razonamiento.

Total de medallas	
País	Cantidad de medallas
Estados Unidos	104
China	88
Rusia	82
Gran Bretaña	x
Alemania	44
Japón	38

Estándares comunes: Repaso en espiral

Escribe el símbolo $<$, $>$ o $=$ que corresponde a cada descripción. 4.NF.2, 4.NF.7

35. igual a _____

36. mayor que _____

37. menor que _____

38. Escribe una oración numérica para mostrar que *dos más cuatro es igual a seis*. 5.OA.2

_____

39. Escribe una oración numérica para mostrar que *la suma de catorce y ocho es veintidós*. 5.OA.2

_____

40. Gianna esquió tres veces más lejos que Xavier. Xavier esquió cuatro millas. ¿Qué distancia esquió Gianna? 4.NBT.5

_____

Laboratorio de indagación

Escribir expresiones

 ¿CÓMO te ayudan los diagramas de barras a escribir expresiones en las que hay letras que representan números?

 Content Standards
6.EE.2, 6.EE.2a, 6.EE.2b

PM Prácticas matemáticas
1, 3, 4

Kevin tiene 6 tarjetas coleccionables de béisbol más que Elián. Escribe una expresión algebraica que represente el número de tarjetas que tiene Kevin.

¿Qué sabes? _____

_____

¿Qué debes hallar? _____

_____

Manos a la obra: Actividad 1

Las expresiones algebraicas son similares a las expresiones numéricas.

Paso 1 Elián tiene una cantidad desconocida de tarjetas coleccionables de béisbol *t*. Usa un diagrama de barras para mostrar las tarjetas que tiene.

Elián | ***t* tarjetas** |

Paso 2 Kevin tiene 6 tarjetas más que Elián. Completa el siguiente diagrama de barras para mostrar cuántas tarjetas tiene Kevin.

Kevin | ***t* tarjetas** | ☐ **tarjetas** |

Por lo tanto, Kevin tiene ☐ + ☐ tarjetas coleccionables de béisbol.

Recuerda que los términos de una expresión están separados por signos de suma o resta.

¿Cuántos términos tiene la expresión? ☐

¿La expresión representa una *suma*, una *diferencia*, un *producto* o un *cociente*?

_____

Manos a la obra: Actividad 2

En julio, Sam envió 10 mensajes menos que en agosto. Escribe una expresión algebraica para representar la cantidad de mensajes que envió Sam en julio.

Paso 1 Sam envió una cantidad desconocida de mensajes *m* en agosto. Rotula el diagrama de barras para representar los mensajes que Sam envió en agosto.

Agosto | *m* mensajes |

Paso 2 Sam envió 10 mensajes menos en julio. Rotula el diagrama de barras para representar los mensajes que Sam envió en julio.

Julio { | ☐ mensajes |

☐ menos

Por lo tanto, Sam envió ☐ − mensajes en julio.

¿Cuántos términos tiene la expresión? ☐

¿La expresión representa una *suma*, una *diferencia*, un *producto* o un *cociente*?

Manos a la obra: Actividad 3

Un delfín nariz de botella puede nadar *d* millas por hora. Los seres humanos nadan a un tercio de la velocidad de los delfines. Escribe una expresión algebraica que pueda usarse para hallar a qué velocidad pueden nadar los seres humanos.

Paso 1 Los delfines pueden nadar una cantidad desconocida *d* de millas por hora. Usa un diagrama de barras para representar la velocidad a la que nadan los delfines.

Delfines | *d* millas por hora |

Paso 2 Los seres humanos nadan a un tercio de la velocidad a la que nadan los delfines. Divide y sombrea el segundo diagrama de barras para representar la velocidad a la que pueden nadar los seres humanos.

Delfines | *d* millas por hora |

Seres humanos | |

Por lo tanto, los seres humanos pueden nadar a ☐ ÷ ☐ millas por hora.

¿Cuántos términos tiene la expresión? ☐

¿La expresión representa una *suma*, una *diferencia*, un *producto* o un *cociente*?

Investigar

Colabora

Trabaja con un compañero o una compañera. Escribe un problema del mundo real y una expresión algebraica para cada una de las situaciones.

1.

1.ᵉʳ año	**p personas**	

2.° año	**p personas**	**43 personas**

Muestra tu trabajo.

2.

Bolsa de manzanas	**l libras**	

Bolsa de naranjas		

_____
_____
_____
_____
_____

_____
_____
_____
_____
_____

3.

Dasan

b gorras de béisbol

Dion

b gorras de béisbol	
	2 gorras

4.

Kent

m millas cuadradas

Ames

m millas cuadradas	
	12

_____
_____
_____
_____
_____

_____
_____
_____
_____
_____

5.

Harry

m minutos

Janice

6.

Sexto grado

h pulgadas	

Séptimo grado

h pulgadas	**2 pulgadas**

_____
_____
_____
_____

_____
_____
_____
_____

Analizar y pensar

Trabaja con un compañero o una compañera para completar la tabla.
La primera fila está hecha y te servirá de ejemplo.

Expresión algebraica	En palabras	Representación	
$a + 8$	la suma de un número y 8	a	8
7. $r - 4$			
8. $5w$			
9. $\dfrac{c}{3}$			
10. $7 + m$			

11. (PM) **Razonar de manera inductiva** Escribe una expresión algebraica que represente *un número* y *dividido entre 10.* _____

Crear

Por tu cuenta

12. (PM) **Representar con matemáticas** Escribe una situación del mundo real y una expresión algebraica que se correspondan con el diagrama de barras.

w	w	w	3

_____
_____
_____

13. (indagación) ¿CÓMO te ayudan los diagramas de barras a escribir expresiones en las que hay letras que representan números?

_____
_____

Álgebra: Escribir expresiones

 ## Conexión con el mundo real

 Pregunta esencial

¿POR QUÉ es útil escribir números de diferentes maneras?

 Vocabulario

definir la variable

 Common Core State Standards

Content Standards
6.EE.2, 6.EE.2a, 6.EE.2c, 6.EE.6

PM **Prácticas matemáticas**
1, 2, 3, 4, 6

Aeropuertos En Missouri hay 8 grandes aeropuertos comerciales. En California hay 24 grandes aeropuertos comerciales.

1. **En Alabama hay 4 aeropuertos menos que en Missouri.**

   a. Subraya la palabra matemática clave del problema.

   b. Encierra en un círculo la operación que usarás para determinar cuántos aeropuertos hay en Alabama. Explica tu respuesta.

   $$+ \qquad - \qquad \times \qquad \div$$

   _____

   _____

2. **En California hay 3 veces la cantidad de aeropuertos que hay en Georgia.**

   a. Subraya la palabra matemática clave del problema.

   b. Encierra en un círculo la operación que usarás para determinar cuántos aeropuertos hay en Georgia. Explica tu respuesta.

   $$+ \qquad - \qquad \times \qquad \div$$

   _____

   _____

   _____

¡A Missouri sin escalas!

3. En Missouri hay 2 veces la cantidad de aeropuertos que hay en Ohio. ¿Cuántos aeropuertos hay en Ohio?

   8 ◯ 2 = _____

 ¿Qué Prácticas matemáticas PM usaste?
Sombrea lo que corresponda.

① Perseverar con los problemas   ⑤ Usar las herramientas matemáticas

② Razonar de manera abstracta   ⑥ Prestar atención a la precisión

③ Construir un argumento   ⑦ Usar una estructura

④ Representar con matemáticas   ⑧ Usar el razonamiento repetido

Escribir frases como expresiones algebraicas

Para escribir frases verbales como expresiones algebraicas, sigue estos pasos. En el segundo paso, **definir la variable**, elige una variable y decide qué representa.

Datos	Describe la situación. Usa solamente las palabras más importantes.
Variable	Elige una variable para representar la cantidad desconocida.
Expresión	Transforma la frase verbal en una expresión algebraica.

Ejemplos

Escribe las frases como expresiones algebraicas.

1. *Ocho dólares más que lo que ganó Ryan*

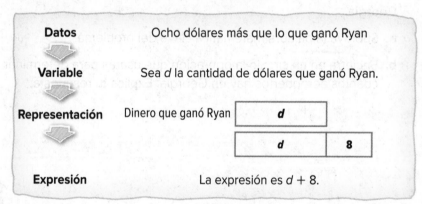

Datos	Ocho dólares más que lo que ganó Ryan
Variable	Sea *d* la cantidad de dólares que ganó Ryan.
Representación	Dinero que ganó Ryan
Expresión	La expresión es *d* + 8.

2. *Diez dólares menos que el precio original*

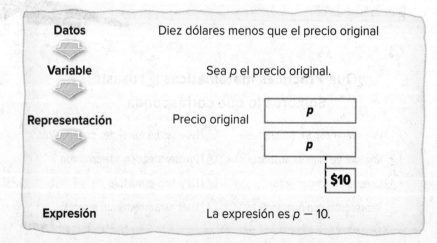

Datos	Diez dólares menos que el precio original
Variable	Sea *p* el precio original.
Representación	Precio original
Expresión	La expresión es *p* − 10.

Menos que

Puedes escribir diez más que un número como 10 + p o como p + 10. Pero diez menos que un número solo puede escribirse como p − 10.

3. *Cuatro veces la cantidad de galones*

Datos   Cuatro veces la cantidad de _____

Variable   Sea _____.

Representación   Cantidad
de   [   ]
galones

Expresión   La expresión es _____.

Muestra tu trabajo.

a. _____

¿Entendiste? Resuelve estos problemas para comprobarlo.

a. Cuatro puntos menos que los que anotó el equipo de los Bulls

b. 12 veces la cantidad de pies

c. El costo total de una camisa y un par de medias que cuesta $8

b. _____

c. _____

Escribir expresiones de dos pasos

Las expresiones de dos pasos pueden contener dos operaciones diferentes.

Ejemplo

Tutor

4. Escribe la frase *5 menos que 3 veces la cantidad de puntos* como una expresión algebraica.

Datos   5 menos que 3 veces la cantidad de puntos

Variable   Sea *p* la cantidad de puntos.

Representación   Cantidad
de puntos

p	*p*	*p*
		5

Expresión   La expresión es $3p - 5$.

¿Entendiste? Resuelve este problema para comprobarlo.

d. Escribe la frase *$3 más que cuatro veces el costo de un pretzel* como una expresión algebraica.

d. _____

Ejemplo

El mundo real

5. Terri compró una revista por $5 y dos frascos de esmalte para uñas. Escribe una expresión que represente el total de dinero que gastó. Luego, halla el total si cada frasco de esmalte cuesta $3.

Paso 1 El esmalte para uñas cuesta una cantidad desconocida. Usa *d* para representar el costo del esmalte.

Paso 2 Ella compró 2 frascos de esmalte, más una revista.

Cantidad total	*d* dólares	*d* dólares	$5

La expresión es $2 \times d + 5$, o $2d + 5$.

$$2d + 5 = 2(3) + 5 \qquad \text{Reemplaza } d \text{ por 3.}$$
$$= 6 + 5 \qquad \text{Multiplica.}$$
$$= 11 \qquad \text{Suma.}$$

Por lo tanto, la cantidad total es $11.

Práctica guiada

Define las variables y escribe las frases como expresiones algebraicas.
(Ejemplos 1 a 4)

1. Cuatro veces el dinero que ahorró Elliot _____

2. La mitad de páginas que leyó George _____

3. El ancho de una caja mide 4 pulgadas menos que su longitud _____

4. El costo de 5 CD y un DVD que cuesta $12 _____

5. Shoko compró una caja de palomitas de maíz que cuesta $3.50 y tres gaseosas medianas. Define la variable y escribe una expresión que represente la cantidad total de dinero gastado. Luego, halla la cantidad total si una gaseosa cuesta $1.50. (Ejemplo 5)

_____

6. ⓔ **Desarrollar la pregunta esencial** ¿Por qué escribir frases como expresiones algebraicas te ayuda a resolver problemas?

_____

_____

_____

¡Califícate!

☐ Entiendo cómo se escriben las expresiones algebraicas.

▶▶ ¡Muy bien! ¡Estás listo para seguir!

☐ Todavía tengo dudas sobre cómo escribir las expresiones algebraicas.

▦ ¡No hay problema! Conéctate y accede a un Tutor personal.

Tutor

Práctica independiente

Conéctate para obtener las soluciones de varios pasos.

Define las variables y escribe las frases como expresiones algebraicas.

(Ejemplos 1 a 4)

1. Seis pies menos que el ancho

_____

2. 6 horas por semana más que las horas que estudia Theodore

_____

3 Seis años menos que la edad de Tracey

_____

4. 2 menos que un tercio de los puntos que anotó el equipo de las Panteras

_____

5 La Cámara de representantes de Estados Unidos tiene 35 miembros más cuatro veces la cantidad de miembros del Senado de Estados Unidos. Define una variable y escribe una expresión que represente la cantidad de miembros de la Cámara de representantes. Luego, halla la cantidad de miembros de la Cámara de representantes, si el Senado tiene 100 miembros. (Ejemplo 5)

_____

_____

6. (PM) **Representaciones múltiples** Dani usa la tabla como ayuda para convertir las medidas mientras cose.

Cantidad en pulgadas	12	24	36	48
Cantidad en pies	1	2	3	4

a. En palabras Describe la relación entre el número de pulgadas y el número de pies.

_____

_____

b. Símbolos Escribe una expresión para expresar el número de pies en x pulgadas.

_____

_____

c. Números Halla el número de pies en 252 pulgadas.

_____

_____

7. (PM) **Responder con precisión** Una pulgada equivale a aproximadamente 2.54 centímetros. Escribe una expresión para estimar el número de centímetros en x pulgadas. Luego, estima el número de centímetros en 12 pulgadas.

_____

8. Conocimiento sobre finanzas Hace unos días, un euro equivalía a aproximadamente 1.2 dólares. Escribe una expresión para estimar la cantidad de dólares en x euros. Luego, estima la cantidad de dólares equivalente a 25 euros.

_____

9. Justin tiene 2 años más que un tercio de la edad de Marcela. Aimé tiene cuatro años menos que 2 veces la edad de Justin. Define una variable y escribe una expresión para representar la edad de Justin. Luego, halla la edad de Justin y Aimé, si Marcela tiene 63 años de edad.

_____

Problemas S.O.S. Soluciones de orden superior

10. (PM) **Hallar el error** Elisa escribió una expresión algebraica para representar *5 menos que un número*. Halla el error y corrígelo.

_____

_____

_____

$5 - n$

11. (PM) **Perseverar con los problemas** Wendy gana $2 por cada mesa que atiende, más 20% del total de la orden de cada cliente. Define una variable y escribe una expresión para representar la cantidad de dinero que gana si atiende una mesa.

_____

12. (PM) **Justificar las conclusiones** Si n representa la cantidad de canciones almacenadas en un reproductor de MP3, analiza el significado de las expresiones $n + 7$, $n - 2$, $4n$ y $n \div 2$.

_____

_____

13. (PM) **Justificar las conclusiones** Determina si el siguiente enunciado es verdadero *siempre*, *a veces* o *nunca*. Justifica tu razonamiento.

Las expresiones $x - 3$ *e* $y - 3$ *representan el mismo valor.*

_____

_____

14. (PM) **Razonar de manera inductiva** Imagina que x es un número impar. Escribe una expresión para representar cada una de las siguientes:

a. El número impar inmediatamente posterior a x _____

b. El número impar inmediatamente anterior a x _____

Más práctica

Define las variables y escribe las frases como expresiones algebraicas.

15. Cuatro veces la cantidad de manzanas $m =$ la cantidad de manzanas; $4 \times m$, o $4m$

Ma para tarea

16. Diez zapatos más que Rubén _____

17. $5 dólares menos que los que gastó James en la cena _____

18. 3 más que el doble de los tonos de llamada que tiene Mary _____

19. Melinda juega a los bolos los sábados por la tarde. Juega tres partidas y paga el alquiler del calzado. Define una variable y escribe una expresión para representar el total que paga Melinda. Luego, halla el costo total si cada partida cuesta $4. _____

Bolos	
Una partida	■
Alquiler del calzado	$2

20. Kiyo fue a La Pizzería de Pauli y compró una pizza por $12.50 y cuatro bebidas medianas. Define una variable y escribe una expresión para representar el total de dinero que gastó. Luego, halla el gasto total si una bebida cuesta $3.

21. Moesha tiene en su biblioteca musical 17 canciones más que el doble de las canciones que tiene Damián en su propia biblioteca musical. Define una variable y escribe una expresión para representar la cantidad de canciones en la biblioteca musical de Moesha. Luego, halla la cantidad de canciones que tiene Moesha, si Damián tiene 5 canciones en su biblioteca musical.

22. ⓟⓜ **Razonar de manera abstracta** Clara tiene 3 más que la mitad de la cantidad de bolsos que tiene Aisha. Define una variable y escribe una expresión para representar la cantidad de bolsos que tiene Clara. Luego, halla la cantidad de bolsos que tiene Clara, si Aisha tiene 12 bolsos.

23. Marco y sus amigos compraron fichas para juegos por $15 y 3 boletos para entrar a la tienda de juegos El Palacio de la diversión. Sea b el costo de un boleto. Determina si cada uno de estos enunciados es verdadero o falso.

  a. La expresión $3(b + 15)$ representa el total   ☐ Verdadero   ☐ Falso
     que gastaron Marco y sus amigos.

  b. Si cada boleto cuesta $2.50, Marco y sus   ☐ Verdadero   ☐ Falso
     amigos gastaron $22.50 en total.

24. La tabla muestra la relación entre pies y yardas.

Cantidad de pies	3	6	9	12	15
Cantidad de yardas	1	2	3	4	5

Completa las casillas para escribir una expresión algebraica que represente la cantidad de pies en cualquier cantidad dada de yardas.

p	$\frac{1}{3}$
y	pies
3	yardas

Datos   ☐ veces la cantidad de ☐ .

Variable   Sea ☐ la cantidad de ☐ .

Representación   ☐

Expresión   La cantidad de pies en ☐ yardas se obtiene con la expresión ☐ ☐ .

Evalúa las expresiones. 5.NBT.7

25. $7 + 0.8 =$ _____

26. $8.3 \times 1 =$ _____

27. $3.5 + (4 + 7) =$ _____

28. Samanta corrió cinco millas por día durante siete días. Mariska corrió siete millas por día durante cinco días. ¿Corrieron la misma distancia? Explica tu respuesta. 4.OA.2

_____

_____

Investigación para la resolución de problemas
Represéntalo

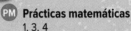 **Content Standards**
6.EE.2

PM Prácticas matemáticas
1, 3, 4

Caso #1 Problemas de mesas

Ariana está acomodando las mesas para el banquete del equipo de voleibol. Hasta 6 personas pueden sentarse a cada mesa rectangular. Puede armar hileras de mesas para que puedan sentarse más personas.

¿Cuántas personas pueden sentarse si acomoda cuatro mesas?

 ## Comprende ¿Qué sabes?

Pueden sentarse hasta 6 personas en cada mesa rectangular.

 ## Planifica ¿Cuál es tu estrategia para resolver este problema?

Usa el rectángulo para representar la mesa. Usa fichas para representar las sillas. Dibuja una X para representar la posición de cada ficha.

 ## Resuelve ¿Cómo puedes aplicar la estrategia?

Representa la situación para hallar la cantidad de personas que pueden sentarse si hay cuatro mesas. Usa fichas para representar las sillas. Dibuja una X para representar la posición de cada ficha.

Si hay cuatro mesas, pueden sentarse [ ] personas.

 ## Comprueba ¿Tiene sentido tu respuesta?

Usa la expresión $4x + 2$, donde x representa la cantidad de mesas.

Por lo tanto, [ ] × [ ] + [ ] = [ ] . ✓

Analizar la estrategia Tutor

PM Razonar de manera inductiva Explica cómo te ayuda la estrategia

Represéntalo a comprobar si una respuesta es razonable. _____

Caso #2 Cada vez más complicado

Imagina que el patrón de las figuras de la derecha continúa.

Halla la cantidad de cuadrados unitarios en la Figura 5.

Figura 1   Figura 2   Figura 3

1 Comprende

Lee el problema. ¿Qué se te pide que halles?

Debo hallar _____.

Subraya los valores y las palabras claves. ¿Qué información conoces?

La Figura 1 tiene ☐ cuadrado. La Figura 2 tiene ☐ cuadrados.

La Figura 3 tiene ☐ cuadrados.

2 Planifica

Elige una estrategia para la resolución de problemas.

Usaré la estrategia _____.

3 Resuelve

Usa tu estrategia para la resolución de problemas y resuélvelo.

Usa fichas para recrear las figuras.
Usa 1 ficha para la Figura 1, 3 fichas para la Figura 2 y 6 fichas para la Figura 3.

Se agregan ☐ fichas a la Figura 1 para formar la Figura 2.

Se agregan ☐ fichas a la Figura 2 para formar la Figura 3.

Agrego ☐ fichas a la Figura 3 para formar la Figura 4.

Luego, agrego ☐ fichas a la Figura 4 para formar la Figura 5.

Por lo tanto, _____.

4 Comprueba

Usa la información del problema para comprobar tu respuesta.

Para comprobar tu respuesta, dibuja un modelo. Dibuja dos cuadrados más para la primera figura, tres cuadrados más para la segunda figura, y así sucesivamente.

Colabora

**Trabaja con un grupo pequeño para resolver los siguientes casos.
Muestra tu trabajo en una hoja aparte.**

Caso #3 Equipos

Veinticuatro estudiantes se dividen entre cuatro equipos con la misma cantidad de integrantes cada uno. Para dividirse, cuentan de uno a cuatro, comenzando con el número 1, asignado al primer equipo.

Si Nate es el undécimo estudiante contado, ¿a qué equipo será asignado?

Caso #4 Ahorros

Dakota tiene $5.38 en su cuenta de ahorros. Cada semana, deposita $2.93.

¿Cuánto dinero tendrá Dakota después de 5 semanas?

Caso #5 Vacaciones

La oficina de turismo de Florida hizo una encuesta para averiguar cuáles eran las ciudades favoritas de los turistas. La mitad de las personas dijo Orlando, $\frac{1}{4}$ dijo Miami, $\frac{1}{8}$ dijo Kissimmee, $\frac{1}{16}$ respondió Fort Lauderdale, $\frac{1}{32}$ dijo Key West, y el resto eligió Tampa.

Si 22 personas eligieron Tampa, ¿cuántas personas respondieron Orlando?

Mes de nacimiento		
Junio	Julio	Abril
Marzo	Julio	Junio
Octubre	Mayo	Agosto
Junio	Abril	Octubre
Mayo	Octubre	Abril
Septiembre	Diciembre	Enero

¡Usa una estrategia!

Caso #6 Escuela

Se muestran los meses en que nacieron los estudiantes de la clase de la Srta. Desimio.

¿Cuál es la diferencia entre los porcentajes de estudiantes nacidos en junio y en agosto? Redondea al porcentaje entero más cercano.

Repaso de medio capítulo

Comprobación del vocabulario

1. **PM** **Responder con precisión** Define *potencias*. Da un ejemplo de una potencia con exponente 2. (Lección 1)

_____

_____

2. Completa la oración con el término correcto. (Lección 2)

El _____ indica qué operación se debe resolver primero, para que todos hallen el mismo valor de una expresión.

Comprobación y resolución de problemas: Destrezas

Escribe las potencias como productos del mismo factor. Luego, calcula los valores. (Lección 1)

3. $7^2 =$ _____

4. $5^5 =$ _____

Evalúa las expresiones si $x = 6$. (Lección 3)

5. $x + 11$ _____

6. $4(x - 5)$ _____

7. $2x \div 6$ _____

8. **PM** **Razonar de manera abstracta** Tania es 8 años menor que su hermana Annette. Annette tiene y años. Escribe una expresión algebraica que describa la edad de Tania. (Lección 4)

_____

9. **PM** **Razonar de manera abstracta** Se muestran los precios por libra de diferentes frutos secos. Escribe una expresión que puedas usar para calcular el costo total de 2 libras de cacahuates, 3 libras de castañas y 1 libra de almendras, con un 20% de descuento. (Lección 2)

_____

FRUTOS SECOS

Cacahuates............. $3.95
Castañas................. $4.25
Almendras $5.99

Álgebra: Propiedades

Conexión con el mundo real

Galletas Angélica y Nari hornean galletas para una venta de galletas para recaudar fondos. Angélica horneó 6 bandejas con 10 galletas cada una, y Nari horneó 10 bandejas con 6 galletas en cada una.

1. ¿Cuántas galletas horneó Angélica en total?

6 ◯ 10 = ☐

2. ¿Cuántas galletas horneó Nari en total?

10 ◯ 6 = ☐

3. ¿Qué observas acerca de las respuestas de los Ejercicios 1 y 2?

_____

_____

4. ¿Qué sugieren estos ejercicios acerca del orden en que se multiplican los factores?

_____

_____

Pregunta esencial

¿POR QUÉ es útil escribir números de diferentes maneras?

Vocabulario

expresiones equivalentes
propiedades
propiedades asociativas
propiedades conmutativas
propiedades de identidad

Common Core State Standards

Content Standards
6.EE.3
PM Prácticas matemáticas
1, 2, 3, 4, 5

¿Qué **Prácticas matemáticas** (PM) usaste?
Sombrea lo que corresponda.

①Perseverar con los problemas　⑤Usar las herramientas matemáticas

②Razonar de manera abstracta　⑥Prestar atención a la precisión

③Construir un argumento　⑦Usar una estructura

④Representar con matemáticas　⑧Usar el razonamiento repetido

Usar las propiedades para comparar expresiones

Propiedades conmutativas	El orden en que se suman o multiplican dos números no cambia la suma o el producto.

$$7 + 9 = 9 + 7 \qquad\qquad 4 \cdot 6 = 6 \cdot 4$$
$$a + b = b + a \qquad\qquad a \cdot b = b \cdot a$$

Propiedades asociativas	La manera en que se agrupan tres números cuando se suman o multiplican no cambia la suma o el producto.

$$3 + (9 + 4) = (3 + 9) + 4 \qquad 8 \cdot (5 \cdot 7) = (8 \cdot 5) \cdot 7$$
$$a + (b + c) = (a + b) + c \qquad a \cdot (b \cdot c) = (a \cdot b) \cdot c$$

Propiedades de identidad	La suma de un sumando y 0 es el primer sumando. El producto de un factor y 1 es el primer factor.

$$13 + 0 = 13 \qquad\qquad 7 \cdot 1 = 7$$
$$a + 0 = a \qquad\qquad a \cdot 1 = a$$

Las **propiedades** son enunciados que son verdaderos para cualquier número. Las expresiones 6×10 y 10×6 son **expresiones equivalentes** porque tienen el mismo valor. Este es un ejemplo de la propiedad conmutativa.

Ejemplos

Tutor

Determina si las dos expresiones son equivalentes. Si lo son, indica qué propiedad se aplica. Si no lo son, explica por qué.

1. $15 + (5 + 8)$ y $(15 + 5) + 8$

Los números se agrupan de maneras diferentes. Son equivalentes por la propiedad asociativa.

Uso un signo $=$ para comparar las expresiones.

Por lo tanto, $15 + (5 + 8) = (15 + 5) + 8$.

• •

2. $(20 - 12) - 3$ y $20 - (12 - 3)$

Las expresiones no son equivalentes porque la propiedad asociativa no es verdadera en casos de restas.

Uso el signo $\neq$ para mostrar que las expresiones no son equivalentes.

Por lo tanto, $(20 - 12) - 3 \neq 20 - (12 - 3)$.

Determina si las dos expresiones son equivalentes. Si lo son, indica qué propiedad se aplica. Si no lo son, explica por qué.

3. 34 + 0 y 34

Las expresiones son equivalentes por la propiedad de identidad.

Por lo tanto, 34 + 0 = 34.

· ·

4. 20 ÷ 5 y 5 ÷ 20

Las expresiones no son equivalentes porque la propiedad conmutativa no se aplica en casos de divisiones.

Por lo tanto, 20 ÷ 5 ≠ 5 ÷ 20.

¿Entendiste? Resuelve estos problemas para comprobarlo.

a. 5 × (6 × 3) y (5 × 6) × 3   **b.** 27 ÷ 3 y 3 ÷ 27

Usar las propiedades para resolver problemas

Las propiedades también se usan para escribir expresiones equivalentes y resolver problemas.

Tutor

Ejemplo

5. En una temporada reciente, el equipo de los Jayhawks de Kansas estaba formado por 15 bases escoltas, 4 aleros y 3 pívots. Usa la propiedad asociativa para escribir dos expresiones equivalentes que puedan usarse para hallar la cantidad total de jugadores del equipo.

La propiedad asociativa indica que la manera en que se agrupan los números cuando se suman no cambia la suma; por lo tanto, 15 + (4 + 3) es lo mismo que (15 + 4) + 3.

¿Entendiste? Resuelve este problema para comprobarlo.

c. Conocimiento sobre finanzas Brandi ganó $7 trabajando como niñera y $12 limpiando el garaje. Usa la propiedad conmutativa para escribir dos expresiones equivalentes que puedan usarse para hallar la cantidad total de dinero que ganó.

División

La propiedad conmutativa no se aplica en caso de división. Para probarlo, simplifica las expresiones del Ejemplo 4,

20 ÷ 5 = 4

5 ÷ 20 = $\frac{1}{4}$.

Como 4 no es igual a $\frac{1}{4}$, las expresiones no son equivalentes.

Muestra tu trabajo.

a. _____

b. _____

c. _____

Ejemplo

6. El área de un triángulo puede hallarse usando la expresión $\frac{1}{2}bh$, donde *b* es la base y *h* es la altura. Halla el área del triángulo de la izquierda.

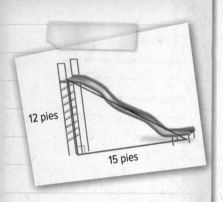

12 pies

15 pies

$$\frac{1}{2}bh = \frac{1}{2}(15)(12)$$ Reemplaza *b* por 15 y *h* por 12.

$$= \frac{1}{2}(12)(15)$$ Propiedad conmutativa

$$= 6(15)$$ Multiplica. $\frac{1}{2} \times 12 = 6$

$$= 90$$ Multiplica.

El área del triángulo es 90 pies cuadrados.

Muestra tu trabajo.

¿Entendiste? Resuelve este problema para comprobarlo.

d. **Conocimiento sobre finanzas** Vickie ganó \$6 por hora y trabajó 11 horas durante el fin de semana. Depositó $\frac{1}{3}$ de lo ganado en una cuenta de ahorros. Halla cuánto dinero depositó en la cuenta.

d. _____

Práctica guiada

Comprueba

Determina si las dos expresiones son equivalentes. Si lo son, indica qué propiedad se aplica. Si no lo son, explica por qué. (Ejemplos 1 a 4)

1. $(35 + 17) + 43$ y $35 + (17 + 43)$ _____

2. $(25 - 9) - 5$ y $25 - (9 - 5)$ _____

3. 59×1 y 59 _____

4. En un encuentro de gimnastas, una de los atletas obtuvo 8.95 puntos en salto y 9.2 puntos en las barras asimétricas. Escribe dos expresiones equivalentes que puedan usarse para hallar el total de puntos que obtuvo. (Ejemplo 5)

_____

5. Nadia compró una loción bronceadora por \$12, gafas de sol por \$15 y una toalla por \$18. Usa la propiedad asociativa para calcular mentalmente el costo total de sus compras.

(Ejemplo 6) _____

¡Califícate!

¿Entendiste cómo usar las propiedades? Sombrea lo que corresponda.

6. ℗ **Desarrollar la pregunta esencial** ¿Por qué usar las propiedades te ayuda a simplificar expresiones?

_____

_____

Para obtener más ayuda, conéctate y accede a un tutor personal.

FOLDABLES ¡Es hora de que actualices tu modelo de papel!

Práctica independiente

Conéctate para obtener las soluciones de varios pasos.

Determina si las dos expresiones son equivalentes. Si lo son, indica qué propiedad se aplica. Si no lo son, explica por qué. (Ejemplos 1 a 4)

1. $(8 + 27) + 52$ y $8 + (27 + 52)$ _____

_____

2. $(3 \cdot 6) \cdot 9$ y $3 \cdot (6 \cdot 9)$ _____

_____

3 $72 - (63 - 8)$ y $(72 - 63) - 8$ _____

_____

4. $36 \div (12 \div 3)$ y $(36 \div 12) \div 3$ _____

_____

5. $0 + 32$ y 0 _____

_____

6. **STEM** Halla el perímetro del triángulo.
(Ejemplo 6)

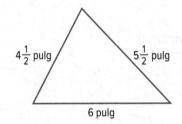

$4\frac{1}{2}$ pulg $5\frac{1}{2}$ pulg

6 pulg

_____

7 Cada día, unas 75,000 personas visitan París. Usa la propiedad conmutativa para escribir dos expresiones equivalentes que puedan usarse para hallar la cantidad de visitantes en un período de 5 días. (Ejemplo 5)

_____

_____

Usa una o más propiedades para reescribir las expresiones como expresiones sin paréntesis.

8. $(y + 1) + 4 =$ _____

9. $(6 \cdot r) \cdot 7 =$ _____

Halla el valor de x que hace que los enunciados sean verdaderos.

10. $24 + x = 24$ _____

11 $17 + x = 3 + 17$ _____

12. **(PM) Razonar de manera abstracta** La gráfica muestra las distancias entre algunas ciudades de Florida.

De Miami a Jacksonville: 338 millas

De Jacksonville a Tampa: 188 millas

Jacksonville

Orlando

Tampa

FLORIDA

a. Escribe una oración numérica para comparar la cantidad de millas entre Miami, Jacksonville y Tampa, y la cantidad de millas entre Tampa, Jacksonville y Miami.

_____

_____

b. Observa el Ejercicio a. Nombra la propiedad que ilustra esa oración numérica.

_____

_____

Problemas S.O.S. Soluciones de orden superior

13. **(PM) Razonar de manera abstracta** Escribe dos expresiones equivalentes para ilustrar la propiedad asociativa de la suma. _____

_____

14. **(PM) Construir un argumento** Determina si $(18 + 35) \times 4 = 18 + 35 \times 4$ es *verdadero* o *falso*. Explica tu respuesta. _____

_____

15. **(PM) Perseverar con los problemas** Un *contraejemplo* es un ejemplo que demuestra que un enunciado no es verdadero. Da un contraejemplo para el siguiente enunciado.

La división de números enteros es conmutativa.

_____

16. **(PM) Justificar las conclusiones** ¿$(4 + 9) + 5 = (9 + 4) + 5$ y $(4 + 9) + 5 = 4 + (9 + 5)$ son ejemplos de la misma propiedad? Justifica tu respuesta.

_____

_____

_____

_____

17. **(PM) Razonar de manera inductiva** ¿Cómo puede usarse la propiedad asociativa para calcular mentalmente $48 + 82$?

_____

_____

Más práctica

Determina si las dos expresiones son equivalentes. Si lo son, indica qué propiedad se aplica. Si no lo son, explica por qué.

18. $64 + 0$ y 64 _Sí; propiedad de identidad._ _____

19. $23 \cdot 1$ y 23 _____

20. $8 \div 2$ y $2 \div 8$ _____

21. $46 + 15$ y $15 + 46$ _____

22. $13 \cdot 1$ y 1 _____

23. 🅿🅼 **Usar las herramientas matemáticas** La madre de Anita organizó una fiesta. La tabla muestra los costos. Usa la propiedad asociativa para escribir dos expresiones equivalentes que puedan usarse para hallar la cantidad total de dinero que gastó.

_____

_____

Costos de la fiesta	
Artículo	**Costo ($)**
Pastel	12
Perros calientes y hamburguesas	24
Bebidas	6

24. Elena vendió 37 collares a $20 cada uno en la feria de artesanos. Va a donar la mitad del dinero que ganó a obras de caridad. Usa la propiedad conmutativa para calcular mentalmente cuánto dinero va a donar. Explica los pasos que seguiste.

_____

_____

Usa una o más propiedades para reescribir las expresiones como expresiones sin paréntesis.

25. $2 + (x + 4) =$ _____

26. $4 + (b + 0) =$ _____

27. $1 \cdot (n \cdot 8) =$ _____

28. $20 \cdot (6 \cdot y) =$ _____

29. $(6 + m) + 9$ _____

30. $(w \cdot 12) \cdot 3$ _____

31. La tabla muestra la cantidad de escritorios en cada salón de clases de tres escuelas diferentes. ¿Cuáles de estas expresiones muestran la cantidad total de escritorios? Selecciona todas las opciones correctas.

Escuela	Cantidad de salones de clase	Cantidad de escritorios por salón de clases
Medina	12	25
Monroe	12	25
Yorktown	15	20

- ☐ $2 \times (12 \times 25) + 15 \times 20$
- ☐ $2 \times (12 + 12 + 15)$
- ☐ $(2 \times 12) \times 25 + 15 \times 20$
- ☐ $15 \times 20 + (2 \times 12) \times 25$

32. Determina si las dos operaciones de cada par son equivalentes. Si son equivalentes, selecciona la propiedad que ilustran.

> Propiedad asociativa
>
> Propiedad conmutativa
>
> Propiedad de identidad

	¿Son equivalentes?	Propiedad
$5 + 0 \, y \, 5$		
$12 \times 2 \, y \, 2 \times 12$		
$16 - 3 \, y \, 3 - 16$		
$3 + (1 + 9) \, y \, (3 + 1) + 9$		

Estándares comunes: Repaso en espiral

Escribe los números en forma desarrollada. 4.NBT.2

33. $15 =$ _____

34. $37 =$ _____

35. $209 =$ _____

36. Lakisha tiene billetes de $10 y de $1 en su monedero. Usa siete billetes para pagar un par de zapatos que cuesta $43. ¿Cuántos billetes de cada valor gastó? 4.OA.3

_____

_____

37. Margo tiene 3 monedas de 10¢. Justin tiene 5 monedas de 10¢. Guardan el dinero en una caja para donaciones al refugio de mascotas local. ¿Cuál es el valor del dinero que donaron? Explica tu respuesta. 4.OA.3

_____

_____

Laboratorio de indagación

La propiedad distributiva

 Indagación ¿CÓMO puedes usar modelos para evaluar y comparar expresiones?

CCSS Content Standards
6.EE.3

PM Prácticas matemáticas
1, 3, 5

Tres amigos asistirán a un concierto que se hará en una feria. Cada uno debe pagar la entrada a la feria, que cuesta $6.00, y la entrada al concierto, que cuesta $22.00. ¿Cuánto gastarán los tres amigos en total?

Manos a la obra: Actividad 1

 Observa ▶

Paso 1 Escribe una expresión para representar la cantidad que gastarán en dólares.

$$3(6 + 22)$$

Amigos   **Entrada a la feria**   Concierto

Paso 2 Usa modelos de área para evaluar la expresión.

Método 1 Suma las longitudes. Luego, multiplica.

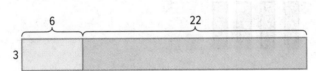

$$3(6 + 22) = 3(28)$$
$$= \boxed{}$$

Método 2 Halla las áreas. Luego, suma.

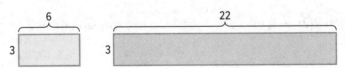

$$3 \cdot 6 + 3 \cdot 22 = 18 + 66$$
$$= \boxed{}$$

Como ambas expresiones son iguales a $\boxed{}$, son equivalentes.

Por lo tanto, $3(6 + 22) = 3 \cdot \boxed{} + 3 \cdot \boxed{}$.

También puedes usar fichas de álgebra para representar expresiones con variables. Observa el siguiente juego de fichas de álgebra.

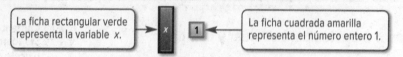

La ficha rectangular verde representa la variable x.

La ficha cuadrada amarilla representa el número entero 1.

Así como 2(3) significa 2 grupos de 3, $2(x + 1)$ significa 2 grupos de $x + 1$.

Usa fichas de álgebra para indicar si las expresiones $2(2x + 1)$ y $4x + 2$ son equivalentes.

Paso 1 Representa la expresión $2(2x + 1)$.

Hay ☐ grupos, con $2x + 1$ en cada grupo.

Paso 2 Agrupa las fichas iguales.

El modelo muestra ☐ fichas de x y ☐ fichas de número entero.

Ambos modelos tienen las mismas cantidades de fichas de x y de fichas de número entero.

Por lo tanto, la expresión $2(2x + 1)$ es _____ a la expresión $4x + 2$.

Investigar

Colabora

Trabaja con un compañero o una compañera. Dibuja modelos de área para mostrar que los pares de expresiones son equivalentes.

1. $2(4 + 6)$ y $(2 \cdot 4) + (2 \cdot 6)$

$2(4 + 6) = 2(\underline{\hspace{2cm}})$ $\qquad$ $(2 \cdot 4) + (2 \cdot 6) = \underline{\hspace{1.5cm}} + \underline{\hspace{1.5cm}}$

$= \underline{\hspace{2cm}}$ $\qquad\qquad\qquad$ $= \underline{\hspace{2cm}}$

2. $4(3 + 2)$ y $(4 \cdot 3) + (4 \cdot 2)$

$4(3 + 2) = 4(\underline{\hspace{2cm}})$ $\qquad$ $(4 \cdot 3) + (4 \cdot 2) = \underline{\hspace{1.5cm}} + \underline{\hspace{1.5cm}}$

$= \underline{\hspace{2cm}}$ $\qquad\qquad\qquad$ $= \underline{\hspace{2cm}}$

3. $6(20 + 3)$ y $(6 \cdot 20) + (6 \cdot 3)$

$6(20 + 3) = 6(\underline{\hspace{2cm}})$ $\qquad$ $(6 \cdot 20) + (6 \cdot 3) = \underline{\hspace{1.5cm}} + \underline{\hspace{1.5cm}}$

$= \underline{\hspace{2cm}}$ $\qquad\qquad\qquad$ $= \underline{\hspace{2cm}}$

Usa fichas de álgebra para indicar si los pares de expresiones son equivalentes.

4. $3(x + 1)$ y $3x + 3$ $\underline{\hspace{2cm}}$

$3(x + 1)$: $\underline{\hspace{1cm}}$ fichas de x, $\underline{\hspace{1cm}}$ de enteros $\qquad$ $3x + 3$: $\underline{\hspace{1cm}}$ fichas de x, $\underline{\hspace{1cm}}$ de enteros

5. $2(3x + 2)$ y $6x + 4$ $\underline{\hspace{2cm}}$

$2(3x + 2)$: $\underline{\hspace{1cm}}$ fichas de x, $\underline{\hspace{1cm}}$ de enteros $\qquad$ $6x + 4$: $\underline{\hspace{1cm}}$ fichas de x, $\underline{\hspace{1cm}}$ de enteros

Analizar y pensar

Trabaja con un compañero o una compañera para completar la tabla. Usa un modelo, si es necesario. La primera fila está hecha y te servirá de ejemplo.

	Expresión	Reescribe la expresión.	Evalúa.
	$2(4 + 1)$	$2(4) + 2(1)$	10
6.	$7(8 + 4)$		
7.	$9(3 + 9)$		
8.	$5(3 + 5)$		
9.	$2(24 + 6)$		
10.	$3(16 + 5)$		
11.	$4(8 + 7)$		
12.	$6(22 + 9)$		

13. **(PM) Usar las herramientas matemáticas**
    Un amigo afirma que $4(x + 3) = 4x + 3$.
    Usa las fichas de álgebra de la derecha
    para explicarle a tu amigo que
    $4(x + 3) = 4x + 12$.

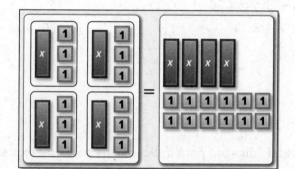

_____

_____

_____

Crear

14. **(PM) Representar con matemáticas** Escribe un problema del mundo real que pueda representarse con la expresión 3(23). Luego, explica cómo resolver el problema calculando mentalmente. _____

_____

_____

15. **Indagación** ¿CÓMO puedes usar modelos para evaluar y comparar expresiones?

_____

_____

_____

La propiedad distributiva

Conexión con el mundo real

Béisbol Tres amigos van a ver un juego de béisbol. Cada boleto para el juego cuesta $20, y los tres amigos compran gorras de béisbol que cuestan $15 cada una.

1. ¿Qué representa la expresión 3(20 + 15)?

   3 representa _____

   20 representa _____

   15 representa _____

2. Evalúa la expresión del Ejercicio 1.

   (20 + 15) = ☐

   ☐ × ☐ = ☐

3. ¿Qué representa la expresión 3 × 20 + 3 × 15?

   3 × 20 representa _____

   3 × 15 representa _____

4. Evalúa la expresión 3 × 20 + 3 × 15.

   3 × 20 = ☐

   3 × 15 = ☐

   ☐ + ☐ = ☐

5. ¿Qué observas acerca de las respuestas de los Ejercicios 2 y 4?

   _____

   _____

Pregunta esencial

¿POR QUÉ es útil escribir números de diferentes maneras?

 Vocabulario

factorizar una expresión

propiedad distributiva

 Common Core State Standards

Content Standards
6.EE.3, 6.NS.4

PM Prácticas matemáticas
1, 3, 4, 5, 6, 7, 8

¿Qué **Prácticas matemáticas** PM usaste?
Sombrea lo que corresponda.

① Perseverar con los problemas

② Razonar de manera abstracta

③ Construir un argumento

④ Representar con matemáticas

⑤ Usar las herramientas matemáticas

⑥ Prestar atención a la precisión

⑦ Usar una estructura

⑧ Usar el razonamiento repetido

Concepto clave

Área de trabajo

Propiedad distributiva

Dato Para multiplicar una suma por un número, multiplica cada sumando por el número que está fuera de los paréntesis.

Ejemplo

Números	Álgebra
$2(7 + 4) = 2 \times 7 + 2 \times 4$	$a(b + c) = ab + ac$

Las expresiones $3(20 + 15)$ y $3 \times 20 + 3 \times 15$ muestran cómo en la **propiedad distributiva** se combina la suma y la multiplicación.

Ejemplo

1. Calcula mentalmente $9 \times 4\frac{1}{3}$ usando la propiedad distributiva.

$$9 \times 4\frac{1}{3} = 9\left(4 + \frac{1}{3}\right) \qquad \text{Escribe } 4\frac{1}{3} \text{ como } 4 + \frac{1}{3}.$$

$$= 9(4) + 9\left(\frac{1}{3}\right) \qquad \text{Propiedad distributiva}$$

$$= 36 + 3 \qquad \text{Multiplica.}$$

$$= 39 \qquad \text{Suma.}$$

Muestra tu trabajo.

¿Entendiste? Resuelve estos problemas para comprobarlo.

Calcula mentalmente los productos. Muestra los pasos que seguiste.

a. $5 \times 2\frac{3}{5}$ **b.** $12 \times 2\frac{1}{4}$ **c.** 2×3.6

a. _____

b. _____

c. _____

Ejemplo

2. Usa la propiedad distributiva para reescribir $2(x + 3)$.

$$2(x + 3) = 2(x) + 2(3) \qquad \text{Propiedad distributiva}$$

$$= 2x + 6 \qquad \text{Multiplica.}$$

¿Entendiste? Resuelve estos problemas para comprobarlo.

Usa la propiedad distributiva para reescribir las expresiones.

d. $8(x + 3)$ **e.** $5(9 + x)$ **f.** $2(x + 3)$

d. _____

e. _____

f. _____

Ejemplo

Tutor

3. Fran está armando un par de aretes y una pulsera para cada una de cuatro amigas. Usa 4.5 centímetros de alambre para cada par de aretes y 13 centímetros para cada pulsera. Escribe dos expresiones equivalentes y, luego, halla cuánto alambre necesita en total.

Al usar la propiedad distributiva, $4(4.5) + 4(13)$ y $4(4.5 + 13)$ son expresiones equivalentes.

$$4(4.5) + 4(13) = 18 + 52 \quad 4(4.5 + 13) = 4(17.5)$$
$$= 70 \qquad\qquad\qquad = 70$$

Por lo tanto, Fran necesita 70 centímetros de alambre.

Muestra tu trabajo.

¿Entendiste? Resuelve este problema para comprobarlo.

g. _____

g. Todos los días, Martín levanta pesas durante 10 minutos y corre en la cinta durante 25 minutos. Escribe dos expresiones equivalentes y, luego, halla la cantidad de minutos que dedica Martín a hacer ejercicio en 7 días.

Factorizar una expresión

Factorizar una expresión es el proceso por el cual se escriben las expresiones numéricas o algebraicas como producto de sus factores.

Ejemplo

Tutor

4. Factoriza $12 + 8$.

$12 = \boxed{2} \cdot \boxed{2} \cdot 3$ Escribe la factorización prima de 12 y de 8.

$8 = \boxed{2} \cdot \boxed{2} \cdot 2$ Encierra en círculos los factores comunes.

El M.C.D. de 12 y 8 es $2 \cdot 2$, o 4.

Escribe cada término como producto del M.C.D. y el factor restante. Luego, usa la propiedad distributiva para *reducir* el M.C.D.

$12 + 8 = \mathbf{4}(3) + \mathbf{4}(2)$ Reescribe cada término usando el M.C.D.

$\qquad = \mathbf{4}(3 + 2)$ Propiedad distributiva

Por lo tanto, $12 + 8 = 4(3 + 2)$.

> ## Factorización prima
>
> La factorización prima de una expresión algebraica contiene tanto los factores primos como todos los factores representados por variables. Por ejemplo, la factorización prima de $6x$ es $2 \cdot 3 \cdot x$.

h. _____

¿Entendiste? Resuelve estos problemas para comprobarlo.

i. _____

Factoriza las expresiones.

h. $9 + 21$ **i.** $14 + 28$ **j.** $80 + 56$

j. _____

Ejemplo

5. Factoriza $3x + 15$.

$3x = \boxed{3} \cdot x$ Escribe la factorización prima de 15 y de $3x$.

$15 = \boxed{3} \cdot 5$ Encierra en círculos los factores comunes.

El M.C.D. de $3x$ y 15 es 3.

$3x + 15 = \mathbf{3}(x) + \mathbf{3}(5)$ Reescribe cada término usando el M.C.D.

$\quad\quad\quad = \mathbf{3}(x + 5)$ Propiedad distributiva

Por lo tanto, $3(x + 5) = 3x + 15$.

Muestra tu trabajo.

k. _____

l. _____

m. _____

¿Entendiste? Resuelve estos problemas para comprobarlo.

Factoriza las expresiones.

    k. $16 + 4x$ **l.** $7x + 42$ **m.** $36x + 30$

Práctica guiada

Comprueba

1. Calcula mentalmente $9 \times 8\frac{2}{3}$. Muestra los pasos que seguiste. (Ejemplo 1)

Usa la propiedad distributiva para reescribir las expresiones algebraicas. (Ejemplo 2)

2. $3(x + 1) =$ _____

3. $5(x + 8) =$ _____

4. $4(x + 6) =$ _____

Muestra tu trabajo.

Factoriza las expresiones. (Ejemplos 4 y 5)

5. $25 + 60 =$ _____

6. $4x + 40 =$ _____

7. Conocimiento sobre finanzas Seis amigos van a una feria del estado. El costo de un boleto es $9.50, y una vuelta en la rueda gigante cuesta $1.50. Escribe dos expresiones equivalentes y halla el costo total. (Ejemplo 3)

_____

8. ℗ **Desarrollar la pregunta esencial** ¿Por qué la propiedad distributiva te ayuda a reescribir expresiones?

_____

_____

_____

¡Califícate!

¿Entendiste la propiedad distributiva? Encierra en un círculo la imagen que corresponda.

No tengo dudas.   Tengo algunas dudas.   Tengo muchas dudas.

Tutor

Para obtener más ayuda, conéctate y accede a un tutor personal.

Práctica independiente

Conéctate para obtener las soluciones de varios pasos.

Calcula mentalmente los productos. Muestra los pasos que seguiste. (Ejemplo 1)

1. $9 \times 44 =$

2. $4 \times 5\frac{1}{8} =$

 3 $7 \times 3.8 =$

 Muestra tu trabajo.

Usa la propiedad distributiva para reescribir las expresiones algebraicas. (Ejemplo 2)

4. $8(x + 7) =$ _____

5. $6(11 + x) =$ _____

6. $8(x + 1) =$ _____

7 **PM** **Identificar el razonamiento repetido** Un coyote puede correr hasta 43 millas por hora, mientras que un conejo puede correr hasta 35 millas por hora. Escribe dos expresiones equivalentes y, luego, calcula cuántas millas más que un conejo puede correr un coyote en seis horas, si ambos corren a las velocidades mencionadas. (Ejemplo 3)

_____

_____

Factoriza las expresiones. (Ejemplos 4 y 5)

8. $8 + 16 =$ _____

9. $54 + 24 =$ _____

10. $63 + 81 =$ _____

11. $11x + 55 =$ _____

12. $32 + 16x =$ _____

13. $77x + 21 =$ _____

14. (PM) **Representar con matemáticas** Consulta la siguiente viñeta de la historieta para resolver los Ejercicios a y b.

Boletos	Costo
Adultos (19 años o +)	$12.50
Menores (2-18 años)	$7.50
Boletos y película	**Costo**
Adultos (19 años o +)	$18.50
Menores (2-18 años)	$13.50
Promoción "Noche en familia" **Viernes después de las 5 P.M.**	**Costo**
Boleto individual (todas las edades)	$7.00
Película (todas las edades)	$7.50

Me pregunto qué opción será la más barata.

a. Escribe dos expresiones equivalentes que demuestren la propiedad distributiva para el costo de x boletos individuales y boletos para ver la película con la promoción "Noche en familia". _____

b. ¿Qué es más barato: que un menor pague una entrada y un boleto para ver la película o que compre la promoción "Noche en familia"?

_____

Problemas S.O.S. Soluciones de orden superior

15. (PM) **Perseverar con los problemas** Evalúa la expresión 0.1(3.7) mentalmente. Justifica tu respuesta usando la propiedad distributiva. _____

_____

16. (PM) **Identificar la estructura** Escribe dos expresiones equivalentes que tengan números decimales para mostrar la propiedad distributiva. _____

_____

17. (PM) **Construir un argumento** Un amigo reescribió la expresión $5(x + 2)$ como $5x + 2$. Explica el error. Luego, reescribe la expresión $5(x + 2)$ correctamente. _____

_____

18. (PM) **Razonar de manera inductiva** Explica por qué $3(5x)$ no es equivalente a $(3 \cdot 5)(3 \cdot x)$.

_____

_____

_____

Más práctica

Calcula mentalmente los productos. Muestra los pasos que seguiste.

19. $4 \times 38 =$ ___152___

$4(30) + 4(8)$

para tarea → $= 120 + 32$

$= 152$

20. $11 \times 27 =$ _____

21. $3 \times 3.9 =$ _____

Usa la propiedad distributiva para reescribir las expresiones algebraicas.

22. $4(x + 2) =$ _____

23. $3(x + 7) =$ _____

24. $5(2x + 7) =$ _____

25. **(PM) Responder con precisión** La Sra. Singh compró 9 carpetas y 9 cuadernos. El costo de cada carpeta es $2.50. Cada cuaderno cuesta $4. Escribe dos expresiones equivalentes y, luego, halla el costo total.

_____

26. **(PM) Responder con precisión** Cinco amigos compran boletos de entrada al museo y un almuerzo. El costo de cada boleto es $11.75. Cada almuerzo cuesta $5. Escribe dos expresiones equivalentes y, luego, halla cuánto gastaron en total.

_____

Factoriza las expresiones.

27. $27 + 12 =$ _____

28. $12 + 36 =$ _____

29. $16 + 20 =$ _____

30. $2x + 8 =$ _____

31. $30 + 12x =$ _____

32. $42x + 49 =$ _____

33. Determina cuáles de estos enunciados son ejemplos de la propiedad distributiva. Selecciona "sí" o "no".

a. $7x + 1 = 7(x + 1)$ ☐ sí ☐ no

b. $3x + 6 = 3(x + 2)$ ☐ sí ☐ no

c. $5(x + 4) = 5x + 20$ ☐ sí ☐ no

d. $9(x + 4) = 9x + 4$ ☐ sí ☐ no

34. Toby y tres de sus amigos almorzaron juntos en una rotisería. Cada uno de ellos pidió un sándwich y una bebida.

Artículo	Costo ($)
Sándwich	2.75
Bebida	1.25

Completa las casillas para escribir una expresión que represente cuánto gastaron en total.

☐ × (☐ + ☐)

1.25	1.50	2
2.75	3	4

¿Cuánto gastaron Toby y sus amigos en total? ☐

CCSS **Estándares comunes: Repaso en espiral**

Evalúa las expresiones. 5.NBT.7

35. $4 + 5.23 + 3 =$ _____

36. $4 \times 0 \times 9.17 =$ _____

37. $1.8 \times 1 \times 2 =$ _____

38. Elisa y su hermana Marta anotaron cuánto dinero ahorraban por semana durante un mes. ¿Cuánto dinero ahorró cada una? Usa la información de la tabla para comparar el total de dinero que ahorró Elisa con el total que ahorró Marta. 4.OA.3 _____

Semana	Ahorro de Elisa ($)	Ahorro de Marta ($)
1	20	15
2	15	20
3	10	10
4	20	20

39. En cada botella caben 16 onzas líquidas de agua. Las botellas se empacan en envases donde caben 4 hileras de 6 botellas. ¿Cuántas onzas líquidas de agua hay en cada envase? 4.NBT.4 _____

Laboratorio de indagación

Expresiones equivalentes

CCSS Content Standards
6.EE.4

PM Prácticas matemáticas
1, 3, 4

 indagación ¿CÓMO sabes que dos expresiones son equivalentes?

Derrick y sus amigos compraron boletos para un rally de motocross. El costo de cada boleto es x dólares. Derrick compró 2 boletos el sábado y 3 boletos el domingo. Pagó $4 de estacionamiento. La expresión $2x + 4 + 3x$ representa cuánto gastó en total en el rally de motocross.

Manos a la obra

Simplifica la expresión $2x + 4 + 3x$ con fichas de álgebra.

Paso 1   Elige fichas para representar los sumandos. Usa ☐ fichas de x para representar $2x$, ☐ fichas de 1 para representar 4 y ☐ fichas de x para representar $3x$.

Paso 2   Busca los términos semejantes. Los términos semejantes son ☐ y ☐ porque ambos corresponden a fichas de x. Hay un total de ☐ fichas de x y 4 fichas de 1.

Paso 3   Dibuja las fichas de álgebra en el espacio disponible, agrupando los términos semejantes.

Paso 4   Reescribe la expresión usando la suma para combinar los términos semejantes. Suma $2x$ y $3x$.

Por lo tanto, $2x + 4 + 3x = $ ☐ $+$ ☐.

Vuelve a ordenar las fichas de álgebra para determinar si $2x + 4 + 3x$ es equivalente a $4x + x + 4$. ¿Son expresiones equivalentes? _____

Trabaja con un compañero o una compañera. Usa fichas de álgebra para simplificar las expresiones. Dibuja modelos de las fichas de álgebra para representar las expresiones.

1. $x + 4x + x =$ _____

2. $4x + 7 + 2x =$ _____

3. $2(x + 2) =$ _____

4. Determina si las expresiones $x + 1 + 3x$ y $4x + 1$ son equivalentes usando fichas de álgebra. Dibuja las fichas a la derecha.

_____

Crear

Por tu cuenta

5. (PM) **Representar con matemáticas** Maggie tiene x años. Su hermano Demarco tiene 4 años más. Anna tiene 3 veces la edad de Demarco. Escribe y simplifica una expresión para representar la edad de Anna. Explica tu respuesta.

_____

_____

6. (Indagación) ¿CÓMO sabes que dos expresiones son equivalentes?

_____

_____

Expresiones equivalentes

Vocabulario inicial

Cuando en una expresión algebraica hay signos de suma o resta que la separan en partes, cada parte se llama **término**. El factor numérico de un término que contiene una variable se llama **coeficiente**. Un término que no contiene una variable se llama **constante**. Los **términos semejantes** son términos que contienen las mismas variables, como $2x$ o $3x$.

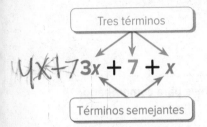

Tres términos → Los tres términos son $3x$, 7 y x.

Los términos $3x$ y x son términos semejantes porque contienen la misma variable, x.

Términos semejantes → La constante es 7.

Rotula el siguiente organizador gráfico.

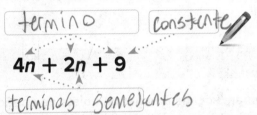

término   constante

$4n + 2n + 9$ $6n + 9$

términos semejantes

Conexión con el mundo real

Juegos La mamá de Andrew le compró un juego de computadora y le dio $10 por su cumpleaños. Su tía le regaló dos juegos y $5. La expresión $x + 10 + 2x + 5$, donde x representa el costo de cada juego, puede usarse para representar los regalos que recibió Andrew.

1. ¿Cuál es el coeficiente del término $2x$? ☐

2. ¿Cuántos términos tiene la expresión $x + 10 + 2x + 5$? ☐

¿Qué Prácticas matemáticas PM usaste?
Sombrea lo que corresponda.

① Perseverar con los problemas
② Razonar de manera abstracta
③ Construir un argumento
④ Representar con matemáticas
⑤ Usar las herramientas matemáticas
⑥ Prestar atención a la precisión
⑦ Usar una estructura
⑧ Usar el razonamiento repetido

Pregunta esencial

¿POR QUÉ es útil escribir números de diferentes maneras?

Vocabulario

coeficiente
constante
término
términos semejantes

CCSS **Common Core State Standards**

Content Standards
6.EE.2, 6.EE.2b, 6.EE.3, 6.EE.4

PM **Prácticas matemáticas**
1, 3, 4, 5, 7

Simplificar expresiones de una variable

Para simplificar una expresión algebraica, usa las propiedades para escribir una expresión equivalente que no tenga términos semejantes ni paréntesis.

Números	Variables
$3 + 3 = 2(3)$, o 6	$x + x = 2x$

Ejemplo

Tutor

1. Simplifica la expresión $4(6x)$.

$4 veces 6x$

$$4(6x) = 4 \cdot (6 \cdot x) \qquad \text{Los paréntesis indican multiplicación.}$$
$$= (4 \cdot 6) \cdot x \qquad \text{Propiedad asociativa}$$
$$= 24x \qquad \text{Multiplica 4 y 6.}$$

¿Entendiste? Resuelve estos problemas para comprobarlo.

Simplifica las expresiones.

a. $(3 \cdot x) \cdot 11$

$33 \cdot x$

b. $x + x + x$

$3x$

c. $7x + 8 + x$

$8x + 8$

 Muestra tu trabajo.

Ejemplo

Tutor

2. Tres amigos pagarán \$x cada uno por un boleto de entrada al museo, más \$1 cada uno para ver una exhibición de momias. Un cuarto amigo pagará el boleto para ingresar al museo, pero no irá a ver la exhibición de momias. Escribe y simplifica una expresión que represente el costo total.

La expresión $\underline{3(x + 1) + x}$ representa el costo total.

Costo de los boletos de entrada y de la exhibición para tres amigos

Costo de los boletos de entrada y de la exhibición para tres amigos

$$3(x + 1) + x = 3x + 3 + x \qquad \text{Propiedad distributiva}$$
$$= 3x + x + 3 \qquad \text{Propiedad conmutativa}$$
$$= 4x + 3 \qquad \text{Combina los términos semejantes.}$$

Por lo tanto, el costo total es $\$4x + \$3$.

¿Entendiste? Resuelve este problema para comprobarlo.

d. Escribe y simplifica una expresión que represente el costo total si seis amigos ingresan al museo pero solo cuatro van a ver la exhibición de momias.

Pendientes

a. $33x$

b. $3x$

c. $8x + 8$

$3(x + 1) + x$
$9x + 1$ $5x + 1$
$1x + 1 + 4$

$3 \cdot x + 3 \cdot 1 + x$
$3x + 3 + x$

$4x + 3$

$(4(6x +$
$25x$

d. $6x + 4$

0 AMigos cuatro ven el museo

Simplificar expresiones de dos variables

Las propiedades pueden usarse para simplificar o factorizar expresiones que contienen dos variables.

Compara los efectos de las operaciones en los números y en las variables.

Números	Variables
$3 + 3 + 4 = 2(3) + 4$	$x + x + y = 2x + y$

Ejemplos

Tutor

3. **Simplifica la expresión $(14y + x) + 22y$.**

$$(14y + x) + 22y = (x + 14y) + 22y \quad \text{Propiedad conmutativa}$$
$$= x + (14y + 22y) \quad \text{Propiedad asociativa}$$
$$= x + 36y \quad \text{Combina los términos semejantes.}$$

4. **Simplifica $4(2x + y)$ usando la propiedad distributiva.**

$$4(2x + y) = 4(2x) + 4(y) \quad \text{Propiedad distributiva}$$
$$= 8x + 4y \quad \text{Multiplica.}$$

5. **Factoriza $27x + 18y$.**

Paso 1 Halla el M.C.D. de $27x$ y $18y$.

$$27x = 3 \cdot 3 \cdot 3 \cdot x \quad \text{Escribe la factorización prima de } 27x \text{ y } 18y.$$
$$18y = 2 \cdot 3 \cdot 3 \cdot y \quad \text{Encierra en círculos los factores comunes.}$$

El M.C.D. de $27x$ y $18y$ es $3 \cdot 3$, o 9.

Paso 2 Escribe cada término como un producto del M.C.D. y el factor que queda. Luego, usa la propiedad distributiva para *reducir* el M.C.D.

$$27x + 18y = 9(3x) + 9(2y) \quad \text{Reescribe cada término usando el M.C.D.}$$
$$= 9(3x + 2y) \quad \text{Propiedad distributiva}$$

¿Entendiste? Resuelve los problemas para comprobarlo.

e. Simplifica $3x + 9y + 2x$.　　$5X + 9Y$

f. Simplifica $7(3x + y)$.　　$21X + 7Y$

g. Factoriza $12x + 8y$.

Muestra tu trabajo.

e. $5X + 9Y$

f. $21X + 7Y$

g. _____

Ejemplo

Tutor

6. En el mercado agrícola se venden cestas de frutas. En cada una hay 3 manzanas y 1 pera. Usa *m* para representar el costo de cada manzana y *p* para el costo de cada pera. Escribe y simplifica una expresión para representar el costo total de 5 cestas.

Usa la expresión $3m + p$ para representar el costo de cada cesta.

Usa $5(3m + p)$ para representar el costo de 5 cestas.

Usa la propiedad distributiva para reescribir $5(3m + p)$.

$$5(3m + p) = 5(3m) + 5(p) \quad \text{Propiedad distributiva}$$
$$= 15m + 5p \quad \text{Multiplica.}$$

Por lo tanto, el costo total de 5 cestas es $15m + 5p$.

Práctica guiada

Comprueba

Simplifica las expresiones. (Ejemplos 1, 3 y 4)

1. $5(6x) =$ _30x_

2. $2x + 5y + 7x =$ _9x + 5y_

3. $4(2x + 5y) =$ _8x + 20y_

Muestra tu trabajo.

4. Factoriza $35x + 28y$. (Ejemplo 5) _____

5. Mikayla compró 5 faldas a $x cada una. Tres de las cinco faldas podían combinarse con blusas con tirantes que cuestan $9 cada una. Escribe y simplifica una expresión que represente el costo total de su compra. (Ejemplo 2)

_____

6. Una bolsa obsequio de Cosméticos Claire incluye 5 frascos de esmalte para uñas y 2 frascos de brillo labial. Usa *e* para representar el costo de cada frasco de esmalte y *b* para representar el costo de cada brillo labial. Escribe y simplifica una expresión para representar el costo total de 8 bolsas obsequio. (Ejemplo 6)

_____

7. **Desarrollar la pregunta esencial** ¿Cómo pueden ayudarte las propiedades a escribir expresiones algebraicas equivalentes?

_____

_____

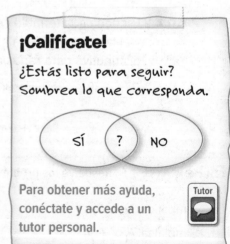

¡Califícate!

¿Estás listo para seguir? Sombrea lo que corresponda.

SÍ   ?   NO

Para obtener más ayuda, conéctate y accede a un tutor personal.

Tutor

Más práctica

Simplifica las expresiones.

21. $4x + 2x + 3x =$ _____9x_____

$4x + 2x + 3x = (4x + 2x) + 3x$

Ayuda para la tarea ➡ $= 6x + 3x$

$= 9x$

22. $2x + 8x + 4x =$ _____

23. $7(3x) =$ _____

24. $8y + 4x + 6y =$ _____

25. $4(7x + 5y) =$ _____

26. $6x + 2x =$ _____

Factoriza las expresiones.

27. $10x + 15y =$ _____

28. $35x + 63y =$ _____

29. 🅿🅼 **Usar las herramientas matemáticas** Cuatro amigos fueron a ver una película. El boleto cuesta $x. La tabla muestra los precios de distintos alimentos que se venden en el cine. Compraron cuatro *pretzels* grandes y cuatro botellas de agua. Escribe y simplifica una expresión para representar cuánto gastaron en boletos, bocadillos y bebidas.

Bocadillos y bebidas	Precio
Caja grande de palomitas de maíz	$4
Pretzel grande	$3
Gaseosa pequeña	$2
Botella de agua	$2

_____

30. Siete amigos tienen planes similares de telefonía celular. El precio de cada plan es $x. Tres de los siete amigos pagan $4 más por mes por un servicio de mensajes de texto ilimitados. Escribe y simplifica una expresión para representar el costo total de los siete planes.

_____

31. Un juego de vasos incluye 5 vasos altos y 3 vasos de jugo. Usa *a* para representar el costo de cada vaso alto y *j* para representar el costo de cada vaso de jugo. Escribe y simplifica una expresión para representar el costo de 4 juegos de vasos.

_____

Identifica los términos, los términos semejantes, los coeficientes y las constantes de las expresiones.

32. $4y + 5 + 3y$

_____

_____

33. $2x + 3y + x + 7$

_____

_____

34. Usa la expresión $3n + 5p + 2 + n$.

Haz una lista de todos los términos de la expresión. ☐

Haz una lista de todos los términos semejantes de la expresión. ☐

Haz una lista de todos los coeficientes de la expresión. ☐

Haz una lista de todas las constantes de la expresión. ☐

¿Cuál es la forma simplificada de la expresión? ☐

35. Una empresa de transporte cobra x dólares por el envío de paquetes que pesan hasta 1 libra, y cobran un adicional que está basado en el peso adicional de cada paquete.

Escribe y simplifica una expresión para representar el costo total del envío de 2 paquetes que pesan 0.75 libras cada uno, 3 paquetes que pesan 2.5 libras cada uno y 1 paquete que pesa 4.2 libras.

☐

Precio de los envíos	
Peso	**Precio ($)**
Hasta 1 libra	x
Hasta 2 libras	Suma $1.50.
Hasta 3 libras	Suma $3.00.
Hasta 4 libras	Suma $4.50.
Hasta 5 libras	Suma $6.00.

Estándares comunes: Repaso en espiral

Halla el número que falta para que las oraciones sean verdaderas. 4.NF.3b

36. $\dfrac{3}{8} = \dfrac{1}{8} + \dfrac{1}{8} + \dfrac{\square}{\square}$

37. $\dfrac{4}{7} = \dfrac{2}{7} + \dfrac{\square}{\square}$

38. $2\dfrac{5}{9} = 2 + \dfrac{\square}{\square}$

39. Halla el número que falta en el siguiente patrón. 4.OA.5

14, 21, ☐, 35, 42,...

40. Las pelotas de fútbol cuestan $18 cada una. Completa la tabla y usa un patrón para hallar el costo de 2, 3 y 4 pelotas de fútbol. 4.OA.5

Cantidad de pelotas de fútbol	Patrón de suma	Costo total ($)
1	18	$18
2	18 + 18	
3	18 + ☐ + ☐	
4	18 + ☐ + ☐ + ☐	

PROFESIÓN DEL SIGLO **XXI**

en Ingeniería

Ingeniero especializado en diseño de toboganes acuáticos

¿Te encantan los giros, las vueltas y las pendientes de los toboganes en los parques acuáticos? ¿Tienes ideas que pueden hacerlos más divertidos todavía? Si es así, ¡deberías pensar en dedicarte a diseñar toboganes acuáticos! Los ingenieros especializados en diseño de toboganes acuáticos aplican principios de la ingeniería, las tecnologías más novedosas y su creatividad al diseño de toboganes acuáticos de avanzada, que sean seguros e innovadores. Estos ingenieros son responsables de diseñar no solo los sinuosos trayectos por los que deslizarse, sino también los sistemas de bombeo que aseguran el flujo apropiado de agua en los toboganes.

PREPARACIÓN
Profesional
& Universitaria

Explora profesiones y la universidad en ccr.mcgraw-hill.com

¿Es esta carrera para ti?

¿Te interesa la profesión de ingeniero diseñador de toboganes acuáticos? Cursa alguna de las siguientes materias en la escuela preparatoria.

◆ Álgebra
◆ Diseño asistido por computadora
◆ Cálculo ingenieril
◆ Tecnología ingenieril
◆ Física

Descubre la importancia de las matemáticas en las carreras de ingeniería.

PM Una ruta resbaladiza

Usa la información de la tabla para resolver los problemas.

1. La tabla muestra la relación entre la cantidad de minutos y los galones de agua bombeados en el tobogán llamado The Black Hole.

Cantidad de minutos (*m*)	Agua bombeada (*g*)
3	3,000
6	6,000
9	9,000

Escribe una expresión para determinar la cantidad de galones bombeados para cualquier número de minutos.

_____

2. Consulta los datos sobre el tobogán llamado Big Thunder. Define una variable. Luego, escribe una expresión que pueda usarse para hallar la cantidad de pies que se deslizan las personas en cualquier cantidad de segundos.

_____

3. Escribe dos expresiones equivalentes que puedan usarse para hallar la cantidad de galones de agua bombeados durante 90 segundos en el tobogán Crush 'n' Gusher. Luego, determina el número de galones bombeados en 90 segundos.

_____

4. Explica cómo usar la propiedad distributiva para hallar cuántos galones de agua se bombean en el tobogán The Black Hole en $2\frac{1}{2}$ minutos. _____

_____

_____

Toboganes acuáticos	
Tobogán acuático, Parque	**Dato**
Big Thunder, Rapids Water Park	En la pendiente más pronunciada, las personas viajan a aproximadamente 30 pies por segundo.
The Black Hole, Wet 'n Wild	Las personas que se lanzan caen 500 pies, al tiempo que se bombean 1,000 galones de agua por minuto.
Crush 'n' Gusher, Typhoon Lagoon	Las bocas que expulsan chorros de agua en cada pendiente bombean aproximadamente 23 galones de agua por segundo.
Gulf Scream, Adventure Island	Las personas se deslizan por una pendiente de 210 pies de longitud a 25 millas por hora.

PM Proyecto profesional

Es hora de actualizar tu carpeta de profesiones. Busca tres toboganes acuáticos en tu estado. Usa una hoja de cálculo para comparar diversas características de los toboganes, como las caídas más largas, las longitudes totales y los galones de agua que se bombean para hacerlos funcionar. Describe qué hubieras diseñado de manera diferente en esos toboganes, si fueras ingeniero especializado en toboganes acuáticos.

Haz una lista de varios desafíos relacionados con esta profesión.

- _____
- _____
- _____
- _____
- _____

_____

_____

Repaso del capítulo

Comprobación del vocabulario

Completa el crucigrama con las palabras de vocabulario que viste al inicio del capítulo.

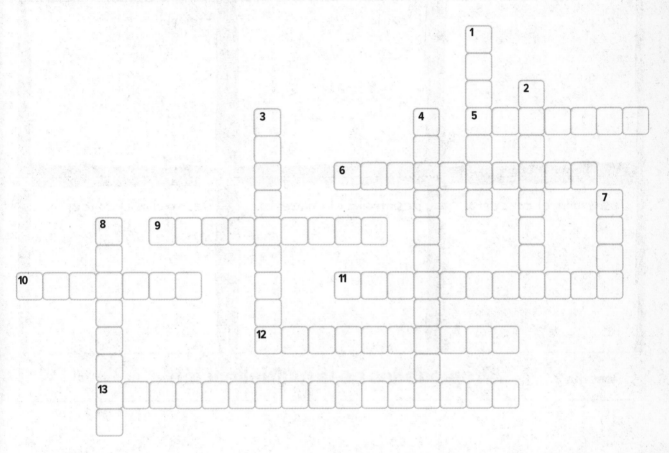

Horizontales

5. hallar el valor de una expresión algebraica

6. expresión que combina variables, números y por lo menos una operación

9. número que indica cuántas veces se usa la base como factor en una potencia

10. cada parte de una expresión algebraica, separada de las demás por un signo de suma o resta

11. expresión de igual valor que otra

12. términos con las mismas variables a las mismas potencias

13. número cuya raíz cuadrada es un entero no negativo

Verticales

1. lenguaje matemático de símbolos, como las variables

2. símbolo usado para representar un número

3. números expresados con exponentes

4. el factor numérico de un término que contiene una variable

7. número usado como factor en una potencia

8. expresión que combina números y operaciones

Comprobación de conceptos clave

Usa los FOLDABLES

Usa tu modelo de papel como ayuda para repasar el capítulo.

Pégalo aquí.

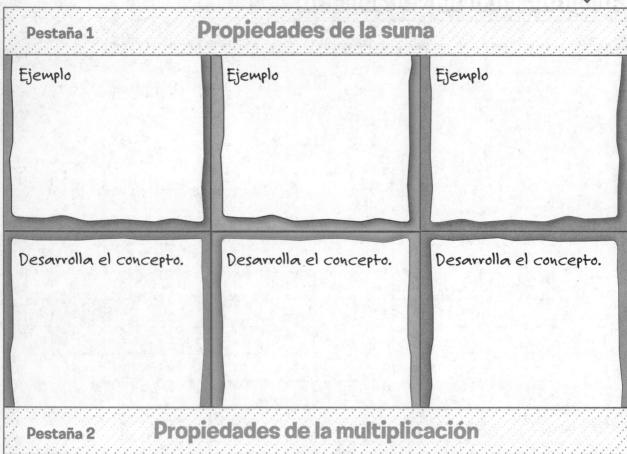

Pestaña 1   **Propiedades de la suma**

Ejemplo   Ejemplo   Ejemplo

Desarrolla el concepto.   Desarrolla el concepto.   Desarrolla el concepto.

Pestaña 2   **Propiedades de la multiplicación**

Pégalo aquí.

¿Entendiste?

Une las expresiones equivalentes.

1. $2(6x + 6)$ **a.** $2(x + 3)$

2. $16x - 8$ **b.** $4x + 12$

3. $3(x - 2)$ **c.** $12x + 12$

4. $3(4x + 4)$ **d.** $3x - 6$

5. $2x + 6$ **e.** $8(2x - 1)$

6. $4(x + 3)$ **f.** $2x + 8$

¡Repaso! Tarea para evaluar el desempeño

Unirse al equipo de atletismo de fondo

En la escuela preparatoria local está abierta la inscripción a las pruebas para unirse al equipo de atletismo de fondo. Como la escuela no tiene una pista, los corredores se entrenan en el campo de fútbol americano de la escuela. El entrenador de los atletas de fondo determina que el ancho del campo es setenta yardas más corto que su longitud.

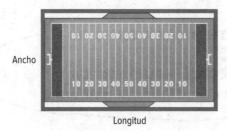

Ancho

Longitud

Escribe tu respuesta en una hoja aparte. Muestra tu trabajo para recibir la máxima calificación.

Parte A
Escribe una expresión para representar el perímetro del campo de fútbol americano. Sea x la longitud del campo. Incluye paréntesis en tu expresión. Luego, escribe una expresión equivalente que no tenga paréntesis. ¿Qué propiedad o propiedades usaste para simplificar? Explica tu respuesta.

Parte B
Más tarde, el entrenador de atletismo de fondo determina que la longitud del campo de fútbol americano mide 120 yardas. Todos los estudiantes deben correr cinco vueltas. Usa tu respuesta a la Parte A para determinar la cantidad real de yardas que deben correr los atletas. Para unirse al equipo, los estudiantes deben completar las vueltas en 6 minutos. ¿Cuánto deben tardar en correr cada vuelta?

Parte C
Rita es administradora del equipo de fútbol americano y le asignaron la tarea de pintar la mascota del equipo en medio del campo. La pintura cabe perfectamente en un cuadrado cuyos lados miden cinco yardas. El área del cuadrado se calcula con la fórmula $A = l^2$, donde l es la longitud de un lado. ¿Cuál es el área de la pintura, expresada en yardas cuadradas?

Responder la pregunta esencial

Usa lo que aprendiste acerca de las expresiones para completar el organizador gráfico.

 Pregunta esencial

¿POR QUÉ es útil escribir números de diferentes maneras?

Expresión	Variable	Escribe un ejemplo del mundo real. ¿Qué representa la variable?
$7x$	x	Cada boleto para la obra de teatro escolar cuesta $7. La variable x representa la cantidad de boletos comprados.
$9 + y$		
$23 - p$		
$\dfrac{d}{4}$		
$\dfrac{3}{5}c$		

 Responder la pregunta esencial ¿POR QUÉ es útil escribir números de diferentes maneras?

_____

_____

_____

Capítulo 7
Ecuaciones

 Pregunta esencial

¿CÓMO determinas si dos números o expresiones son iguales?

 Common Core State Standards

Content Standards
6.EE.5, 6.EE.7, 6.RP.3

PM Prácticas matemáticas
1, 2, 3, 4, 5, 7

 Matemáticas en el mundo real

Tirolesa La tirolesa se puede usar para recreación o para llegar a áreas inaccesibles, como el dosel de una selva tropical lluviosa.

La velocidad varía según el ángulo del cable. En una tirolesa, la velocidad promedio es 44 pies/s. Se tarda 8 segundos en recorrer la longitud de la tirolesa. Completa la tabla para hallar la distancia.

Tasa (pies/s)	×	Tiempo (s)	=	Distancia (pies)
44	×	1	=	
44	×	2	=	
44	×	3	=	
44	×	4	=	
44	×	5	=	
44	×	6	=	
44	×	7	=	
44	×	8	=	

 FOLDABLES Ayudas de estudio

1 Recorta el modelo de papel de la página FL5 de este libro.

2 Pega tu modelo de papel en la página 572.

3 Usa el modelo de papel en todo este capítulo como ayuda para aprender sobre las ecuaciones.

Vocabulario

ecuación	propiedad de igualdad en la resta
expresiones	propiedad de igualdad en la suma
operaciones inversas	resolver
propiedad de igualdad en la división	signo igual
propiedad de igualdad en la multiplicación	solución

Destreza de estudio: Estudiar matemáticas

Simplifica el problema Lee el problema con atención para determinar qué información se necesita para resolverlo.

Paso 1 Lee el problema.

Kylie quiere pedir varios pantalones cortos para correr a una tienda online. Salen $14 cada uno, y hay un cargo único por el envío de $7. ¿Cuál es el costo total de comparar cualquier cantidad de pantalones?

Paso 2 Vuelve a escribir el problema para que sea más simple. Mantén toda la información importante pero usa menos palabras.

Kylie quiere comprar algunos _____ que cuestan _____ cada uno más un costo de envío de _____. ¿Cuál es el costo total de cualquier cantidad de pantalones cortos?

Paso 3 Vuelve a escribir el problema usando menos palabras todavía. Escribe una variable para la incógnita.

El costo total de x pantalones cortos es _____ + _____.

Paso 4 Escribe una expresión que represente esas palabras.

Usa el método anterior para escribir una expresión para cada problema.

1. Liz ahorra dinero para comprar una bicicleta. Ya ahorró $80 y planea ahorrar $5 más por semana. Halla la cantidad total que habrá ahorrado luego de cualquier cantidad de semanas.

2. Una compañía de taxis cobra $1.50 por milla más una tarifa de $10. ¿Cuál es el costo total de un viaje en taxi de cualquier cantidad de millas?

¿Qué sabes?

Haz una marca de comprobación debajo de la carita que expresa cuánto sabes sobre cada concepto. Luego, hojea el capítulo para hallar una definición o un ejemplo.

☹ No lo sé.   😐 Me suena.   😊 ¡Lo sé!

Ecuaciones				
Concepto	☹	😐	😊	Definición o ejemplo
operaciones inversas				
resolver ecuaciones de suma				
resolver ecuaciones de división				
resolver ecuaciones de multiplicación				
resolver ecuaciones de resta				
escribir ecuaciones				

¿Cuándo usarás esto?

Aquí tienes algunos ejemplos de cómo se usan los números racionales en el mundo real.

Actividad 1 Describe un sistema de recompensas que usarías para ganarte una fiesta para tu clase. ¿Qué tipo de fiesta te gustaría tener? ¿Cómo ganarías puntos? ¿Durante cuánto tiempo deberías acumular puntos? _____

_____

Actividad 2 Conéctate en connectED.mcgraw-hill.com para leer la historieta *El desafío de la fiesta de pizzas*. ¿Cuántos puntos ganas por leer un libro? ¿Y una revista? _____

Antes de seguir...

Resuelve los ejercicios de la sección Comprobación rápida o conéctate para hacer la prueba de preparación.

CCSS Repaso rápido

Repaso de los estándares comunes 5.NBT.7, 5.NF.1

Ejemplo 1

Halla 1.37 − 0.75.

$$\begin{array}{r} {\scriptstyle 0\ 1} \\ \cancel{1}.37 \\ -\ 0.75 \\ \hline 0.62 \end{array}$$

Alinea los puntos decimales.

Resta.

Ejemplo 2

Halla $\dfrac{3}{4} - \dfrac{5}{9}$.

El m.c.d. de $\dfrac{3}{4}$ y $\dfrac{5}{9}$ es 36.

Escribe el problema.

Vuelve a expresarlo usando el m.c.d., 36.

Resta los numeradores.

$$\dfrac{3}{4} \rightarrow \dfrac{3 \times 9}{4 \times 9} = \qquad \dfrac{27}{36} \rightarrow \dfrac{27}{36}$$

$$-\dfrac{5}{9} \rightarrow \dfrac{5 \times 4}{9 \times 4} = \qquad -\dfrac{20}{36} \rightarrow -\dfrac{20}{36}$$

$$\dfrac{7}{36}$$

Comprobación rápida

Restar decimales Halla las diferencias.

1. $2.34 - 1.23 = $ _____

2. $1.26 - 0.78 = $ _____

3. $3.65 - 0.96 = $ _____

Restar fracciones Halla las diferencias. Escribe las fracciones en su mínima expresión.

4. $\dfrac{7}{8} - \dfrac{1}{4} = $ _____

5. $\dfrac{5}{6} - \dfrac{1}{2} = $ _____

6. $\dfrac{3}{5} - \dfrac{2}{7} = $

7. Pamela corrió $\dfrac{7}{10}$ milla el martes y $\dfrac{3}{8}$ milla el jueves. ¿Cuánto más corrió el martes?

_____

¿Cómo te fue?

Sombrea los números de los ejercicios de la sección Comprobación rápida que resolviste correctamente.

① ② ③ ④ ⑤ ⑥ ⑦

Ecuaciones

Vocabulario inicial

Una **ecuación** es una oración matemática que muestra que dos expresiones son iguales. Una ecuación contiene un **signo igual**, =.

Ecuación
Definición
Ejemplo

Expresión
Definición
Ejemplo

¿En qué se parecen una ecuación y una expresión?

_____

¿En qué se diferencian una ecuación y una expresión?

_____

 ## Conexión con el mundo real

Compras Ana compró un paquete de 6 pares de medias. Escribió la ecuación de abajo para hallar cuánto pagó por cada par. Encierra en un círculo la *solución* de la ecuación.

$$6x = \$9$$

$\$0.50$ \qquad $\$1.50$ \qquad $\$2.00$

¿Qué **Prácticas matemáticas** (PM) usaste?
Sombrea lo que corresponda.

① Perseverar con los problemas
② Razonar de manera abstracta
③ Construir un argumento
④ Representar con matemáticas
⑤ Usar las herramientas matemáticas
⑥ Prestar atención a la precisión
⑦ Usar una estructura
⑧ Usar el razonamiento repetido

 Pregunta esencial

¿CÓMO determinas si dos números o expresiones son iguales?

 Vocabulario

ecuación
signo igual
resolver
solución

Common Core State Standards

Content Standards
6.EE.5

PM Prácticas matemáticas
1, 2, 3, 4, 7

Resolver ecuaciones de suma y de resta mentalmente

Cuando sustituyes una variable por un valor que da como resultado una oración verdadera, logras **resolver** la ecuación. Ese valor de la variable es la **solución** de la ecuación.

$$2 + x = 9$$

$$2 + 7 = 9$$

El valor de la variable que da como resultado una oración verdadera es 7. Por lo tanto, 7 es la solución.

$$9 = 9$$ Esta oración es verdadera.

Ejemplos

Tutor

PARA y reflexiona

¿Cómo puedes comprobar si tu solución a una ecuación es correcta?

1. ¿La solución a la ecuación $a + 7 = 11$ es 3, 4 o 5?

Valor de a	$a + 7 \stackrel{?}{=} 11$	¿Son iguales los dos lados?
3	$3 + 7 \stackrel{?}{=} 11$ $10 \neq 11$	No.
4	$4 + 7 \stackrel{?}{=} 11$ $11 = 11$	Sí. ✓
5	$5 + 7 \stackrel{?}{=} 11$ $12 \neq 11$	No.

La solución es 4.

2. Resuelve $g - 7 = 3$ mentalmente.

$g - 7 = 3$ Piensa: ¿Qué número menos 7 es igual a 3?

$10 - 7 = 3$ Sabes que $10 - 7 = 3$.

$3 = 3$

La solución es 10.

3. El costo total de un par de patines y coderas es $63. Los patines cuestan $45. Usa la estrategia de *probar, comprobar y revisar* para resolver la ecuación $45 + c = 63$ para hallar c, el costo de las coderas.

Usa la estrategia de *probar, comprobar y revisar*.

Intenta con 14.

$45 + k = 63$

$45 + 14 \stackrel{?}{=} 63$

$59 \neq 63$

Intenta con 16.

$45 + k = 63$

$45 + 16 \stackrel{?}{=} 63$

$61 \neq 63$

Intenta con 18.

$45 + k = 63$

$45 + 18 \stackrel{?}{=} 63$

$63 = 63$ ✓

Por lo tanto, las coderas cuestan $18.

¿Entendiste? Resuelve estos problemas para comprobarlo.

a. ¿La solución a la ecuación $c + 8 = 13$ es 4, 5 o 6?

b. Resuelve $9 - x = 2$ mentalmente.

c. La diferencia entre la velocidad de un avestruz y la velocidad de un pollo es 31 millas por hora. Un avestruz puede correr a una velocidad de 40 millas por hora. Haz cálculos mentales o usa la estrategia de *probar, comprobar y revisar* para resolver la ecuación $40 - p = 31$, y hallar p, la velocidad a la que puede correr un pollo.

a. _____

b. _____

c. _____

Resolver ecuaciones de multiplicación y división mentalmente

Las ecuaciones de multiplicación y división se resuelven de manera similar a las ecuaciones de suma y resta.

Ejemplos

4. ¿La solución a la ecuación $18 = 6z$ es 3, 4 o 5?

Valor de z	$18 \stackrel{?}{=} 6z$	¿Son iguales los dos lados?
3	$18 \stackrel{?}{=} 6 \cdot 3$ $18 = 18$	Sí. ✔
4	$18 \stackrel{?}{=} 6 \cdot 4$ $18 \neq 24$	No.
5	$18 \stackrel{?}{=} 6 \cdot 5$ $18 \neq 30$	No.

La solución es 3.

5. Resuelve $16 \div s = 8$ mentalmente.

$16 \div s = 8$ Piensa: ¿16 dividido entre qué número es igual a 8?

$16 \div 2 = 8$ Sabes que $16 \div 2 = 8$.

$\qquad 8 = 8$

La solución es 2.

Muestra tu trabajo.

¿Entendiste? Resuelve estos problemas para comprobarlo.

d. ¿La solución a la ecuación $4n = 16$ es 2, 3 o 4?

e. Resuelve $24 \div w = 8$ mentalmente.

d. _____

e. _____

 Tutor

Ejemplo

6. Mason compró 72 chicles. Vienen 8 chicles en cada paquete. Usa la estrategia de *probar, comprobar y revisar* para resolver la ecuación $8 \cdot p = 72$, y hallar p, la cantidad de paquetes que compró Mason.

Usa la estrategia de *probar, comprobar y revisar*.

Intenta con 7.

$8 \cdot p = 72$
$8 \cdot 7 \overset{?}{=} 72$
$56 \neq 72$

Intenta con 8.

$8 \cdot p = 72$
$8 \cdot 8 \overset{?}{=} 72$
$64 \neq 72$

Intenta con 9.

$8 \cdot p = 72$
$8 \cdot 9 \overset{?}{=} 72$
$72 = 72$ ✓

Por lo tanto, Mason compró 9 paquetes de chicles.

Práctica guiada

 Comprueba

Identifica la solución de las ecuaciones de las listas dadas. (Ejemplos 1 y 4)

1. $9 + w = 17$; 7, 8, 9 _____

 Muestra tu trabajo.

2. $8 \div c = 8$; 0, 1, 2 _____

Resuelve las ecuaciones mentalmente. (Ejemplos 2 y 5)

3. $x - 11 = 23$

4. $4x = 32$

5. Mississippi y Georgia tienen un total de 21 votos electorales. Mississippi tiene 6 votos electorales. Haz cálculos mentales o usa la estrategia de *probar, comprobar y revisar* para resolver la ecuación $6 + g = 21$, y hallar g, el número de votos electorales que tiene Georgia. (Ejemplo 3)

6. Riley y su hermana coleccionan adhesivos. Riley tiene 220 adhesivos. Su hermana tiene 55 adhesivos. ¿Cuántas veces más adhesivos que su hermana tiene Riley? Haz cálculos mentales o usa la estrategia de *probar, comprobar y revisar* para resolver la ecuación $55x = 220$. (Ejemplo 6)

7. **Desarrollar la pregunta esencial** ¿Cómo resuelves una ecuación? _____

¡Califícate!

☐ Entiendo cómo resolver ecuaciones.

▶▶ ¡Muy bien! Estás listo para seguir.

☐ Todavía tengo dudas sobre cómo resolver ecuaciones.

¡No hay problema! Conéctate y accede a un tutor personal. Tutor

FOLDABLES ¡Es hora de que actualices tu modelo de papel!

Práctica independiente

Conéctate para obtener las soluciones de varios pasos.

Identifica la solución de las ecuaciones de las listas dadas. (Ejemplos 1 y 4)

 1. $29 + d = 54$; 24, 25, 26 _____

Muestra tu trabajo.

2. $35 = 45 - n$; 10, 11, 12 _____

3. $6w = 30$; 5, 6, 7 _____

4. $x \div 7 = 3$; 20, 21, 22 _____

Resuelve las ecuaciones mentalmente. (Ejemplos 2 y 5)

5. $m + 4 = 17$

6. $12 = 24 - y$

7. $15 - b = 12$

8. $10t = 90$

9. $22 \div y = 2$

10. $54 = 6b$

PM **Identificar la estructura** Para los ejercicios 11 a 13, haz cálculos mentales o usa la estrategia de *probar, comprobar y revisar*. (Ejemplos 3 y 6)

11. Una temporada, los Cougars ganaron 20 partidos. Jugaron en total 25 partidos. Usa la ecuación $20 + p = 25$ para hallar p, la cantidad de partidos que perdió el equipo.

_____

12. Cinco amigos ganan en total $50 haciendo trabajos de jardinería en su vecindario. Cada amigo gana la misma cantidad. Usa la ecuación $5a = 50$

para hallar a, la cantidad que gana cada amigo. _____

13. El año pasado, 700 estudiantes fueron a la escuela media Walnut Springs. Este año, hay 665 estudiantes. Usa la ecuación $700 - d = 665$ para hallar d, la disminución en el número de estudiantes del año pasado a este.

_____

14. **Ⓟ Razonar de manera inductiva** ¿Qué tres números pares consecutivos suman entre sí 42? Usa la ecuación $n + (n + 2) + (n + 4) = 42$ como ayuda para resolver el problema. _____

15. **Ⓟ Razonar de manera abstracta** Da un ejemplo de una ecuación cuya solución sea 5. _____

16. **Ⓟ Razonar de manera inductiva** Indica si el enunciado de abajo es verdadero *siempre*, *a veces* o *nunca*.

    Las ecuaciones como a + 4 = 8 y 4 − m = 2 tienen una sola solución.

Ⓟ Perseverar con los problemas Indica si los enunciados son verdaderos o falsos. Luego, explica tu razonamiento.

17. En $m + 8$, la variable m puede tener cualquier valor.

18. En $m + 8 = 12$, la variable m puede tener cualquier valor y ser una solución.

19. **Ⓟ Razonar de manera abstracta** Distingue entre expresiones y ecuaciones de manera algebraica, dando un ejemplo de una expresión algebraica y un ejemplo de una ecuación algebraica.

20. **Ⓟ Representar con matemáticas** Escribe un problema del mundo real en el cual resuelvas la ecuación $a + 12 = 30$.

Más práctica

Identifica la solución de las ecuaciones de las listas dadas.

21. $a + 15 = 23$; 6, 7, 8 _8_

Intenta con 6.   Intenta con 7.   Intenta con 8.
$6 + 15 \neq 23$ $7 + 15 \neq 23$ $8 + 15 = 23$ ✓

uda para
a tarea

22. $19 = p - 12$; 29, 30, 31 _____

23. $63 = 9k$; 6, 7, 8 _____

24. $36 \div s = 4$; 9, 10, 11 _____

Resuelve las ecuaciones mentalmente.

25. $j + 7 = 13$

26. $22 = 30 - m$

27. $25 - k = 20$

28. $5m = 25$

29. $d \div 3 = 6$

30. $24 = 12k$

PM Identificar la estructura Para los ejercicios 31 a 33, haz cálculos mentales o usa la estrategia de *probar, comprobar y revisar.*

31. Gabriela hizo 36 galletas. Regaló 28 galletas. Usa la ecuación $28 + c = 36$ para hallar g, el número de galletas que se quedó.

_____

32. La familia Jeen comió 12 perros calientes en total en un picnic. Cada miembro de la familia comió 2 perros calientes. Usa la ecuación $2m = 12$ para hallar m, el número de miembros de la familia Jeen. _____

33. Un delfín nariz de botella mide 96 pulgadas de largo. Caben 12 pulgadas en 1 pie. Usa la ecuación $12d = 96$ para hallar d, la longitud del delfín nariz de botella en pies.

_____

34. Selecciona la solución correcta para las ecuaciones.

a. Mike compró una caja de 12 pelotas de golf a $18. Resuelve la ecuación $12x = \$18$ para hallar el precio de cada pelota de golf.

☐ $1.25 ☐ $1.50 ☐ $1.75

b. Tonya es 5 años mayor que Raúl. Tonya tiene 16 años. Resuelve la ecuación $x + 5 = 16$ para hallar la edad de Raúl.

☐ 11 años ☐ 16 años ☐ 21 años

c. El Sr. Caldwell divide 72 estudiantes entre 12 grupos iguales. Resuelve la ecuación $\frac{72}{e} = 12$ para hallar el número de estudiantes que hay en cada grupo.

☐ 6 estudiantes ☐ 8 estudiantes ☐ 84 estudiantes

35. En la gráfica se muestra la expectativa de vida de ciertos mamíferos. Escribe y resuelve una ecuación para hallar la diferencia d en el número de años que vive una ballena azul y el número de años que vive un gorila.

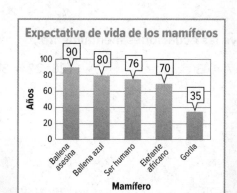

Expectativa de vida de los mamíferos

Suma. 4.NBT.4

36. $56 + 89 =$ _____

37. $37 + 26 =$ _____

38. $95 + 48 =$ _____

39. $29 + 86 =$ _____

40. $64 + 48 =$ _____

41. $31 + 62 =$ _____

42. En la tabla se muestra el número de boletos para un sorteo que vendió el club de arte durante el comienzo de la semana. El viernes, el club de arte vendió lo que vendió el lunes y el miércoles juntos.

¿Cuántos boletos vendió el viernes? 4.NBT.4 _____

Día	Boletos vendidos
Lunes	42
Martes	67
Miércoles	54

Laboratorio de indagación

Resolver y escribir ecuaciones de suma

 indagación ¿CÓMO resuelves ecuaciones de suma usando modelos?

  CCSS **Content Standards** 6.EE.5, 6.EE.7

PM **Prácticas matemáticas** 1, 3, 4,

Bryan jugó dos partidos de béisbol el fin de semana pasado. Tuvo 7 *hits* en total. Hizo 3 *hits* en el primer partido. ¿Cuántos *hits* hizo en el segundo partido?

¿Qué sabes? _____

_____

¿Qué necesitas hallar? _____

_____

Manos a la obra: Actividad 1

Paso 1 Define una variable. Usa la variable *s* para representar el número de *hits* que hizo Bryan en el segundo partido.

Paso 2 Usa un diagrama de barras como ayuda para escribir la ecuación.

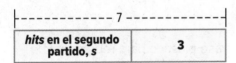

⊢ – – – – – – – 7 – – – – – – – ⊣	
hits en el segundo partido, s	**3**

La longitud total del diagrama representa _____.

El 3 representa _____.

☐ + ☐ = ☐

Paso 3 Comienza por el final. Vuelve a escribir la ecuación como una oración de resta y resuélvela.

☐ – ☐ = ☐

Por lo tanto, Bryan hizo ☐ *hits* en el segundo partido.

Trabaja con un compañero o una compañera. Escribe y resuelve una ecuación de suma usando un diagrama de barras.

1. En las Olimpíadas de Verano de 2008, Estados Unidos ganó 11 medallas más en natación que Australia. Estados Unidos ganó 31 medallas en total. Halla el número de medallas que ganó Australia.

2. Un león pude correr 50 millas por hora. Esto es 20 millas por hora más rápido que lo que corre un gato doméstico. Halla la velocidad de un gato doméstico.

Manos a la obra: Actividad 2

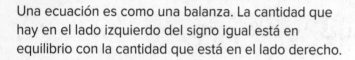

Observa | Herramientas

Una ecuación es como una balanza. La cantidad que hay en el lado izquierdo del signo igual está en equilibrio con la cantidad que está en el lado derecho.

Para resolver una ecuación de suma usando vasos de plástico y fichas, resta la misma cantidad de fichas a cada lado del tablero para que la ecuación mantenga el equilibrio.

Resuelve $x + 1 = 5$ usando vasos y fichas.

Paso 1 Representa la ecuación. Usa un vaso plástico para representar x.

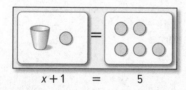

$$x + 1 \quad = \quad 5$$

Paso 2 Usa el modelo de arriba. Tacha una ficha a cada lado para que el vaso quede solo.

Paso 3 Quedan ☐ fichas en el lado derecho, por lo tanto, $x = $ ☐.

Por lo tanto, la solución es ☐.

Comprueba. $x + 1 = 5$ — Escribe la ecuación original.

☐ $+ 1 \overset{?}{=} 5$ — Sustituye x por tu solución.

☐ $= 5$ — ¿Es verdadera la oración? _____

Investigar

Colabora

Trabaja con un compañero o una compañera. Resuelve las ecuaciones usando vasos y fichas. Dibuja vasos y fichas para mostrar tu trabajo.

3. $1 + x = 8$

$x =$ _____

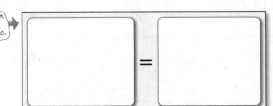

4. $x + 2 = 7$

$x =$ _____

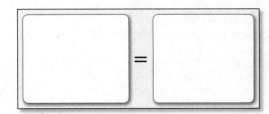

5. $3 + x = 6$

$x =$ _____

6. $x + 5 = 7$

$x =$ _____

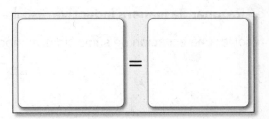

Trabaja con un compañero o una compañera. Escribe un problema del mundo real que se pueda representar con la ecuación. Luego, resuelve las ecuaciones de suma usando el modelo que prefieras.

7. $9 = x + 3$

_____

_____

_____

8. $4 + x = 6$

_____

_____

9. Terrell compró un reproductor de MP3. Gastó lo que le quedaba de dinero en una suscripción de música por Internet a $25.95. Si tenía $135, ¿cuánto costó el reproductor de MP3? Escribe y resuelve una ecuación usando un diagrama de barras.

_____

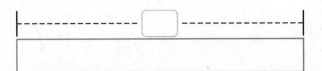

Trabaja con un compañero para completar la tabla. La primera fila está hecha y te servirá de ejemplo.

	Ecuación de suma	Oración de suma	Solución
	$x + 1 = 3$	$3 - 1 = x$	$x = 2$
10.	$y + 9 = 12$		
11.	$14 = 7 + m$		
12.	$8 + f = 20$		
13.	$47 = 17 + v$		
14.	$100 + c = 129$		
15.	$h + 89.4 = 97.4$		

16. **PM** **Razonar de manera inductiva** Escribe una regla que puedas usar para resolver una ecuación de suma sin usar modelos. _____

_____

17. ¿Cómo puede ayudarte la familia de números 3, 4, 7 a resolver la ecuación

$3 + x = 7$? _____

_____

_____

18. **PM** **Representar con matemáticas** Escribe un problema del mundo real para la ecuación representada. Luego, escribe la ecuación y resuélvela.

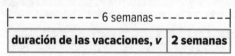

⊢ – – – – – – – – – – 6 semanas – – – – – – – – – ⊣
duración de las vacaciones, *v*	2 semanas

_____

_____

19. **Indagación** ¿CÓMO resuelves ecuaciones de suma usando modelos?

_____

_____

_____

Resolver y escribir ecuaciones de suma

 ## Conexión con el mundo real

Golf miniatura En el segundo hoyo de golf miniatura, Anne hizo 3 golpes cortos para embocar la pelota. Su puntaje ahora es 5. Ella representa esta situación con vasos y fichas.

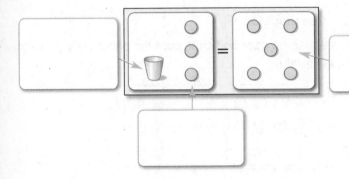

Pregunta esencial

¿CÓMO determinas si dos números o expresiones son iguales?

Vocabulario

operaciones inversas
propiedad de igualdad en la resta

Common Core State Standards

Content Standards
6.EE.5, 6.EE.7

(PM) **Prácticas matemáticas**
1, 2, 3, 4, 5

1. Completa las casillas de arriba con las siguientes frases.
   • Su puntaje en el primer hoyo no se conoce.
   • Ahora su puntaje es 5.
   • Obtuvo 3 puntos en el segundo hoyo.

2. Escribe la ecuación de suma que se muestra en la figura.

   _____

3. Explica cómo resolver la ecuación.

   _____

4. . ¿Cuál fue el puntaje de Anne en el primer hoyo? ☐

¿Qué **Prácticas matemáticas** (PM) usaste?
Sombrea lo que corresponda.

① Perseverar con los problemas   ⑤ Usar las herramientas matemáticas

② Razonar de manera abstracta   ⑥ Prestar atención a la precisión

③ Construir un argumento   ⑦ Usar una estructura

④ Representar con matemáticas   ⑧ Usar el razonamiento repetido

Resolver una ecuación restando

En la lección 1, resolviste ecuaciones mentalmente. Otra forma es usar **operaciones inversas**, que se *cancelan* entre sí. Por ejemplo, para resolver una ecuación de suma, usa la resta.

Ejemplo

Tutor

1. Resuelve $8 = x + 3$. Comprueba tu solución.

Método 1 Usa modelos.

Representa la ecuación usando fichas para los números y un vaso plástico para la variable.

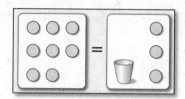

Quita 3 fichas a cada lado.

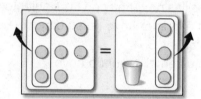

Quedan 5 fichas.

Método 2 Usa símbolos.

$$8 = x + 3 \qquad \text{Escribe la ecuación}$$
$$\underline{-3 = -3} \qquad \text{Quita 3 a cada lado para "cancelar" la suma de 3 en la derecha.}$$
$$5 = x$$

Comprueba.

$$8 = x + 3 \qquad \text{Escribe la ecuación}$$
$$8 \overset{?}{=} 5 + 3 \qquad \text{Sustituye } x \text{ por 5.}$$
$$8 = 8 \checkmark \qquad \text{Esta oración es verdadera.}$$

Usando cualquier método, la solución es 5.

¿Entendiste? Resuelve estos problemas para comprobarlo.

Resuelve las ecuaciones. Comprueba las soluciones.

a. $c + 2 = 5$ **b.** $6 = x + 5$ **c.** $3.5 + y = 12.75$

Muestra tu trabajo.

a. _____

b. _____

c. _____

Propiedad de igualdad en la resta

Dato   Si restas el mismo número a cada lado de una ecuación, ambos lados se mantienen iguales.

Ejemplos

Números	Álgebra

$$5 = 5$$
$$\underline{-3 = -3}$$
$$2 = 2$$

$$x + 2 = 3$$
$$\underline{-2 = -2}$$
$$x = 1$$

Cuando resuelves una ecuación restando el mismo número a cada lado de la ecuación, usas la **propiedad de igualdad en la resta**.

Ejemplo

Tutor

2. **Rubén y Tariq descargaron 245.5 minutos de música. Si Rubén tiene 132 minutos, ¿cuántos minutos son de Tariq? Escribe y resuelve una ecuación de suma para hallar cuántos minutos tiene Tariq.**

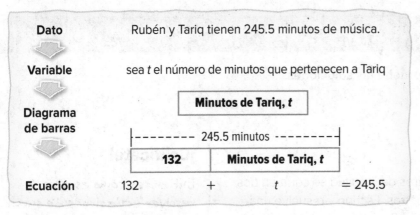

Dato   Rubén y Tariq tienen 245.5 minutos de música.

Variable   sea t el número de minutos que pertenecen a Tariq

Diagrama de barras

Minutos de Tariq, t

|-------- 245.5 minutos --------|

132	Minutos de Tariq, t

Ecuación $132 + t = 245.5$

$$132 + t = 245.5 \qquad \text{Escribe la ecuación.}$$
$$\underline{-132 = -132} \qquad \text{Resta 132 a cada lado.}$$
$$t = 113.5 \qquad \text{Simplifica.}$$

Por lo tanto, 113.5 minutos pertenecen a Tariq.

Comprueba. $132 + 113.5 = 245.5$ ✓

Comprobar las soluciones

Siempre debes comprobar tus soluciones. Sabrás inmediatamente si tu solución es correcta o no.

¿Entendiste? **Resuelve este problema para comprobarlo.**

d. Imagina que Rubén tenía 147.5 minutos de los 245.5 descargados. Escribe y resuelve una ecuación de suma para hallar cuántos minutos pertenecen a Tariq.

Muestra tu trabajo.

d. _____

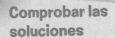

Ejemplo

Observa Tutor

3. Un gorila macho pesa en promedio 379 libras. Son 181 libras más que el peso promedio de una gorila hembra. Escribe y resuelve una ecuación de suma para hallar el peso de una gorila hembra promedio.

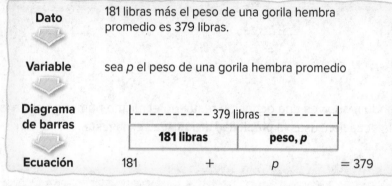

Dato	181 libras más el peso de una gorila hembra promedio es 379 libras.
Variable	sea p el peso de una gorila hembra promedio
Diagrama de barras	
Ecuación	181 + p = 379

Diagrama de barras: 379 libras = 181 libras + peso, p

$$181 + p = 379 \qquad \text{Escribe la ecuación.}$$
$$\underline{-181 \qquad = -181} \qquad \text{Resta 181 a cada lado.}$$
$$p = 198 \qquad 379 - 181 = 198$$

Por lo tanto, una gorila hembra promedio pesa 198 libras.

Comprueba. $181 + 198 = 379$ ✓

Práctica guiada

Comprueba ✓

Resuelve las ecuaciones. Comprueba las soluciones. (Ejemplo 1)

1. $y + 7 = 10$

2. $10 = 6 + e$

3. Una tabla que mide 19.5 metros de longitud se corta en dos partes. Una parte mide 7.2 metros. Escribe y resuelve una ecuación para hallar la longitud de la otra parte. (Ejemplo 2)

4. Se necesitan 43 músculos faciales para fruncir el ceño. Son 26 músculos más que los que se necesitan para sonreír. Escribe y resuelve una ecuación para hallar el número de músculos que se necesitan para sonreír. (Ejemplo 3)

5. **Desarrollar la pregunta esencial** ¿Cómo se puede usar la propiedad de igualdad en la resta para resolver ecuaciones de suma?

¡Califícate!

Entiendes cómo escribir y resolver ecuaciones de suma. Sombrea lo que corresponda.

Di en el blanco.

Necesito ayuda.

📖 ¡No hay problema! Conéctate y accede a un tutor personal

Tutor

FOLDABLES ¡Es hora de que actualices tu modelo de papel!

Más práctica

Resuelve las ecuaciones. Comprueba las soluciones.

16. $x + 5 = 11$

$\leftarrow$ da para
ı tarea

$$x + 5 = 11$$
$$\underline{ -5 = -5}$$
$$x = 6$$

17. $7 = 4 + y$

18. $5 + g = 6$

19. $d + 3 = 8$

20. $x + 4 = 6$

21. $3 + f = 8$

22. Enrique y Levi tienen 386 tarjetas coleccionables. Si Enrique tiene 221 tarjetas, ¿cuántas tiene Levi? Escribe y resuelve una ecuación de suma para hallar cuántas tarjetas tiene Levi.

_____

_____

23. Eliott mide 63 pulgadas de estatura, y es 9 pulgadas más alto que su primo, Jackson. Escribe y resuelve una ecuación de suma para hallar la estatura de Jackson.

_____

_____

24. (PM) **Usar las herramientas matemáticas** En la tabla se muestran las alturas de tres camionetas monstruo. Pie Grande 5 es 4.9 pies más alta que Pie Grande 2. Escribe y resuelve una ecuación de suma para hallar la altura de Pie Grande 2. _____

_____

Camioneta	Altura (pies)
Pie Grande 5	15.4
Monstruo del pantano	12.2
Pie Grande 2	▪

Resuelve las ecuaciones. Comprueba las soluciones.

25. $t + \dfrac{8}{10} = \dfrac{9}{10}$

26. $\dfrac{5}{8} + n = \dfrac{7}{8}$

27. $t + \dfrac{1}{4} = \dfrac{3}{4}$

28. Nathan marcó 174 puntos esta temporada de basquetbol. Son 29 puntos más que los que marcó Will. Selecciona los elementos correctos para completar el diagrama de barras que representa el número de puntos que marcó Nathan esta temporada.

Puntos de Will, x
29 puntos
174 puntos

¿Qué ecuación representa el diagrama de barras?

¿Cuántos puntos marcó Will?

29. Niko quiere comprar una patineta que cuesta $85. Ya ahorró 15. Escribe en las casillas para completar los enunciados.

a. La ecuación [   ] puede usarse para hallar la cantidad de dinero que le falta ahorrar a Niko para comprar la patineta.

b. A Niko le falta ahorrar [   ] para comprar la patineta.

CCSS **Estándares comunes: Repaso en espiral**

Resta. 4.NBT.4

30. $22 - 8 = $ _____

31. $72 - 34 = $ _____

32. $34 - 19 = $ _____

33. $51 - 32 = $ _____

34. $66 - 14 = $ _____

35. $49 - 32 = $ _____

36. En la tabla se muestran las distancias que caminaron tres amigos.

¿Cuánto más caminó Isabella que Devon? 5.NBT.7 _____

Nombre	Distancia que caminó (mi)
Devon	1.85
Franco	2.55
Isabella	2.25

Laboratorio de indagación

Resolver y escribir ecuaciones de resta

 ¿CÓMO resuelves ecuaciones de resta usando modelos?

 **Content Standards**
6.EE.5, 6.EE.7

 Prácticas matemáticas
1, 3, 4

Zack le dio 5 tarjetas coleccionables a su hermana. Ahora tiene 41 tarjetas. ¿Cuántas tarjetas tenía originalmente?

¿Qué sabes? _____

_____

¿Qué debes hallar? _____

_____

Manos a la obra

 Observa

| **Paso 1** | Define una variable. Usa la variable *t* para representar el número de tarjetas que tenía Zack originalmente. |

| **Paso 2** | Usa un diagrama de barras como ayuda para escribir la ecuación. |

cantidad original de tarjetas, *t*
├ – – – – – 41 tarjetas – – – – – ┤5 tarjetas┤

La longitud total del diagrama muestra _____.

El número 41 representa _____.

El número 5 representa _____.

⬚ – ⬚ = ⬚

| **Paso 3** | Comienza por el final. Vuelve a escribir la ecuación como una oración de suma y resuélvela. |

⬚ + ⬚ = ⬚

Por lo tanto, Zack tenía originalmente ⬚ tarjetas.

Trabaja con un compañero o una compañera. Escribe y resuelve una ecuación de resta usando un diagrama de barras.

1. Mariska le dio 8 cuentas a su amiga Elisa y se quedó con 37 cuentas. ¿Cuántas tenía al principio?

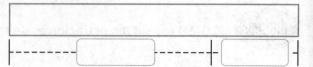

_____

2. A Clinton le quedan $12 después de comprar una merienda en el centro comercial. La merienda cuesta $5. ¿Cuánto dinero tenía Clinton al principio?

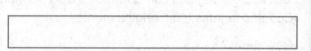

_____

3. El refugio para gatos del condado Martin entregó 8 gatos a nuevos dueños el lunes. El martes, quedaban en el refugio 31 gatos. ¿Cuántos gatos había en el refugio al principio?

_____

Crear

Por tu cuenta

4. (PM) **Razonar de manera inductiva** Escribe una regla para resolver ecuaciones como $x - 4 = 7$.

_____

_____

5. (PM) **Representar con matemáticas** Escribe un problema de resta del mundo real para la ecuación que se representa abajo. Luego, escribe la ecuación y resuelve.

millas recorridas, _m_

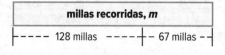
├----- 128 millas ----+- 67 millas -┤

_____

_____

_____

6. (indagación) ¿CÓMO resuelves ecuaciones de resta usando modelos?

_____

_____

Resolver y escribir ecuaciones de resta

Conexión con el mundo real

Observa ▶

Boliche El puntaje de Meghan en el boliche fue 39 puntos menos que el de Charmaine. El puntaje de Meghan fue 109.

1. Sea *p* el puntaje de Charmaine. Escribe una ecuación para *39 puntos menos que el puntaje de Charmaine es igual a 109.*

_____

2. Usa la recta numérica para hallar el puntaje de Charmaine contando hacia adelante.

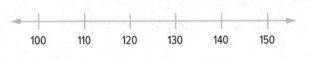

$p = \boxed{}$

3. ¿Qué operación sugiere la estrategia de contar hacia adelante?

_____

4. ¿Sería razonable usar vasos y fichas para resolver esta ecuación? Explica tu respuesta.

_____

_____

_____

Pregunta esencial

¿CÓMO determinas si dos números o expresiones son iguales?

Vocabulario

propiedad de igualdad en la suma

Common Core State Standards

Content Standards
6.EE.5, 6.EE.7

PM **Prácticas matemáticas**
1, 3, 4, 5

¿Qué **Prácticas matemáticas** **PM** usaste?
Sombrea lo que corresponda.

① Perseverar con los problemas

⑤ Usar las herramientas matemáticas

② Razonar de manera abstracta

⑥ Prestar atención a la precisión

③ Construir un argumento

⑦ Usar una estructura

④ Representar con matemáticas

⑧ Usar el razonamiento repetido

Resolver una ecuación sumando

Como la suma y la resta son operaciones inversas, puedes resolver una ecuación de resta sumando.

Ejemplo

1. Resuelve $x - 2 = 3$. Comprueba la solución.

Método 1 Usa modelos.

Representa la ecuación.

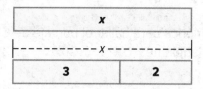

Comienza por el final para resolver la ecuación.

Escribe la ecuación como una oración de suma y resuelve.

$3 + 2 = 5$

Método 2 Usa símbolos.

$x - 2 = \quad 3$	Escribe la ecuación.
$\underline{+2 = +2}$	Suma 2 a cada lado.
$x \quad = \quad 5$	Simplifica.

Comprueba.

$x - 2 = 3$	Escribe la ecuación.
$5 - 2 \overset{?}{=} 3$	Sustituye x por 5.
$3 = 3$ ✓	La oración es verdadera.

Usando cualquier método, la solución es 5.

Muestra tu trabajo.

¿Entendiste? Resuelve estos problemas para comprobarlo.

Resuelve estos problemas para comprobarlo.

a. $x - 7 = 4$ **b.** $y - 6 = 8$ **c.** $9 = a - 5$

a. _____

b. _____

c. _____

Propiedad de igualdad en la suma

Concepto clave

Dato Si sumas el mismo número a cada lado de una ecuación, los dos lados se mantienen iguales.

Ejemplos

Números	Álgebra
$5 = 5$	$x - 2 = 3$
$+3 = +3$	$+2 = +2$
$8 = 8$	$x = 5$

Cuando resuelves una ecuación sumando el mismo número a cada lado de la ecuación, usas la **propiedad de igualdad en la suma**.

Ejemplo

 Tutor

2. **STEM** A los 25 años, Gherman Titov de Rusia fue la persona más joven en viajar al espacio. Son 52 años menos que la persona de más edad que viajó al espacio, John Glenn. ¿Cuántos años tenía John Glenn? Escribe y resuelve una ecuación de resta.

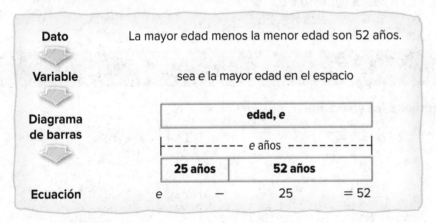

Dato	La mayor edad menos la menor edad son 52 años.
Variable	sea e la mayor edad en el espacio
Diagrama de barras	
Ecuación	$e - 25 = 52$

Diagrama de barras:

edad, e

e años

25 años	52 años

$$e \qquad - \qquad 25 \qquad = 52$$

$e - 25 = 52$ Escribe la ecuación.

$\underline{+\,25 = +\,25}$ Suma 25 a cada lado.

$e \quad = \quad 77$ Simplifica.

John Glenn tenía 77 años.

Comprueba. $77 - 25 = 52$ ✓

¿Entendiste? Resuelve este problema para comprobarlo.

d. Georgia mide 4 pulgadas menos de estatura que Sienna. Georgia mide 58 pulgadas de alto. Escribe y resuelve una ecuación de resta para hallar la estatura de Sienna.

Muestra tu trabajo.

d. _____

Ejemplo

3. Los patines de Raheem costaron **$70.25** menos que su bicicleta. Sus patines costaron **$43.50**. ¿Cuánto costó su bicicleta? Escribe y resuelve una ecuación de resta.

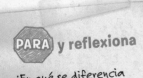

PARA y reflexiona

¿En qué se diferencia resolver una ecuación de suma de resolver una ecuación de resta?

Dato	El costo de la bicicleta menos $70.25 es $43.50.
Variable	sea *b* el costo de la bicicleta

Diagrama de barras

costo de la bicicleta, *b*	
←------------ *b* dólares ------------→	
$43.50	**$70.25**

Ecuación $b \quad - \quad 70.25 \quad = 43.50$

$b - 70.25 = \quad 43.50$ Escribe la ecuación.

$\underline{+ 70.25 = + 70.25}$ Suma 70.25 a cada lado.

$b \quad\quad\quad = \quad 113.75$ Simplifica.

La bicicleta costó $113.75.

Comprueba. $113.75 - 70.25 = 43.50$ ✓

Práctica guiada

Resuelve las ecuaciones. Comprueba las soluciones. (Ejemplo 1)

1. $a - 5 = 9$

 14

2. $b - 3 = 7$

10

3. $4 = y - 8$

12

4. Catherine estudió 1.25 horas para su prueba de ciencias. Fue 0.5 horas menos de lo que estudió para su prueba de álgebra. Escribe y resuelve una ecuación de resta para hallar cuánto estudió para su prueba de álgebra. (Ejemplos 2 y 3)

5. **Desarrollar la pregunta esencial** ¿Cómo puedes usar la propiedad de igualdad en la suma para resolver ecuaciones de resta?

¡Califícate!

¿Estás listo para seguir? Sombrea lo que corresponda.

SÍ   ?   NO

🎲 **¡No hay problema!** Conéctate y accede a un tutor personal.

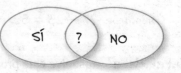 ¡Es hora de que actualices tu modelo de papel!

Nombre _____ Mi tarea _____

Práctica independiente

Conéctate para obtener las soluciones de varios pasos.

Resuelve las ecuaciones. Comprueba las soluciones. (Ejemplos 1 y 3)

1. $c - 1 = 8$

2. $t - 7 = 2$

3 $1 = g - 3$

4. $a - 2.1 = 5.8$

5. $a - 1.1 = 2.3$

6. $4.6 = e - 3.2$

7. Peter tiene 15 años. Es 6 años menor que su hermana Victoria. Escribe y resuelve una ecuación de resta para hallar la edad de Victoria. (Ejemplo 2)

_____

8. Un CD cuesta $14.95. Es $7.55 menos que el costo de un DVD. Escribe y resuelve una ecuación de resta para hallar el costo del DVD. (Ejemplo 3)

_____

9. Si $b - 10 = 5$, ¿cuál es el valor de $b + 6$? _____

Resuelve las ecuaciones. Comprueba las soluciones.

10. $m - \frac{1}{3} = \frac{2}{3}$

11. $n - \frac{1}{4} = \frac{3}{4}$

12. $s - \frac{1}{3} = \frac{7}{9}$

13 Alejandra gastó el dinero que le dieron para su cumpleaños en un videojuego que costó $24, un controlador de $13 y una tarjeta de memoria de $16. El total de impuestos fue $3. Escribe y resuelve una ecuación de resta para hallar cuánto dinero le dio Alejandra al cajero si recibió $4 de cambio.

_____

14. 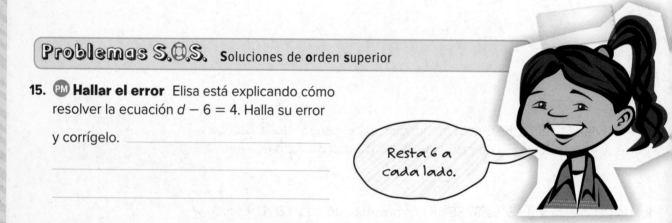 **Representaciones múltiples** El diagrama de barras representa una ecuación de resta.

⊢————— x °F —————⊣	
74 °F	13 °F

   a. **En palabras** Escribe un problema del mundo real que se pueda representar con el diagrama de barras. _____

   _____

   _____

   b. **Álgebra** Escribe una ecuación de resta que se pueda representar con el diagrama de barras. _____

   c. **Números** Resuelve la ecuación que escribiste en la parte **b**. _____

Problemas S.O.S. **S**oluciones de **o**rden **s**uperior

15. **Hallar el error** Elisa está explicando cómo resolver la ecuación $d - 6 = 4$. Halla su error y corrígelo. _____

   _____

   _____

> Resta 6 a cada lado.

16. **Representar con matemáticas** Escribe un problema del mundo real que se pueda representar con $d - 32 = 64$. _____

   _____

   _____

17. **Perseverar con los problemas** Otro tipo de ecuación de resta es $16 - b = 7$. Explica cómo resolverías esta ecuación y luego resuélvela.

   _____

   _____

18. **Razonar de manera inductiva** ¿Cuál de los siguientes enunciados es verdadero respecto de $x - 5 = 13$? _____

   I Para hallar el valor de x, suma 5 a cada lado.

   II Para hallar el valor de x, resta 5 a cada lado.

   III Para hallar el valor de x, suma 13 a cada lado.

   IV Para hallar el valor de x, resta 13 a cada lado.

Más práctica

Resuelve las ecuaciones. Comprueba las soluciones.

19. $f - 1 = 5$

$$f - 1 = 5$$
$$+1 = +1$$
$$f = 6$$

uda para a tarea

20. $2 = e - 1$

21. $r - 3 = 1$

22. $z - 6.3 = 2.1$

23. $t - 9.25 = 5.45$

24. $k - 32.9 = 16.5$

25. (PM) **Usar las herramientas matemáticas** Carolina del Norte tiene 14 votos electorales menos que Florida. Escribe y resuelve una ecuación de resta para hallar el número de votos electorales de Florida. _____

Votos electorales	
State	**Número de votos**
Florida	■
Carolina del Norte	15

26. El gato de Marty pesa 10.4 libras. Son 24.4 libras menos que lo que pesa su perro. Escribe y resuelve una ecuación para hallar el peso del perro de Marty. _____

27. Halla el valor de t si $t - 7 = 12$. _____

Resuelve las ecuaciones. Comprueba las soluciones.

28. $s - \dfrac{1}{2} = \dfrac{1}{2}$

29. $h - \dfrac{1}{4} = \dfrac{1}{4}$

30. $c - 1 = \dfrac{3}{4}$

31. En un cine, Ángelo compró un paquete mediano de palomitas de maíz a $4, una bebida pequeña a $3 y una caja de meriendas de fruta a $5. Escribe y resuelve una ecuación de resta para hallar cuánto dinero le dio Ángelo al cajero si recibió $3 de cambio.

_____

32. Xavier tiene 3 años menos que Paula. Xavier tiene 11 años. Selecciona los elementos correctos para completar el diagrama de barras de abajo, y representar la edad de Paula.

Edad de Paula, _p_
3
11

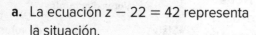

¿Qué ecuación representa el diagrama de barras?

¿Cuántos años tiene Paula?

33. Owen compró un par de zapatos y la camisa que se muestra. El costo de la camisa fue $42 menos que el precio de los zapatos. Sea _z_ el precio de los zapatos. Determina si los enunciados son verdaderos o falsos.

$22

a. La ecuación $z - 22 = 42$ representa la situación. ☐ Verdadero ☐ Falso

b. La ecuación $42 - z = 22$ representa la situación. ☐ Verdadero ☐ Falso

c. El costo de los zapatos fue $64. ☐ Verdadero ☐ Falso

Estándares comunes: Repaso en espiral

Multiplica. 4.NBT.5

34. $63 \times 8 =$ _____

35. $19 \times 6 =$ _____

36. $27 \times 5 =$ _____

37. $13 \times 8 =$ _____

38. $36 \times 4 =$ _____

39. $21 \times 3 =$ _____

40. La tienda Gatos mimosos tiene 3 gatos calicó por cada gato gris. Si tienen 9 gatos calicó disponibles, ¿cuántos gatos grises tienen? 4.NBT.6

Investigación para la resolución de problemas
Probar, comprobar y revisar

CCSS Content Standards
6.EE.7

PM Prácticas matemáticas
1, 3, 4

Caso #1 Ingenio con dinero

Damián usó billetes de $20 y billetes de $10 para pagar por su clase de guitarra de $100.

Si pagó con 8 billetes, ¿cuántos billetes de cada tipo usó?

Comprende ¿Cuáles son los datos?

- Damián pagó con 8 billetes que suman $100.
- Los billetes que usó eran de $20 y de $10.

Planifica ¿Cuál es tu estrategia para resolver este problema?

Adivinar hasta hallar una respuesta que tenga sentido en el problema.

Resuelve ¿Cómo puedes aplicar la estrategia?

Usa sumandos que tengan una suma de 8 para hallar el número de billetes de $20 y de billetes de $10.

Número de billetes de $20	Número de billetes de $10	Cantidad total	Comparación con $100
1	7	1($20) + 7($10) = $	
2	6	2($20) + 6($10) = $	
3	5	3($20) + 5($10) = $	
4	4	4($20) + 4($10) = $	

Damián pagó con ☐ billetes de $20 y ☐ billetes de $10.

Comprueba ¿Tiene sentido la respuesta?

Las otras combinaciones son menores o mayores que $100.

Analizar la estrategia Tutor

PM **Razonar de manera inductiva** Monique recibió $100 en billetes de $10 y de $5, incluidos ocho billetes de $10. Usa la ecuación $x + 80 = 100$ para hallar cuánto dinero x le dieron en billetes de $5. ¿Cuántos billetes de $5 recibió?

Caso #2 Aventura de anime

Una librería vende historietas usadas en paquetes de 5 e
historietas nuevas en paquetes de 3.

Si Amy compra 16 historietas en total, ¿cuántos paquetes
de historietas usadas y nuevas compró?

Comprende

Lee el problema. ¿Qué debes hallar?

Necesito hallar _____

_____ .

**Subraya las palabras clave y los valores del problema.
¿Qué información sabes?**

Las historietas _____ vienen en paquetes de [ ] y las historietas

_____ vienen en paquetes de [ ]. Amy compra [ ] historietas.

¿Hay información que no necesitas saber?

No necesito saber _____ .

Planifica

Elige una estrategia de resolución de problemas.

Voy a usar la estrategia _____ .

Resuelve

Usa tu estrategia de resolución de problemas para resolver el problema. Adivina.

2 paquetes de usadas y 1 paquete de nuevas   [ ](5) + [ ](3); [ ] < 16

3 paquetes de usadas y 2 paquetes de nuevas   [ ](5) + [ ](3); [ ] > 16

2 paquetes de usadas y 2 paquetes de nuevas   [ ](5) + [ ](3); [ ] = 16

Por lo tanto, _____

Comprueba

Usa información del problema para comprobar tu respuesta.

Haz una lista de múltiplos de 3 y una lista de múltiplos de 5. Busca
una combinación de estos múltiplos que sumen 16.

_____

_____

Trabaja con un grupo pequeño para resolver los siguientes casos.
Muestra tu trabajo en una hoja aparte.

Caso #3 Pruebas

En una prueba de Ciencias, Iván sacó 18 puntos. Hay 6 problemas que valen
2 puntos cada uno y dos problemas que valen 4 puntos cada uno.

Halla el tipo de problemas de cada tipo que Iván respondió
correctamente.

_____

_____

Caso #4 Números

Kathryn está pensando en cuatro números del 1 al 9 cuya suma es 18. Cada
número se usa una sola vez.

Halla los números.

_____

Caso #5 Ecuaciones

Usa los símbolos +, −, × o ÷ para que la siguiente ecuación sea
verdadera. Usa cada símbolo solo una vez.

$$3 \ \blacksquare \ 4 \ \blacksquare \ 6 \ \blacksquare \ 1 = 18$$

_____

Caso #6 Dinero

Nathaniel está ahorrando dinero para comprar una nueva tarjeta de
gráficos para su computadora que cuesta $260.

Si está ahorrando $18 por mes y ya tiene $134, ¿en cuántos meses
más tendrá suficiente dinero para la tarjeta de gráficos?

¡Usa una estrategia!

Investigación para la resolución de problemas Probar, comprobar y revisar **545**

Repaso de medio capítulo

Comprobación del vocabulario

1. Define *ecuación*. Da un ejemplo de una ecuación y un ejemplo de una expresión. Usa una variable en cada ejemplo. (Lección 1)

_____

_____

_____

2. Completa el espacio en blanco en la oración de abajo con el término correcto. (Lección 2)

Puedes resolver ecuaciones usando _____, que se cancelan entre sí.

Comprobación de destrezas y resolución de problemas

Encierra en un círculo la solución de la ecuación de la lista dada. (Lección 1)

3. $x + 22 = 27$; 5, 6, 7

4. $17 + n = 24$; 6, 7, 8

Resuelve las ecuaciones. Comprueba las soluciones. (Lecciones 2 y 3)

5. $63 + d = 105$

6. $h + 7.9 = 13$

7. $a + 1.6 = 2.1$

8. $p - 13 = 29$

9. $y - 9 = 26$

10. $r - 5\frac{1}{6} = 10$

11. **PM** **Usar las herramientas matemáticas** La diferencia en el nivel de agua en la marea alta y en la marea baja fue 3.6 pies. Escribe y resuelve una ecuación para hallar el nivel de agua en la marea alta. (Lección 3)

_____

Nivel de la marea en el muelle del lago Worth

Alta
Baja   0.2 pies

12. **PM** **Perseverar con los problemas** Si $x + 9.8 = 14.7$, ¿cuál es el valor de $8(x - 3.7)$? (Lección 2)

_____

Laboratorio de indagación
Resolver y escribir ecuaciones de multiplicación

 ¿CÓMO resuelves ecuaciones de multiplicación usando modelos?

 Content Standards
6.EE.5, 6.EE.7

 Prácticas matemáticas
1, 3, 4

En 5 días, Nicole corrió 10 millas en total. Corrió la misma distancia cada día. ¿Cuánto corrió cada día?

¿Qué sabes? _____

_____

¿Qué necesitas hallar? _____

_____

Manos a la obra: Actividad 1

Paso 1 Define una variable. Usa la variable *d* para representar la distancia que corrió en un día.

Paso 2 Usa un diagrama de barras como ayuda para escribir la ecuación.

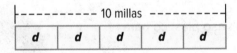

⊢— — — — — 10 millas — — — — —⊣

d	*d*	*d*	*d*	*d*

La longitud total del diagrama muestra _____.

La variable *d* aparece en el diagrama ☐ veces.

☐*d* = ☐

Paso 3 Comienza por el final. Vuelve a escribir la ecuación como una oración de división y resuélvela.

☐ ÷ ☐ = *d*

Por lo tanto, Nicole corrió ☐ millas cada día.

Investigar

Colabora

Trabaja con un compañero o una compañera. Define la variable. Luego, escribe y resuelve una ecuación de multiplicación usando un diagrama de barras.

1. Imagina que Nicole corrió 12 millas en cuatro días. Si corrió cada día la misma distancia d, ¿cuántas millas corrió en un día?

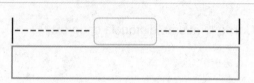

2. Krista tiene su teléfono celular desde hace 8 meses, el doble del tiempo que hace que su hermana Allie tiene su celular. ¿Hace cuántos meses m tiene Allie su celular?

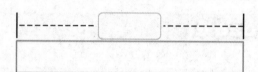

Manos a la obra: Actividad 2

Herramientas

Resuelve $3x = 12$. Comprueba la solución.

Paso 1 Representa la ecuación. Usa un vaso plástico para representar cada x.

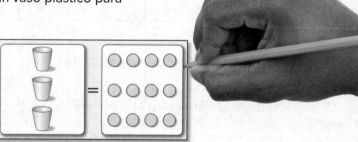

Paso 2 Usa el modelo de arriba. Divide las 12 fichas entre partes iguales encerrándolas en 3 grupos. Hay ☐ fichas en cada grupo.

Por lo tanto, la solución es ☐.

Comprueba. $3\ \boxed{} = 12$ Escribe la ecuación original.

$3\left(\boxed{}\right) \overset{?}{=} 12$ Sustituye x por tu solución.

$\boxed{} = 12$ ¿Es verdadera la oración? _____

Investigar

Colabora

Trabaja con un compañero o una compañera. Resuelve las ecuaciones usando vasos y fichas.

3. $4n = 8$

$n =$ _____

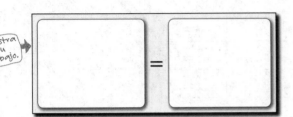

4. $3x = 9$

$x =$ _____

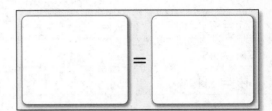

5. $10 = 5x$

$x =$ _____

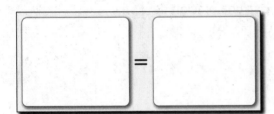

6. $6x = 12$

$x =$ _____

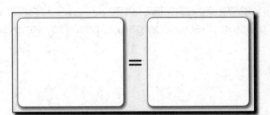

Define una variable. Luego, escribe y resuelve una ecuación de multiplicación usando un diagrama de barras.

7. El promedio de vida de un caballo es 40 años, lo cual es cinco veces más que el promedio de vida de un cobayo. Usa el diagrama de barras de abajo para hallar el promedio de vida de un cobayo. Rotula cada parte del

diagrama. _____

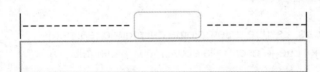

8. Kosumi está ahorrando la misma cantidad cada semana durante 4 semanas para comprar un videojuego de $40. Usa el diagrama de barras de abajo para hallar cuánto ahorra cada semana. Rotula cada parte del diagrama.

Analizar y pensar

Trabaja con compañero. Completa la tabla. La primera fila sirve de ejemplo.

	Ecuación de multiplicación	Coeficiente	Variable	Producto	Oración de división	Solución
	$7g = 14$	7	g	14	$14 \div 7 = g$	$g = 2$
9.	$21 = 3y$					$y =$
10.	$5m = 45$					$m =$
11.	$48 = 8d$					$d =$
12.	$16f = 32$					$f =$
13.	$39 = 13b$					$b =$

14. **(PM) Razonar de manera inductiva** Escribe una regla que puedas usar para resolver ecuaciones como $2x = 24$ sin usar modelos. Usa una oración de división relacionada para explicar tu respuesta.

_____

_____

15. Escribe y resuelve una ecuación que represente la situación mostrada.

_____

Crear

16. **(PM) Representar con matemáticas** Escribe un problema del mundo real para la ecuación que se representó abajo. Luego escribe la ecuación y resuélvela.

	$12		
c	c	c	c

_____

_____

17. **Indagación** ¿CÓMO resuelves ecuaciones de multiplicación usando modelos?

_____

_____

_____

Resolver y escribir ecuaciones de multiplicación

Vocabulario inicial

La ecuación $3x = 9$ es una ecuación de multiplicación. En $3x$, 3 es el coeficiente de x porque es el número por el cual se multiplica x.

Completa la tabla. La primera fila está hecha y te servirá de ejemplo.

Prefijo	Palabra base	Palabra nueva	Significado
co-	piloto	copiloto	el segundo piloto que vuela con el piloto principal de un avión
co-	autor	coautor	ayuda el autor, escribir musica libro ó ilustración
co-	operar	cooperar	trebajar juntos
co-	eficiente	coeficiente	un factor numerico tiene un variable, el numerico el variable el coefic.

Pregunta esencial

¿CÓMO determinas si dos números o expresiones son iguales?

Vocabulario

propiedad de igualdad en la división

Common Core State Standards

Content Standards
6.EE.5, 6.EE.7, 6.RP.3

PM Prácticas matemáticas
1, 2, 3, 4, 5

 ## Conexión con el mundo real

Melodías de llamada Matthew está descargando melodías de llamada. El costo de descargar cada melodía es $2. Cuando Matthew terminó, gastó un total de $10. Sea x el número de melodías de llamadas. ¿Qué representa la expresión $2x$?

$$\frac{2x = 10}{2} = \frac{10}{2}$$
$$x = 5$$

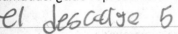 el descarge 5 melodías

¿Qué Prácticas matemáticas PM usaste?
Sombrea lo que corresponda.

① Perseverar con los problemas
② Razonar de manera abstracta
③ Construir un argumento
④ Representar con matemáticas
⑤ Usar las herramientas matemáticas
⑥ Prestar atención a la precisión
⑦ Usar una estructura
⑧ Usar el razonamiento repetido

Resolver una ecuación de multiplicación

Una ecuación de multiplicación es una ecuación como $2x = 10$ porque la variable x se multiplica por 2. La multiplicación y la división son operaciones inversas. Por lo tanto, para resolver una ecuación de multiplicación, usa la división.

Ejemplos

1. **Resuelve $2x = 10$. Comprueba la solución.**

$2x = 10$ Escribe la ecuación.

$\dfrac{2x}{2} = \dfrac{10}{2}$ Divide cada lado entre el coeficiente 2.

$x = 5$

Comprueba. $2x = 10$ Escribe la ecuación original.

$2(5) \overset{?}{=} 10$ Sustituye x por 5.

$10 = 10$ Esta oración es verdadera. ✔

- -

2. **Resuelve $3x = 6$. Comprueba la solución.**

Completa las casillas de abajo.

$3x = 6$ Escribe la ecuación.

$\dfrac{3x}{\boxed{}} = \dfrac{6}{\boxed{}}$ Divide cada lado entre el coeficiente $\boxed{}$.

$x = \boxed{}$

Comprueba. $3\boxed{} = 6$ Escribe la ecuación original.

$3\left(\boxed{}\right) \overset{?}{=} 6$ Sustituye x por $\boxed{}$.

$\boxed{} = 6$ Esta oración es $\boxed{}$. ✔

Muestra tu trabajo.

¿Entendiste? **Resuelve estos problemas para comprobarlo.**

Resuelve las ecuaciones. Comprueba las soluciones.

a. $3x = 15$ **b.** $8 = 4x$ **c.** $2x = 14$

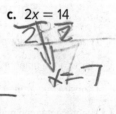

a. _____

b. _____

c. _____

Propiedad de igualdad en la división

Dato
Si divides cada lado de una ecuación entre el mismo número distinto de cero, los dos lados se mantienen iguales.

Ejemplos

Números	Álgebra
$18 = 18$	$3x = 12$
$\dfrac{18}{6} = \dfrac{18}{6}$ ✓	$\dfrac{3x}{3} = \dfrac{12}{3}$
$3 = 3$	$x = 4$

Cuando resuelves una ecuación dividiendo ambos lados de la ecuación entre el mismo número, usas la **propiedad de igualdad en la división**.

Ejemplo

Tutor

3. Vicente y unos amigos compartieron el costo de un paquete de CD vírgenes. El paquete costó $24 y cada persona puso $6. ¿Cuántas personas compartieron el costo de los CD?

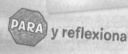

PARA y reflexiona

¿Cuál es el coeficiente en la ecuación del ejemplo 3?

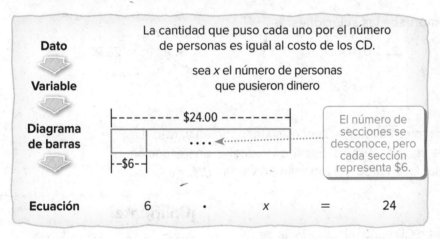

Dato
La cantidad que puso cada uno por el número de personas es igual al costo de los CD.

Variable
sea x el número de personas que pusieron dinero

Diagrama de barras

---------- $24.00 ----------

. . . .

-$6-

El número de secciones se desconoce, pero cada sección representa $6.

Ecuación   6 · x = 24

$6x = 24$ Escribe la ecuación.

$\dfrac{6x}{6} = \dfrac{24}{6}$ Divide cada lado entre 6.

$x = 4$ Simplifica.

Comprueba. $6 \times 4 = 24$ ✓

El costo de los CD se repartió entre 4 personas.

¿Entendiste? **Resuelve este problema para comprobarlo.**

Muestra tu trabajo.

d. En 2004, Pen Hadow y Simon Murray caminaron 680 millas hasta el Polo Sur. El viaje duró 58 días. Imagina que caminaron la misma distancia cada día. Escribe y resuelve una ecuación de multiplicación para hallar aproximadamente cuántas millas viajaron por día.

d. _____

Ejemplo

4. **Resuelve 3.28x = 19.68. Comprueba la solución.**

$3.28x = 19.68$ Escribe la ecuación.

$\dfrac{3.28x}{3.28} = \dfrac{19.68}{3.28}$ Divide cada lado entre 3.28.

$x = 6$

Comprueba. $3.28x = 19.68$ Escribe la ecuación original.

$3.28(6) \overset{?}{=} 19.68$ Sustituye x por 6.

$19.68 = 19.68$ Esta oración es verdadera.. ✓

Muestra tu trabajo.

e. _____

f. _____

g. _____

¿Entendiste? **Resuelve estos problemas para comprobarlo.**

Resuelve las ecuaciones. Comprueba las soluciones.

e. $2.25n = 6.75$ **f.** $1.7b = 8.5$ **g.** $6.15y = 55.35$

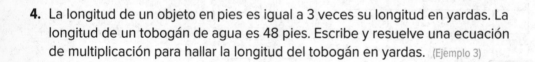

Práctica guiada

Comprueba ✓

Resuelve las ecuaciones. Comprueba las soluciones. (Ejemplos 1, 2 y 4)

Muestra tu trabajo.

1. $2a = 6$

2. $20 = 4c$

3. $9.4g = 28.2$

4. La longitud de un objeto en pies es igual a 3 veces su longitud en yardas. La longitud de un tobogán de agua es 48 pies. Escribe y resuelve una ecuación de multiplicación para hallar la longitud del tobogán en yardas. (Ejemplo 3)

_____

5. El tiempo total para grabar un CD es 18 minutos. El fin de semana pasado, Demitri pasó 90 minutos grabando CD. Escribe y resuelve una ecuación de multiplicación para hallar el número de CD que grabó Demitri el fin de semana pasado.

Explica cómo puedes comprobar la solución. (Ejemplo 3) _____

_____

6. Ⓟ **Desarrollar la pregunta esencial** ¿Cómo se puede usar la propiedad de igualdad en la división para resolver

ecuaciones de multiplicación? _____

_____

_____

¡Califícate!

¿Entendiste cómo resolver y escribir ecuaciones de multiplicación? Encierra en un círculo la imagen que corresponda.

No tengo dudas.   Tengo algunas dudas.   Tengo muchas dudas.

⬛ ¡No hay problema! Conéctate y accede a un tutor personal.

Tutor

FOLDABLES ¡Es hora de que actualices tu modelo de papel!

Práctica independiente

Conéctate para obtener las soluciones de varios pasos.

Resuelve las ecuaciones. Comprueba las soluciones. (Ejemplos 1, 2 y 4)

1 $4g = 24$

2. $5d = 30$

3. $36 = 6e$

 Muestra tu trabajo.

4. $1.5x = 3$

5. $2.5y = 5$

6. $8.1 = 0.9a$

7. Una joyería vende un conjunto de 4 pares de aros con piedras preciosas a $58, con impuestos incluidos. Neva y tres de sus amigas quieren comprar el conjunto para que cada una tenga un par de aros. Escribe y resuelve una ecuación de multiplicación para hallar cuánto debe pagar cada persona. (Ejemplo 3)

_____

Resuelve las ecuaciones. Comprueba las soluciones.

8. $39 = 1\frac{3}{10}b$

9. $\frac{1}{2}e = \frac{1}{4}$

10. $\frac{2}{5}g = \frac{3}{5}$

11 **PM** **Usar las herramientas matemáticas** Usa la tabla.

    a. Morten Andersen jugó 25 años en la NFL. Escribe y resuelve una ecuación para hallar su promedio de puntos de cada año.

_____

    b. Jason Hanson jugó 20 años en la NFL. Escribe y resuelve una ecuación para hallar su promedio de puntos de cada año.

_____

Mejores pateadores de la NFL	
Jugador	**Puntos en su carrera**
Morten Andersen	2,544
Gary Anderson	2,434
Jason Hanson	2,150
John Carney	2,062
Adam Vinatieri	2,006

12. **STEM** En promedio, el corazón de una persona late 103,680 veces al día. Escribe y resuelve una ecuación para hallar aproximadamente cuántas veces late en un minuto el corazón de una persona promedio.

_____

13. 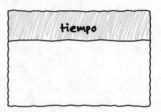 **Representar con matemáticas** Los problemas relacionados con la velocidad constante se pueden resolver con la fórmula distancia = tasa × tiempo. La familia de Fernando recorrió 272 millas en un viaje por carreteras el fin de semana pasado. Viajaron durante 4 horas. ¿A qué tasa viajaba en carro la familia de Fernando? Escribe y resuelve una ecuación de multiplicación.

distancia	=	tasa	×	tiempo

La familia de Fernando viajó a una tasa promedio de _____ millas por hora.

Problemas S.O.S. Soluciones de orden superior

14.  **Hallar el error** Noah está resolviendo $5x = 75$. Halla su error y corrígelo.

_____

_____

_____

$$5x = 75$$
$$5x = \frac{75}{5}$$
$$5x = 15$$
$$x = 3$$

15. **¿Cuál no pertenece?** Identifica la ecuación que es diferente a las otras tres. Explica tu razonamiento.

$5x = 20$	$4b = 7$	$8w = 32$	$12y = 48$

_____

16. **Perseverar con los problemas** Explica cómo sabes que las ecuaciones $\frac{1}{4} = 2x$ y $\frac{1}{4} \div x = 2$ tienen la misma solución. Luego, halla la solución.

_____

_____

_____

17. **Representar con matemáticas** Escribe un problema del mundo real que se podría representar con la ecuación $4r = 240$. Luego, resuelve la ecuación e interpreta la solución.

_____

_____

Más práctica

Resuelve las ecuaciones. Comprueba las soluciones.

18. $4c = 16$

uda para
a tarea

$4c = 16$

$\dfrac{4c}{4} = \dfrac{16}{4}$

$c = 4$

19. $5t = 25$

20. $5a = 15$

21. $3f = 12$

22. $21 = 3g$

23. $6x = 12$

24. $5.9q = 23.6$

25. $2.55d = 17.85$

26. $6.5a = 32.5$

27. La familia Raimonde condujo 1,764 millas por Estados Unidos en sus vacaciones. Si les llevó en total 28 horas, escribe y resuelve una ecuación de multiplicación para hallar su velocidad promedio en millas por hora.

_____

28. (PM) **Razonar de manera abstracta** Cuatro amigos fueron al boliche una tarde. Usa la tabla donde se muestran los datos del boliche.

a. Carson jugó tres partidos. Escribe y resuelve una ecuación para hallar cuántos puntos tuvo en promedio en cada partido. _____

b. Jana jugó 5 partidos. Escribe y resuelve una ecuación para hallar cuántos puntos tuvo en promedio en cada partido. _____

Jugador	Puntaje
Bryan	320
Carson	366
Jana	522
Pilar	488

Copia y resuelve **Resuelve las ecuaciones. Muestra tu trabajo en una hoja aparte.**

29. $1\frac{2}{5}x = 7$

30. $3\frac{1}{2}r = 28$

31. $2\frac{1}{4}w = 6\frac{3}{4}$

32. $2\frac{3}{4}a = 19\frac{1}{4}$

33. $1\frac{1}{2}c = 6$

34. $3\frac{3}{4}m = 33\frac{3}{4}$

35. El Sr. Solomon anda en bicicleta a una velocidad constante de 12 millas por hora. Quiere hallar la cantidad de horas que tardará en recorrer 54 millas en bicicleta. Determina si los enunciados son verdaderos o falsos.

a. Para hallar la cantidad de horas, resta 12 a 54. ☐ Verdadero ☐ Falso

b. Para hallas la cantidad de horas, divide 54 entre 12. ☐ Verdadero ☐ Falso

c. El Sr. Solomon tardará 5 horas para recorrer 54 millas en bicicleta. ☐ Verdadero ☐ Falso

36. En la tabla se muestra parte de la información nutricional de una botella de té helado. Marguerite quiere saber cuántos gramos de azúcar contiene cada porción. Sea *a* los gramos de azúcar de cada porción. Selecciona los valores correctos para representar la situación con una ecuación de multiplicación.

Información nutricional (2 porciones)	
Calorías: 80	
Grasas totales: 0 gramos	
Sodio: 50 miligramos	
Azúcares: 64 gramos	

$$\boxed{} \times \boxed{} = \boxed{}$$

0	50	80
2	64	*a*

¿Cuántos gramos de azúcar contiene cada porción? ☐

CCSS Estándares comunes: Repaso en espiral

Divide. 5.NTB.6

37. $138 \div 6 =$ _____

38. $80 \div 5 =$ _____

39. $208 \div 4 =$ _____

40. $217 \div 7 =$ _____

41. $216 \div 24 =$ _____

42. $378 \div 6 =$ _____

43. En la tabla se muestra el costo de alimentos a la venta en un concierto. Evan gastó $31.50 en palomitas de maíz para su clase. ¿Cuántas bolsas de palomitas de maíz compró Evan? 5.NTB.7

_____

Productos	Costo ($)
Nachos	$3.00
Palomitas de maíz	$1.50
Agua	$2.00

44. Después de la cena, quedaba $\frac{3}{4}$ de un pastel. Si Tasha come $\frac{1}{6}$ de lo que quedó del pastel, ¿qué parte del total del pastel come Tasha? 6.NS.1 _____

Laboratorio de indagación

Resolver y escribir ecuaciones de división

 Indagación ¿CÓMO resuelves ecuaciones de división usando modelos?

 **Content Standards**
6.EE.5, 6.EE.7

 Prácticas matemáticas
1, 3, 4

Cuatro amigos decidieron repartir en partes iguales el costo de un abono para todas las presentaciones de un concierto. Cada uno pagó $35. Halla el costo total del abono para todas las presentaciones.

¿Qué sabes? _____

_____

¿Qué necesitas hallar? _____

_____

Manos a la obra

Paso 1 Define una variable. Usa la variable c para representar el costo total del abono.

Paso 2 Usa un diagrama de barras como ayuda para escribir la ecuación.

costo total, c			
cantidad que pagó cada persona	cantidad que pagó cada persona	cantidad que pagó cada persona	cantidad que pagó cada persona

$\vdash$ ---- $35 ---- $\dashv$

La longitud total del diagrama muestra _____.

El número 35 representa _____.

Hay cuatro secciones iguales porque _____.

$\boxed{} \div \boxed{} = \boxed{}$

Paso 3 Comienza por el final. Vuelve a escribir la ecuación como una oración de multiplicación y resuélvela.

$\boxed{} \times \boxed{} = c$

Por lo tanto, el costo total del abono para todas las presentaciones es

$\$\boxed{}$.

MP **Representar con matemáticas** Trabaja con un compañero o una compañera. Escribe y resuelve una ecuación de división usando un diagrama de barras.

1. Tres amigas van a una conferencia. Reparten en partes iguales el costo de la gasolina *g*. Cada una paga $38.50. Dibuja un diagrama de barras para hallar el costo total.

2. Silvia terminó 8 ejercicios de matemáticas *e*. Esto es un cuarto de su tarea. ¿Cuántos ejercicios le dieron de tarea?

3. Antonio compró una camiseta con un descuento de $\frac{1}{2}$. Pagó $21.75 por la camiseta *c*. Dibuja un diagrama de barras para hallar el costo original.

4. Seis amigos repartirán el costo de una fiesta de pizzas *f* en partes iguales. Cada persona pagó $15.25. Halla el costo total de la fiesta.

Crear

Por tu cuenta

5. **PM** **Representar con matemáticas** Escribe un problema de división del mundo real para la ecuación representada. Luego, escribe la ecuación y resuélvela.

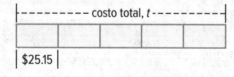

costo total, *t*

$25.15

6. **Indagación** ¿CÓMO resuelves ecuaciones de división usando modelos?

Resolver y escribir ecuaciones de división

 ## Conexión con el mundo real

 Pregunta esencial

¿CÓMO determinas si dos números o expresiones son iguales?

 Vocabulario

propiedad de igualdad en la multiplicación

 Common Core State Standards

Content Standards
6.EE.5, 6.EE.7

PM **Prácticas matemáticas**
1, 2, 3, 4, 7

Mesada Leslie gasta $5 al mes en meriendas en la escuela, lo cual representa un cuarto de su mesada mensual. Completa las preguntas de abajo para hallar la mesada mensual de Leslie.

1. Dibuja un diagrama de barras para representar $5 como un cuarto de la mesada mensual de Leslie.

2. ¿De cuánto es la mesada mensual de Leslie? _____

3. ¿Qué operación usaste para hallar la mesada mensual de Leslie?

_____

4. ¿Cómo puedes comprobar tu respuesta para determinar si es correcta? _____

_____

_____

_____

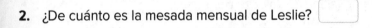 **¿Qué Prácticas matemáticas** PM **usaste?**
Sombrea lo que corresponda.

① Perseverar con los problemas
② Razonar de manera abstracta
③ Construir un argumento
④ Representar con matemáticas
⑤ Usar las herramientas matemáticas
⑥ Prestar atención a la precisión
⑦ Usar una estructura
⑧ Usar el razonamiento repetido

Resolver ecuaciones de división

En la situación de la página anterior, la ecuación $\frac{a}{4} = 5$, donde a representa la mesada mensual, significa que la mesada mensual *dividida entre* 4 es igual a \$5. Como la multiplicación y la división son operaciones inversas, usa la multiplicación para resolver las ecuaciones de división.

Ejemplo

1. **Resuelve $\frac{a}{3} = 7$. Comprueba la solución.**

> **Método 1** | Usa modelos.
>
> Representa la ecuación.

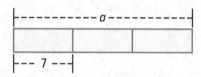

> Resuelve la ecuación. Comienza por el final.
>
> Como $\frac{a}{3} = 7$, $7 \times 3 = a$. Por lo tanto, $a = 21$.

> **Método 2** | Usa símbolos.
>
> $\frac{a}{3} = 7$ Escribe la ecuación.
>
> $\frac{a}{3}(3) = 7(3)$ Multiplica cada lado por 3.
>
> $a = 21$ Simplifica.

Comprueba. $\frac{a}{3} = 7$ Escribe la ecuación original.

           $\frac{21}{3} \overset{?}{=} 7$ Sustituye a por 21.

           $7 = 7$ Esta oración es verdadera. ✔

Usando cualquier método, la solución es 21.

¿Entendiste? **Resuelve estos problemas para comprobarlo.**

Resuelve las ecuaciones. Comprueba las soluciones.

   a. $\frac{x}{8} = 9$ **b.** $\frac{y}{4} = 8$

   c. $\frac{m}{5} = 9$ **d.** $30 = \frac{b}{2}$

Muestra tu trabajo.

a. _____

b. _____

c. _____

d. _____

Propiedad de igualdad en la multiplicación

Concepto clave

Dato Si multiplicas cada lado de una ecuación por el mismo número distinto de cero, los dos lados se mantienen iguales.

Ejemplos

Números

$3 = 3$

$3(6) = 3(6)$

$18 = 18$

Álgebra

$\dfrac{x}{4} = 7$

$\dfrac{x}{4}(4) = 7(4)$

$x = 28$

PARA y reflexiona

¿En qué se parece resolver una ecuación de multiplicación a resolver una ecuación de división? ¿En qué se diferencia? Explica tu respuesta abajo.

Cuando resuelves una ecuación multiplicando cada lado de la ecuación por el mismo número, usas la **propiedad de igualdad en la multiplicación**.

Ejemplo

Tutor

2. El peso de un objeto en la Luna es un sexto de lo que pesa en la Tierra. Si un objeto pesa 35 libras en la Luna, escribe y resuelve una ecuación de división para hallar su peso en la Tierra.

Dato El peso de un objeto en la Tierra dividido entre 6 es igual al peso en la Luna.

Variable sea p el peso del objeto en la Tierra

Diagrama de barras

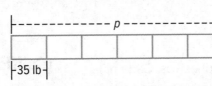

Ecuación $\dfrac{p}{6}$ = 35

$\dfrac{p}{6} = 35$ Escribe la ecuación.

$\dfrac{p}{6}(6) = 35(6)$ Multiplica cada lado por 6.

$p = 210$ $6 \times 35 = 210$

El objeto pesa 210 libras en la Tierra.

¿Entendiste? **Resuelve este problema para comprobarlo.**

Muestra tu trabajo.

e. Nathan recogió un total de 60 manzanas en $\dfrac{1}{3}$ hora. Escribe y resuelve una ecuación de división para hallar cuántas manzanas podría recoger Nathan en 1 hora.

e. _____

Ejemplo

3. Carla compra cinta para unos trajes. Quiere dividir la cinta entre trozos de 8.5 pulgadas para 16 trajes. Escribe y resuelve una ecuación de división para hallar la longitud de cinta que debe comprar Carla.

sea c la longitud de la cinta que Carla debe comprar

$\dfrac{c}{8.5} = 16$	Escribe la ecuación.
$\dfrac{c}{8.5}(8.5) = 16(8.5)$	Multiplica cada lado por 8.5.
$c = 136$	$8.5 \times 16 = 136$

Carla debe comprar 136 pulgadas de cinta.

Muestra tu trabajo.

¿Entendiste? Resuelve este problema para comprobarlo.

f. Allison está horneando un pastel. Quiere que haya 4.5 fresas en cada porción, para 8 personas. Escribe y resuelve una ecuación de división para hallar cuántas fresas necesitará Allison.

f. _____

Práctica guiada

Compruba ✓

Resuelve las ecuaciones. Comprueba las soluciones. (Ejemplo 1)

1. $\dfrac{m}{6} = 10$

2. $\dfrac{k}{5} = 11$

3. $\dfrac{v}{13} = 14$

 Muestra tu trabajo.

4. Kerry y Pía comparten un paquete de adhesivos. Cada niña recibe 11 adhesivos. Escribe y resuelve una ecuación de división para hallar cuántos adhesivos hay en total. (Ejemplo 2)

_____

5. Chen está comprando jamón. Quiere dividirlo entre porciones de 6.5 onzas para 12 personas. Escribe y resuelve una ecuación de división para hallar el tamaño del jamón que

Chen debe comprar. (Ejemplo 3) _____

6. 🅮 **Desarrollar la pregunta esencial** Cuando resuelves una ecuación, ¿por qué es necesario realizar la misma operación en cada lado del signo igual?

_____

_____

¡Califícate!

¿Estás listo para seguir?
Sombrea lo que corresponda.

Tengo algunas preguntas.

Estoy listo para seguir.

Tengo muchas preguntas.

📖 ¡No hay problema!
Conéctate y accede a un tutor personal. Tutor

FOLDABLES ¡Es hora de que actualices tu modelo de papel!

Práctica independiente

Conéctate para obtener las soluciones de varios pasos.

Ayuda en línea

Resuelve las ecuaciones. Comprueba las soluciones. (Ejemplos 1 y 3)

1 $5 = \dfrac{p}{4}$

Muestra tu trabajo.

2. $17 = \dfrac{w}{6}$

3 $4.7 = \dfrac{g}{3.2}$

Escribe y resuelve una ecuación de división para resolver cada problema. (Ejemplos 2 y 3)

4. Sofía está comprando regalitos para los invitados a una fiesta. Tiene un presupuesto de $2.75 por persona para 6 personas. ¿Cuánto puede gastar Sofía en regalitos para los invitados?

_____

5 Carolina horneó 3 docenas de galletas de avena con pasas para la venta de pasteles de la escuela. Es un cuarto de la cantidad de docenas de galletas que horneó en total. ¿Cuántas docenas de galletas horneó en total?

_____

6. (PM) **Representar con matemáticas** Consulta la historieta de abajo para los ejercicios **a** y **b**.

RECOMPENZA POR LEER

50 PUNTOS = FIESTA DE PIZZAS

LECTURA	PUNTOS
Libro	5
Revista	1
Periódico	1

Necesito calcular cuántos libros necesito leer para ganar la fiesta de pizzas.

a. Si Mei ya ganó 30 puntos, escribe y resuelve una ecuación de multiplicación para hallar cuántos libros tiene que leer. _____

b. Imagina que Mei ya leyó 7 libros. Escribe y resuelve una ecuación de división para hallar la cantidad de puntos que ganó. _____

7. **(PM) Identificar la estructura** Escribe la propiedad que se usa para resolver cada tipo de ecuación.

+	−
×	÷

Problemas S.O.S. Soluciones de orden superior

8. **(PM) Razonar de manera abstracta** Escribe una ecuación de división cuya solución sea 42.

_____

_____

9. **(PM) Razonar de manera inductiva** *Verdadero* o *falso*: $\frac{x}{3}$ es equivalente a $\frac{1}{3}x$. Explica tu razonamiento.

_____

_____

10. **(PM) Perseverar con los problemas** Explica cómo resolverías $\frac{16}{c} = 8$. Luego, resuelve la ecuación.

_____

_____

11. **(PM) Representaciones múltiples** Cada otoño, la mariposa monarca de América del Norte migra hasta 3,000 millas hacia California y México, donde hiberna hasta comienzos de la primavera. En promedio, la mariposa recorre 50 millas por día.

   a. **Álgebra** Escribe una ecuación que represente la distancia *d* que recorrerá una mariposas en *t* días. _____

   b. **Tablas** Usa la ecuación para completar la tabla.

   c. **En palabras** Usa el patrón de la tabla para hallar cuántos días tardará la mariposa en recorrer 2,500 millas. _____

Tiempo (días)	1	2	3	4	5
Distancia (millas)					

Más práctica

Resuelve las ecuaciones. Comprueba las soluciones.

12. $4 = \dfrac{r}{8}$

da para tarea →
$4 = \dfrac{r}{8}$
$4(8) = \dfrac{r}{8}(8)$
$32 = r$

13. $12 = \dfrac{q}{7}$

14. $18 = \dfrac{r}{2}$

15. $\dfrac{h}{13} = 13$

16. $\dfrac{j}{12} = 11$

17. $\dfrac{z}{7} = 8$

18. $\dfrac{c}{0.2} = 7$

19. $\dfrac{d}{12} = 0.25$

20. $\dfrac{m}{16} = 0.5$

PM Identificar la estructura Escribe y resuelve una ecuación de división para resolver los problemas.

21. Nacieron polluelos de un tercio de los huevos de un pájaro. Si nacieron

2 polluelos, ¿cuántos huevos puso el pájaro? _____

_____

22. Marcel está comprando una tabla para construir una biblioteca. Quiere dividir

la tabla entre secciones de 1.75 pies. Necesita 6 secciones. ¿Cuál es el tamaño

de la tabla que necesita Marcel? _____

_____

23. Blake está cortando un trozo de soga en cuartos. Si cada parte tiene 16

pulgadas de largo, ¿cuál es la longitud original de la soga? _____

_____

24. **PM Justificar las conclusiones** El modelo de un avión mide $\dfrac{1}{48}$ del tamaño

real del avión. Si el modelo del avión mide 28 pulgadas de largo, ¿cuál es la

longitud del avión real? Explica tu razonamiento a un compañero. _____

25. Alfred hace tareas para ganar dinero en el verano. En la tabla se muestra la cantidad que gana por cada tarea. Alfred desmalezó el jardín 6 veces en todo el verano. Escribe y resuelve una ecuación de división para hallar cuánto ganó desmalezando el jardín.

Tarea	Cantidad ganada ($)
Cortar el césped	$10
Lavar el carro	$ 5
Desmalezar el jardín	$ 8

26. Shana corrió 6 millas en 1 semana. Fue un tercio de lo que corrió en el mes. Sea *m* el número de millas que corrió Shana en el mes. Selecciona los valores correctos para representar la situación con una ecuación de división.

$$\dfrac{\boxed{}}{\boxed{}} \quad = \quad \boxed{}$$

1
3
6
7
m

¿Cuántas millas corrió Shana en el mes? Explica cómo puedes comprobar la respuesta.

Escribe <, > o = en cada ◯ para que el enunciado sea verdadero. 4.NF.7

27. 6.5 ◯ 5.2

28. 1.9 ◯ 1.7

29. 2.2 ◯ 2.2

30. 5.6 ◯ 6.5

31. 4.2 ◯ 3.9

32. 5.5 ◯ 5.7

33. En la tabla se muestra el número de pulgadas que hay en distintas medidas en pies. ¿Cuántas pulgadas hay en 5 pies? 4.OA.5 _____

34. Describe el patrón que se muestra abajo. Luego, halla el número que sigue en el patrón. 4.OA.5

$$4, 8, 12, 16, 20, 24, \ldots$$

Pies	Pulgadas
1	12
2	24
3	36
4	48

PROFESIÓN DEL SIGLO XXI
en Música

Ingeniero de sonido

¿Te gusta usar la electrónica para que la música suene mejor? Si es así, podrías considerar una profesión en ingeniería del sonido. Los ingenieros de sonido o técnicos de audio preparan los equipos de audio para las sesiones de grabación y las presentaciones en vivo. Se ocupan de operar consolas y otros equipos para controlar, reproducir y combinar sonidos de distintas fuentes. Los ingenieros de audio ajustan los micrófonos, amplificadores y niveles de varios instrumentos y tonos de voz para que todo suene fantástico en conjunto.

PREPARACIÓN
Profesional
& Universitaria

Explora profesiones y la universidad en ccr.mcgraw-hill.com.

¿Es esta profesión para ti?

¿Te interesa la profesión de ingeniero de sonido? Cursa algunas de las siguientes materias en la escuela preparatoria.

- ◆ Álgebra
- ◆ Tecnología electrónica
- ◆ Música y computadoras
- ◆ Física
- ◆ Ingeniería en sonido

Descubre cómo se relacionan las matemáticas con una carrera en música.

569

ⓟⓜ ¡Agrandar la banda!

Usa la información de la tabla y el diagrama para resolver los problemas.

1. En el diagrama, la distancia entre los micrófonos es 6 pies. Esto es el triple de la distancia desde cada micrófono hasta la fuente de sonido. Escribe una ecuación que represente esta situación. _____

2. Resuelve la ecuación que escribiste en el ejercicio 1. Explica la solución. _____
_____
_____

3. La distancia desde el micrófono hasta el agujero de la guitarra acústica es aproximadamente 11 pulgadas menos de la distancia correcta. Escribe una ecuación que represente esta situación. _____

4. Resuelve la ecuación que escribiste en el ejercicio 3. Explica la solución. _____
_____

5. El micrófono está unas 9 veces más lejos del amplificador que la distancia a la que debería estar para producir un sonido natural y equilibrado. Escribe y resuelve una ecuación para hallar a qué distancia del amplificador se debería colocar el micrófono.
_____
_____

Errores de micrófonos		
Fuente de sonido	**Ubicación del micrófono**	**Sonido resultante**
Guitarra acústica	3 pulgadas desde el agujero	muy bajo
Amplificador de la guitarra eléctrica	36 pulgadas desde el amplificador	débil, graves reducidos

← 6 pies →

ⓟⓜ Proyecto profesional

¡Es hora de que actualices tu portfolio de profesiones! Conéctate en *Occupational Outlook Handbook en Español* en línea e investiga profesiones en ingeniería de sonido. Haz una lista de las ventajas y desventajas de trabajar en ese campo.

_____
_____
_____
_____
_____

Haz una lista de varios desafíos relacionados con esta profesión.
• _____
• _____
• _____
• _____
• _____

Repaso del capítulo

Comprobación del vocabulario

Escribe el término correcto para cada pista del crucigrama.

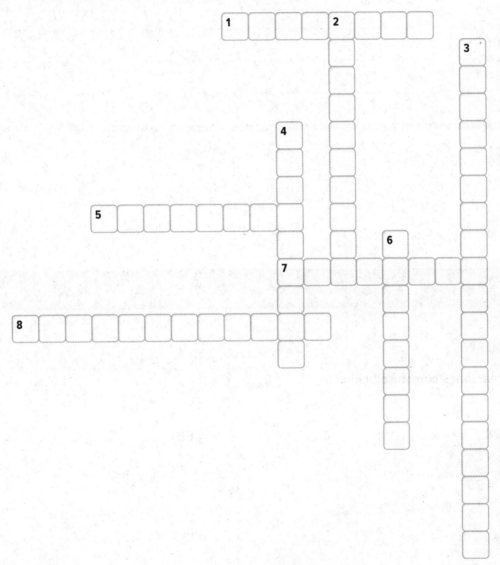

Horizontales

1. propiedad de igualdad que se usa para resolver ecuaciones de resta

5. sustituir una variable por un valor que da como resultado una oración verdadera

7. el valor de una variable que hace que una ecuación sea verdadera

8. propiedad de igualdad que se usa para resolver ecuaciones de multiplicación

Verticales

2. un signo de igualdad

3. operaciones que se cancelan entre sí

4. una combinación de números, variables y al menos una operación

6. oración matemática que muestra que dos expresiones son iguales

Comprobación de conceptos clave

Usa los **FOLDABLES**

Usa tu modelo de papel como ayuda para repasar el capítulo.

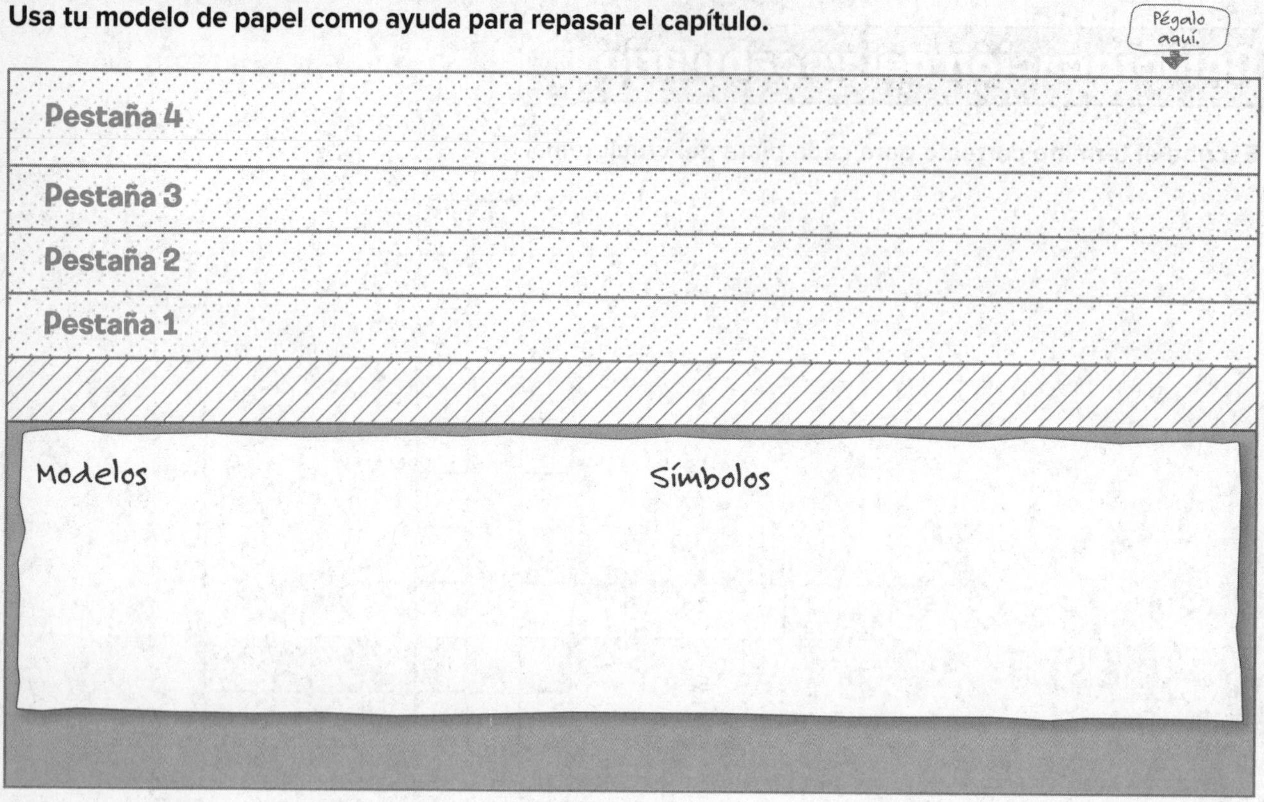

Pégalo aquí.

| Pestaña 4 |
| Pestaña 3 |
| Pestaña 2 |
| Pestaña 1 |

Modelos   Símbolos

¿Entendiste?

Une las ecuaciones con su solución.

1. $8x = 128$

2. $13 + x = 29$

3. $72 = 3x$

4. $x - 22 = 17$

5. $\dfrac{x}{4} = 17$

6. $x - 18 = 33$

a. $x = 68$

b. $x = 39$

c. $x = 18$

d. $x = 16$

e. $x = 24$

f. $x = 51$

¡Repaso! Tarea para evaluar el desempeño

Amigos de estudios

Lesha y María pasan el fin de semana estudiando para las próximas pruebas. Empiezan con matemáticas porque es su materia favorita. En la tabla se muestran sus puntajes en las tres primeras pruebas de matemáticas del semestre.

Estudiante	Prueba #1	Prueba #2	Prueba #3
Lesha	75	100	100
María	92	x	88

Escribe tus respuestas en una hoja aparte. Muestra todo tu trabajo para obtener la calificación más alta.

Parte A
María no se acuerda su puntaje en la segunda prueba, pero sabe que la suma de los puntajes de las tres pruebas es 270. Escribe y resuelve una ecuación de suma para hallar su puntaje en la segunda prueba.

Parte B
Los estudiantes que tengan al menos 450 puntos en total en las pruebas recibirán una A. Quedan dos pruebas más antes de que termine el semestre. Lesha quiere saber el puntaje que necesita sacar en las dos próximas pruebas para terminar con una A. Escribe y resuelve una ecuación para hallar qué puntaje necesita promediar en las dos próximas pruebas si cada pregunta vale 1 punto. Explica tu razonamiento.

Parte C
Analiza la ecuación $5x = 8$. Escribe un escenario relacionado con los estudios de las jóvenes que se pueda representar con esta ecuación. Resuelve la ecuación y explica lo que representa la respuesta.

Reflexionar

 Respuesta a la Pregunta esencial

Usa lo que aprendiste sobre expresiones y ecuaciones para completar el organizador gráfico.

 Pregunta esencial

¿CÓMO determinas si dos números o expresiones son iguales?

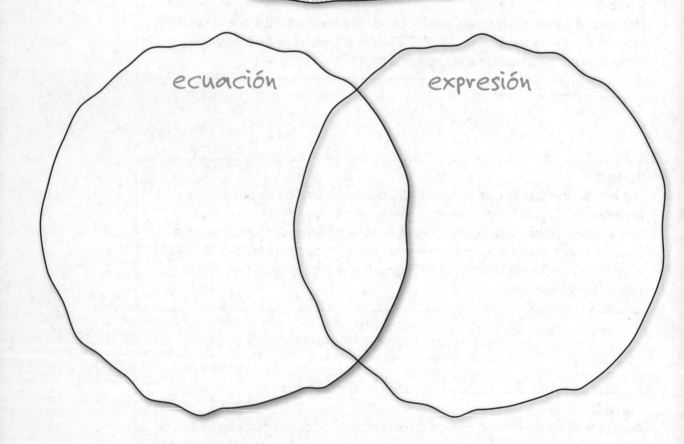

ecuación

expresión

 Responder la pregunta esencial ¿CÓMO determinas si dos números o expresiones son iguales?

_____

_____

_____

Capítulo 8
Funciones y desigualdades

Essential Question

¿EN QUÉ son útiles los signos como <, > e =?

Common Core State Standards

Content Standards
6.EE.2, 6.EE.2c, 6.EE.5, 6.EE.6, 6.EE.8, 6.EE.9

PM Prácticas matemáticas
1, 2, 3, 4, 5, 6, 7, 8

Matemáticas en el mundo real

Vida marina En el océano, los peces payasos y las anémonas se benefician mutuamente. El pez payaso ahuyenta diferentes especies de peces que se alimentan de la anémona. La anémona de mar tiene tentáculos recubiertos con veneno. Los tentáculos protegen al pez payaso de los depredadores.

Un pez payaso puede medir hasta 3.5 pulgadas de longitud. Algunas especies de anémonas de mar pueden medir hasta 39 pulgadas de ancho. Compara 3.5 y 39 pulgadas.

☐ < ☐

FOLDABLES®
Ayudas de estudio

1 Recorta el modelo de papel de la página FL7 de este libro.

2 Pega tu modelo de papel en la página 646.

3 Usa este modelo de papel en todo el capítulo como ayuda para aprender sobre funciones y desigualdades.

Vocabulario

desigualdad

función

función lineal

progresión

progresión aritmética

progresión geométrica

regla de la función

tabla de funciones

término

variable dependiente

variable independiente

Destreza de estudio: Escribir matemáticas

Describir datos

Cuando *describes* algo, lo representas con palabras.

Mark hizo una encuesta en su clase para hallar el sabor favorito de chicle sin azúcar. Describe los datos.

- Ocho personas más prefieren el chicle de menta al chicle de canela.
- La cantidad total de personas encuestadas es 40.

Estos enunciados describen los datos. ¿De qué otras maneras puedes describir los datos? _____

_____

_____

Sabores favoritos de chicle sin azúcar	
Sabor	**Cantidad**
Canela	10
Menta	18
Sandía	12

Describe los siguientes datos

1.

"Insecto" menos favorito	
Tipo	**Cantidad**
Ciempiés	2
Cucaracha	18
Araña	30

2.

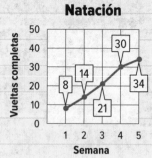

Natación

Haz una lista de tres cosas que ya sabes sobre funciones y desigualdades en la primera sección. Luego, enumera tres cosas que te gustaría aprender sobre funciones y desigualdades en la segunda sección.

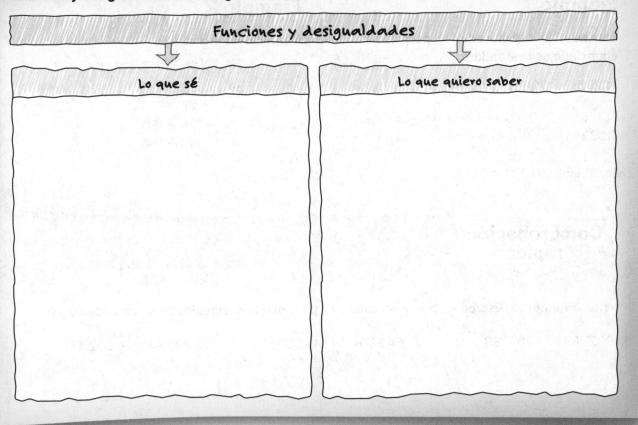

Funciones y desigualdades

Lo que sé	Lo que quiero saber

¿Cuándo usarás esto?

Estos son algunos ejemplos de cómo se usan las desigualdades en el mundo real.

Actividad 1 Pide a tus padres que te ayuden a investigar el costo de un concierto que se hará en el área donde vives. Di qué concierto es y cuál es el costo de un boleto. ¿Hay costos adicionales? Si es así, ¿cuánto dinero es?

David y Ángel en
Los boletos para el concierto

¿Tuviste suerte con la búsqueda de boletos?

Sí.

Actividad 2 Conéctate a **connectED.mcgraw-hill.com** para leer la historieta *Los boletos para el concierto*. ¿Cuál es el costo total de dos boletos para el concierto?

Resuelve los ejercicios de la sección Comprobación rápida o conéctate para hacer la prueba de preparación.

Repaso de los estándares comunes 4.NBT.2, 6.EE.7

Ejemplo 1

Escribe $<$, $>$ o $=$ en cada ◯ para que el enunciado sea verdadero.

71,238 ◯ **71,832**

71,2**3**8   Usa el valor de posición. Alinea los dígitos.
71,8**3**2   Compara el lugar de las décimas. $2 < 8$

Por lo tanto, $71,238 < 71,832$.

Ejemplo 2

Resuelve $54 + x = 180$.

$$54 + x = 180$$ Escribe la ecuación.
$$\underline{-54 \quad\quad = -54}$$ Resta.
$$x = 126$$

Comprueba. $54 + 126 \overset{?}{=} 180$
             $180 = 180$ ✓

Comparar números   Escrbe $<$, $>$ o $=$ en cada ◯ para que la desigualdad sea verdadera.

1. $302,788$ ◯ $203,788$

2. $54,300$ ◯ $543,000$

3. $892,341$ ◯ $892,431$

Muestra tu trabajo.

4. La tabla muestra la cantidad de huesos del cuerpo humano.

Compara 300 y 206. _____

Huesos del cuerpo humano	
Bebé	300
Adulto	206

Resolver ecuaciones   Resuelve las ecuaciones.

5. $x + 44 = 90$ _____

6. $x - 7 = 18$ _____

7. $16m = 48$ _____

8. En los dos primeros partidos de basquetbol, León anotó un total de 40 puntos. Si anotó 21 puntos en el segundo partido, ¿cuántos puntos anotó en el primero?

_____

¿Cómo te fue?

Sombrea los números de los ejercicios de la sección Comprobación rápida que resolviste correctamente.

① ② ③ ④ ⑤ ⑥ ⑦ ⑧

Tablas de funciones

Ciencias Un colibrí de garganta roja aletea aproximadamente 52 veces por segundo.

1. Haz una tabla que muestre cuántas veces aletea el ave en 2 segundos.

Cantidad de segundos (s)	s · 52	Aleteos
2	2 · 52	

2. Haz una tabla que muestre cuántas veces aletea en 6 segundos.

Cantidad de segundos (s)	s · 52	Aleteos
6		

3. Haz una tabla que muestre cuántas veces aletea en 20 segundos.

Cantidad de segundos (s)	s · 52	Aleteos

4. Un colibrí gigante aletea aproximadamente 10 veces por segundo. Haz una tabla que muestre cuántas veces el colibrí gigante bate las alas en 3 segundos.

Cantidad de segundos (s)	s · 10	Aleteos

Pregunta esencial

¿EN QUÉ son útiles los signos como $<$, $>$ e $=$?

 Vocabulario

función
regla de la función
tabla de funciones
variable dependiente
variable independiente

CCSS **Common Core State Standards**

Content Standards
6.EE.2, 6.EE.2c, 6.EE.9

PM Prácticas matemáticas
1, 3, 4, 5

¿Qué Prácticas matemáticas PM usaste?
Sombrea lo que corresponda.

① Perseverar con los problemas
② Razonar de manera abstracta
③ Construir un argumento
④ Representar con matemáticas
⑤ Usar las herramientas matemáticas
⑥ Prestar atención a la precisión
⑦ Usar una estructura
⑧ Usar el razonamiento repetido

Hallar el valor de salida de una tabla de funciones

Una **función** es una relación que asigna exactamente un valor de salida a un valor de entrada. La cantidad de aleteos (salida) depende de la cantidad de segundos (entrada). La **regla de la función** describe la relación que hay entre cada entrada y cada salida. Puedes organizar los valores de entrada y salida y la regla de la función en una **tabla de funciones**.

En una función, el valor de entrada también se conoce como **variable independiente** porque puede ser cualquier número que escojas. El valor de la salida depende del valor de entrada; por lo tanto, el valor de salida se conoce como **variable dependiente**.

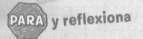

PARA y reflexiona

¿Qué valores se usaron para la variable independiente del Ejemplo 1? Escribe tu respuesta.

Ejemplos

Tutor

1. **La salida es 7 más que la entrada. Completa la tabla de funciones para esta relación.**

La regla de la función es $x + 7$. Suma 7 a cada entrada.

Entrada (x)	x + 7	Salida
10		
12		
14		

→

Entrada (x)	x + 7	Salida
10	10 + 7	17
12	12 + 7	19
14	14 + 7	21

2. **La salida es 5 veces la entrada. Completa la tabla de funciones para esta relación.**

La regla de la función es $5(x)$. Multiplica cada entrada por 5.

Entrada (x)	5x	Salida
8		
10		
12		

→

Entrada (x)	5x	Salida
8	5 •	
10	5 •	
12	5 •	

¿Entendiste? **Resuelve estos problemas para comprobarlo.**

a.

Entrada (x)	x − 4	Salida
4		
7		
10		

b.

Entrada (x)	3x	Salida
0		
2		
5		

Hallar el valor de entrada de una tabla de funciones

La entrada y la salida de una tabla de funciones pueden representarse como un conjunto de pares ordenados, o una *relación*. En esta lección, los valores de *x* representan la entrada, y los valores de *y* representan la salida.

Ejemplo

3. **Halla la entrada de la tabla de funciones.**

Usa la estrategia *Comenzar por el final* para determinar la entrada. Si la salida se halla multiplicando por 3, entonces la entrada se halla dividiendo entre 3.

Entrada (x)	3x	Salida
		6
		15
		21

Los valores de entrada son 6 ÷ 3, o 2; 15 ÷ 3, o 5; y 21 ÷ 3, o 7.

¿Entendiste? **Resuelve estos problemas para comprobarlo.**

c.

Entrada (x)	2x − 1	Salida
		1
		3
		5

d.

Entrada (x)	3x + 2	Salida
		17
		20
		29

Ejemplo

4. **La familia Gómez viaja a una velocidad de 70 millas por hora. La regla de la función que representa esta situación es 70x, donde x es la cantidad de horas. Haz una tabla para hallar cuántas horas condujeron los Gómez a las 140 millas, las 280 millas y las 350 millas. Luego, grafica la función.**

Entrada (x)	70x	Salida (y)
2	70(2)	140
4	70(4)	280
5	70(5)	350

Usa la estrategia de *comenzar por el final*. Divide cada salida entre 70.

Los valores de entrada que faltan son 140 ÷ 70, o 2; 280 ÷ 70, o 4; y 350 ÷ 70, o 5.

Los valores de entrada y de salida son los pares ordenados (x, y). Marca cada par ordenado en la gráfica.

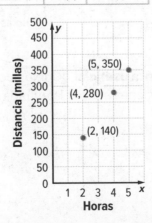

e.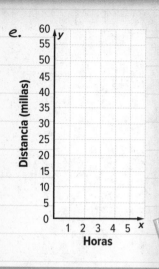

¿Entendiste? **Resuelve este problema para comprobarlo.**

e. Briana recorre 12 millas por hora en su bicicleta. La regla de la función que representa esta situación es $12x$, donde x es la cantidad de horas. Haz una tabla para hallar cuántas horas recorrió Briana cuando llegó a las 12, las 36 y las 48 millas. Luego, grafica la función.

Entrada (x)	12x	Salida (y)

Práctica guiada

1. Isaías va a comprar gomitas dulces. A granel, cuestan $3 la libra, y un plato de caramelos cuesta $2. La regla de la función, $3x + 2$, donde x es la cantidad de libras, puede usarse para hallar el costo total de x libras de gomitas dulces y 1 plato de caramelos. Haz una tabla para mostrar el costo total de comprar 2, 3 o 4 libras de gomitas dulces y 1 plato de caramelos. (Ejemplos 1 y 2)

Libras (x)	3x + 2	Costo ($) (y)

2. Jasper camina 4 millas por hora. La regla de la función que representa esta situación es $4x$, donde x es la cantidad de horas. Haz una tabla para identificar cuántas horas caminó Jasper cuando llegó a las 8, las 12 y las 20 millas. Luego, grafica la función. (Ejemplos 3 y 4)

Horas (x)	4x	Millas (y)

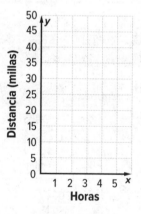

¡Califícate!

¿Estás listo para seguir?
Sombrea lo que corresponda.

Tengo algunas dudas.

Estoy listo para seguir.

Tengo muchas dudas.

3. Ⓟ **Desarrollar la pregunta esencial** ¿Cómo puede ayudarte una tabla de funciones a hallar la entrada o la salida?

_____

_____

_____

Para obtener más ayuda, conéctate y accede a un tutor personal.

FOLDABLES ¡Es hora de que actualices tu modelo de papel!

Práctica independiente

Conéctate para obtener las soluciones de varios pasos.

Ayuda
en línea

PM **Usar las herramientas matemáticas** Completa las tablas de funciones. (Ejemplos 1 a 3)

1

Entrada (x)	3x + 5	Salida
0		
3		
9		

2.

Entrada (x)	x − 4	Salida
4		
8		
11		

3.

Entrada (x)	x + 2	Salida
		2
		3
		8

4.

Entrada (x)	2x + 4	Salida
		18
		22
		34

5 Whitney tiene un total de 30 magdalenas para sus invitados. La regla de la función 30 ÷ x, donde x es la cantidad de invitados, puede usarse para hallar la cantidad de magdalenas por invitado. Haz una tabla de valores para mostrar la cantidad de magdalenas que recibirá cada invitado si hay 6, 10 o 15 invitados. Luego, grafica la función. (Ejemplos 1 y 2)

Cantidad de invitados (x)	30 ÷ x	Magdalenas por invitado (y)

6. Bella patina 8 millas en una hora. La regla de la función que representa esta situación es 8x, donde x es la cantidad de horas. Haz una tabla para hallar cuántas horas patinó Bella, cuando recorrió 16, 24 y 32 millas. Luego, grafica la función. (Ejemplos 3 y 4)

Horas (x)	8x	Millas (y)

7. Consulta el Ejercicio 6. ¿Cuántas millas recorrerá Bella si patina durante 7 horas? _____

8. **PM** **Hallar el error** Daniela quiere hallar la salida cuando la regla de la función es $10 \div x$, y la entrada es 2. Halla el error y corrígelo.

$$2 \div 10 = 0.2$$

9. **PM** **Perseverar con los problemas** Aproximadamente 223 millones de estadounidenses tienen recipientes con monedas en sus casas. Imagina que cada una de las 223 millones de personas vuelve a poner en circulación sus monedas a una tasa de $10 por año. Crea una tabla de funciones que muestre la cantidad de dinero que volvería a circular en 1, 2 y 3 años.

10. **PM** **Razonar de manera inductiva** Explica cómo hallar la entrada si te dan la regla de la función y la salida.

11. **PM** **Justificar las conclusiones** Dada la regla $x \div n$, describe los valores de n para los que el valor de salida será mayor que el valor de entrada. Justifica tu respuesta.

12. **PM** **Razonar de manera inductiva** Compara y contrasta las tablas de esta lección con las tablas de razones.

13. **PM** **Representar con matemáticas** Escribe un problema del mundo real que pueda representarse con una regla y una tabla usando la división.

Más práctica

PM **Usar las herramientas matemáticas** Completa las tablas de funciones.

14.

Entrada (x)	x + 3	Salida
0	0 + 3	3
2	2 + 3	5
4	4 + 3	7

15.

Entrada (x)	4x + 2	Salida
1		
3		
6		

16.

Entrada (x)	x − 1	Salida
		0
		2
		4

17.

Entrada (x)	2x − 6	Salida
		0
		6
		12

18. Ricardo pesa 2 libras más que el doble del peso de su hermana. La regla de la función $2x + 2$, donde x es el peso de la hermana, puede usarse para hallar el peso de Ricardo. Haz una tabla de valores para mostrar el peso de Ricardo si la hermana pesa 20, 30 y 40 libras. Luego, grafica la función.

Peso de la hermana de Ricardo (x)	2x + 2	Peso de Ricardo (y)

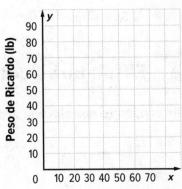

Peso de la hermana de Ricardo (lb)

19. Los Quinn condujeron a una velocidad de 55 millas por hora. La regla de la función que representa la situación es $55x$, donde x es la cantidad de horas. Haz una tabla para hallar cuántas horas viajaron cuando recorrieron 165, 220 y 275 millas. Luego grafica la función.

Horas (x)	55x	Millas (y)

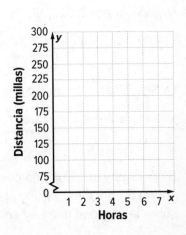

Horas

20. En fútbol americano, un *touchdown* vale 6 puntos. Completa la tabla para mostrar los puntos obtenidos por anotar 1, 2, 3, 4 y 5 *touchdowns*.

¿Cuántos puntos recibirá un equipo por anotar 8 *touchdowns*?

Cantidad de touchdowns (x)	6x	Puntos (y)
1		
2		
3		
4		
5		

21. Consulta la tabla de funciones de la derecha. Determina si los enunciados son verdaderos o falsos.

Entrada (x)	3x − 5	Salida (y)
5	3(5) − 5	■
6	3(6) − 5	■
7	3(7) − 5	■

a. El valor de salida cuando $x = 5$ es 3. ☐ Verdadero ☐ Falso

b. El valor de salida cuando $x = 6$ es 13. ☐ Verdadero ☐ Falso

c. El valor de salida cuando $x = 7$ es 16. ☐ Verdadero ☐ Falso

Estándares comunes: Repaso en espiral

Halla el número que sigue si el patrón continúa usando la regla dada. 5.OA.3

22. Sumar 3: 2, 5, 8, 11, . . . _____

23. Restar 2: 10, 8, 6, 4, . . . _____

24. Multiplicar por 2: 2, 4, 8, 16 . . . _____

25. Restar 7: 84, 77, 70, 63, . . . _____

26. Multiplicar por 2: 3, 6, 12, 24, . . . _____

27. Sumar 15: 12, 27, 42, 57, . . . _____

28. La Srta. Chen compra lápices para su clase. ¿Cuál es el costo si compra 24 lápices? 5.NBT.7 _____

$0.20

29. Gino y Abby abrieron una cuenta de ahorros en mayo. Gino ahorra $2 por mes, y Abby ahorra $4 por mes. ¿Qué observas sobre la cantidad que hay en cada cuenta por mes? 5.OA.3

_____

Mes	Cuenta de Gino ($)	Cuenta de Abby ($)
Mayo	2	4
Junio	4	8
Julio	6	12

Reglas de las funciones

Vocabulario inicial

Una **progresión** es una lista de números en un orden específico. Cada número de la lista se llama **término** de la progresión.

Las **progresiones aritméticas** pueden hallarse sumando el mismo número al término anterior. En una **progresión geométrica**, cada término se halla multiplicando el término anterior por el mismo número.

Comparar progresiones aritméticas y progresiones geométricas

Progresión aritmética

Definición: _____

_____

_____

_____

Ejemplo: _____

Progresión geométrica

Definición: _____

_____

_____

_____

Ejemplo: _____

 ## Conexión con el mundo real

Entrega a domicilio El restaurante chino El Rollito de Oro vende almuerzos a $6, con un costo de envío de $5 por pedido. Completa la tabla con los tres números que siguen en la progresión.

Almuerzos	1	2	3	4	5	6	7
Costo ($)	11	17	23	29			

¿Qué **Prácticas matemáticas** PM usaste?
Sombrea lo que corresponda.

① Perseverar con los problemas
② Razonar de manera abstracta
③ Construir un argumento
④ Representar con matemáticas
⑤ Usar las herramientas matemáticas
⑥ Prestar atención a la precisión
⑦ Usar una estructura
⑧ Usar el razonamiento repetido

Progresiones aritméticas y geométricas

Determinar si una progresión es aritmética o geométrica puede ayudarte a hallar el patrón. Cuando conoces el patrón, puedes continuar la progresión para hallar los términos que faltan.

Ejemplos

1. Describe la relación entre los términos de la progresión aritmética 7, 14, 21, 28, ... Luego, escribe los tres términos que siguen.

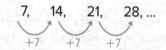

Cada término se halla sumando 7 al término anterior. Continúa el patrón para hallar los tres términos que siguen.

$$28 + 7 = 35 \qquad 35 + 7 = 42 \qquad 42 + 7 = 49$$

Los tres términos que siguen son 35, 42 y 49.

---

2. Describe la relación entre los términos de la progresión geométrica 2, 4, 8, 16, ... Luego, escribe los tres términos que siguen.

Muestra tu trabajo.

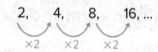

Cada término se halla multiplicando el término anterior por dos. Continúa el patrón para hallar los tres términos que siguen.

$$16 \times 2 = 32 \qquad 32 \times 2 = 64 \qquad 64 \times 2 = 128$$

Los tres términos que siguen son 32, 64 y 128.

¿Entendiste? Resuelve estos problemas para comprobarlo.

a. 0, 15, 30, 45, ...   **b.** 4.5, 4, 3.5, 3, ...

c. 1, 3, 9, 27, ...   **d.** 3, 6, 12, 24, ...

a. _____

b. _____

c. _____

d. _____

Hallar una regla

Una progresión también se puede mostrar en una tabla. La tabla da la posición de cada término en la lista y el valor del término.

Lista

8, 16, 24, 32, ...

Tabla

Posición	1	2	3	4
Valor del término	8	16	24	32

Puedes escribir una expresión algebraica para describir una progresión. El valor de cada término puede describirse como una función de su posición en la progresión.

En la tabla de arriba, la posición se considera la entrada y el valor del término se considera la salida.

Ejemplo

Tutor

3. **Usa palabras y símbolos para describir el valor de cada término como una función de su posición. Luego, halla el valor del décimo término.**

Posición	1	2	3	4	n
Valor del término	3	6	9	12	

Observa que el valor de cada término es 3 veces su número de posición. Por lo tanto, el valor del término en la posición n es $3n$.

Posición	Multiplicar por 3	Valor del término
1	1×3	3
2	2×3	6
3	3×3	9
4	4×3	12
n	$n \times 3$	$3n$

Ahora, halla el valor del décimo término.

$3n = 3 \cdot 10$ Reemplaza n por 10.

$\quad = 30$ Multiplica.

El valor del décimo término de la progresión es 30.

Comenzar por el final

Puedes comprobar tu regla comenzando por el final. Divide cada término entre 3 para comprobar la posición.

¿Entendiste? **Resuelve estos problemas para comprobarlo.**

Usa palabras y símbolos para describir el valor de cada término como una función de su posición. Luego, halla el valor del octavo término.

e.

Posición	2	3	4	5	n
Valor del término	12	18	24	30	■

f.

Posición	3	4	5	6	n
Valor del término	7	8	9	10	■

Muestra tu trabajo.

e. _____

f. _____

Ejemplo

4. La tabla muestra la cantidad de collares que Ari puede hacer según la cantidad de horas que trabaja. Escribe la regla de la función para hallar la cantidad de collares que Ari puede hacer en x horas.

Para hallar la regla, determina la función.

Observa que los valores 5, 7, 9... aumentan de 2 en 2; por lo tanto, la regla incluye $2x$. Si la regla fuera solamente $2x$, entonces la cantidad de collares en 1 hora sería 2. Pero este valor es 5, que es tres más que $2x$.

Horas (x)	Cantidad de collares
1	5
2	7
3	9
x	■

Para poner a prueba la regla $2x + 3$, usa la estrategia *probar*, *comprobar* y *revisar*.

Fila 1: $2x + 3 = 2(1) + 3 = 2 + 3$, o 5

Fila 3: $2x + 3 = 2(3) + 3 = 6 + 3$, o 9

La regla $2x + 3$ representa la tabla de funciones.

PARA y reflexiona

Halla la regla para la siguiente progresión:

5, 9, 13, 17...

Práctica guiada

1. Describe la relación entre los términos de la progresión 13, 26, 52, 104,... Luego, escribe los tres términos que siguen en la progresión. (Ejemplos 1 y 2)

_____

2. Usa palabras y símbolos para describir el valor de cada término como una función de su posición. Luego, halla el valor del decimoquinto término de la progresión. (Ejemplo 3)

Posición	1	2	3	4	n
Valor del término	2	4	6	8	■

_____

3. La tabla de la derecha muestra la tarifa por la devolución atrasada de libros en una biblioteca, según la cantidad de semanas que la devolución está atrasada. Escribe la regla de la función para hallar la tarifa para un libro que se tendría que haber devuelto hace

x semanas. (Ejemplo 4) _____

Semanas de atraso (x)	Tarifa ($)
1	3
2	5
3	7
4	9
x	■

4. ⓟ **Desarrollar la pregunta esencial** ¿Cuál es la diferencia entre una progresión aritmética y una progresión geométrica? _____

_____

¡Califícate!

¿Estás listo para seguir? Sombrea lo que corresponda.

SÍ ? NO

Para obtener más ayuda, conéctate y accede a un tutor personal.

Práctica independiente

Conéctate para obtener las soluciones de varios pasos.

Ayuda en línea

Usa palabras y símbolos para describir el valor de cada término como una función de su posición. Luego, halla el valor del duodécimo término de la progresión. (Ejemplos 1 a 3)

1

Posición	3	4	5	6	n
Valor del término	12	13	14	15	■

_____

_____

2.

Posición	2	3	4	5	n
Valor del término	24	36	48	60	■

_____

_____

3. Describe la relación entre los términos de la progresión 6, 18, 54, 162, ... Luego, escribe los tres términos que siguen en la progresión. (Ejemplo 2)

_____

_____

4. La tabla muestra cuánto cuesta escalar rocas en un recinto cubierto para escalar, según la cantidad de horas. ¿Cuál es la regla para hallar el costo total de escalar durante *x* horas? (Ejemplo 4)

_____

_____

Tiempo (x)	Costo ($)
1	13
2	21
3	29
4	37
x	■

PM Identificar la estructura Determina cómo se puede hallar el término que sigue en cada progresión. Luego, halla los dos términos que siguen en la progresión.

5. 4, 16, 28, 40, ...

_____

6. 1.5, 3.9, 6.3, 8.7, ...

_____

7. $2\frac{1}{4}$, $2\frac{3}{4}$, $3\frac{1}{4}$, $3\frac{3}{4}$, ...

_____

Halla el número que falta en las progresiones.

8. 30, _____, 19, $13\frac{1}{2}$, ...

9. 43.8, 36.7, _____, 22.5, ...

Determina si la progresión es aritmética o geométrica. Luego, halla los dos términos que siguen en la progresión.

10. 1, 6, 36, 216

_____

_____

11. 0.75, 1.75, 2.75, 3.75

_____

_____

12. 0, 13, 26, 39

_____

_____

13 Jack apila cajas de cereal para exhibirlas en una tienda. La cantidad de cajas de cada fila se muestra en la tabla. ¿El patrón es un ejemplo de progresión aritmética o de progresión geométrica? Explica tu respuesta. ¿Cuántas cajas habrá en la fila 5?

Fila	Cantidad de cajas
1	4
2	6
3	8
4	10
5	■

_____

_____

Problemas S.O.S. Soluciones de orden superior

14. (PM) **Razonar de manera inductiva** Crea una progresión en la que se sume $1\frac{1}{4}$ a cada número.

_____

15. (PM) **Perseverar con los problemas** Consulta la tabla. Usa palabras y símbolos para generalizar la relación de cada término como una función de su posición. Luego, determina el valor del término cuando $n = 100$.

Posición	1	2	3	4	5	n
Valor del término	1	4	9	16	25	■

_____

_____

16. (PM) **Justificar las conclusiones** ¿Cuál es la regla para hallar el valor del término que falta en la progresión de la tabla de la derecha? Justifica tu respuesta.

Posición, x	Valor del término
1	1
2	5
3	9
4	13
5	17
x	■

_____

_____

Más práctica

Usa palabras y símbolos para describir el valor de cada término como una función de su posición. Luego, halla el valor del duodécimo término de la progresión.

17.

Posición	6	7	8	9	n
Valor del término	2	3	4	5	■

Resta 4 al número de posición; $n - 4$; 8.

Observa la posición 6 y el valor del término. 2 es 4 menos que 6; por lo tanto, intenta restar 4 a los otros números de posición. La regla de la función es $n - 4$. $12 - 4 = 8$.

18.

Posición	1	2	3	4	n
Valor del término	5	10	15	20	■

19. Describe la relación entre los términos de la progresión 4, 12, 36, 108,... Luego, escribe los tres términos que siguen en la progresión.

20. La tabla muestra el costo de una pizza según la cantidad de sabores. Escribe la regla de la función para hallar el costo de una pizza de x sabores.

Cantidad de sabores (x)	Costo ($)
1	12
2	14
3	16
4	18

PM **Identificar la estructura** Determina cómo se puede hallar el término que sigue en cada progresión. Luego, halla los dos términos que siguen en la progresión.

21. 1, 4, 7, 10, ...

22. 2.3, 3.2, 4.1, 5.0, ...

23. $1\frac{1}{2}$, 3, $4\frac{1}{2}$, 6, ...

Halla el número que falta en cada progresión.

24. 7, _____, 16, $20\frac{1}{2}$, ...

25. 14.6, _____, 24, 28.7, ...

26. ¿Cuál de los siguientes enunciados es verdadero para la siguiente progresión? Selecciona todas las opciones que correspondan.

3, 21, 39, 57, ...

☐ Es una progresión geométrica.

☐ Es una progresión aritmética.

☐ El quinto término de la progresión es 71.

☐ Cada término se halla sumando 18 al término anterior.

27. La tabla muestra la cantidad de latas de sopa que hay en cada nivel de la estantería de una tienda.

Selecciona los valores correctos para completar los enunciados.

2	3	4	6
48	64	72	96

Nivel (*n*)	Cantidad de latas
1	3
2	6
3	12
4	24
n	■

Para hallar los términos adicionales de la progresión, multiplica el término anterior por [   ].

Habrá [   ] latas de sopa en el sexto nivel de la estantería.

La progresión de números representa una progresión [   ].

Multiplica. 5.NBT.5

28. $62 \times 3 =$ _____

29. $12 \times 7 =$ _____

30. $16 \times 8 =$ _____

31. La tabla muestra el costo de los alquileres en Alquileres Ray. ¿Cuánto costaría alquilar un videojuego por 3 semanas? 5.NBT.7 _____

Alquiler	Costo por semana ($)
Película	3.50
Videojuego	4.50
Sistema de juego	20

32. Marca en la gráfica los puntos $K(3, 4)$, $A(1, 3)$, y $J(4, 2)$ y rotúlalos. 5.G.2

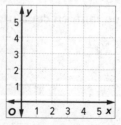

Funciones y ecuaciones

Pregunta esencial

¿EN QUÉ son útiles los signos como <, > e =?

 Vocabulario

función lineal

 Common Core State Standards

Content Standards
6.EE.9

 Prácticas matemáticas
1, 3, 4, 8

Vocabulario inicial

Una **función lineal** es una función cuya gráfica es una línea recta.

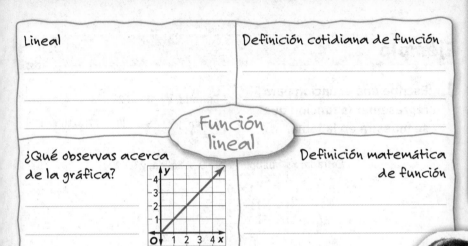

Lineal	Definición cotidiana de función

Función lineal

| ¿Qué observas acerca de la gráfica? | Definición matemática de función |

Conexión con el mundo real

Niñeras La tabla muestra la cantidad de dinero que gana Carli según la cantidad de horas que cuida niños.

1. Escribe una oración que describa la relación entre la cantidad de horas que Carli cuida niños y el dinero que gana.

   _____

2. ¿Gana la misma cantidad cada hora? Explica tu

   respuesta. _____

Horas cuidando niños	Ganancias ($)
1	6
2	12
3	18
4	24

¿Qué **Prácticas matemáticas** usaste?
Sombrea lo que corresponda.

① Perseverar con los problemas   ⑤ Usar las herramientas matemáticas

② Razonar de manera abstracta   ⑥ Prestar atención a la precisión

③ Construir un argumento   ⑦ Usar una estructura

④ Representar con matemáticas   ⑧ Usar el razonamiento repetido

Escribir una ecuación para representar una función

Puedes usar una ecuación para representar una función. La entrada, o variable independiente, representa el valor de x, y la salida, o variable dependiente, representa el valor de y. Una ecuación expresa la variable dependiente en función de la variable independiente.

Ejemplo

1. Escribe una ecuación para representar la función que se muestra en la tabla.

Entrada, x	1	2	3	4	5
Salida, y	9	18	27	36	45

Entrada, x	Multiplicar por 9	Salida, y	
1	1×9	9	
2	2×9	18	$+9$
3	3×9	27	$+9$
4	4×9	36	$+9$
5	5×9	45	$+9$

El valor de y es igual a 9 veces el valor de x. Por lo tanto, la ecuación que representa la función es $y = 9x$.

¿Entendiste? Resuelve este problema para comprobarlo.

Muestra tu trabajo.

a. Escribe una ecuación para representar la función que se muestra en la tabla.

Entrada, x	1	2	3	4	5
Salida, y	16	32	48	64	80

a. _____

Graficar funciones lineales

También puedes graficar una función. Si la gráfica es una línea recta, la función se llama *ecuación lineal*. Cuando graficas la función, la entrada es la coordenada x, y la salida es la coordenada y.

$$(entrada, salida) \longrightarrow (x, y)$$

Ejemplo

Tutor

2. Grafica $y = 2x$.

Paso 1 Haz una tabla de pares ordenados. Selecciona tres valores cualesquiera para x. Sustituye x por esos valores para hallar y.

x	$2x$	y	(x, y)
0	2(0)	0	(0, 0)
1	2(1)	2	(1, 2)
2	2(2)	4	(2, 4)

Muestra tu trabajo.

Paso 2 Marca cada par ordenado en la gráfica. Dibuja una línea que pase por cada punto.

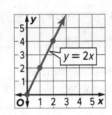

$y = 2x$

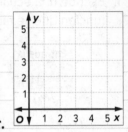

b.

c.

¿Entendiste? Resuelve estos problemas para comprobarlo.

b. $y = x + 1$

c. $y = 3x + 2$

El mundo real

Ejemplos

Tutor

Martino hizo la gráfica de la derecha, que muestra la altura de su cactus al cabo de varios años de crecimiento.

3. Haz una tabla de funciones para los valores de entrada y salida.

Los tres valores de entrada son 1, 2 y 3. Los valores de salida correspondientes son 42, 44 y 46.

Entrada (x)	Salida (y)
1	42
2	44
3	46

Altura del cactus

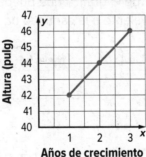

Años de crecimiento

4. Escribe una ecuación a partir de la gráfica que pueda usarse para hallar la altura y del cactus al cabo de x años.

Como los valores de salida aumentan de 2 en 2, la ecuación incluye 2x. Cada valor de salida es 40 más que el doble de la entrada. Por lo tanto, la ecuación es $y = 2x + 40$.

Revistas (x)	Total (y)

Muestra tu trabajo.

¿Entendiste? Resuelve este problema para comprobarlo.

d. La gráfica muestra la cantidad total *y* que gastas si compras un libro y *x* revistas. Haz una tabla de funciones para los valores de entrada y salida. Escribe una ecuación a partir de la gráfica que pueda usarse para hallar la cantidad total *y* si compras un libro y *x* revistas.

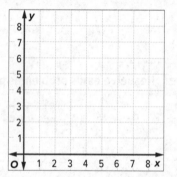

Cantidad total / Cantidad de revistas

d. _____

Práctica guiada

1. Escribe una ecuación para representar la función que se muestra en la tabla. (Ejemplo 1)

Entrada (x)	0	1	2	3	4
Salida (y)	0	4	8	12	16

_____

2. Grafica la función $y = x + 3$. (Ejemplo 2)

3. La siguiente gráfica muestra la cantidad de pulgadas de lluvia *x* equivalente a la cantidad de pulgadas de nieve *y*. Haz una tabla de funciones para los valores de entrada y salida. Escribe una ecuación a partir de la gráfica que pueda usarse para hallar la cantidad total de pulgadas de nieve *y* equivalente a la cantidad de pulgadas de lluvia *x*. (Ejemplos 3 y 4)

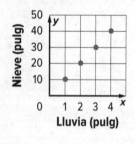

Nieve (pulg) / Lluvia (pulg)

Lluvia (x)	Nieve (y)

¡Califícate!

¿Entendiste cómo hallar la ecuación de una función? Sombrea lo que corresponda.

4. **Desarrollar la pregunta esencial** ¿Cómo se usan los pares ordenados de una función para crear la gráfica de la función?

Para obtener más ayuda, conéctate y accede a un tutor personal.

Tutor

_____

_____

FOLDABLES ¡Es hora de que actualices tu modelo de papel!

598 **Capítulo 8** Funciones y desigualdades

Práctica independiente

Conéctate para obtener las soluciones de varios pasos.

Ayuda en línea

Escribe una ecuación para expresar las funciones. (Ejemplo 1)

1.

Entrada (x)	1	2	3	4	5
Salida (y)	6	12	18	24	30

_____

2.

Entrada (x)	0	1	2	3	4
Salida (y)	0	15	30	45	60

_____

Grafica las ecuaciones. (Ejemplo 2)

3 $y = x + 4$

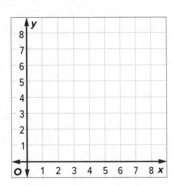

4. $y = 2x + 0.5$

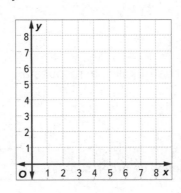

5. $y = 0.5x + 1$

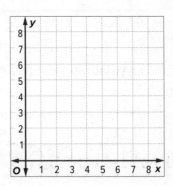

6. La gráfica muestra el costo de un gimnasio durante un mes. Haz una tabla de funciones para los valores de entrada y salida. Escribe una ecuación que pueda usarse para hallar el costo total y de la cantidad x de clases. (Ejemplos 3 y 4)

Entrada (x)				
Salida (y)				

_____

7 La gráfica muestra la cantidad de dinero que Pasha gasta en el almuerzo. Haz una tabla de funciones para los valores de entrada y salida. Escribe una ecuación que pueda usarse para hallar el dinero gastado y en una cantidad de días x. (Examples 3 and 4)

Entrada (x)				
Salida (y)				

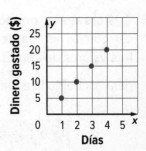

_____

8. **PM Representaciones múltiples** La tabla muestra el área de un cuadrado con la longitud de lado dada.

Longitud de lado (x)	Área del cuadrado (y)
1	1
2	4
3	9
4	16

   a. Variables Escribe una ecuación que pueda representar la tabla de funciones.

   _____

   b. Gráficas Grafica la función.

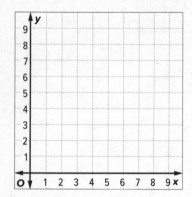

   c. En palabras ¿Es una función lineal? Explica tu respuesta.

   _____

Problemas S.O.S. Soluciones de orden superior

9. **PM Representar con matemáticas** Escribe una situación del mundo real que pueda representarse con la ecuación $y = 7x$. Asegúrate de explicar lo que representan las variables en la situación. _____

   _____

   _____

10. **PM Perseverar con los problemas** Escribe una ecuación para representar la función de la tabla. _____

Entrada (x)	6	8	10	12	14	16
Salida (y)	0	1	2	3	4	5

11. **PM Perseverar con los problemas** El inverso de una relación puede hallarse cambiando las coordenadas de cada par ordenado. Completa la tabla para tres valores de entrada y salida de $y = x + 3$ y el inverso. Luego, usa la tabla para escribir una ecuación del inverso de $y = x + 3$. _____

$y = x + 3$		
Entrada (x)		
Salida (y)		

Inverso de $y = x + 3$		
Entrada (x)		
Salida (y)		

Más práctica

PM Identificar el razonamiento repetido Escribe una ecuación para representar cada función.

12.

Entrada (*x*)	0	1	2	3	4
Salida (*y*)	0	11	22	33	44

$y = 11x$

Cada salida y es 11 veces la entrada x.

13.

Entrada (*x*)	1	2	3	4	5
Salida (*y*)	10	20	30	40	50

_____

Grafica las ecuaciones.

14. $y = 4x$

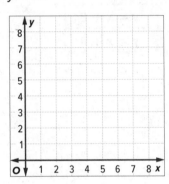

15. $y = 0.5x$

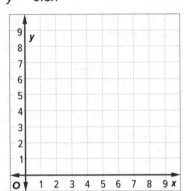

16. $y = x + 0.5$

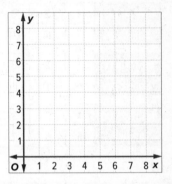

17. Una compañía de televisión satelital cobra $50 mensuales por el servicio más $5 adicionales por cada película. La ecuación $y = 50 + 5x$ describe la cantidad total y que pagará un cliente si mira x películas. Grafica la función.

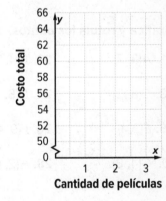

18. Un parque de atracciones cobra una entrada de $8. Cada juego cuesta $2 adicionales. La ecuación $y = 8 + 2x$ describe el costo total y para la cantidad de juegos x. Grafica la función.

19. La tabla muestra el costo total de admisión al zoológico para diferentes cantidades de personas. Determina si los enunciados son verdaderos o falsos.

Cantidad de personas, x	Costo total ($), y
1	7
2	14
3	21
4	28

   a. El costo de admisión para 12 personas es $84. □ Verdadero □ Falso

   b. La ecuación $y = 7x$ puede usarse para □ Verdadero □ Falso
hallar el costo de admisión para x personas.

   c. El costo de admisión para 10 personas es $63. □ Verdadero □ Falso

20. Relaciona cada regla de funciones con la ecuación correcta.

Entrada (x)	1	2	3	4	5
Salida (y)	9	10	11	12	13

Ecuación: [ ]

Entrada (x)	1	2	3	4	5
Salida (y)	7	14	21	28	35

Ecuación: [ ]

Entrada (x)	1	2	3	4	5
Salida (y)	5	10	15	20	25

Ecuación: [ ]

Entrada (x)	1	2	3	4	5
Salida (y)	5	6	7	8	9

Ecuación: [ ]

$y = 5x$

$y = 7$

$y = x + 8$

$y = x + 4$

CCSS **Estándares comunes: Repaso en espiral**

Grafica y rotula los puntos. 5.G.2

21. $A(3, 7)$ **22.** $B(4, 3)$

23. $C(8, 2)$ **24.** $D(6, 5)$

25. $E(3, 1)$ **26.** $F(9, 4)$

27. $G(4, 8)$ **28.** $H(2, 6)$

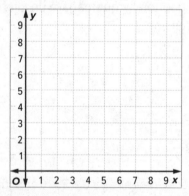

29. Shana estudió 20 minutos el lunes, 45 minutos el martes, 30 minutos el miércoles y 45 minutos el jueves. Organiza la información en la tabla. ¿Cuánto estudió Shana durante los cuatro días? 4.MD.2 _____

30. Pablo compró 3 cuadernos por $5.85. ¿Cuánto costó cada cuaderno? 5.NBT.7 _____

Día	Tiempo de estudio (min)

Representaciones múltiples de funciones

 Conexión con el mundo real

Museo Un grupo de amigos va al museo. Cada amigo debe pagar una entrada de $9.

Costo de la entrada	
Cantidad de amigos, x	Costo total ($), y
1	9
2	
3	
4	

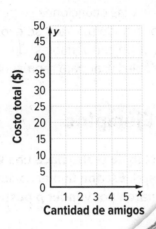

Gráfica:
- Eje y: Costo total ($), de 0 a 50
- Eje x: Cantidad de amigos, de 1 a 5

 Pregunta esencial

¿EN QUÉ son útiles los signos como <, > e =?

CCSS **Common Core State Standards**

Content Standards
6.EE.9
PM Prácticas matemáticas
1, 2, 3, 4

1. Completa la tabla y marca los pares ordenados (cantidad de amigos, costo total) en la gráfica.

2. Describe la gráfica.

_____

3. Escribe una ecuación para hallar el costo de *n* boletos.

_____

_____

4. Escribe el par ordenado del costo si van 5 amigos al museo. Describe la ubicación.

 ¿Qué Prácticas matemáticas PM usaste?

Sombrea lo que corresponda.

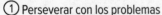

① Perseverar con los problemas
② Razonar de manera abstracta
③ Construir un argumento
④ Representar con matemáticas
⑤ Usar las herramientas matemáticas
⑥ Prestar atención a la precisión
⑦ Usar una estructura
⑧ Usar el razonamiento repetido

Representar funciones con palabras y ecuaciones

Dato   La distancia de un corredor en un maratón es igual a 8 millas por hora multiplicado por la cantidad de horas.

Ecuación $d = 8t$

Los datos y las ecuaciones se pueden usar para describir funciones. Por ejemplo, cuando una tasa se expresa en palabras, puede escribirse como una ecuación con variables. Cuando escribes una ecuación, determinas qué variables usar para representar las diferentes cantidades.

Ejemplos

Tutor

1. **El club de teatro hace una venta de pasteles. Cobran $5 cada pastel. Escribe una ecuación para hallar la cantidad total _t_ que ganaron por vender _p_ pasteles.**

Dato	El total ganado es igual a $5 veces la cantidad de pasteles vendidos.
Variable	La letra _t_ representa el total ganado y la letra _p_ representa la cantidad de pasteles vendidos.
Ecuación	$t \quad = \quad 5 \quad \cdot \quad p$

Por lo tanto, la ecuación es $t = 5p$.

2. **En un informe de ciencias, María lee que el ser humano adulto promedio respira 14 veces por minuto cuando no está activo. Escribe una ecuación para hallar el total de respiraciones _r_ de una persona inactiva en _m_ minutos.**

La letra _r_ representa el total de respiraciones y la letra _m_ representa la cantidad de minutos.

La cantidad total de respiraciones es igual a 14 veces la cantidad de minutos.

Por lo tanto, la ecuación es $r = 14m$.

Muestra tu trabajo.

¿Entendiste? **Resuelve estos problemas para comprobarlo.**

a. Un ratón puede recorrer 8 millas por hora. Escribe una ecuación para hallar la distancia total _d_ que puede recorrer un ratón en _h_ horas.

b. Samantha puede hacer 36 galletas por hora. Escribe una ecuación para hallar la cantidad total de galletas _g_ que puede hacer Samantha en _h_ horas.

a. _____

b. _____

Variables
Puedes usar cualquier letra como variable para una ecuación. Si graficas la ecuación, asegúrate de rotular los ejes con la variable correcta.

Representar funciones con tablas y gráficas

| Tabla | Gráfica |

Tabla

Tiempo (h), t	Distancia (mi), d
0	0
1	8
2	16

Gráfica

PARA y reflexiona

¿Cuáles son las variables independientes y dependientes del Ejemplo 3? Explica tu respuesta.

Las tablas y las gráficas también se pueden usar para representar funciones.

Ejemplos

Tutor

El Consejo Estudiantil organiza un lavadero de carros para recaudar dinero. Cobran $7 por cada carro que lavan.

3. **Escribe una ecuación y haz una tabla de funciones para mostrar la relación entre la cantidad de carros lavados c, y la cantidad total ganada t.**

Carros lavados, c	7c	Total ganado ($), t
1	1×7	7
2	2×7	14
3	3×7	21
4	4×7	28

Usando las variables asignadas, el total ganado t es igual a $7 veces la cantidad de carros lavados c. Por lo tanto, la ecuación es $t = 7c$.

El total ganado (salida) es igual a $7 veces la cantidad de carros lavados (entrada).

Escribe 7c en la columna del medio de la tabla.

4. **Marca los pares ordenados en la gráfica. Analiza la gráfica.**

Halla los pares ordenados (c, t). Los pares ordenados son (1, 7), (2, 14), (3, 21) y (4, 28). Marca los pares ordenados en la gráfica.

La gráfica es lineal porque la cantidad ganada aumenta $7 por cada carro lavado.

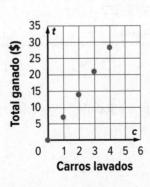

¿Entendiste? Resuelve estos problemas para comprobarlo.

En condiciones de vuelo normales, el águila de cabeza blanca vuela a una velocidad promedio de 30 millas por hora.

c. _____

d. _____

c. Escribe una ecuación y haz una tabla de funciones para mostrar la relación entre la distancia total que puede recorrer un águila de cabeza blanca en *h* horas.

d. Marca los pares ordenados de la función. Analiza la gráfica.

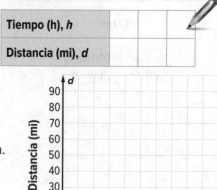

Tiempo (h), h			
Distancia (mi), d			

Práctica guiada

Comprueba ✓

1. La cafetería de la escuela vende pases de almuerzo con el que los estudiantes pueden comprar una cantidad de almuerzos por adelantado a $3 cada almuerzo. (Ejemplos 1 a 4)

a. Escribe una ecuación para hallar *t*, el costo total en dólares de un pase de almuerzo con *n* almuerzos. _____

b. Haz una tabla de funciones para mostrar la relación entre la cantidad de almuerzos *n* y el costo *t*.

Cantidad de almuerzos, n			
Costo total ($), t			

c. Marca los pares ordenados de la función. Analiza la gráfica.

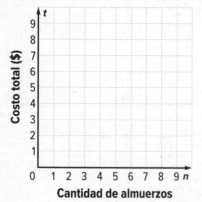

_____

¡Califícate!

¿Entendiste las diferentes maneras de representar funciones? Encierra en un círculo la imagen que corresponda.

No tengo dudas. Tengo algunas dudas. Tengo muchas dudas.

Para obtener más ayuda, conéctate y accede a un tutor personal.

Tutor

2. 🄴 **Desarrollar la pregunta esencial** ¿Por qué representas funciones de diferentes maneras?

_____

_____

FOLDABLES ¡Es hora de que actualices tu modelo de papel!

Práctica independiente

Conéctate para obtener las soluciones de varios pasos.

1 Un elefante africano come 400 libras de vegetación por día. (Ejemplos 1 a 4)

    a. Escribe una ecuación para hallar *v*, la cantidad de libras de vegetación que

        un elefante africano come en *d* días. _____

    b. Haz una tabla para mostrar la relación entre la cantidad de libras *v* que un elefante africano come en *d* días.

Cantidad de días, *d*			
Libras comidas, *v*			

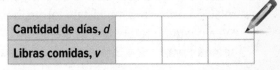

    c. Marca los pares ordenados. Analiza la gráfica.

        _____

        _____

        _____

2. **(PM) Representar con matemáticas** Consulta la siguiente historieta para resolver los Ejercicios a a c.

    a. La letra *f* representa el costo de comprar cada boleto en línea. Escribe una ecuación que pueda usarse para hallar el costo de comprar cada boleto en línea.

        _____

    b. Resuelve la ecuación de la parte a. _____

    c. Otro amigo quiere ir al concierto. ¿Cuál es el costo total de comprar tres boletos en línea?

        _____

3 Maurice recibe una mesada de $3 semanales y gana $1.75 adicionales por cada tarea del hogar que hace.

a. Escribe una ecuación para hallar *c*, la cantidad total ganada por *t* tareas en una semana. _____

_____

b. Haz una tabla de funciones para mostrar la relación entre la cantidad de tareas hechas *t* y la cantidad total ganada *c* en una semana para 1, 2 y 3 tareas.

Cantidad de tareas, *t*			
Cantidad ganada ($), *c*			

c. Marca los pares ordenados en la gráfica.

d. ¿Cuánto ganará Maurice si hace 5 tareas en una semana? _____

_____

e. Identifica la variable independiente y la variable dependiente. _____

_____

_____

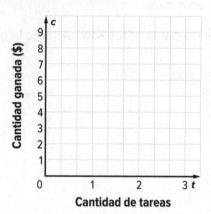

Problemas S.O.S. Soluciones de orden superior

4. **(PM) Razonar de manera abstracta** ¿Cómo sería la gráfica de *y* = *x*? Escribe tres pares ordenados que se ubiquen en la línea. _____

_____

5. **(PM) Perseverar con los problemas** En Tablas y Más Tablas, cuesta $10 por hora alquilar una tabla de *snowboard*, mientras que, en La Pendiente, cuesta $12 por hora. ¿El costo de alquilar tablas en cada lugar será igual en algún momento para la misma cantidad de horas a partir de la hora cero? Si es así, ¿para qué cantidad de horas? _____

_____

6. **(PM) Representar con matemáticas** Escribe un problema del mundo real en el que puedas graficar una función. _____

_____

7. **(PM) Razonar de manera abstracta** Un club de alquiler de películas cobra una tarifa de inscripción de $25 y $2 por el alquiler de cada película. Escribe una ecuación que represente el costo de inscribirse en el club y de alquilar cualquier cantidad de películas. _____

Más práctica

8. En un videojuego, cada jugador gana 5 puntos por llegar al nivel siguiente y 15 puntos por cada moneda que recoge.

a. Escribe una ecuación para hallar *p*, el total de puntos por recoger *m*

monedas después de llegar al nivel siguiente. $p = 5 + 15m$

El total de puntos p es igual a 15 veces la cantidad de monedas m recogidas más 5 puntos por llegar al nivel siguiente. Por lo tanto, la ecuación es $p = 5 + 15m$.

b. Haz una tabla para mostrar la relación entre la cantidad de monedas recogidas *m* y el total de puntos *p*.

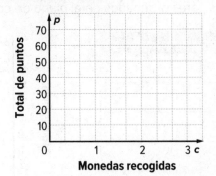

Cantidad de monedas, *m*			
Total de puntos, *p*			

c. Marca los pares ordenados. Analiza la gráfica.

_____

_____

9. Dos *disc-jockeys* cobran diferentes tarifas. Musiquero cobra $45 por hora y Mil Discos cobra $35 por hora. Escribe ecuaciones para representar el costo total *t* de contratar a cualquier *disc-jockey* por

cualquier cantidad de horas c. _____

_____

_____

Copia y resuelve En el Ejercicio 10, muestra tu trabajo en una hoja aparte.

10. (PM) **Construir un argumento** Un servicio de comidas ofrece lasaña y pollo a la parmesana. Cada bandeja de lasaña rinde 24 porciones.

a. Escribe una ecuación para representar la cantidad de porciones *c* para cualquier cantidad de bandejas de lasaña *b*.

b. Haz una tabla de funciones para mostrar la relación entre la cantidad de bandejas *b* y la cantidad de porciones *c*.

c. Marca los pares ordenados en la gráfica.

d. La misma compañía de comidas ofrece pollo a la parmesana que rinde 16 porciones por bandeja. ¿Cuántas porciones más rendirán 5 bandejas de lasaña que 5 bandejas de pollo a la parmesana? Explica tu razonamiento a un compañero.

11. Por cada mesa que Ariela atiende en un restaurante, le pagan $4.00 más el 18% del total de la cuenta. La letra c representa el total de la cuenta y la letra d representa la cantidad de dinero que gana Ariela.

Escribe una ecuación que pueda usarse para hallar la cantidad de dinero que gana Ariela por mesa.

Si la mesa tiene una cuenta de $35, ¿cuánto ganará Ariela?

12. Anoche, Víctor leyó 9 páginas de un libro. Esta mañana, leyó 2 páginas más por minuto en el autobús. Completa la tabla para mostrar cuántas páginas habrá leído Víctor al cabo de m minutos de lectura en el autobús. Luego, marca los pares ordenados en el plano de coordenadas.

Minutos (m)	Páginas leídas (p)
0	
1	
2	
3	
4	

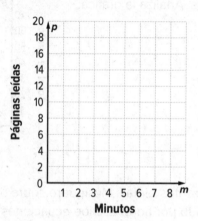

Escribe una ecuación para representar la situación.

Escribe $<$ o $>$ en cada ◯ para que el enunciado sea verdadero. **4.NBT.2, 5.NBT.3b**

13. 116 ◯ 161

14. 63 ◯ 61

15. 105 ◯ 115

16. 50 ◯ 500

17. 12 ◯ 1.2

18. 44 ◯ 49

19. Albert nadó 13 vueltas el lunes, 12 vueltas el martes, 16 vueltas el miércoles, 15 vueltas el jueves y 10 vueltas el viernes. Marca cada número en la recta numérica. ¿Qué día Albert nadó más vueltas? **6.NS.6c** _____

6 7 8 9 10 11 12 13 14 15 16

Investigación para la resolución de problemas
Hacer una tabla

CCSS Content Standards
6.EE.9

PM Prácticas matemáticas
1, 3, 4

Caso #1 Dividirse

El alga verdeazul es un tipo de bacteria que puede duplicar su población al dividirse hasta cuatro veces en un día.

Si el alga crece a esa tasa, ¿cuántas bacterias habrá al final de un día?

Sé multiplicar.

Comprende ¿Qué sabes?

- El alga verdeazul puede duplicar su población hasta cuatro veces en un día.

Planifica ¿Cuál es tu estrategia para resolver el problema?

Hacer una tabla para mostrar y organizar la información.

Resuelve ¿Cómo puedes aplicar la estrategia?

Seguir el patrón para hallar la cantidad total de bacterias al cabo de 1 día.

Día	Cantidad de divisiones	Cantidad total de bacterias	
1	0	1	← ×2
1	1	2	← ×2
1	2		← ×2
1	3		← ×2
1	4		← ×2

Comprueba ¿Tiene sentido tu respuesta?

Usa la ecuación $t = 2^c$ donde c representa la cantidad de veces que la bacteria se divide y t representa la cantidad total de bacterias. $2^4 = 16$

Analizar la estrategia [Tutor]

PM **Justificar las conclusiones** Si las bacterias continúan aumentando a esa tasa, ¿habrá más de 1,000 bacterias en una semana? Explica tu respuesta. _____

Caso #2 ¡A jugar!

Miguel y Lauren prueban dos versiones de un nuevo videojuego. En su versión, Miguel recibe 25 puntos al comienzo del juego, más 1 punto por cada nivel que completa. En su versión, Lauren recibe 20 puntos al comienzo del juego y 2 puntos por cada nivel que completa.

¿En qué nivel ambos tendrán la misma cantidad de puntos?

Comprende

Lee el problema. ¿Qué se te pide que halles?

Debo hallar _____.

Subraya las palabras y los valores claves del problema. ¿Qué información conoces?

Miguel comienza con ☐ puntos y gana ☐ punto en cada nivel.

Lauren comienza con ☐ puntos y gana ☐ puntos en cada nivel.

Planifica

Elige una estrategia para la resolución de problemas.

Usaré la estrategia _____.

Resuelve

Usa tu estrategia para la resolución de problemas y resuélvelo.

	Comienzo	Nivel 1	Nivel 2	Nivel 3	Nivel 4	Nivel 5
Miguel						
Lauren						

Por lo tanto, Miguel y Lauren tendrán el mismo puntaje cuando completen el nivel ☐.

Comprueba

Escribe el número del nivel en cada recuadro y evalúa para comprobar tu respuesta.

Miguel: $25 + \left(1 \times \boxed{}\right) =$ _____

Lauren: $20 + \left(2 \times \boxed{}\right) =$ _____

Trabaja con un grupo pequeño para resolver los siguientes casos.
Muestra tu trabajo en una hoja aparte.

Caso #3 Geometría

Determina cuántos cubos se usaron en cada escalón.

Haz una tabla para hallar la cantidad de cubos del séptimo escalón.

Caso #4 Alquiler de carros

Anne Marie quiere alquilar un carro por 9 días para irse de vacaciones. El costo de alquilar un carro es $66 por día, $15.99 del seguro y $42.50 para llenar el tanque de gasolina.

Halla el costo total de alquilar el carro.

Caso #5 Números

La diferencia entre dos números enteros es 14. El producto es 1,800.

¿Cuáles son los dos números?

¡Usa una estrategia!

Caso #6 Dinero

La entrada de una feria cuesta $6 para los adultos, $4 para los niños y $3 para los jubilados. Doce personas pagan un total de $50 para entrar en la feria.

Si había 8 niños, ¿cuántos adultos y jubilados había?

Repaso de medio capítulo

Comprobación del vocabulario

Vocabulario

1. Define *progresión*. Da un ejemplo de una progresión aritmética y una geométrica. (Lección 2)

_____

_____

2. Completa el espacio en blanco de la oración con el término correcto. (Lección 1)

Una _____ es una relación que asigna solamente un valor de salida a un valor de entrada.

Comprobación y resolución de problemas: Destrezas

Completa las tablas de funciones. (Lección 1)

3.

Entrada (x)	2x + 6	Salida
0		
1		
2		

4.

Entrada (x)	3x + 1	Salida
0		
1		
2		

PM Identificar la estructura Halla la regla de cada tabla de funciones. (Lección 2)

5.

Entrada (x)	Salida
3	6
4	8
5	10

6.

Entrada (x)	Salida
1	3
2	7
3	11

7.

Entrada (x)	Salida
2	8
3	11
4	14

8. Arnold lee un promedio de 21 páginas por día. Escribe una ecuación para representar la cantidad de páginas leídas al cabo de un número de días. (Lección 4)

_____

9. **PM Razonar de manera abstracta** La tabla muestra el costo de alquilar una cámara neumática para usar en un parque acuático. Explica cómo escribir una ecuación para representar los datos de la tabla. Luego, escribe la ecuación. (Lección 3)

Entrada (x)	Costo (y)
2	$11.00
3	$16.50
4	$22.00

_____

_____

Laboratorio de indagación

Desigualdades

 ¿CÓMO te pueden ayudar los diagramas de barra a comparar cantidades?

 Content Standards
6.EE.5, 6.EE.8

PM **Prácticas matemáticas**
1, 3, 4

En la pesca en agua salada, las platijas que se pescan pueden conservarse si miden 12 pulgadas o más. Todas las platijas más pequeñas deben devolverse al agua. Pat pescó una platija que mide 14 pulgadas. Quiere saber si puede conservarla.

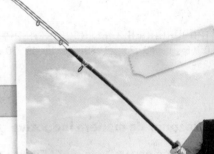

Manos a la obra

Una *desigualdad* es una oración matemática que compara cantidades. Puede escribirse una desigualdad como $x < 7$ o $x > 5$ para expresar la comparación entre una variable y un número.

Paso 1   Rotula la longitud mínima de las platijas que pueden conservarse.

Longitud mínima de la platija

0 1 2 3 4 5 6 7 8 9 10 11 12 13 14 15

Paso 2   Rotula la longitud de la platija que pescó Pat en la parte superior del diagrama.

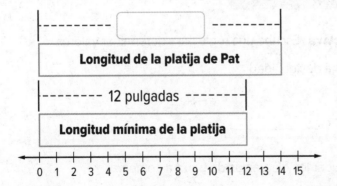

Longitud de la platija de Pat

------- 12 pulgadas -------

Longitud mínima de la platija

0 1 2 3 4 5 6 7 8 9 10 11 12 13 14 15

La barra que representa la platija de Pat es _____ que la barra que representa la longitud mínima de las platijas que pueden conservarse.

Por lo tanto, Pat _____ conservar la platija.

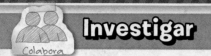
Investigar

Colabora

PM **Representar con matemáticas** Trabaja con un compañero o una compañera. Haz diagramas de barras para resolver los problemas.

1. En los vuelos dentro de Estados Unidos, el equipaje no puede superar las 50 libras. El equipaje de Imelda pesa 53 libras. ¿Puede llevar el equipaje en el vuelo? _____

Muestra tu trabajo.

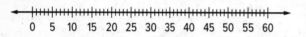

2. Byron necesita al menos 20 minutos entre la práctica de fútbol y la cita con el dentista. La práctica termina a las 4:30 y la cita con el dentista es a las 5:00. ¿Tiene tiempo suficiente? _____

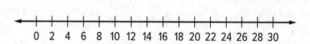

3. **PM** **Razonar de manera inductiva** ¿Qué desigualdad se usa cuando en las situaciones hay un "mínimo"? Explica tu respuesta. _____

_____

_____

4. **PM** **Razonar de manera inductiva** ¿Qué desigualdad se usa cuando en las situaciones hay un "máximo"? Explica tu respuesta. _____

_____

_____

Por tu cuenta
Crear

5. **PM** **Razonar de manera inductiva** Escribe una regla para determinar valores posibles para una variable de una desigualdad. _____

_____

_____

6. **Indagación** ¿CÓMO te pueden ayudar los diagramas de barra a comparar cantidades?

_____

_____

_____

Desigualdades

Vocabulario inicial

Una **desigualdad** es una oración matemática que compara cantidades.

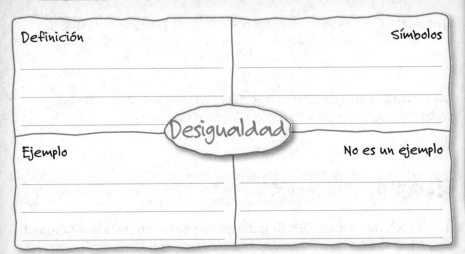

Definición	Símbolos

Desigualdad

Ejemplo	No es un ejemplo

 Pregunta esencial

¿EN QUÉ son útiles los signos como $<$, $>$ e $=$?

 Vocabulario

desigualdad

 Common Core State Standards

Content Standards
6.EE.5, 6.EE.8

PM Prácticas matemáticas
1, 2, 3, 4, 6, 7

Conexión con el mundo real

Compara las cantidades usando $<$ o $>$.

1. El puntaje después de 2 goles es ◯ el puntaje después de 3 goles.

2. El costo de descargar 10 canciones es ◯ el costo de descargar 2 canciones.

3. La temperatura exterior en verano es ◯ la temperatura exterior en invierno.

4. La estatura de un estudiante de primer grado es ◯ la estatura de un estudiante de sexto grado.

5. El tiempo que demoras en almorzar es ◯ tiempo que demoras en cepillarte los dientes.

¿Qué **Prácticas matemáticas** PM usaste?
Sombrea lo que corresponda.

① Perseverar con los problemas

② Razonar de manera abstracta

③ Construir un argumento

④ Representar con matemáticas

⑤ Usar las herramientas matemáticas

⑥ Prestar atención a la precisión

⑦ Usar una estructura

⑧ Usar el razonamiento repetido

Desigualdades

Símbolos	<	>	≤	≥
Dato	• es menor que • es menos que/menos de	• es mayor que • es más que/ más de	• es menor que o igual a • es como máximo	• es mayor que o igual a • es al menos
Ejemplos	$3 < 5$	$8 > 4$	$7 \leq 10$	$12 \geq 9$

Las desigualdades se pueden resolver hallando los valores de las variables que hacen que la desigualdad sea verdadera.

Ejemplo

1. De los números 6, 7, u 8, ¿cuál es una solución de la desigualdad $f + 2 < 9$?

Reemplaza f con cada uno de los números.

$f + 2 < 9$	Escribe la desigualdad.
$6 + 2 \overset{?}{<} 9$	Reemplaza f con 6.
$8 < 9$ ✓	Este es un enunciado verdadero.

$f + 2 < 9$	Escribe la desigualdad.
$7 + 2 \overset{?}{<} 9$	Reemplaza f con 7.
$9 < 9$ ✗	Este no es un enunciado verdadero.

$f + 2 < 9$	Escribe la desigualdad.
$8 + 2 \overset{?}{<} 9$	Reemplaza f con 8..
$10 < 9$ ✗	Este no es un enunciado verdadero.

Como el número 6 es el único valor que hace que el enunciado sea verdadero, 6 es una solución de la desigualdad.

¿Entendiste? Resuelve este problema para comprobarlo.

Muestra tu trabajo.

a. De los números 8, 9 o 10, ¿cuál es una solución de la desigualdad $n - 3 > 6$?

a. _____

Determinar soluciones de una desigualdad

Como una desigualdad contiene signos de mayor que y menor que, las desigualdades de una variable tienen infinitas soluciones. Por ejemplo, cualquier número racional mayor que 4 hará que la desigualdad $x > 4$ sea verdadera.

Ejemplos

Tutor

¿El valor dado es una solución de la desigualdad?

2. $x + 3 > 9, x = 4$

$x + 3 > 9$ — Escribe la desigualdad.

$4 + 3 \overset{?}{>} 9$ — Reemplaza x con 4.

$7 \not> 9$ — Simplifica.

Como 7 no es mayor que 9, 4 no es una solución.

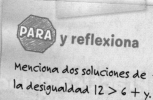

PARA y reflexiona

Menciona dos soluciones de la desigualdad $12 > 6 + y$.

3. $12 \leq 18 - y, y = 6$

$12 \leq 18 - y$ — Escribe la desigualdad.

$12 \overset{?}{\leq} 18 - 6$ — Reemplaza x con 6.

$12 \leq 12$ — Simplifica.

Como 12 = 12, 12 es una solución.

4. $17 \geq 11 + x, x = 8$

$17 \geq 11 + x$ — Escribe la desigualdad.

$17 \overset{?}{\geq} 11 + \boxed{}$ — Reemplaza x con $\boxed{}$.

$17 \not\geq \boxed{}$ — Simplifica.

Como $\boxed{}$ no es mayor que ni igual a $\boxed{}$, $\boxed{}$ no es una solución.

Muestra tu trabajo.

b. _____

¿Entendiste? Resuelve estos problemas para comprobarlo.

c. _____

b. $a + 7 > 15, a = 9$ **c.** $22 \leq 15 + b, b = 6$

d. _____

d. $n - 4 < 6, n = 10$ **e.** $12 \geq 5 + g, g = 7$

e. _____

Ejemplo

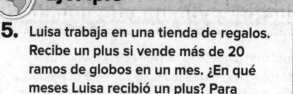

 Tutor

5. Luisa trabaja en una tienda de regalos. Recibe un plus si vende más de 20 ramos de globos en un mes. ¿En qué meses Luisa recibió un plus? Para resolver el problema, usa la desigualdad $g > 20$, donde g representa la cantidad de ramos de globos vendidos por mes.

Venta de globos	
Mes	Cantidad vendida
Julio	25
Agosto	12
Septiembre	18
Octubre	32

Usa la estrategia *probar, comprobar y revisar*.

Prueba con 25.   Prueba con 12.   Prueba con 18.   Prueba con 32.
$g > 20$ $g > 20$ $g > 20$ $g > 20$
$25 > 20$ Sí. $12 > 20$ No. $18 > 20$ No. $32 > 20$ Sí.

Por lo tanto, Luisa recibió un plus en julio y en octubre.

Práctica guiada

Comprueba ✓

Determina qué número es una solución de la desigualdad. (Ejemplo 1)

1. $9 + a < 17$; 7, 8, 9 _____ , _____

 Muestra tu trabajo.

2. $b - 10 > 5$; 14, 15, 16 _____

¿El valor dado es una solución de la desigualdad? (Ejemplos 2 a 4)

3. $x - 5 < 5$, $x = 15$

_____

4. $32 \geq 8n$, $n = 3$

_____

5. Cuando la panadería vende más de 45 rosquitas por día, tiene ganancias. Usa la desigualdad $r > 45$ para determinar qué días la panadería tiene ganancias. (Ejemplo 5)

Día	Rosquitas vendidas
Lunes	18
Martes	25
Miércoles	21
Jueves	36
Viernes	50
Sábado	48
Domingo	40

_____

6. **Desarrollar la pregunta esencial** ¿Cómo puede ayudarte calcular mentalmente a hallar soluciones de desigualdades?

_____

¡Califícate!

☐ Entiendo cómo resolver desigualdades.

▶▶ ¡Muy bien! ¡Estás listo para seguir!

☐ Todavía tengo dudas sobre cómo resolver desigualdades.

⊞ ¡No hay problema! Conéctate y accede a un tutor personal.

 Tutor

Práctica independiente

Conéctate para obtener las soluciones de varios pasos.

Determina qué número es una solución de la desigualdad. (Ejemplo 1)

1 $1 + f < 7$; 5, 6, 7 _____

2. $g - 3 > 4$; 6, 7, 8 _____

¿El valor dado es una solución de la desigualdad? (Ejemplos 2 a 4)

3. $q - 2 > 16$, $q = 20$ _____

4. $t - 7 < 10$, $t = 28$ _____

5. La tabla muestra la cantidad de montañas rusas de Estados Unidos. Un parque de atracciones quiere construir una nueva montaña rusa. Harán la montaña rusa solamente si hay menos de 10 montañas rusas de ese tipo en Estados Unidos. Usa la desigualdad $m < 10$, donde m es la cantidad de cierto tipo de montaña rusa, para determinar qué tipos de montaña rusa se pueden construir. (Ejemplo 5)

Tipo	Cantidad
Con asientos (acero)	530
Con asientos (madera)	112
Invertida	43
Voladora	10
Sin asientos	8
Colgante	5

_____

_____

6. La tabla muestra la cantidad de tipos de película que tiene Lorenzo en su colección. Lorenzo quiere comprar otra película para agregar a la colección. Comprará la película solo si ya tiene más de 15 películas de ese tipo. Usa la desigualdad $p > 15$, donde p es la cantidad del tipo de película, para determinar qué tipos de película puede comprar. (Ejemplo 5)

Tipo de película	Cantidad
Acción	18
Comedia	24
Drama	12
Suspenso	15

7 En la tabla se muestra la cantidad de mensajes de texto que Lelah envió por mes. Lelah no puede enviar más de 55 mensajes por mes sin tener que pagar un adicional. Usa la desigualdad $m \leq 55$, donde m es la cantidad de mensajes de texto en un mes, para determinar en qué meses Lelah superará el límite. Si cada mensaje adicional cuesta $0.25, ¿cuánto dinero tuvo que pagar Lelah de enero a abril?

Mes	Mensajes de texto
Enero	56
Febrero	57
Marzo	55
Abril	51

_____

_____

8. **PM Identificar la estructura** Usa ecuaciones y desigualdades de una variable para completar el organizador gráfico.

	Ecuación	Desigualdad
Ejemplo		
Cantidad de soluciones		

Problemas S.O.S. Soluciones de orden superior

9. **PM Razonar de manera inductiva** Menciona tres números que sean soluciones de la desigualdad $x + 1 \leq 5$. _____

_____

10. **PM Perseverar con los problemas** Si $x = 2$, ¿la siguiente desigualdad es *verdadera* o *falsa*? Explica tu respuesta.

$$\frac{112}{8} + x \geq 15 + 4x - 7$$

_____

_____

11. **PM Razonar de manera abstracta** Si $a > b$ y $b > c$, ¿qué es verdadero para la relación entre a y c? Explica tu razonamiento.

_____

_____

_____

12. **PM Construir un argumento** Explica por qué las desigualdades que tienen la forma $x > c$ o $x < c$, donde c es cualquier número racional, tienen infinitas soluciones.

_____

_____

13. **PM Perseverar con los problemas** Analiza la relación entre las desigualdades en cada par de desigualdades. Luego, escribe los enteros que sean soluciones para cada par de desigualdades.

a. $y > 4$ y $y \leq 6$ _____

b. $x \geq -3$ y $x < 0$ _____

c. $m < 5$ y $m > 3$ _____

d. $r < -1$ y $r > 0$ _____

Más práctica

Determina qué número es una solución de la desigualdad.

14. $5 - h \geq 2$; 3, 4, 5 __3__

Prueba con 3.   Prueba con 4.   Prueba con 5.

$5 - 3 \overset{?}{\geq} 2$ $5 - 4 \overset{?}{\geq} 2$ $5 - 5 \overset{?}{\geq} 2$

$2 \geq 2$ ✔ $1 \geq 2$ ✗ $0 \geq 2$ ✗

15. $j + 8 \leq 8$; 0, 1, 2 _____

¿El valor dado es una solución de la desigualdad?

16. $25 \geq 5u$, $u = 5$ _____

17. $13 \leq 4v$, $v = 3$ _____

18. La Sra. Crane anotó la cantidad de sándwiches vendidos en su tienda durante un día. Si vende más de 25 sándwiches de una clase, debe encargar más carne en la carnicería. Usa la desigualdad $s > 25$, donde s es la cantidad de sándwiches vendidos, para determinar qué tipo de carne debe encargar la Sra. Crane. _____

Sándwich	Cantidad vendida
Pollo	25
Cerdo	30
Vaca	22
Pavo	28

19. La estatura de cada miembro de una familia se muestra en la tabla. Para subir a una montaña rusa de un parque de atracciones, la estatura mínima requerida es 54 pulgadas. Usa la desigualdad $e \geq 54$, donde e es la estatura de los miembros de una familia, para determinar quién puede subir a la montaña rusa.

Nombre	Estatura (pulg)
Carmen	66
Eliot	54
Isabella	49
Jackson	52
Ryan	71

20. **(PM) Responder con precisión** Pedro se suscribe a un servicio donde puede descargar hasta cinco melodías para el teléfono por mes. Cada melodía adicional cuesta $3.50. ¿En qué meses Pedro superó el límite del plan? ¿Cuánto es el costo adicional que pagará Pedro en 6 meses?

Mes	Melodías
Enero	5
Febrero	6
Marzo	4
Abril	8
Mayo	5
Junio	4

21. En la tabla se muestra la cantidad de lunas de algunos planetas.

La letra *l* representa la cantidad de lunas de un planeta. ¿Cuáles de los siguientes planetas tienen una cantidad de lunas que representa una solución de la desigualdad *l* > 27? Selecciona todas las opciones que correspondan.

Planetas	Lunas	Planetas	Lunas
Tierra	1	Urano	27
Marte	2	Saturno	47
Neptuno	13	Júpiter	63

☐ Júpiter   ☐ Tierra

☐ Saturno   ☐ Urano

22. La desigualdad *e* ≥ 48, donde *e* es la estatura de una persona en pulgadas, puede usarse para determinar quién puede subir a la montaña rusa Nido del Águila. La tabla muestra la estatura de algunos amigos que quieren subir a la montaña rusa.

Completa la tabla para mostrar quién puede subir a la montaña rusa y quién no.

Nombre	Estatura (pulg)
Chris	49
Gregorio	56
Heather	53
Jason	48
Molly	47
Tito	44

Pueden subir	No pueden subir

CCSS Estándares comunes: Repaso en espiral

Escribe una expresión para representar las situaciones. 5.OA.2

23. Alexis tenía 5 adhesivos y su hermana le dio 3 adhesivos. _____

24. Había 7 limones en el limonero. Luego, 2 limones cayeron del árbol. _____

25. Gavin tenía 5 paquetes de perros calientes. Cada paquete contenía 8 perros calientes. _____

26. En la tabla se muestra la distancia que caminaron 4 amigos. Marca los números en la recta numérica. ¿Quién caminó la distancia más corta? 4.NBT2, 5.NBT.3b

Nombre	Millas caminadas
Corrine	2.5
Makenna	1.5
Noah	3
Tristán	2

```
←———|———|———|———|———|———|———|———|———|———|———|———|———→
    0  0.5  1  1.5  2  2.5  3  3.5  4  4.5  5  5.5
```

27. En una semana, Carson leyó 4 libros y Henry leyó 6 libros. Completa los espacios en blanco para comparar la cantidad de libros que leyeron. 4.NBT.2

_____ > _____

Escribir y graficar desigualdades

 ## Conexión con el mundo real

 Pregunta esencial

¿EN QUÉ son útiles los signos como $<$, $>$ e $=$?

Common Core State Standards

Content Standards
6.EE.6, 6.EE.8

 Prácticas matemáticas
1, 3, 4, 5, 6

Ferias Mira las situaciones. Encierra en un círculo los números que son soluciones posibles para cada situación.

1. Jessica gastó más de $5 en el salón de videojuegos.

1 2 3 4 5 6 7 8 9 10 11 12 13 14 15

2. Menos de 6 personas hicieron sonar la campana en el juego del mazo.

1 2 3 4 5 6 7 8 9 10 11 12 13 14 15

3. Había menos de 10 personas en la fila para subir a la rueda gigante.

1 2 3 4 5 6 7 8 9 10 11 12 13 14 15

4. Subir a los carros chocones cuesta menos de 6 fichas.

1 2 3 4 5 6 7 8 9 10 11 12 13 14 15

5. Hay menos de 8 puestos de limonada.

1 2 3 4 5 6 7 8 9 10 11 12 13 14 15

6. Hay más de 12 sabores de caramelos.

1 2 3 4 5 6 7 8 9 10 11 12 13 14 15

7. Describe los patrones que ves en los Ejercicios 1 a 6.

_____

¿Qué **Prácticas matemáticas** usaste?
Sombrea lo que corresponda.

① Perseverar con los problemas   ⑤ Usar las herramientas matemáticas

② Razonar de manera abstracta   ⑥ Prestar atención a la precisión

③ Construir un argumento   ⑦ Usar una estructura

④ Representar con matemáticas   ⑧ Usar el razonamiento repetido

Escribir desigualdades

Puedes escribir una desigualdad para representar una situación.

Ejemplos

Tutor

Escribe una desigualdad para cada oración.

1. Debes tener más de 12 años para montar los carritos motorizados.

En palabras	Tu edad	es más de	12.
Variable		La letra e = tu edad.	
Desigualdad	e	$>$	12

La desigualdad es $e > 12$.

PARA y reflexiona

¿Qué símbolo de desigualdad representa "es como máximo"?

2. Un poni mide menos de 14.2 palmos de altura.

En palabras	Un poni	mide menos de	14.2.
Variable		La letra p = altura del poni.	
Desigualdad	p	$<$	14.2

La desigualdad es $p < 14.2$.

3. Debes tener al menos 16 años para obtener la licencia de conducir.

En palabras	Tu edad	es al menos	16 años.
Variable		La letra e = tu edad.	
Desigualdad	e	$\geq$	16

La desigualdad es $e \geq 16$.

¿Entendiste? Resuelve estos problemas para comprobarlo.

Escribe una desigualdad para cada oración.

a. Debes tener más de 13 años para jugar en la liga de basquetbol.

b. Para usar una estampilla, la carta local debe pesar menos de 3.5 onzas.

c. Debes medir más de 48 pulgadas de estatura para subir a la montaña rusa.

d. Debes tener al menos 18 años para votar.

a. _____

b. _____

c. _____

d. _____

Muestra tu trabajo.

Graficar desigualdades

Las desigualdades pueden graficarse en una recta numérica. A veces, es imposible mostrar todos los valores que hacen que una desigualdad sea verdadera. La gráfica ayuda a ver los valores que hacen que una desigualdad sea verdadera.

Ejemplos

Tutor

Grafica cada desigualdad en una recta numérica.

4. $n > 9$

Dibuja un círculo vacío en el 9. Luego, traza una recta con una flecha hacia la derecha.

> El círculo vacío significa que el 9 *no* está incluido en la gráfica.

3 4 5 6 7 8 9 10 11 12 13 14

Los valores que están sobre la recta hacen que la oración sea verdadera. Todos los números mayores que 9 hacen que la oración sea verdadera.

> **Graficar desigualdades**
>
> Cuando se grafican las desigualdades, el círculo sin rellenar significa que el número no está incluido ($<$ o $>$) y el círculo relleno significa que sí está incluido ($\leq$ o $\geq$).

5. $n \leq 10$

Dibuja un círculo lleno el 10. Luego, traza una recta con una flecha hacia la izquierda.

> El círculo lleno significa que el 10 *sí* está incluido en la gráfica.

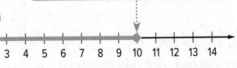

3 4 5 6 7 8 9 10 11 12 13 14

El 10 y todos los números menores que 10 hacen que la oración sea verdadera.

¿Entendiste? Resuelve estos problemas para comprobarlo.

e. $a < 15$

12   13   14   15   16   17   18

f. $b \geq 7$

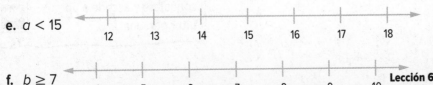

4   5   6   7   8   9   10

LÍMITE DE
VELOCIDAD
25

Ejemplo

6. El tráfico en una calle residencial no puede superar las 25 millas por hora. Escribe y grafica una desigualdad para describir las velocidades posibles en la calle.

La letra *v* representa la velocidad en la calle.

La desigualdad es $v \leq 25$.

Dibuja un círculo lleno en 25. Luego, traza una recta con una flecha hacia la izquierda. El 25 y

20 21 22 23 24 25 26 27 28 29 30

todos los números menores hacen que la oración sea verdadera. .

Práctica guiada

Escribe una desigualdad para cada oración. (Ejemplos 1 a 3)

1. La película no tendrá más de 90 minutos de duración. _____

2. La montaña mide al menos 985 pies de altura. _____

Grafica cada desigualdad en una recta numérica. (Ejemplos 4 y 5)

3. $a \leq 6$

4. $b > 4$

5. Tasha no puede gastar más de $40 en botas nuevas. Escribe y grafica una desigualdad para describir cuánto puede gastar Tasha. (Ejemplo 6) _____

¡Califícate!

¿Entendiste cómo escribir y graficar desigualdades? Sombrea el círculo en el blanco.

Di en el blanco.

Necesito ayuda.

6. ℮ **Desarrollar la pregunta esencial** ¿De qué manera graficar una desigualdad puede ayudar a resolverla?

_____

Para obtener más ayuda, conéctate y accede a un tutor personal.

Práctica independiente

Conéctate para obtener las soluciones de varios pasos.

Escribe una desigualdad para las oraciones. (Ejemplos 1 a 3)

1. La práctica de natación no tendrá más de 35 vueltas. _____

2. Kevin corrió menos de 5 millas. _____

3. En la habitación debe haber menos de 437 personas. _____

Grafica las desigualdades en una recta numérica. (Ejemplos 4 y 5)

4. $f > 1$

◄——————————————————————————►

5. $x \leq 5$

◄——————————————————————————►

6. $y \geq 4$

◄——————————————————————————►

7. Un disco compacto regrabable debe tener menos de 20 canciones. Escribe y grafica una desigualdad para describir cuántas canciones puede haber en el disco. (Ejemplo 6)

_____

◄——————————————————————————►

8. **PM** **Responder con precisión** Completa la tabla con la información que falta. El primero ya está hecho y te servirá de ejemplo.

Símbolo	En palabras	¿Círculo lleno o vacío en la recta numérica?
>	mayor que	círculo vacío
	mayor que o igual a	
	menor que	
≤		

9. **PM Hallar el error** Mei escribe una desigualdad para la expresión *al menos 10 horas de trabajo comunitario*. Halla el error y corrígelo.

$c \leq 10$

_____

_____

_____

_____

10. **PM Perseverar con los problemas** Menciona tres soluciones de la desigualdad $w \leq \frac{4}{5}$. Luego, haz una recta numérica para justificar tu respuesta.

_____

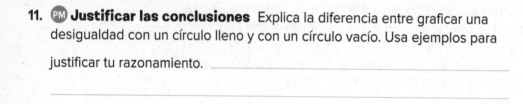

11. **PM Justificar las conclusiones** Explica la diferencia entre graficar una desigualdad con un círculo lleno y con un círculo vacío. Usa ejemplos para justificar tu razonamiento. _____

_____

_____

_____

_____

12. **PM Representar con matemáticas** Grafica la solución de cada conjunto de desigualdades en una recta numérica.

a. $x > 5$ y $x < 8$

b. $y \geq -2$ y $y < 7$

c. $t < 3$ o $t \geq 6$

d. $w \leq -5$ o $w \geq 0$

Más práctica

Escribe una desigualdad para cada oración.

13. No puedes gastar más de 50 dólares. $g \leq 50$

 La letra g representa lo que puedes gastar. No puedes gastar más significa que puedes gastar una cantidad menor que o igual a 50 dólares.

14. Más de 800 hinchas asistieron al partido de fútbol de apertura. _____

15. La categoría peso pesado requiere un peso mayor que 200 libras. _____

Grafica las desigualdades en una recta numérica.

16. $g < 6$

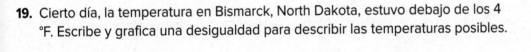

17. $z > 18$

18. $h \geq 3$

19. Cierto día, la temperatura en Bismarck, North Dakota, estuvo debajo de los 4 °F. Escribe y grafica una desigualdad para describir las temperaturas posibles.

_____

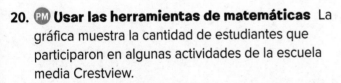

20. (PM) **Usar las herramientas de matemáticas** La gráfica muestra la cantidad de estudiantes que participaron en algunas actividades de la escuela media Crestview.

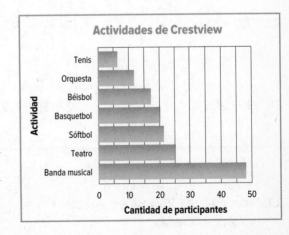

a. ¿Qué actividades tienen más de 20 participantes? ¿Al menos 20? ¿Menos de 19?

_____

_____

b. Escribe una desigualdad para comparar la cantidad de participantes en la orquesta y la cantidad de participantes en tenis.

_____

_____

21. La tabla muestra la cantidad de tipos de equipamiento deportivo que se vende en una tienda de deportes.

La cantidad de pelotas de basquetbol vendidas *c* es mayor que la cantidad de pelotas de sóftbol vendidas. Determina si los enunciados son verdaderos o falsos.

Tipo de pelota	Cantidad vendida
Béisbol	33
Basquetbol	*c*
Fútbol americano	8
Hockey	3
Sóftbol	21

a. La desigualdad $c > 21$ representa la situación. ☐ Verdadero ☐ Falso

b. La tienda vendió más pelotas de fútbol americano que de basquetbol. ☐ Verdadero ☐ Falso

c. La tienda pudo haber vendido 22 pelotas de basquetbol. ☐ Verdadero ☐ Falso

22. A Jason le quedan por leer menos de 65 páginas del libro. La letra *p* representa la cantidad de páginas por leer.

Escribe una desigualdad para representar la situación.

Grafica la desigualdad en la recta numérica.

¿Usaste un círculo lleno o vacío para el 65 en la recta numérica? Explica tu razonamiento.

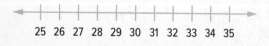 Estándares comunes: Repaso en espiral

Evalúa las expresiones. 5.OA.1

23. $8(2) - 11 =$ _____

24. $7 + 2(2) =$ _____

25. $3(5) - 7 =$ _____

26. $19 - 2(3) =$ _____

27. $3(4) - 7 =$ _____

28. $28 - 4(4) =$ _____

29. Marca 32, 30, 29 y 34 en la recta numérica. 6.NS.6c

25 26 27 28 29 30 31 32 33 34 35

30. Marca 13, 15, 9 y 11 en la recta numérica. 6.NS.6c

5 6 7 8 9 10 11 12 13 14 15

Laboratorio de indagación

Resolver desigualdades de un paso

 ¿CÓMO puedes usar diagramas de barra para resolver desigualdades de un paso?

 Content Standards
6.EE.5, 6.EE.8

 Prácticas matemáticas
1, 3, 4

En un derbi de Kentucky reciente, el peso que podía llevar un caballo era menos de 126 libras. Un jinete pesa cierta cantidad de libras y el equipamiento pesa 9 libras. ¿Cuánto puede pesar el jinete?

¿Qué sabes? _____

_____

¿Qué debes hallar? _____

_____

Manos a la obra

Ya aprendiste que puedes sumar o restar la misma cantidad de cada lado de una ecuación para resolverla. Puedes hacer lo mismo con las desigualdades.

Paso 1 Representa la desigualdad $x + 9 < 126$ con un diagrama de barra y resuélvela. Dibuja una línea punteada en 126.

Paso 2 El signo es $<$; por lo tanto, se dibuja un recuadro a la izquierda de 126.

Paso 3 La barra representa $x +$ ☐ . Rotula el diagrama de barra.

La sección de la barra con el rótulo x debe ser menor que ☐

para que la desigualdad sea verdadera. Por lo tanto, $x <$ ☐ .

Investigar

Trabaja con un compañero o una compañera para resolver los problemas usando un modelo.

1. Regina envió *x* mensajes de texto antes del almuerzo. Envió otros 4 mensajes después del almuerzo. Hoy envió menos de 7 mensajes. ¿Cuántos mensajes de texto pudo haber enviado antes del almuerzo? Escribe tu respuesta como una desigualdad. _____

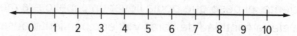

2. Un jugador que comete cinco faltas personales no puede seguir en el partido. Dylan ya cometió dos faltas personales. ¿Cuántas faltas más *x* puede cometer y seguir en el partido? Escribe tu respuesta como una desigualdad.

_____

_____

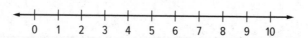

Trabaja con un compañero o una compañera para resolver los ejercicios usando la estrategia *Probar, comprobar y revisar*. Halla el número mayor o el menor que hacen que la desigualdad sea verdadera.

3. $x - 5 \leq 1$ _____

4. $x + 3 \geq 8$ _____

Analizar y pensar

5. **PM Razonar de manera inductiva** Explica cómo puedes resolver la desigualdad $x + 7 \leq 12$ con la estrategia *probar, comprobar y revisar*. Luego, resuélvela.

_____

_____

Crear

6. **PM Representar con matemáticas** Escribe y resuelve un problema que tenga la desigualdad $x + 6 \leq 25$. _____

_____

7. **indagación** ¿CÓMO puedes usar diagramas de barra para resolver desigualdades de un paso?

_____

_____

Resolver desigualdades de un paso

Conexión con el mundo real

Béisbol La gráfica muestra la cantidad de jonrones que anotaron los mejores bateadores de un equipo durante la temporada pasada.

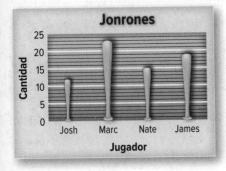

Jonrones

Pregunta esencial

¿EN QUÉ son útiles los signos como <, > e =?

Common Core State Standards

Content Standards
6.EE.5, 6.EE.6, 6.EE.8

PM **Prácticas matemáticas**
1, 3, 4

1. Escribe una desigualdad que compare la cantidad de jonrones que anotó Nate con la cantidad que anotó Josh.

   _____ > _____

2. Escribe una desigualdad que compare la cantidad de jonrones que anotó James con la cantidad que anotó Marc.

   _____ < _____

3. Imagina que James y Marc anotan 3 jonrones más cada uno. Escribe una nueva desigualdad que compare la cantidad de jonrones que anotaron James y Marc.

   _____ < _____

¿Qué Prácticas matemáticas PM usaste?
Sombrea lo que corresponda.

① Perseverar con los problemas   ⑤ Usar las herramientas matemáticas

② Razonar de manera abstracta   ⑥ Prestar atención a la precisión

③ Construir un argumento   ⑦ Usar una estructura

④ Representar con matemáticas   ⑧ Usar el razonamiento repetido

Usar propiedades de la suma y la resta para resolver desigualdades

Área de trabajo

Dato Cuando sumas o restas el mismo número de cada lado de una desigualdad, la desigualdad sigue siendo verdadera.

Ejemplo

$$5 < 9$$
$$\underline{+4 \quad +4}$$
$$9 < 13$$

$$11 > 6$$
$$\underline{-3 \quad -3}$$
$$8 > 3$$

Estas propiedades también son verdaderas para los signos $\leq$ y $\geq$.

Ejemplos

Tutor

1. **Resuelve $x + 7 \geq 10$. Grafica la solución en una recta numérica.**

$x + 7 \geq 10$ Escribe la desigualdad.
$\underline{-7 \quad -7}$ Resta 7 a cada lado.
$x \quad\; \geq 3$ Simplifica.

La solución es $x \geq 3$. Para graficarla, dibuja un círculo lleno en 3 y traza una recta con una flecha hacia la derecha de la recta numérica.

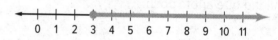

2. **Resuelve $x - 3 < 9$. Grafica la solución en una recta numérica.**

$x - 3 < 9$ Escribe la desigualdad.
$\underline{+3 \quad +3}$ Suma 3 de cada lado.
$x \quad\; < 12$ Simplifica.

La solución es $x < 12$. Para graficarla, dibuja un círculo vacío en 12 y traza una recta con una flecha hacia la izquierda de la recta numérica.

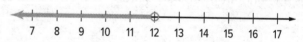

¿Entendiste? **Resuelve estos problemas para comprobarlo.**

Muestra tu trabajo.

a. $n + 2 \leq 5$

b. $y - 3 > 9$

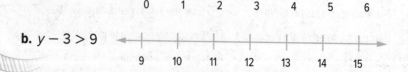

a. _____

b. _____

Usar propiedades de la multiplicación y la división para resolver desigualdades

Concepto clave

Dato Cuando multiplicas o divides cada lado de una desigualdad por el mismo número *positivo*, la desigualdad sigue siendo verdadera.

Ejemplo

$5 < 10$ $16 > 12$

$5 \times 2 < 10 \times 2$ $\dfrac{16}{2} > \dfrac{12}{2}$

$10 < 20$ $8 > 6$

Estas propiedades también son verdaderas para los signos $\leq$ y $\geq$.

Ejemplos

Tutor

3. **Resuelve $5x \leq 45$. Grafica la solución en una recta numérica.**

$5x \leq 45$ Escribe la desigualdad.

$\dfrac{5x}{5} \leq \dfrac{45}{5}$ Divide cada lado entre 5.

$x \leq 9$ Simplifica.

La solución es $x \leq 9$.

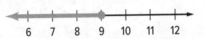

> **Comprobar soluciones**
>
> Puedes comprobar las soluciones reemplazando las variables por números en la desigualdad y probando para verificar que siga siendo verdadera.

4. **Resuelve $\dfrac{x}{8} > 3$. Grafica la solución en una recta numérica.**

$\dfrac{x}{8} > 3$ Escribe la desigualdad.

$\dfrac{x}{8}(8) > 3(8)$ Multiplica cada lado por 8.

$x > 24$ Simplifica.

La solución es $x > 24$.

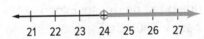

¿Entendiste? **Resuelve estos problemas para comprobarlo.**

Muestra tu trabajo.

c. $10x < 80$

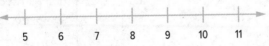

c. _____

d. $\dfrac{x}{6} \geq 7$

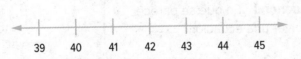

d. _____

Ejemplo

5. Laverne prepara bolsitas con sorpresas para los 7 amigos que irán a su fiesta de cumpleaños. No quiere gastar más de $42 en las sorpresas. Escribe y resuelve una desigualdad para hallar el costo máximo de cada bolsita con sorpresas.

La letra *c* representa el costo de cada bolsita con sorpresas.

7 veces el costo de cada bolsita no debe ser más de $42.

$$7c \leq 42$$ Escribe la desigualdad.

$$\frac{7c}{7} \leq \frac{42}{7}$$ Divide cada lado entre 7.

$$c \leq 6$$ Simplifica.

Laverne puede gastar un máximo de $6 en cada bolsita de sorpresas.

Práctica guiada

Resuelve las desigualdades. Grafica cada solución en una recta numérica. (Ejemplos 1 a 4)

1. $h - 6 \geq 13$ _____

2. $5y > 30$ _____

Muestra tu trabajo.

3. Los padres de Johanna le dan $10 por semana para el almuerzo. Johanna no puede decidir si quiere comprar el almuerzo o llevarlo de casa. Si un almuerzo caliente cuesta $2 en la escuela, escribe y resuelve una desigualdad para hallar la cantidad máxima de veces por semana que Johanna puede comprar el almuerzo. (Ejemplo 5)

_____

4. La pizzería Tino cobra $9 por una pizza de queso. Eileen tiene $45 para comprar pizza para el Club de Español. Escribe y resuelve una desigualdad para hallar la cantidad máxima de pizzas que puede comprar Eileen. (Ejemplo 5) _____

_____

5. ⓟ **Desarrollar la pregunta esencial** ¿En qué se parece resolver una desigualdad a resolver una ecuación?

_____

_____

_____

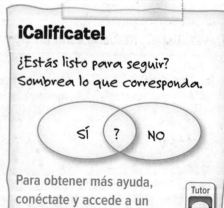

¡Califícate!

¿Estás listo para seguir? Sombrea lo que corresponda.

SÍ   ?   NO

Para obtener más ayuda, conéctate y accede a un tutor personal.

Práctica independiente

Conéctate para obtener las soluciones de varios pasos.

Resuelve las desigualdades. Grafica cada solución en una recta numérica. (Ejemplos 1 a 4)

1. $2 + y \leq 3$ _____

2. $w - 1 < 4$ _____

3 $7x > 56$ _____

4. $\dfrac{d}{3} \leq 2$ _____

5 Una compañía cobra $0.10 por cada letra grabada. Bobby no quiere gastar más de $5.00 para grabar un joyero. Escribe y resuelve una desigualdad para hallar la cantidad máxima de letras que puede grabar en el joyero.
(Ejemplo 5)

_____

6. (PM) **Representar con matemáticas** Consulta la siguiente historieta para resolver los Ejercicios a a b.

ROCK SÓNICO

PÁGINA OFICIAL

ROCK SÓNICO

ROCK SÓNICO

$14.50 cada una

¡Camisetas en oferta en el concierto!

¡Me sobra dinero para comprar una camiseta en el concierto!

a. Imagina que David tiene $65 para gastar en el boleto y algunas camisetas. Ya gastó $32.25 en el boleto y las tarifas adicionales. Escribe una desigualdad que pueda usarse para hallar la cantidad máxima de camisetas que puede comprar David.

_____

b. ¿Qué cantidad máxima de camisetas puede comprar David?

_____

Resuelve las desigualdades. Grafica cada solución en una recta numérica.

7 $p - \frac{7}{12} > \frac{3}{10}$ _____

8. $f + 0.3 < 1.7$ _____

Problemas S.O.S. Soluciones de orden superior

9. (PM) **Representar con matemáticas** Escribe un problema que tenga como solución $p \leq 21$.

_____

_____

_____

10. (PM) **Perseverar con los problemas** En tres pruebas de matemáticas, obtuviste 91, 95 y 88 puntos. Estás por dar la próxima prueba. Imagina que quieres tener un promedio de al menos 90 puntos entre las cuatro pruebas. Explica un método que podrías usar para hallar la calificación que debes obtener para que el promedio sea al menos 90 puntos. Luego, halla la calificación mínima.

_____

_____

_____

11. (PM) **Construir un argumento** ¿Importa orden de las cantidades en una desigualdad? Explica tu respuesta.

_____

_____

_____

12. (PM) **Representar con matemáticas** Escribe un problema del mundo real y una desigualdad que se puedan representar con esta recta numérica.

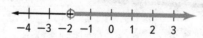

_____

_____

_____

Más práctica

Resuelve las desigualdades. Grafica cada solución en una recta numérica.

13. $a + 4 < 9$ $a < 5$ _____

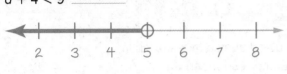

$$a + 4 < 9$$
$$\underline{-4 \quad -4}$$
$$a < 5$$

Ayuda para la tarea

14. $x - 8 \geq 13$ _____

15. $d + 13 \geq 22$ _____

16. $25t \leq 100$ _____

17. $\dfrac{g}{2} < 6$ _____

18. $\dfrac{r}{9} > 8$ _____

19. Una comunidad necesita reunir al menos $5,000 para construir un parque para patinetas. Para reunir el dinero, venden mochilas a $25 cada una. Escribe y resuelve una desigualdad para determinar la cantidad mínima de mochilas que deben vender para llegar a la meta.

_____

20. Un vendedor de la tienda de computadoras recibe un plus de $100 por cada computadora que vende. El vendedor quiere ganar $2,500 con los pluses del mes próximo. Escribe y resuelve una desigualdad para hallar la cantidad

mínima de computadoras que debe vender. _____

PM **Representar con matemáticas** Resuelve las desigualdades. Grafica cada solución en una recta numérica.

21. $n + \dfrac{2}{7} \geq \dfrac{1}{2}$ _____

22. $0.2g > 1.8$ _____

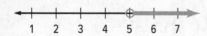

¡Repaso! Práctica para la prueba de los estándares comunes

23. Usa la gráfica de la desigualdad.

```
←——+——+——+——+——⊕——+——+——→
    1   2   3   4   5   6   7
```

¿Cuál de las siguientes desigualdades tiene la solución que se muestra en la recta numérica? Selecciona todas las opciones que correspondan.

☐ $n + 3 < 8$ ☐ $y + 1 > 6$ ☐ $z - 4 > 1$ ☐ $c - 7 > 12$

24. La tabla muestra el promedio de los resultados de los niños y las niñas que participaron en la prueba de salto largo. Susan no pudo saltar más lejos de 4 pulgadas más que la distancia promedio de las niñas. La letra s representa la distancia que saltó Susan.

Sexo	Distancia
Masculino	10 pies 6 pulg
Femenino	8 pies 4 pulg

Escribe una desigualdad para representar la situación.

[   ]

¿Qué distancia saltó Susan?

[   ]

CCSS Estándares comunes: Repaso en espiral

Multiplica. 4.NBT.5, 5.NBT.7

25. $12 \times 12 =$ _____

26. $9 \times 13 =$ _____

27. $16 \times 12 =$ _____

28. $8.5 \times 6 =$ _____

29. $13.2 \times 5 =$ _____

30. $7 \times 11.5 =$ _____

31. Mitchel está pintando tablas para la escenografía de la obra escolar.

¿Qué área de las tablas se muestra? 4.MD.3 _____

5 pies

3 pies

32. Daphne está pintando su cuarto. Sabe que tres de las paredes del cuarto miden un total de 305 pies cuadrados. La cuarta pared del cuarto mide 8 pies de ancho y 10 pies de alto. ¿Qué área deberá pintar Daphne en total? 4.MD.3 _____

PROFESIÓN DEL SIGLO **XXI**

en ciencias de la atmósfera

Meteorólogo

¿Alguna vez te preguntaste cómo los meteorólogos pueden predecir grandes tormentas, como los huracanes, antes de que ocurran? Llevar registro de los cambios en la presión del aire es uno de los métodos que usan. Los meteorólogos estudian la presión del aire, la temperatura, la humedad y la velocidad del viento de la tierra. Usan complejos modelos de computadora para procesar y analizar los datos del tiempo y hacer pronósticos precisos. Además de comprender los procesos de la atmósfera terrestre, los meteorólogos deben tener conocimientos sólidos de matemáticas, ciencias de la computación y física.

PP PREPARACIÓN
Profesional
& Universitaria

Explora profesiones y la universidad en ccr.mcgraw-hill.com.

¿Es esta profesión para ti?

¿Te interesa la profesión de meteorólogo? Cursa alguna de las siguientes materias en la escuela preparatoria.

- ◆ Álgebra
- ◆ Cálculo
- ◆ La Tierra y su Medio Ambiente
- ◆ Ciencias Ambientales
- ◆ Física

Averigua cómo se relacionan las matemáticas con la profesión de ciencias de la atmósfera.

🅟 ¡Se siente la presión!

Usa la información del diagrama y de la tabla para resolver los problemas.

1. Escribe una desigualdad para representar la temperatura *t* del agua del océano durante la formación de un huracán. _____

2. Escribe una desigualdad para representar la profundidad *p* del agua que debe tener más de 80 °F para que se forme un huracán. _____

3. El aire debe estar húmedo a una altura de hasta 18,000 pies para que se forme un huracán. Escribe una desigualdad para representar esa altitud *a* del aire sobre el océano. _____

4. La presión del aire disminuye en las tormentas. La diferencia entre la presión normal del aire *n* y la presión del aire durante el huracán de los Cayos de la Florida, en 1935, fue más de 121 milibares. Escribe y resuelve una desigualdad para hallar la presión normal del aire en los Cayos de la Florida antes del huracán.

_____

5. La presión del aire del huracán Katrina al tocar tierra fue más de 17 milibares más la presión del aire *p* antes de tocar tierra. Escribe y resuelve una desigualdad para hallar la presión del aire de la tormenta antes de tocar tierra.

_____

Formación de huracanes

25,000 pies

Área de alta presión en atmósfera superior

Viento

Viento

Vientos convergentes

Agua del océano a más de 80 °F para al menos 200 pies

Los 5 huracanes más intensos al tocar tierra de EE.UU.		
Puesto	**Huracán**	**Presión (milibares)**
1	Cayos de la Florida, (Día del Trabajo), 1935	892
2	Huracán Camille, 1969	909
3	Huracán Katrina, 2005	920
4	Huracán Andrew, 1992	922
5	Texas (Indianola), 1886	925

🅟 Proyecto profesional

Es hora de actualizar tu carpeta de profesiones. Haz una entrevista a un meteorólogo de un canal de televisión local. Asegúrate de preguntarle qué le gusta más de ser meteorólogo y qué cosas representan los desafíos más grandes. Incluye en la carpeta todas las preguntas y las respuestas de la entrevista.

_____
_____
_____
_____
_____

¿Qué destrezas deberías mejorar para tener éxito en esta profesión?

• _____
• _____
• _____
• _____
• _____

Repaso del capítulo

Comprobación del vocabulario

Completa el crucigrama con el término correcto para cada pista.

Horizontales

1. Se halla sumando el mismo número al término anterior.

3. Se halla multiplicando el término anterior por el mismo número.

6. una expresión que describe la relación entre cada entrada y cada salida

7. función que forma una línea recta cuando se grafica

9. oración matemática que indica que dos cantidades no son iguales

Verticales

2. cada número de una progresión

4. tabla que organiza la entrada, la regla y la salida de una función

5. lista de números en un orden específico

8. relación que asigna solamente un valor de salida a un valor de entrada

Usa los FOLDABLES

Usa tu modelo de papel como ayuda para repasar el capítulo.

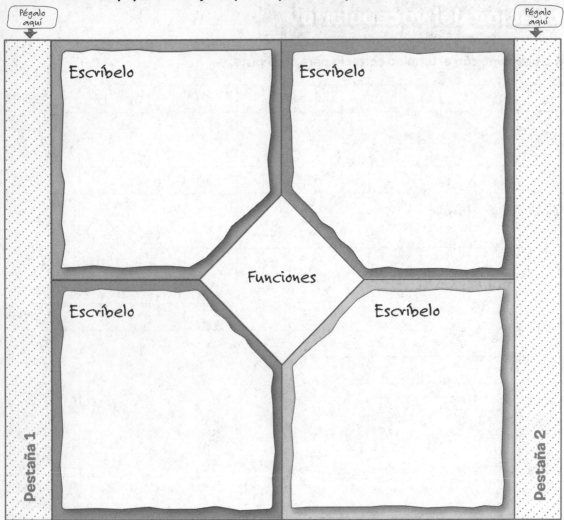

¿Entendiste?

Encierra en un círculo el término o el número correcto para completar las oraciones.

1. El número que sigue en la progresión 12, 15, 18, 21,... es (24, 27).

2. La salida de una función es la variable (independiente, dependiente).

3. Una progresión (aritmética, geométrica) se puede hallar multiplicando cada término anterior por el mismo número.

4. La entrada de una función es la variable (independiente, dependiente).

5. Una (desigualdad, función) es una relación que asigna solamente un valor de salida a un valor de entrada.

¡Repaso! Tarea para evaluar el desempeño

Proyecto de remodelación

El Sr. Jacobs pone en la cocina un piso nuevo con baldosas blancas y color café. En la tabla se muestra la relación entre la cantidad de baldosas café y la cantidad de baldosas blancas.

Blancas (b)	1	2	3	4	5	6
Café (c)	4	6	8	10	?	?

Escribe tus respuestas en una hoja aparte. Muestra tu trabajo para recibir la máxima calificación.

Parte A
Completa la tabla con los valores que faltan basándote en el patrón. Escribe una ecuación que representa la relación entre las baldosas blancas y las baldosas café. La letra c representa las baldosas café y la letra b representa las baldosas blancas.

Parte B
Cada baldosa cuesta $12. Determina el costo de 60, 80, 100 y 120 baldosas. Escribe un conjunto de pares ordenados (cantidad de baldosas, costo total) para representar los datos. Luego, marca los pares ordenados en una gráfica.

Parte C
El Sr. Jacobs tiene un presupuesto de $1,200 para las baldosas. El diseño del piso requiere 38 baldosas blancas. Cada baldosa blanca cuesta $12. Escribe y resuelve una desigualdad para hallar la cantidad máxima que puede gastar en baldosas café.

Parte D
La tienda que vende baldosas tiene tres tipos de baldosas café que el Sr. Jacobs puede usar. En la tabla se muestran los precios de las baldosas. ¿Qué baldosas puede comprar el Sr. Jacobs para mantenerse dentro del presupuesto y poder hacer el diseño con 38 baldosas blancas? Explica tu razonamiento.

Baldosa A	Baldosa B	Baldosa C
$9.75 cada baldosa	Las baldosas cuestan $11 cada una si se compran menos de 50 baldosas. Para 50 baldosas o más, el precio es $9.50 cada baldosa.	Las baldosas se venden en cajas. Hay 24 baldosas en cada caja. Cada caja cuesta $185.

Reflexionar

Responder la pregunta esencial

Usa lo que aprendiste sobre desigualdades para completar el organizador gráfico.

Pregunta esencial

¿EN QUÉ son útiles los signos
como <, > e =?

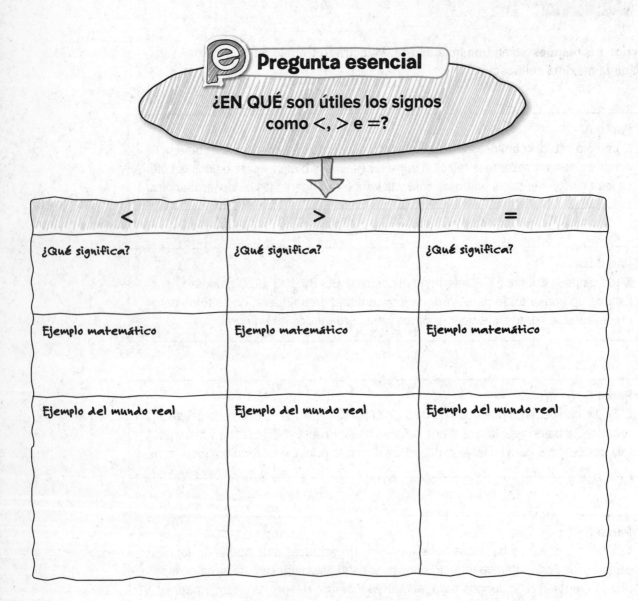

<	>	=
¿Qué significa?	¿Qué significa?	¿Qué significa?
Ejemplo matemático	Ejemplo matemático	Ejemplo matemático
Ejemplo del mundo real	Ejemplo del mundo real	Ejemplo del mundo real

Responder la pregunta esencial ¿EN QUÉ son útiles los signos como
<, > e =?

_____

_____

_____

PROYECTO DE LA UNIDAD

¡De otro mundo! ¿A qué velocidad viajan por el espacio los objetos en nuestro sistema solar? ¡Vamos a explorar las velocidades de órbita de diferentes planetas y satélites! En este proyecto vas a:

- **Colaborar** con tus compañeros para investigar las velocidades de órbita de tres planetas.
- **Compartir** los resultados de tu investigación de una manera creativa.
- **Reflexionar** sobre cómo comunicar tus ideas matemáticas de manera efectiva.

Colaborar

Conéctate Trabaja con tu grupo para investigar y completar las actividades. Usarás tus resultados en la sección Compartir de la página siguiente.

1. Elige tres planetas de nuestro sistema solar. Investiga en Internet sobre cada planeta y averigua su velocidad de órbita en millas por segundo o kilómetros por segundo. Organiza la información en una tabla.

2. Busca y anota la distancia de órbita que recorre cada uno de los planetas que elegiste en el Ejercicio 1 en 1, 2 y 3 segundos. Luego, describe cómo cambia la distancia de órbita de cada planeta con el paso del tiempo.

3. Para tus tres planetas, haz una lista de los pares ordenados que representan (tiempo, distancia). Representa gráficamente los pares ordenados en una gráfica de coordenadas y conecta los puntos con una línea. Compara las gráficas. Luego, escribe ecuaciones para representar cada relación.

4. Investiga sobre los satélites artificiales, como el Telescopio Espacial Hubble, que están en órbita alrededor de la Tierra. Investiga tres satélites diferentes en Internet y determina el propósito de cada uno de esos satélites. Escribe un resumen de tus hallazgos.

5. Para cada uno de los satélites que hayas encontrado en el Ejercicio 4, busca y anota su velocidad de órbita en millas por segundo o en kilómetros por segundo. Organiza la información en una tabla. Compara las velocidades de órbita.

Compartir

Con tu grupo, decide de qué manera presentar lo que aprendieron en cada una de las actividades. A continuación tienes una lista de sugerencias, pero también puedes pensar en otras maneras creativas de presentar la información. ¡Recuerda mostrar cómo usaste las matemáticas para completar cada una de las actividades de este proyecto!

Conectar con **Estudios sociales**

Conciencia global Investiga la historia de la exploración espacial y escribe un resumen de tus hallazgos. Algunas preguntas que debes considerar son:

- ¿Qué descubrimientos sobre el sistema solar han hecho recientemente científicos de Estados Unidos y de otros países?

- ¿Cuáles son los países que más contribuyeron a la exploración espacial?

- Crea una presentación de los datos que reuniste. Tu presentación debería incluir una planilla de cálculos, una gráfica y otra representación visual de los datos.
- Escribe un artículo como si fueras a publicarlo en una revista, desde la perspectiva de un científico. Incluye toda la información importante que encontraste al investigar sobre las velocidades de órbita de los planetas.

Mira la nota de la derecha para conectar este proyecto con otras asignaturas.

Reflexionar

6. Ⓟ **Responder la pregunta esencial** ¿Cómo puedes comunicar ideas matemáticas de manera efectiva?

a. ¿Cómo usaste lo que aprendiste acerca de las expresiones y las ecuaciones para comunicar ideas matemáticas de manera efectiva en este proyecto?

_____

_____

_____

b. ¿Cómo usaste lo que aprendiste acerca de las funciones y las desigualdades para comunicar ideas matemáticas de manera efectiva en este proyecto?

_____

_____

_____

Unidad 4

CCSS **Geometría**

Pregunta esencial

¿CÓMO puedes usar distintas medidas para resolver problemas del mundo real?

Capítulo 9
Área

Una figura compuesta se puede descomponer en triángulos y otras figuras. En este capítulo, hallarás el área de triángulos, cuadriláteros y figuras compuestas.

Capítulo 10
Volumen y área total

Los prismas y las pirámides son ejemplos de figuras de tres dimensiones. En este capítulo, hallarás el volumen y el área total de figuras de tres dimensiones para resolver problemas del mundo real y problemas matemáticos.

Observa

Un zoológico nuevo ¿Alguna vez te preguntaste cómo se diseña un zoológico? Para calcular el área total del zoológico se debe considerar el espacio necesario para cada clase de animal.

Imagina que tienes una mascota nueva. ¿Qué información será importante reunir para determinar el área de vivienda de tu mascota? Diseña un espacio. Luego, calcula el área. Explica tu razonamiento.

Al final del Capítulo 10, completarás un proyecto que implica diseñar un zoológico nuevo. ¡Prepárate para iniciar un viaje a la naturaleza!

 Dónde vivirá el animal

Capítulo 9
Área

 Pregunta esencial

¿CÓMO te ayudan las mediciones a resolver problemas de la vida cotidiana?

 Common Core State Standards

Content Standards
6.G.1, 6.G.3, 6.NS.8

PM Prácticas matemáticas
1, 2, 3, 4, 5, 6, 7, 8

 Matemáticas en el mundo real

Jardines Un diseñador de jardines plantó dalias en un diagrama de 5 pies por 3 pies. ¿Qué área del jardín cubren las dalias? En el siguiente diagrama, sombrea el área cubierta por las dalias.

Área = _____

FOLDABLES®
Ayudas de estudio

1 Recorta el modelo de papel de la página FL9 de este libro.

2 Pega tu modelo de papel en la página 728.

3 Usa este modelo de papel en todo el capítulo como ayuda para aprender sobre el área.

Vocabulario

altura   fórmula

base   paralelogramo

congruente   polígono

figura compuesta   rombo

Repaso del vocabulario

Usar un organizador gráfico puede ayudarte a recordar términos importantes del vocabulario. Completa el siguiente organizador gráfico para la palabra *área*.

Área

Definición

Unidades de medida

Ejemplos del
mundo real

Lee los enunciados. Decide si estás de acuerdo (A) o en desacuerdo (D). Coloca una marca de comprobación en la columna adecuada y luego justifica tu razonamiento.

Área			
Enunciado	A	D	¿Por qué?
El área de un paralelogramo es igual al área de un rectángulo.			
Todos los paralelogramos se pueden dividir entre dos triángulos congruentes.			
Las bases de un trapecio siempre son dos lados horizontales.			
Un círculo es un ejemplo de un polígono.			
La fórmula para hallar el área de un triángulo es $A = \frac{1}{2}bh$.			
Cuando las dimensiones de un triángulo se multiplican por x, entonces el perímetro de un polígono cambia por $x \cdot x$, o x^2.			

¿Cuándo usarás esto?

Estos son algunos ejemplos de cómo se usan las figuras de dos dimensiones en el mundo real.

Actividad 1 Trabaja con un grupo de 3 o 4 estudiantes. Esconde algo en tu salón de clases o en la escuela. Escribe varias claves para hallar el objeto escondido. Intercambia las claves con otro grupo, y halla los objetos escondidos de los otros grupos.

Dwayne y Julie en

Búsqueda del tesoro

Está bien, Julie. La maestra Richmond nos dio 15 minutos para terminar la búsqueda del tesoro. ¿Qué sigue?

Actividad 2 Conéctate en **connectED.mcgraw-hill.com** para leer la historieta **Búsqueda del tesoro**. ¿Cuál es la tercera pista de la hoja de pistas?

Resuelve los ejercicios de la sección Comprobación rápida o conéctate para hacer la prueba de preparación. Comprueba ✓

 CCSS Repaso rápido

Repaso de los estándares comunes 4.MD.3, 5.NF.4

Ejemplo 1

Halla el área de un rectángulo.

6 pies
9 pies

$A = \ell a$	Área de un rectángulo
$A = 9 \cdot 6$	Reemplaza ℓ con 9 y a con 6.
$A = 54$	Multiplica.

El área del rectángulo es 54 pies cuadrados.

Ejemplo 2

Halla $\frac{1}{2} \times 16$.

$$\frac{1}{2} \times 16 = \frac{1}{2} \times \frac{16}{1} \qquad \text{Escribe 16 como } \frac{16}{1}.$$

$$= \frac{1 \times \overset{8}{16}}{\underset{1}{2} \times 1} \qquad \text{Divide el numerador y el denominador entre 2.}$$

$$= \frac{8}{1} \text{ o } 8 \qquad \text{Simplifica.}$$

Comprobación rápida

Área **Halla el área de los rectángulos.**

1.
8 cm
4 cm

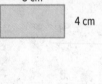
Muestra tu trabajo.

2.
6 pulg
15 pulg

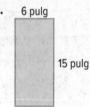

3.
3 cm
6 cm

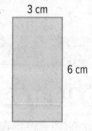

4. El área para jugar de un juego de mesa es un rectángulo con una longitud de 14 pulgadas y un ancho de 20 pulgadas. ¿Cuál es el área del juego de mesa? _____

Fracciones **Multiplica. Escribe en su mínima expresión.**

5. $\frac{1}{2} \times 28 =$ _____

6. $\frac{1}{3} \times 27 =$ _____

7. $\frac{1}{7} \times 84 =$ _____

 ¿Cómo te fue?

Sombrea los números de los ejercicios de la sección Comprobación rápida que resolviste correctamente.

① ② ③ ④ ⑤ ⑥ ⑦

Laboratorio de indagación
Área de paralelogramos

 indagación ¿CÓMO se relaciona hallar el área de un paralelogramo con hallar el área de un rectángulo?

Content Standards
6.G.1

PM Prácticas matemáticas
1, 2, 3, 5

Elise quiere hacer un cartel con forma de paralelogramo. El paralelogramo tiene una base de 2 pies y una altura de 3 pies. ¿Cuál es el área del paralelogramo?

Manos a la obra: Actividad 1

Otro tipo de cuadrilátero es un *paralelogramo*. Un paralelogramo tiene lados opuestos paralelos y congruentes.

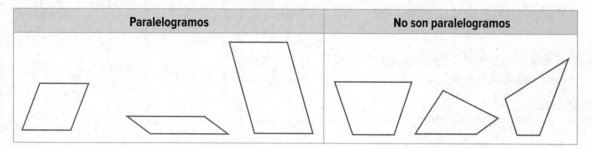

Paralelogramos	No son paralelogramos

Dibuja un paralelogramo para representar el cartel de Elise.

Paso 1 Comienza con un rectángulo.
Traza el rectángulo que se muestra a la derecha.

3 pies

2 pies

Paso 2 Recorta un triángulo de un lado del rectángulo que trazaste y colócalo del otro lado para formar un paralelogramo. Pega el paralelogramo a la derecha.

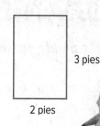

3 pies

2 pies

El rectángulo se reorganizó para formar el paralelogramo. No se quitó ni se agregó nada, por lo tanto el paralelogramo tiene _____ área que el rectángulo.

Paso 3 Multiplica la base y la altura del paralelogramo para hallar el área. La base del paralelogramo es 2 pies y la altura es 3 pies.

[ ] pies × [ ] pies = [ ] pies cuadrados

Manos a la obra: Actividad 2

Halla el área del siguiente paralelogramo.

Paso 1   Traza el paralelogramo en un papel cuadriculado y recórtalo.

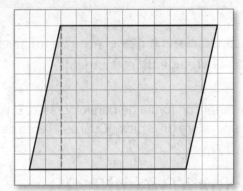

Paso 2   Dobla y recorta por la línea punteada.

Paso 3   Mueve el triángulo hacia la derecha para formar un rectángulo. Pega el rectángulo en el espacio provisto.

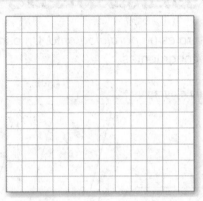

Paso 4   Cuenta la cantidad de unidades cuadradas en el rectángulo.

El área es ⬚ unidades cuadradas.

Manos a la obra: Actividad 3

Halla el área del siguiente paralelogramo.

Paso 1   Traza el paralelogramo y recórtalo.

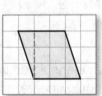

Paso 2   Dobla y recorta por la línea punteada. Luego, mueve el triángulo hacia la derecha para formar un rectángulo. Pega el rectángulo en el espacio provisto.

Paso 3   Cuenta la cantidad de unidades cuadradas en el rectángulo.

El área es ⬚ unidades cuadradas.

Investigar

Colabora

PM **Usar las herramientas matemáticas** Trabaja con un compañero o una compañera. Halla el área de los paralelogramos.

1. $A =$ _____ unidades cuadradas

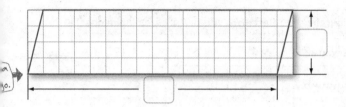

2. $A =$ _____ unidades cuadradas

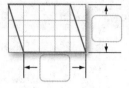

3. $A =$ _____ unidades cuadradas

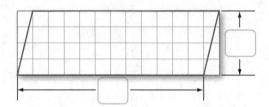

4. $A =$ _____ unidades cuadradas

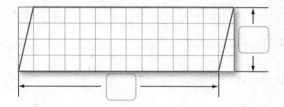

5. $A =$ _____ unidades cuadradas

6. $A =$ _____ unidades cuadradas

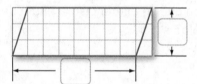

7. $A =$ _____ unidades cuadradas

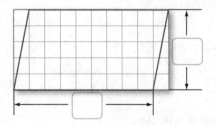

8. $A =$ _____ unidades cuadradas

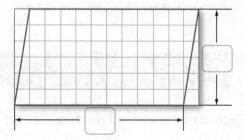

9. $A =$ _____ unidades cuadradas

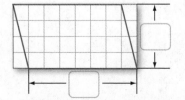

10. $A =$ _____ unidades cuadradas

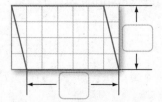

La tabla muestra las dimensiones de varios rectángulos y las dimensiones correspondientes de varios paralelogramos si los rectángulos se reorganizaron para formar un paralelogramo. Trabaja con un compañero o una compañera para completar la tabla. El primero está hecho y te servirá de ejemplo.

	Rectángulo	Longitud (ℓ)	Ancho (a)	Paralelogramo	Base (b)	Altura (h)	Área (unidades^2)
	Rectángulo 1	6	2	Paralelogramo 1	6	2	12
11.	Rectángulo 2	12	4	Paralelogramo 2			
12.	Rectángulo 3	7	3	Paralelogramo 3			
13.	Rectángulo 4	5	4	Paralelogramo 4			
14.	Rectángulo 5	10	6	Paralelogramo 5			
15.	Rectángulo 6	6	4	Paralelogramo 6			
16.	Rectángulo 7	15	9	Paralelogramo 7			
17.	Rectángulo 8	9	3	Paralelogramo 8			

18. Se reorganiza un rectángulo para formar un paralelogramo. ¿En qué se parecen y en qué se diferencian la altura de un paralelogramo y el ancho de un rectángulo?

19. (PM) **Razonar de manera abstracta** Si tuvieras que dibujar tres paralelogramos distintos, con una base de 6 unidades y una altura de 4 unidades, ¿cómo compararías las áreas?

Por tu cuenta

Crear

20. (PM) **Razonar de manera inductiva** Escribe una regla para hallar el área de un paralelogramo.

21. **Indagación** ¿CÓMO se relaciona hallar el área de un paralelogramo con hallar el área de un rectángulo?

Área de paralelogramos

Vocabulario inicial

Un **polígono** es una figura cerrada formada por 3 o más líneas rectas. Un **paralelogramo** es un cuadrilátero con lados opuestos paralelos y lados opuestos de la misma longitud. Un **rombo** es un paralelogramo con cuatro lados iguales. Completa los espacios del diagrama con polígono, paralelogramo y rombo, y dibuja un ejemplo de cada uno.

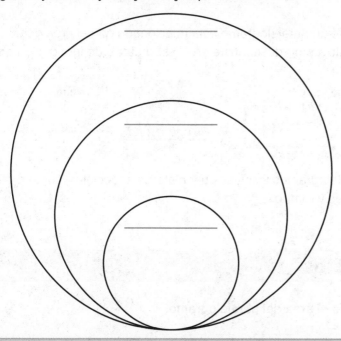

Pregunta esencial

¿CÓMO te ayudan las mediciones a resolver problemas de la vida cotidiana?

Vocabulario

altura
base
fórmula
paralelogramo
polígono
rombo

Common Core State Standards

Content Standards
6.G.1
PM Prácticas matemáticas
1, 3, 4, 7

Conexión con el mundo real

Escaleras Los expertos en patinetas se saben deslizar por los pasamanos de manera segura. Para construir una escalera se usa un paralelogramo. ¿Cuántos conjuntos de rectas paralelas se muestran en el paralelogramo de la derecha?

¿Qué **Prácticas matemáticas** PM usaste?
Sombrea lo que corresponda.

① Perseverar con los problemas
② Razonar de manera abstracta
③ Construir argumentos
④ Representar con matemáticas

⑤ Usar las herramientas matemáticas
⑥ Prestar atención a la precisión
⑦ Usar una estructura
⑧ Usar el razonamiento repetido

Área de un paralelogramo

Dato

El área *A* de un paralelogramo es el producto de la base *b* por la altura *h*.

Representación

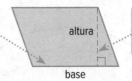

Símbolos $A = bh$

El área de un paralelogramo está relacionada con el área de un rectángulo, como descubriste en el Laboratorio de indagación anterior.

La **base** de un paralelogramo puede ser cualquiera de sus lados.

altura

base

La **altura** es la distancia perpendicular desde la base al lado opuesto.

Los paralelogramos incluyen cuadriláteros especiales, como rectángulos, cuadrados y rombos.

Tutor

Ejemplos

1. **Halla el área del paralelogramo.**

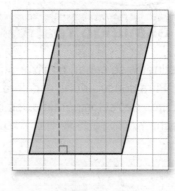

La base es 6 unidades, y la altura es 8 unidades.

$A = bh$ Área del paralelogramo

$A = 6 \cdot 8$ Reemplaza *b* con 6 y *h* con 8.

$A = 48$ Multiplica.

El área es 48 unidades cuadradas, o 48 unidades^2.

Medición de área

Una medición de área se puede escribir usando abreviaturas y un exponente de 2.

Por ejemplo:

unidades cuadradas = unidades^2

pulgadas cuadradas = pulg^2

pies cuadrados = pies^2

metros cuadrados = m^2

2. Halla el área del paralelogramo.

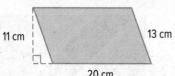

11 cm   13 cm

20 cm

Estima. $A \approx 20 \cdot 10$ o $200 \ cm^2$

$A = bh$ Área del paralelogramo

$A = 20 \cdot 11$ Reemplaza b con 20 y h con 11.

$A = 220$ **Comprueba que sea razonable.** $220 \approx 200$ ✓

El área es 220 centímetros cuadrados, o $220 \ cm^2$.

¿Entendiste? Resuelve estos problemas para comprobarlo.

a.

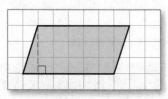

b.

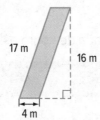

17 m   16 m

4 m

Muestra tu trabajo.

a. _____

b. _____

Hallar dimensiones que faltan

Una **fórmula** es una ecuación que muestra una relación entre varias cantidades. Para hallar las dimensiones que faltan, usa la fórmula para el área de un paralelogramo. Reemplaza las variables con las medidas conocidas. Luego, resuelve la ecuación para la variable que queda.

Ejemplo

Tutor

3. Halla la dimensión que falta del paralelogramo.

$A = bh$ Área del paralelogramo

$45 = 9 \cdot h$ Reemplaza A con 45 y b con 9.

$\dfrac{45}{9} = \dfrac{9 \cdot h}{9}$ Divide los lados entre 9.

$5 = h$ Simplifica.

Por lo tanto, la altura es 5 pulgadas.

9 pulg

$A = 45 \ pulg^2$

Comprobar tu trabajo

Para comprobar tu trabajo, reemplaza b y h en la fórmula con 9 y 5.

$A = bh$

$A = 9 \cdot 5$

$A = 45$ ✓

¿Entendiste? Resuelve estos problemas para comprobarlo.

c.

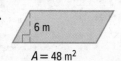

6 m

$A = 48 \ m^2$

d.

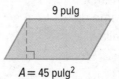

8 yd $A = 96 \ yd^2$

c. _____

d. _____

Ejemplo

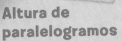

Altura de paralelogramos

En el paralelogramo formado por el área pintada de negro en el Ejemplo 4, su altura, 12 pulgadas, está rotulada fuera del paralelogramo.

4. **Liz está dibujando una réplica de la bandera de Trinidad y Tobago para su proyecto de investigación. Halla el área de la franja negra.**

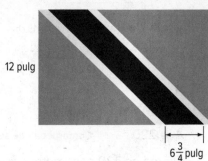

12 pulg

$6\frac{3}{4}$ pulg

La franja negra tiene la forma de un paralelogramo. Por lo tanto, usa la fórmula $A = bh$.

$A = bh$ ⠀⠀⠀⠀ Área del paralelogramo

$A = 6\frac{3}{4} \cdot 12$ ⠀⠀ Reemplaza b con $6\frac{3}{4}$ y h con 12.

$A = 81$ ⠀⠀⠀⠀ $6\frac{3}{4} \cdot 12 = \frac{27}{4} \cdot 12$, u 81

El área pintada de negro es 81 pulgadas cuadradas.

Práctica guiada

Comprueba ✓

Halla el área de un paralelogramo. (Ejemplos 1 y 2)

1.

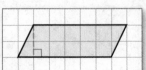

 Muestra tu trabajo.

2.

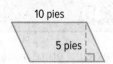

10 pies

5 pies

3.

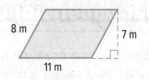

8 m

7 m

11 m

4. Halla la altura de un paralelogramo si la base tiene 35 centímetros y el área tiene 700 centímetros cuadrados.

(Ejemplo 3)

5. A la derecha se muestra el tamaño de una pieza de paralelogramo de un conjunto de tangram. Halla el área del paralelogramo. (Ejemplo 4)

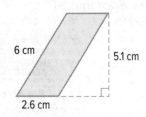

6 cm

5.1 cm

2.6 cm

6. Ⓟ **Desarrollar la pregunta esencial** ¿Cómo se relacionan los paralelogramos con los triángulos y los rectángulos?

¡Califícate!

¿Entendiste el área de los paralelogramos? Sombrea el círculo en el blanco.

Di en el blanco.

Necesito ayuda.

Para obtener más ayuda, conéctate y accede a un tutor personal.

FOLDABLES ¡Es hora de que actualices tu modelo de papel!

Práctica independiente

Conéctate para obtener las soluciones de varios pasos.

Halla el área de los paralelogramos. (Ejemplos 1 y 2)

1. _____

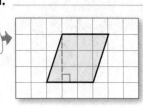

2. base, 6 milímetros;
altura, 4 milímetros

_____

3 _____

8 cm

9 cm   12 cm

4. Halla la base de un paralelogramo con un área de 24 pies cuadrados y una

altura de 3 pies. (Ejemplo 3) _____

_____

5. Halla el área del espacio de estacionamiento que se muestra

a la derecha. (Ejemplo 4) _____

6. **STEM** Un arquitecto diseñó tres patios de ladrillo
con forma de paralelogramo. Escribe en la tabla las
dimensiones que faltan.

Patio	Base (pies)	Altura (pies)	Área (pies²)
1	$15\frac{3}{4}$		147
2		$11\frac{1}{4}$	$140\frac{5}{8}$
3	$10\frac{1}{4}$		$151\frac{3}{16}$

18 pies

$9\frac{1}{4}$ pies

Muestra
tu
trabajo.

7 La base de un edificio tiene la forma de un paralelogramo.
El primer piso tiene un área de 20,000 pies cuadrados. Si
la base del paralelogramo es 250 pies, ¿puede tener una
altura de 70 pies? Explica tu respuesta.

_____

_____

8. **PM** **Identificar la estructura** Dibuja y rotula un
paralelogramo con una base del doble de la altura
y un área menor que 60 pulgadas cuadradas. Halla

el área. _____

9. **(PM) Representaciones múltiples** En el papel de cuadrícula en centímetros, dibuja cinco paralelogramos, cada uno con una altura de 4 centímetros y medidas de base distintas.

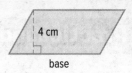

4 cm

base

a. **Tabla** Realiza una tabla con una columna para la base, una para la altura y una para el área.

Base (cm)	Altura (cm)	Área (cm²)
	4	
	4	
	4	
	4	
	4	

b. **Gráfica** Grafica los pares ordenados (base, área).

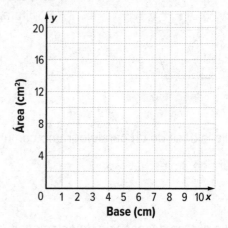

c. **Palabras** Describe la gráfica. _____

_____

Problemas S.O.S. Soluciones de orden superior

10. **(PM) Perseverar con problemas** Si $x = 5$ e $y < x$, ¿qué figura tiene el área mayor? Explica tu razonamiento.

_____

_____

_____

11. **(PM) Razonar de manera inductiva** Explica cómo la fórmula del área de un paralelogramo se relaciona con la fórmula del área de un rectángulo.

_____

_____

_____

_____

12. **(PM) Razonar de manera inductiva** Da un ejemplo de un triángulo y un paralelogramo que tengan la misma área. Describe las bases y las alturas de las figuras. Luego, establece el área.

_____

_____

_____

Más práctica

Halla el área de los paralelogramos.

13. _20 unidades²_

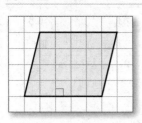

para área ➡ $A = bh$
$A = 5 \cdot 4$
$A = 20$

14. _____

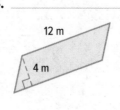

12 m

4 m

15. base, 12 pulgadas;
altura, 15 pulgadas

_____

16. Halla la altura de un paralelogramo que tiene una base de 6.75 metros y un área de 218.7 metros cuadrados.

_____

17. Halla el área de un paralelogramo que tiene una base de 15 yardas y una altura de $21\frac{2}{3}$ yardas.

_____

18. ¿Cuál es el área de la región que se muestra en el mapa? _____

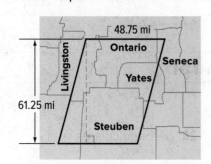

48.75 mi
Ontario
Livingston
Seneca
Yates
61.25 mi
Steuben

19. ¿Cuál es la altura del bloque con forma de paralelogramo que se muestra a continuación?

_____

$A = 525$ mm²

21 mm

Dibuja y rotula las figuras. Luego, halla el área.

20. un paralelogramo con base igual a la altura y un área mayor que 64 metros cuadrados

muestra tu trabajo.

_____

21. un paralelogramo que tiene una base de cuatro veces la altura y un área menor que 200 pies cuadrados

(PM) Identificar la estructura Halla el área de la región sombreada de las figuras.

22. _____

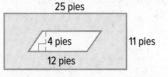

25 pies
4 pies
11 pies
12 pies

23. _____

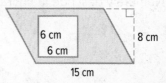

6 cm
8 cm
6 cm
15 cm

24. La tabla muestra las dimensiones de 4 paralelogramos. Ordena los paralelogramos de menor a mayor.

Paralelogramo	Base (cm)	Altura (cm)
A	4.75	22
B	13	6.5
C	7.25	16
D	5	13.5

	Paralelogramo	Área (cm²)
Menor		
Mayor		

¿Qué paralelogramo tiene la mayor área? [   ]

25. En su patio trasero, una familia tiene un jardín con flores con la forma de un paralelogramo. Plantaron césped en el resto del patio.

Completa las casillas para completar los enunciados.

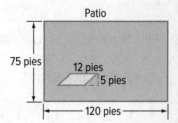

a. El área total del patio es [   ] pies cuadrados.

b. El área del jardín con flores es [   ] pies cuadrados.

c. El área del patio trasero que tiene césped es [   ] pies cuadrados.

Dibuja los pares de rectas. 4.G.1

26. secantes

27. paralelas

28. perpendiculares

29. Rosa tiene 22 canciones en su discoteca. Michael tiene la mitad. ¿Cuántas canciones tiene Michael? 4.NBT.6

_____

30. Nombra y describe la figura basándote en la longitud de sus lados. 5.G.4

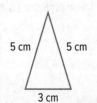

_____

Laboratorio de indagación

Área de triángulos

 indagación ¿CÓMO puedes usar el área de un paralelogramo para hallar el área de un triángulo?

 Content Standards 6.G.1

 Prácticas matemáticas 1, 3, 7, 8

Para realizar un mosaico, Yurri corta azulejos rectangulares y hace azulejos triangulares. Quiere hallar el área de los azulejos triangulares cortados.

¿Qué sabes? _____

_____

¿Qué necesitas saber? _____

_____

Manos a la obra: Actividad 1

Observa ▶

Yurri comienza con una pieza rectangular que tiene 4 pulgadas por 6 pulgadas, con un tamaño similar a una tarjeta.

Paso 1 Halla el área de una tarjeta.

A = longitud × ancho

A = ☐ pulgadas × ☐ pulgadas

A = ☐ pulgadas cuadradas

4 pulg

6 pulg

Paso 2 Usa una tarjeta. Dibuja una línea diagonal a través de la tarjeta desde un vértice hasta el otro. Luego, recorta por la línea. Dibuja las figuras que quedan en el siguiente espacio.

Muestra tu trabajo. ▶

Paso 3 Halla el área de uno de los triángulos que quedan. El triángulo tiene exactamente la mitad de tamaño que el rectángulo relacionado.

Por lo tanto, el área de un rectángulo se puede dividir entre 2 para hallar el área de un triángulo.

El área es ☐ ÷ 2, o ☐ pulgadas cuadradas.

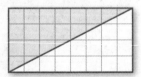

Manos a la obra: Actividad 2

Puedes hallar el área de un triángulo a partir del área de un paralelogramo relacionado.

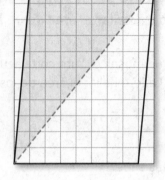

Paso 1 Copia el paralelogramo que se muestra en el papel cuadriculado.

Paso 2 Dibuja una diagonal como muestra la línea punteada. Recorta el paralelogramo. El área del

paralelogramo es [   ] unidades cuadradas.

Paso 3 Recorta por la diagonal para formar dos triángulos. Luego, halla el área de un triángulo. El triángulo tiene la mitad del tamaño del paralelogramo. Por lo tanto, el área del paralelogramo se puede dividir entre 2 para hallar el área de un triángulo.

El área de un triángulo es [   ] ÷ 2, o [   ] unidades cuadradas.

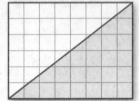

Investigar

Colabora

Trabaja con un compañero para hallar el área de los triángulos sombreados.

1.

longitud: _____

ancho: _____

área: _____ × _____ = _____

área del triángulo = _____ unidades cuadradas

2.

base: _____

altura: _____

área: _____ × _____ = _____

área del triángulo = _____ unidades cuadradas

3.

longitud: _____

ancho: _____

área: _____ × _____ = _____

área del triángulo = _____ unidades cuadradas

4.

base: _____

altura: _____

área: _____ × _____ = _____

área del triángulo = _____ unidades cuadradas

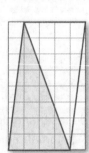

Investigar

Colabora

Trabaja con un compañero para hallar el área de los triángulos sombreados.

5. $A =$ _____ pies cuadrados

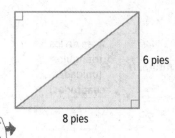

6 pies

8 pies

uestra tu rabajo.

6. $A =$ _____ metros cuadrados

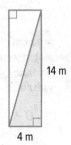

14 m

4 m

7. $A =$ _____ centímetros cuadrados

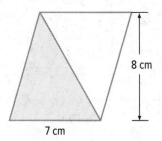

8 cm

7 cm

8. $A =$ _____ pies cuadrados

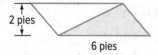

2 pies

6 pies

MP Identificar la estructura Dibuja líneas punteadas para demostrar el paralelogramo o el rectángulo que se puede usar para hallar el área de los triángulos. Luego, halla el área de los triángulos.

9. $A =$ _____ pulgadas cuadradas

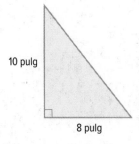

10 pulg

8 pulg

10. $A =$ _____ yardas cuadradas

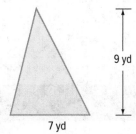

9 yd

7 yd

11. $A =$ _____ centímetros cuadrados

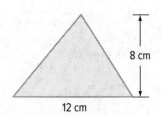

8 cm

12 cm

12. $A =$ _____ pies cuadrados

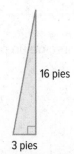

16 pies

3 pies

Analizar y pensar

La tabla muestra las dimensiones de varios paralelogramos. Usa el área de los paralelogramos para hallar la información que falta para los triángulos. Trabaja con un compañero o una compañera para completar la tabla. El primero está hecho y te servirá de ejemplo.

	Paralelogramo	Base, b	Altura, h	Área del paralelogramo (unidades cuadradas)	Triángulo creado con la diagonal	Base, b	Altura, h	Área de los triángulos (unidades cuadradas)
	A	4	5	20	A	4	5	10
13.	B	4	6		B	4		12
14.	C	2	5		C	2	5	
15.	D	3	4		D	3	4	
16.	E	6	3		E		3	9
17.	F	8	5		F	8	5	
18.	G	5	7		G	5		17.5
19.	H	9	7		H	9	7	
20.	I	11	5		I	11	5	

21. **MP Razonar de manera inductiva** ¿Cómo se relaciona el área del paralelogramo con el área de un triángulo con la misma base y altura?

_____

_____

Crear

22. **PM Identificar el razonamiento repetido** Escribe una fórmula que relacione el área A de un triángulo con las longitudes de la base b y la altura h.

_____

_____

23. **Indagación** ¿CÓMO puedes usar el área de un paralelogramo para hallar el área de un triángulo?

_____

_____

_____

Área de triángulos

Conexión con el mundo real

Biosfera El complejo Biosfera 2 en Tucson, Arizona, investiga la Tierra y los sistemas vivos. Las paredes del edificio están compuestas de triángulos interconectados del mismo tamaño.

1. Hay dos triángulos que están delineados en la foto.

Tienen el _____ tamaño y la _____ forma.

2. Dibuja la figura que se formó con los dos triángulos.

3. ¿Cuántos triángulos pequeños forman el paralelogramo delineado?

¿Cuántos triángulos pequeños forman los triángulos delineados? _____

4. Describe la relación entre el área de un triángulo delineado y el

área del paralelogramo delineado. _____

_____

5. Dibuja otro paralelogramo como el de la foto. Sepáralo en dos triángulos. Describe la relación entre el área de un triángulo y

la del paralelogramo. _____

_____

Pregunta esencial

¿CÓMO te ayudan las mediciones a resolver problemas de la vida cotidiana?

Vocabulario

congruente

Common Core State Standards

Content Standards
6.G.1
PM Prácticas matemáticas
1, 3, 4, 8

¿Qué **Prácticas matemáticas** **PM** usaste?
Sombrea lo que corresponda.

① Perseverar con los problemas   ⑤ Usar las herramientas matemáticas

② Razonar de manera abstracta   ⑥ Prestar atención a la precisión

③ Construir un argumento   ⑦ Usar una estructura

④ Representar con matemáticas   ⑧ Usar el razonamiento repetido

Área de un triángulo

Dato El área *A* de un triángulo es la mitad del producto de la base *b* y la altura *h*.

Representación

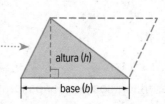

Símbolos $A = \frac{1}{2}bh$, o $A = \frac{bh}{2}$

Las figuras **congruentes** son figuras que tienen igual forma y tamaño.

Se puede formar un paralelogramo con dos triángulos congruentes. Como los triángulos congruentes tienen la misma área, el área de un triángulo es la mitad del área del paralelogramo.

La base de un triángulo puede ser cualquiera de sus lados. La altura es la distancia perpendicular desde la base hasta el vértice opuesto.

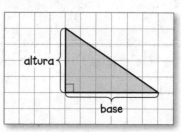

Ejemplos

1. **Halla el área del triángulo.**

Contando, hallas que la medida de la base es 6 unidades y la altura es 4 unidades.

$A = \frac{1}{2}bh$ Área de un triángulo

$A = \frac{1}{2}(6)(4)$ Reemplaza *b* con 6 y *h* con 4.

$A = \frac{1}{2}(24)$ Multiplica.

$A = 12$ Multiplica.

El área del triángulo es 12 unidades cuadradas.

Cálculo mental

Puedes usar el cálculo mental para multiplicar $\frac{1}{2}(6)(4)$. Piensa: la mitad de 6 es 3, y 3 × 4 es 12.

2. **Halla el área del triángulo.**

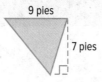
12.1 m
6.4 m

$A = \frac{1}{2}bh$ — Área de un triángulo

$A = \frac{1}{2}(12.1)(6.4)$ — Reemplaza b con 12.1 y h con 6.4.

$A = \frac{1}{2}(77.44)$ — Multiplica.

$A = 38.72$ — Divide. $\frac{1}{2}(77.44) = 77.44 \div 2$, o 38.72

El área del triángulo es 38.72 metros cuadrados.

¿Entendiste? Resuelve estos problemas para comprobarlo.

a.
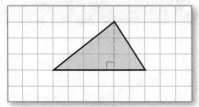

b.
9 pies
7 pies

a. _____

b. _____

Hallar dimensiones que faltan

Usa la fórmula del área de un triángulo para hallar las dimensiones que faltan.

Ejemplo

Tutor

3. **Halla la dimensión que falta del triángulo.**

$A = \frac{bh}{2}$ — Área de un triángulo

$24 = \frac{b \cdot 6}{2}$ — Reemplaza A con 24 y h con 6.

$24(2) = \frac{b \cdot 6}{2}(2)$ — Multiplica cada lado por 2.

$48 = b \cdot 6$ — Simplifica.

$\frac{48}{6} = \frac{b \cdot 6}{6}$ — Divide cada lado entre 6.

$8 = b$ — Simplifica.

6 cm
b
$A = 24 \text{ cm}^2$

Por lo tanto, la base es 8 centímetros.

¿Entendiste? Resuelve estos problemas para comprobarlo.

c.
$A = 40 \text{ m}^2$
8 m
b

d.
$A = 72 \text{ yd}^2$
h
12 yd

Comprobar que sea razonable

Para comprobar tu trabajo, reemplaza b y h con las medidas, y resuelve para hallar el área.

c. _____

d. _____

Ejemplo

4. El frente de una carpa tiene las dimensiones que se muestran. ¿Cuánta tela se usó para hacer el frente de la carpa?

$A = \frac{1}{2}bh$ Área de un triángulo

$A = \frac{1}{2}(5)(3)$ Reemplaza b con 5 y h con 3.

$A = \frac{1}{2}(15)$, o 7.5   Multiplica.

El frente de la carpa tiene un área de 7.5 pies cuadrados.

Práctica guiada

Halla el área de los triángulos. (Ejemplos 1 y 2)

1. _____

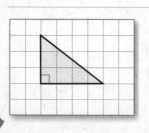

Muestra tu trabajo.

2. _____

8 pies

12 pies

3. _____

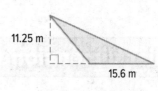

11.25 m

15.6 m

4. Tayshan diseñó baldosas de cerámica con una forma especial. ¿Cuál es la base de la baldosa que se muestra? (Ejemplo 3)

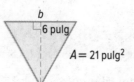

b

6 pulg

$A = 21$ pulg^2

_____

5. Claudia realizó la caja de papel triangular que se muestra. ¿Cuál es el área de la parte de arriba de la caja? (Ejemplo 4)

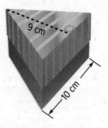

9 cm

10 cm

_____

6. 🅔 **Desarrollar la pregunta esencial** ¿Cómo se relaciona la fórmula del área de un triángulo con la fórmula del área de un paralelogramo?

_____

_____

_____

¡Califícate!

☐ Entiendo cómo hallar el área de un triángulo.

▶▶ ¡Muy bien! ¡Estás listo para seguir!

☐ Todavía tengo dudas sobre el área de un triángulo.

📖 ¡No hay problema! Conéctate y accede a un tutor personal.

FOLDABLES ¡Es hora de que actualices tu modelo de papel!

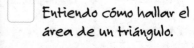

Práctica independiente

Conéctate para obtener las soluciones de varios pasos.

Halla el área de los triángulos. (Ejemplos 1 y 2)

1. _____

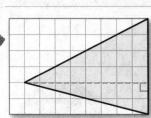

2. _____

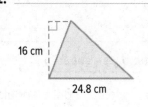

16 cm

24.8 cm

3 _____

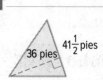

36 pies $41\frac{1}{2}$ pies

Halla las dimensiones que faltan de los triángulos descritos. (Ejemplo 3)

4. altura: 14 pulg
área: 245 pulg^2

_____

_____

5. base: 27 cm
área: 256.5 cm^2

_____

_____

6. Ansley va a ayudar a su padre a colocar las tejas en su casa. ¿Cuál es el área de la parte triangular del costado del techo? (Ejemplo 4)

4 yd

7 yd

_____

_____

7 **PM** **Representaciones múltiples** La tabla muestra las áreas de triángulos en los que la base de cada triángulo permanece igual, pero cambia la altura.

a. Álgebra Escribe una expresión algebraica que se puede usar para hallar el área de un triángulo que tiene una base de 5 unidades y una altura de *x* unidades. _____

b. Gráfica Grafica los pares ordenados (altura, área).

Área de triángulos		
Base (unidades)	Altura (unidades, x)	Área (unidades^2, y)
5	2	5
5	4	10
5	6	15
5	8	20
5	x	?

Área (unidades^2)

30
27
24
21
18
15
12
9
6
3

O   1 2 3 4 5 6 7 8 9 10 *x*

Altura (unidades)

c. Palabras Describe la gráfica.

_____

8. En pulgadas, ¿cuál es el área del triángulo de la bandera de Filipinas? Explica tu razonamiento. _____

_____

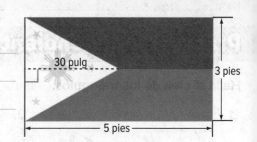

30 pulg

3 pies

5 pies

Problemas S.O.S. Soluciones de orden superior

9. **Hallar el error** Dwayne está buscando la base del triángulo que se muestra. Tiene un área de 100 metros cuadrados. Halla su error y corrígelo.

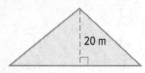

20 m

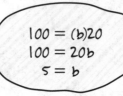

$100 = (b)20$
$100 = 20b$
$5 = b$

_____

_____

_____

10. **Perseverar con problemas** ¿Cómo puedes usar triángulos para hallar el área del hexágono que se muestra? Dibuja un diagrama para justificar tu respuesta.

_____

_____

11. **Identificar el razonamiento repetido** Dibuja un triángulo, y rotula la base y la altura. Dibuja otro triángulo que tenga la misma base, pero una altura del doble del primer triángulo. Halla el área de los triángulos. Luego, escribe una razón que exprese el área del primer triángulo con respecto al área del segundo triángulo.

Muestra tu trabajo.

_____

_____

12. **Razonar de manera inductiva** El triángulo que se muestra tiene un área de $8\frac{15}{16}$ pies cuadrados. ¿Cuál es la altura en pulgadas? _____

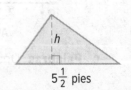

h

$5\frac{1}{2}$ pies

Más práctica

Halla el área de los triángulos.

13. $7\frac{1}{2}$ unidades^2 _____

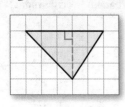

$A = \dfrac{bh}{2}$

$A = \dfrac{5 \cdot 3}{2}$

$A = \dfrac{15}{2}, o\ 7\frac{1}{2}$

14. _____

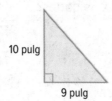

10 pulg

9 pulg

15. _____

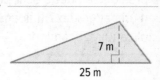

7 m

25 m

Halla la dimensión que falta de los triángulos que se describen.

16. altura: 7 pulg, area: 21 pulg^2

17. base: 11 m, área: 115.5 m^2

18. base: 14.2 yd, área: 63.9 yd^2

19. altura: 11 cm, área: 260.15 cm^2

20. **STEM** Un arquitecto está diseñando un edificio en un terreno triangular. Si la base del triángulo es 100.8 pies y la altura es 96.3 pies, halla el área disponible para el edificio.

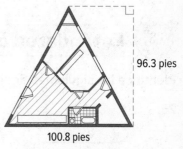

96.3 pies

100.8 pies

21. El cantero de un estacionamiento tiene la forma de un triángulo como se muestra.

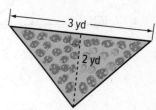

3 yd

2 yd

   a. Halla el área del cantero en pies cuadrados.

   b. Si una bolsa de mantillo cubre 10 pies cuadrados, ¿cuántas bolsas se necesitarán para cubrir todo el cantero?

22. **PM** **Identificar el razonamiento repetido** Consulta el paralelogramo *KLMN* de la derecha. Si el área del paralelogramo *KLMN* tiene 35 pulgadas cuadradas, ¿cuál es el área del triángulo *KLN*?

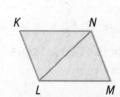

K   N

L   M

23. La tabla muestra las áreas de triángulos en los que la altura permanece igual, pero cambia la base. ¿Qué expresión se puede usar para hallar el área de un triángulo con una altura de 7 unidades y una base de x unidades? Explica tu razonamiento.

Áreas de triángulos		
Altura (unidades)	Base (unidades)	Área (unidades cuadradas)
7	2	7
7	3	$10\frac{1}{2}$
7	4	14
7	5	$17\frac{1}{2}$
7	x	?

24. Norma recortó un triángulo de cartulina para un proyecto de arte. El área del triángulo tiene 84.5 centímetros cuadrados.

Selecciona los valores correctos para completar la siguiente fórmula para hallar la altura del triángulo.

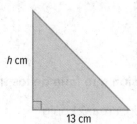

h cm

13 cm

| $\frac{1}{2}$ | 2 | 13 | 26 | 84.5 | h |

[ ] = [ ] · [ ] · [ ]

¿Cuál es la altura del triángulo? [ ]

Identifica las siguientes figuras como *rectángulo*, *rombo* o *trapecio*. 5.G.4

25. _____

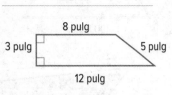

8 pulg
3 pulg / 5 pulg
12 pulg

26. _____

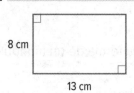

8 cm
13 cm

27. _____

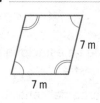

7 m
7 m

28. La alfombra de Jackson tiene cuatro ángulos de 90°. Los cuatro lados tienen 18 pulgadas de largo. La alfombra tiene dos conjuntos de lados paralelos. ¿Qué forma tiene la alfombra de Jackson? 5.G.4 _____

29. ¿Cuántos ejes de simetría se pueden dibujar en la siguiente figura?

Dibújalos en la figura. 4.G.3 _____

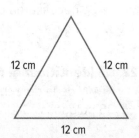

12 cm / 12 cm
12 cm

Laboratorio de indagación

Área de trapecios

Content Standards
6.G.1

PM Prácticas matemáticas
1, 3, 5, 7

 Indagación ¿CÓMO puedes usar el área de un paralelogramo para hallar el área de un trapecio correspondiente?

Lizette está construyendo un jardín con la forma de un trapecio. El jardín tiene 6 pies de ancho en la parte de atrás, 10 pies de ancho en el frente y 5 pies de atrás hacia adelante. Lizette quiere hallar el área del jardín.

Manos a la obra: Actividad 1

Halla el área de un trapecio dibujando el paralelogramo relacionado.

Paso 1 Dibuja el siguiente trapecio en papel cuadriculado. Rotula la altura h y las bases b_1 y b_2.

Un trapecio tiene dos bases, b_1 y b_2. La altura h de un trapecio es la distancia perpendicular entre las bases.

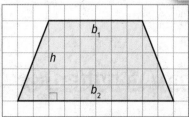

La base b_1 más corta representa el ancho del jardín de _____.

La base b_2 más larga representa el ancho del jardín de _____.

La altura h representa la dimensión del jardín de _____.

Paso 2 Recorta otro trapecio que sea idéntico al del Paso 1.

Paso 3 Pega los trapecios juntos como se muestra.

Paso 4 Halla el área del paralelogramo. Luego, divide entre 2 para hallar el área de los trapecios.

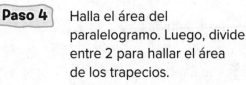

Por lo tanto, el área del jardín es ☐ pies cuadrados.

Manos a la obra: Actividad 2

Descubre la fórmula para el área de un trapecio.

Paso 1 ¿Qué figura se forma con los dos trapecios de la Actividad 1?

_____

Escribe una expresión de suma para representar la longitud de la

base de toda la figura. _____

Paso 2 Escribe una fórmula para el área A del paralelogramo usando b_1, b_2,

y h. _____

Paso 3 ¿Cómo se compara el área de los trapecios con el área del

paralelogramo? _____

_____

Paso 4 Escribe una fórmula para el área A de los trapecios usando b_1, b_2 y h.

_____

Manos a la obra: Actividad 3

Otra manera de hallar el área de un trapecio es deconstruirlo para determinar
qué figuras forman el trapecio. Halla el área del trapecio que se muestra a
continuación.

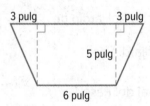

3 pulg   3 pulg

5 pulg

6 pulg

Paso 1 El trapecio está formado por un rectángulo y dos triángulos
congruentes. Halla el área de las formas que forman el trapecio.

El área del rectángulo es ⬚ × ⬚ = ⬚ pulgadas cuadradas.

El área de los triángulos es $\dfrac{⬚\ \times\ ⬚}{⬚}$ = ⬚ pulgadas cuadradas.

Paso 2 Suma las áreas.

⬚ + ⬚ + ⬚ = ⬚ pulgadas cuadradas

Investigar

Colabora

PM Usar las herramientas matemáticas Trabaja con un compañero. Halla el área de los trapecios dibujando el paralelogramo relacionado.

1. $A =$ _____ unidades cuadradas

2. $A =$ _____ unidades cuadradas

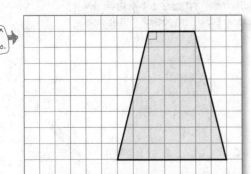

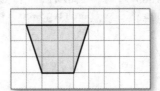

Trabaja con un compañero. Halla el área de los trapecios usando la fórmula.

3. $A = \dfrac{\left(\boxed{} + \boxed{}\right)\boxed{}}{\boxed{}}$

$A =$ _____ unidades cuadradas

6 unidades

7 unidades

12 unidades

4. $A = \dfrac{\left(\boxed{} + \boxed{}\right)\boxed{}}{\boxed{}}$

$A =$ _____ unidades cuadradas

11 unidades

8 unidades

14 unidades

Trabaja con un compañero. Descompone los trapecios para hallar el área.

5. $A =$ _____ unidades cuadradas

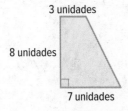

3 unidades

8 unidades

7 unidades

6. $A =$ _____ unidades cuadradas

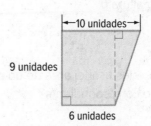

10 unidades

9 unidades

6 unidades

Analizar y pensar

La tabla muestra las dimensiones de varios paralelogramos y los trapecios correspondientes. Trabaja con un compañero o una compañera para completar la tabla. El primero está hecho y te servirá de ejemplo.

Dimensiones del paralelogramo	Área del paralelogramo	Longitud del trapecio b_1	Longitud del trapecio b_2	Altura del trapecio	Área del trapecio
4 7	28	2	5	4	14
7. 6 11		5	6	6	
8. 5 12		8	4	5	
9. $b = 11$ $h = 3$		7	4	3	

10. **PM Razonar de manera inductiva** Compara las dimensiones del paralelogramo con las dimensiones del trapecio correspondiente. ¿Qué patrón ves en la tabla? _____

_____

11. **PM Razonar de manera inductiva** Compara el área del paralelogramo con el área del trapecio correspondiente. ¿Qué patrón ves en la tabla?

_____

_____

Por tu cuenta

Crear

12. **PM Identificar la estructura** Escribe la fórmula para el área A de un trapecio con bases b_1 y b_2, y altura h.

_____

13. **Indagación** ¿CÓMO puedes usar el área de un paralelogramo para hallar el área de un trapecio correspondiente?

_____

_____

Área de trapecios

Conexión con el mundo real

Asiento en la ventana Kiana tiene una ventana panorámica en su habitación. El asiento en la ventana tiene la forma de un trapecio. Tiene que medir el asiento para hacer un cojín. El trapecio azul del siguiente diagrama representa las dimensiones del asiento de la ventana.

Usa el siguiente diagrama para describir la relación entre los trapecios y los rectángulos.

 Pregunta esencial

¿CÓMO te ayudan las mediciones a resolver problemas de la vida cotidiana?

 Common Core State Standards

Content Standards
6.G.1

PM Prácticas matemáticas
1, 2, 3, 4, 7, 8

1. Halla las dimensiones de las figuras.

Trapecio	**Rectángulo**
base 1: ☐ unidades	longitud: ☐ unidades
base 2: ☐ unidades	altura: ☐ unidades
altura: ☐ unidades	

2. ¿Cuál es la relación entre las medidas de un rectángulo y las medidas de un trapecio?

_____

_____

_____

3. **PM Hacer una conjetura** ¿Cómo se relaciona el área de un trapecio con el área de un rectángulo? _____

_____

_____

¿Qué **Prácticas matemáticas** **PM** usaste?
Sombrea lo que corresponda.

① Perseverar con los problemas   ⑤ Usar las herramientas matemáticas

② Razonar de manera abstracta   ⑥ Prestar atención a la precisión

③ Construir argumentos   ⑦ Usar una estructura

④ Representar con matemáticas   ⑧ Usar el razonamiento repetido

Concepto clave

Concepto clave ▷ **Área de un trapecio**

Área de trabajo

Dato	El área *A* de un trapecio es la mitad del producto de la altura *h* y la suma de las bases b_1 y b_2.	Representación

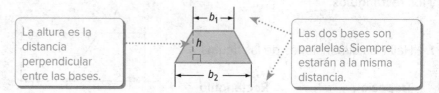

Símbolos $A = \frac{1}{2}h(b_1 + b_2)$

Un trapecio tiene dos bases, b_1 y b_2. La altura de un trapecio es la distancia entre las bases.

La altura es la distancia perpendicular entre las bases.

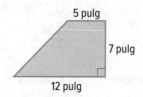

Las dos bases son paralelas. Siempre estarán a la misma distancia.

Cuando se halla el área de un trapecio, es importante seguir el orden de las operaciones. En la fórmula, las bases se suman antes de multiplicar por $\frac{1}{2}$ de la altura *h*.

Ejemplos

 Tutor

1. **Halla el área del trapecio.**

5 pulg

7 pulg

12 pulg

Las bases son 5 pulgadas y 12 pulgadas.
La altura es 7 pulgadas.

$A = \frac{1}{2}h(b_1 + b_2)$ Área de un trapecio

$A = \frac{1}{2}(7)(5 + 12)$ Reemplaza *h* con 7, b_1 con 5 y b_2 con 12.

$A = \frac{1}{2}(7)(17)$ Suma 5 y 12.

$A = 59.5$ Multiplica.

El área del trapecio es 59.5 pulgadas cuadradas.

2. **Halla el área del trapecio.**

7 m

9.8 m

12 m

$A = \frac{1}{2}h(b_1 + b_2)$ Área de un trapecio

$A = \frac{1}{2}(9.8)(7 + 12)$ Reemplaza h con 9.8, b_1 con 7 y b_2 con 12.

$A = \frac{1}{2}(9.8)(19)$ Suma 7 y 12.

$A = 93.1$ Multiplica.

Por lo tanto, el área de un trapecio es 93.1 metros cuadrados.

Muestra tu trabajo.

¿Entendiste? **Resuelve estos problemas para comprobarlo.**

a.
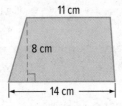
11 cm

8 cm

14 cm

b.
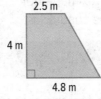
2.5 m

4 m

4.8 m

c.
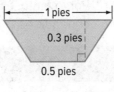
1 pies

0.3 pies

0.5 pies

a. _____

b. _____

c. _____

Hallar la altura que falta

Usa la fórmula relacionada, $h = \frac{2A}{b_1 + b_2}$, para hallar la altura de un trapecio.

Ejemplo

Tutor

3. **El trapecio tiene un área de 108 pies cuadrados. Halla la altura.**

12 pies

h

15 pies

$h = \frac{2A}{b_1 + b_2}$ Altura de un trapecio

$h = \frac{2(108)}{12 + 15}$ Reemplaza A con 108, b_1 con 12 y b_2 con 15.

$h = \frac{216}{27}$ Multiplica 2 y 108. Suma 12 y 15.

$h = 8$ Divide.

Por lo tanto, la altura del trapecio es 8 pies.

Responder con precisión

Comprueba tu respuesta usando la fórmula para el área de un trapecio.

¿Entendiste? **Resuelve estos problemas para comprobarlo.**

d. $A = 24 \text{ cm}^2$
  $b_1 = 4$ cm
  $b_2 = 12$ cm
  $h = ?$

e. $A = 21 \text{ yd}^2$
  $b_1 = 2$ yd
  $b_2 = 5$ yd
  $h = ?$

d. _____

e. _____

Ejemplo

Cálculo mental

Para multiplicar $\frac{1}{2}(51)(64)$, es más fácil usar la propiedad conmutativa para reordenar los factores como $\frac{1}{2}(64)(51)$ y usar la mitad de 64 en lugar de la mitad de 51.

4. La forma del condado de Osceola, Florida, se parece a un trapecio. Halla el área aproximada del condado.

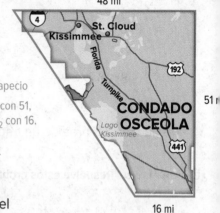

$A = \frac{1}{2}h(b_1 + b_2)$ Área de un trapecio

$A = \frac{1}{2}(51)(48 + 16)$ Reemplaza h con 51, b_1 con 48 y b_2 con 16.

$A = \frac{1}{2}(51)(64)$ Suma 48 y 16.

$A = 1{,}632$ Multiplica.

Por lo tanto, el área aproximada del condado es 1,632 millas cuadradas.

Comprueba ✓

Práctica guiada

Halla el área de los trapecios. Redondea a la décima más cercana si es necesario. (Ejemplos 1 y 2)

1. _____

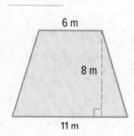

6 m

8 m

11 m

Muestra tu trabajo.

2. _____

7 pies

8 pies

15.6 pies

3. Un trapecio tiene un área de 15 pies cuadrados. Si las bases son 4 pies y 6 pies, ¿cuál es la altura del trapecio? (Ejemplo 3) _____

4. En la Liga Nacional de Hockey los porteros pueden jugar con el disco detrás de la línea de meta solo en el área con forma de trapecio, como se muestra a la derecha. Halla el área del

trapecio. (Ejemplo 4) _____

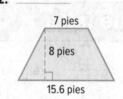

18 pies

11 pies

28 pies

¡Califícate!

¿Estás listo para seguir? Sombrea lo que corresponda.

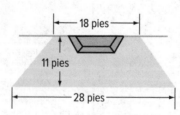

SÍ   ?   NO

5. **Desarrollar la pregunta esencial** ¿Cómo se relaciona la fórmula para el área de un trapecio con la fórmula para el área de un paralelogramo? _____

Para obtener más ayuda, conéctate y accede a un tutor personal.

Tutor

FOLDABLES ¡Es hora de que actualices tu modelo de papel!

Práctica independiente

Conéctate para obtener las soluciones de varios pasos.

Halla el área de los trapecios. Redondea a la décima más cercana si es necesario. (Ejemplos 1 y 2)

1. _____
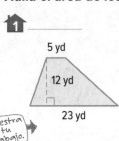

5 yd

12 yd

23 yd

Muestra tu trabajo.

2. _____
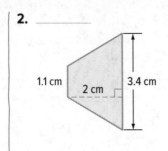

1.1 cm   2 cm   3.4 cm

3. _____
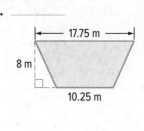

17.75 m

8 m

10.25 m

4. Un trapecio tiene un área de 150 metros cuadrados. Si las bases son 14 metros y 16 metros, ¿cuál es la altura del trapecio? (Ejemplo 3)

_____

5. Un trapecio tiene un área de 400 milímetros cuadrados. Las bases son 14 milímetros y 36 milímetros. ¿Cuál es la altura del trapecio? (Ejemplo 3)

_____

6. Halla el área del patio que se muestra. (Ejemplo 4)

_____

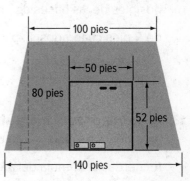

$22\frac{1}{2}$ pies

$19\frac{4}{5}$ pies

25 pies

7. Usa el diagrama que muestra el césped que rodea un edificio de oficinas.

a. ¿Cuál es el área del césped? _____

_____

b. Si una bolsa de semillas de césped cubre 2,000 pies cuadrados, ¿cuántas bolsas se necesitarán para todo el césped?

_____

_____

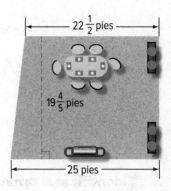

100 pies

50 pies

80 pies

52 pies

140 pies

8. (PM) **Razonar de manera abstracta** Se están colocando azulejos para crear una chimenea con forma de trapecio. La chimenea tendrá una altura de 24 pulgadas y bases de 48 pulgadas y 60 pulgadas. Si los azulejos cubren 16 pulgadas cuadradas, ¿cuántos azulejos se necesitarán?

_____

Dibuja y rotula las figuras. Luego, halla el área.

9. un trapecio sin ángulos rectos y un área menor que 12 centímetros cuadrados

_____

10. un trapecio con un ángulo recto y un área mayor que 40 pulgadas cuadradas

_____

Muestra tu trabajo.

Problemas S.O.S. Soluciones de orden superior

11. 🅿️ **Perseverar con los problemas** Aplica lo que sabes sobre redondear para explicar cómo estimar la altura *h* del trapecio que se muestra, si el área es 235.5 m².

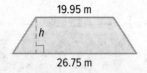

19.95 m

h

26.75 m

_____

_____

_____

12. 🅿️ **Identificar el razonamiento repetido** Halla dos longitudes posibles de las bases de un trapecio con una altura de 1 pie y un área de 9 pies cuadrados. Explica cómo hallaste tu respuesta. _____

_____

_____

13. 🅿️ **Razonar de manera abstracta** ¿Cómo puedes usar la fórmula del área de un paralelogramo para determinar el área de un trapecio si no recuerdas la fórmula del área de un trapecio? _____

_____

_____

_____

14. 🅿️ **Razonar de manera inductiva** El área de un trapecio es 36 pulgadas cuadradas. La altura es 4 pulgadas y una base tiene el doble de la longitud que la otra base. ¿Cuáles son las longitudes de las bases? _____

Más práctica

Halla el área de las figuras. Redondea a la décima más cercana si es necesario.

15. 121 cm^2

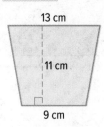

13 cm
11 cm
9 cm

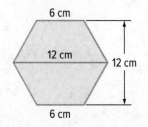

$$A = \frac{1}{2}h(b_1 + b_2)$$
$$A = \frac{1}{2}(11)(13 + 9)$$
$$A = \frac{1}{2}(11)(22)$$
$$A = 121$$

16. _____

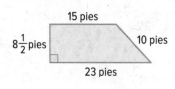

15 pies
$8\frac{1}{2}$ pies
10 pies
23 pies

17. _____

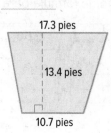

17.3 pies
13.4 pies
10.7 pies

18. Un trapecio tiene un área de 50 pulgadas cuadradas. Las bases son 3 pulgadas y 7 pulgadas. ¿Cuál es la altura del trapecio?

_____

19. Un trapecio tiene un área de 18 millas cuadradas. Las bases son 5 millas y 7 millas. ¿Cuál es la altura del trapecio?

_____

20. Un condado tiene la forma de un trapecio. El límite norte tiene 9.6 millas y el límite sur tiene aproximadamente 25 millas. La distancia entre el límite sur y el norte es aproximadamente 90 millas. Halla el área del condado.

_____

_____

21. Se muestra una carpa para jugar. ¿Cuánta tela se usó para hacer el frente y la parte de atrás de la carpa para jugar?

_____

_____

23 pulg
32 pulg
36.5 pulg

PM Identificar la estructura Las siguientes figuras están formadas por trapecios congruentes. Halla el área de las figuras.

22. _____

6 cm
12 cm
12 cm
6 cm

23. _____

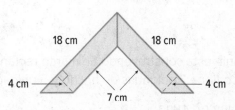

18 cm   18 cm
4 cm   4 cm
7 cm

24. Una pieza de césped tiene la forma de un trapecio con las dimensiones que se muestran. Selecciona los valores correctos para completar la fórmula para hallar el área de la pieza de césped.

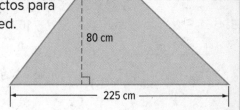

| $\frac{1}{2}$ | 2 | 50 | 80 | 225 |

$A = \boxed{} \cdot \boxed{} \ (\ \boxed{} + \boxed{} \ )$

¿Cuál es el área de la pieza de césped? $\boxed{}$

25. Serina diseñó las bolsas para sus productos de salón.

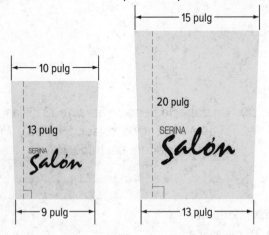

Determina si los enunciados son verdaderos o falsos.

a. Se necesita 123.5 pulg² de tela para hacer el frente de la bolsa pequeña. ☐ Verdadero ☐ Falso

b. Se necesita 260 pulg² de tela para hacer el frente de la bolsa grande. ☐ Verdadero ☐ Falso

Suma o multiplica. 5.NBT.7

26. $5 + 6.2 + 8.8 =$ _____

27. $8 \times 8 \times 4 =$ _____

28. $725 + 315 + 4 =$ _____

29. Delanie está construyendo un marco rectangular para su foto favorita. El marco tiene 7 pulgadas de ancho y 5 pulgadas de largo. ¿Cuál es el perímetro del marco? 4.MD.3 _____

Investigación para la resolución de problemas
Dibujar un diagrama

Content Standards
6.G.1

Prácticas matemáticas
1, 4, 7

Caso #1 Baldosas para decorar

Un diseñador quiere colocar 12 baldosas de manera rectangular con el menor perímetro posible.

¿Cuáles son las dimensiones del rectángulo?

Comprende ¿Cuáles son los hechos?

Doce baldosas serán colocadas con el menor perímetro posible.

Planifica ¿Cuál es tu estrategia para resolver este problema?

Usa papel cuadriculado. Realiza diagramas de 12 cuadrados para representar 12 baldosas.

Resuelve ¿Cómo aplicas la estrategia?

Un rectángulo con dimensiones de 12 y 1

tiene un perímetro de _____.

Un rectángulo con dimensiones de 3 y 4

tiene un perímetro de _____.

Un rectángulo con dimensiones de 2 y 6

tiene un perímetro de _____.

Por lo tanto, el perímetro más pequeño tiene dimensiones de _____.

Comprueba ¿Tiene sentido la respuesta?

Usa la suma para comprobar tu respuesta.

$3 + 4 + 3 + 4 = 14$ $2 + 6 + 2 + 6 = 16$ $12 + 1 + 12 + 1 = 26$

Analizar la estrategia Tutor

Identificar la estructura Describe un diseño con un perímetro y un área de 16.

_____

_____

Caso #2 Dimensiones dinámicas

Para una tarea de la escuela, Santiago tiene que dar tres posibilidades distintas para las dimensiones de un rectángulo que tiene un perímetro de 28 pies y un área mayor que 30 pies cuadrados. Uno de los diagramas que dibujó se muestra a la derecha.

¿Cuáles son las otras dos posibilidades para las dimensiones del rectángulo?

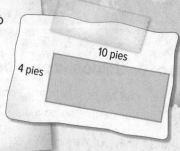
10 pies
4 pies

Comprende

Lee el problema. ¿Qué se te pide que halles?

Tengo que hallar _____.

Subraya las palabras clave y los valores. ¿Qué información necesitas saber?

El perímetro del rectángulo es [ ] pies, y el área es mayor

que _____.

Planifica

Escoge una estrategia para la resolución de problemas.

Usaré la estrategia _____.

Resuelve

Usa tu estrategia para la resolución de problemas y resuélvelo.

Dibuja rectángulos con perímetros de [ ] pies. Luego, multiplica la longitud por el ancho para hallar el área.

El producto debe ser mayor que [ ].

_____

Por lo tanto, las dimensiones de dos rectángulos posibles son

_____

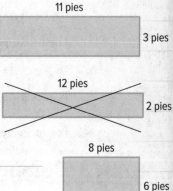

11 pies
3 pies

12 pies
2 pies

8 pies
6 pies

Comprueba

Usa información del problema para comprobar tu respuesta.

Vuelve a leer el problema. Comprueba que se hayan cumplido las dos condiciones.

Perímetro: [ ] = 28   Área: [ ] > 30 y [ ] > 30

Colabora

**Trabaja en un grupo pequeño para resolver los siguientes casos.
Muestra tu trabajo en una hoja aparte.**

Caso #3 Decoraciones

Una mesa rectangular que tiene 8 pies de largo y 4 pies de ancho se colocó a lo largo de una pared. Se colocarán globos en los tres lados que quedan expuestos, con un globo en cada una de las cuatro esquinas.

¿Cuántos globos se necesitan?

Caso #4 Geografía

El centro comercial está a 15 millas de tu casa. Tu escuela está a un medio del camino de tu casa al centro comercial. La biblioteca está a dos quintos de camino de tu casa al centro comercial.

¿Cuántas millas hay de tu casa a la biblioteca?

Caso #5 Pintura

La ferretería tiene una oferta de pintas y galones de pintura. Hubo 107 personas que compraron pintas de pintura y 132 que compraron galones de pintura. 92 clientes compraron solo pintas. Algunas personas compraron tanto pintas como galones, y 48 clientes no compraron ni pintas ni galones de pintura.

¿Cuántos clientes compraron durante la oferta?

¡Usa una estrategia!

Caso #6 Geometría

Realiza una figura que contenga tres triángulos, un paralelogramo y un trapecio usando 7 segmentos de recta congruentes. Dibuja tu figura a la derecha.

Repaso de medio capítulo

Comprobación del vocabulario

1. **Responder con precisión** Define *polígono*. Da un ejemplo de una figura que sea un polígono y un ejemplo de una figura que no sea un polígono. (Lección 1)

_____

_____

2. Completa los espacios en blanco de la siguiente oración con el término correcto. (Lección 2)

   Las figuras congruentes tienen el _____ tamaño y la _____ forma.

Comprobación y resolución de problemas: Destrezas

Halla el área de las figuras. (Lecciones 1 y 2)

3. _____

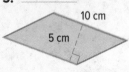

10 cm
5 cm

4. _____

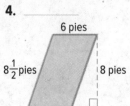

6 pies
$8\frac{1}{2}$ pies
8 pies

5. _____

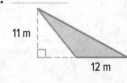

11 m
12 m

Halla la dimensión que falta de las figuras. (Lecciones 1 y 3)

6. paralelogramo: $h = 5\frac{1}{4}$ pies; $A = 12$ pies^2

7. trapecio: $b_1 = 3$ m; $b_2 = 4$ m; $A = 7$ m^2

8. **Representar con matemáticas** La esquina de una mesa tiene la forma de un trapecio. Halla el área de la mesa. (Lección 3) _____

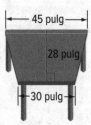

45 pulg
28 pulg
30 pulg

9. **Razonar de manera inductiva** El área de un triángulo es 56 centímetros cuadrados. Da todos los conjuntos posibles de dimensiones de números enteros para la base y la altura del triángulo. (Lección 2) _____

Cambios en la dimensión

 Conexión con el mundo real

 Pregunta esencial

¿CÓMO te ayudan las mediciones a resolver problemas de la vida cotidiana?

 Common Core State Standards

Content Standards
6.G.1
PM Prácticas matemáticas
1, 2, 3, 4, 7

Construcción El señor Blackwell está construyendo una casa rectangular para el perro. El suelo de la casa del perro tiene 4 pies de largo y 2 de ancho.

1. Dibuja el suelo de la casa del perro en el siguiente papel cuadriculado.

 Muestra tu trabajo.

2. Suma las longitudes de los lados para hallar el perímetro.

_____

3. Multiplica la longitud y el ancho para hallar el área.

_____

4. El señor Blackwell duplica el ancho de la casa del perro. Dibuja el suelo nuevo debajo.

5. ¿Cómo cambian el perímetro y el área de los suelos de la primera a la segunda casa del perro? _____

_____

_____

¿Qué Prácticas matemáticas PM usaste?
Sombrea lo que corresponda.

① Perseverar con los problemas
② Razonar de manera abstracta
③ Construir un argumento
④ Representar con matemáticas
⑤ Usar las herramientas matemáticas
⑥ Prestar atención a la precisión
⑦ Usar una estructura
⑧ Usar el razonamiento repetido

Cambiar dimensiones: efecto en el perímetro

Área de trabajo

Dato   Si las dimensiones de un polígono se multiplican por x, entonces el perímetro del polígono cambia por un factor de x.

Representación

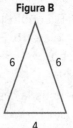

Figura A

Figura B

3   3

2

6   6

4

Ejemplo   Las dimensiones de la Figura A se multiplican por 2 para producir las dimensiones de la Figura B.

perímetro de la Figura A • **2** = perímetro de la Figura B

8   • **2** =   16

Observa que todas las dimensiones de la figura se deben cambiar usando el mismo factor, x.

Ejemplo

Tutor

1. **Imagina que las longitudes de lado del paralelogramo de la derecha se triplican. ¿Qué efecto tendrá en el perímetro? Justifica tu respuesta.**

3 pulg

4 pulg

Muestra tu trabajo.

Las dimensiones son 3 veces las dimensiones originales.

perímetro original: 2(4) + 2(3) = 14 pulg

perímetro nuevo: 2(12) + 2(9) = 42 pulg

compara perímetros: 42 pulg ÷ 14 pulg = 3

Por lo tanto, el perímetro es 3 veces el perímetro de la figura original.

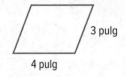

9 pulg

12 pulg

¿Entendiste?   **Resuelve este problema para comprobarlo.**

a. _____

a. Imagina que las longitudes de lado del trapecio de la derecha se multiplican por $\frac{1}{2}$. ¿Qué efecto tendrá en el perímetro? Justifica tu respuesta.

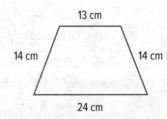

13 cm

14 cm   14 cm

24 cm

Cambiar dimensiones: efecto en el área

Dato

Si las dimensiones de un polígono se multiplican por x, entonces el área del polígono cambia por $x \cdot x$, o x^2.

Representación

Figura A

4

5

Figura B

8

10

Ejemplo

Las dimensiones de la Figura A se multiplican por 2 para producir las dimensiones de la Figura B.

$$\underbrace{\text{área de la Figura A}}_{20} \cdot 2^2 = \underbrace{\text{área de la Figura B}}_{80}$$
$$\cdot\, 4 \;=\;$$

Observa que todas las dimensiones de la figura se deben cambiar usando el mismo factor, x.

Ejemplo

Tutor

2. **Las longitudes de lado del triángulo de la derecha se multiplican por 5. ¿Qué efecto tendrá en el área? Justifica tu respuesta.**

1 cm

2 cm

Las dimensiones son 5 veces las dimensiones originales.

área original: $\dfrac{1}{2} \cdot 2 \cdot 1 = 1 \text{ cm}^2$

área nueva: $\dfrac{1}{2} \cdot 10 \cdot 5 = 25 \text{ cm}^2$

5 cm

10 cm

Muestra tu trabajo.

compara áreas:
$25 \text{ cm}^2 \div 1 \text{ cm}^2 = 25$, o 5^2

Por lo tanto, el área es 5^2, o 25 veces el área de la figura original.

¿Entendiste? **Resuelve este problema para comprobarlo.**

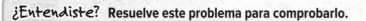

b. Un rectángulo mide 2 pies por 4 pies. Imagina que las longitudes de lado se multiplican por 2.5. ¿Qué efecto tendrá en el área? Justifica tu respuesta.

b. _____

Ejemplo

A   B

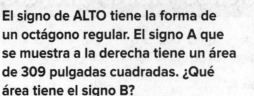

3. El signo de ALTO tiene la forma de un octágono regular. El signo A que se muestra a la derecha tiene un área de 309 pulgadas cuadradas. ¿Qué área tiene el signo B?

8 pulg   12 pulg

Como 8 × 1.5 = 12, el área del signo B es 1.5^2 veces el área del signo A.

$309 \cdot 1.5^2 = 309 \cdot 2.25$, o 695.25

Por lo tanto, el área del signo B es 695.25 pulgadas cuadradas.

Práctica guiada

Consulta la figura de la derecha para los Ejercicios 1 y 2. Justifica tus respuestas. (Ejemplos 1 y 2)

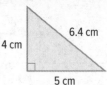

6.4 cm

4 cm

5 cm

1. Se duplicó cada longitud de lado. Describe el cambio en el perímetro.

_____

_____

_____

2. Se triplicó cada longitud de lado. Describe el cambio en el área.

_____

_____

_____

3. Distintos tamaños de hexágonos regulares se usan en una colcha. Los hexágonos pequeños tienen longitudes de lado de 4 pulgadas y un área de 41.6 pulgadas cuadradas. Los hexágonos grandes tienen longitudes de lado de 8 pulgadas. ¿Cuál es el área de los hexágonos grandes? (Ejemplo 3) _____

_____

4. **Desarrollar la pregunta esencial** ¿Cómo te pueden ayudar los exponentes para hallar el área de un rectángulo si cada longitud de lado se multiplica por x? _____

_____

_____

¡Califícate!

¿Entendiste los cambios en la dimensión? Sombrea lo que corresponda.

☐ ☐ ☐ ☐ ☐

Para obtener más ayuda, conéctate y accede a un tutor personal.

Práctica independiente

Conéctate para obtener las soluciones de varios pasos.

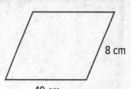

1 Las longitudes de lado del paralelogramo de la derecha se multiplican por 4. Describe el cambio en el perímetro. Justifica tu respuesta. (Ejemplo 1)

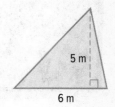

_____

_____

_____

2. La base y la altura del triángulo de la derecha se multiplican por 4. Describe el cambio en el área. Justifica tu respuesta. (Ejemplo 2)

_____

_____

_____

3 Las longitudes de lado del rectángulo se multiplican por $\frac{1}{3}$. Describe el cambio en el área. Justifica tu respuesta. (Ejemplo 2)

_____

_____

_____

4. Se usan distintos tamaños de pentágonos regulares en un vitral. Los pentágonos pequeños tienen longitudes de lado de 4 pulgadas y un área de 27.5 pulgadas cuadradas. Los pentágonos grandes tienen longitudes de lado de 8 pulgadas. ¿Cuál es el área de los pentágonos grandes? (Ejemplo 3)

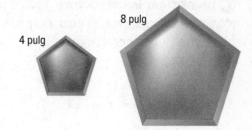

8 pulg

4 pulg

_____

_____

5. **(PM) Justificar las conclusiones** Una casa de muñecas tiene una cama con las dimensiones de $\frac{1}{12}$ del tamaño de una cama matrimonial. Una cama matrimonial tiene un área de 4,800 pulgadas cuadradas, y una longitud de 80 pulgadas. ¿Cuáles son las longitudes de lado de la cama de la casa de muñecas? Justifica tu respuesta. _____

_____

_____

_____

6. (PM) **Razonar de manera abstracta** Consulta la siguiente historieta para resolver los Ejercicios **a** y **b**.

Necesitamos saber cómo cambia el área si la longitud de los lados es 2 veces la longitud original.

30 pies

40 pies

a. ¿Cuál es el área original del triángulo? _____

b. ¿Cuál es el área nueva si todos los lados tienen dos veces su longitud original?

_____

Problemas S.O.S. Soluciones de orden superior

7. (PM) **Identificar la estructura** Dibuja un triángulo con las longitudes de lado rotuladas. Dibuja y rotula otro triángulo cuyo perímetro que sea dos veces el perímetro del primer triángulo.

Muestra tu trabajo.

8. (PM) **Perseverar con los problemas** Las longitudes de lado correspondiente de dos figuras tienen una razón de $\frac{a}{b}$. ¿Cuál es la razón de los perímetros? ¿Cuál es la razón de las áreas?

_____

_____

9. (PM) **Razonar de manera inductiva** El cuadrado más grande que se muestra tiene un perímetro de 48 unidades. Tiene un perímetro que es 2 veces el perímetro del cuadrado más pequeño que está adentro. ¿Cuáles son las longitudes de lado del cuadrado grande y el cuadrado pequeño? Explica tu respuesta. _____

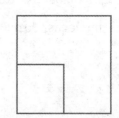

_____

_____

Más práctica

Consulta el paralelogramo de la derecha para los Ejercicios 10 a 12. Justifica tus respuestas.

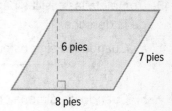

6 pies
7 pies
8 pies

10. Imagina que la base y la altura se multiplican por $\frac{1}{2}$. ¿Qué efecto tendrá en el área?

área original: 8 • 6, o 48 pies cuadrados

dimensiones nuevas: base = 8 • $\frac{1}{2}$, o 4 pies; altura = 6 • $\frac{1}{2}$, o 3 pies

área nueva: 4 • 3, o 12 pies cuadrados; 12 pies^2 ÷ 48 pies^2 = $\frac{1}{4}$.

Por lo tanto, el área es $\frac{1}{2}$ • $\frac{1}{2}$, o $\frac{1}{4}$ por el área de la figura original.

11. Imagina que las longitudes de lado se multiplican por 6. Describe el cambio en el perímetro. _____

_____

_____

12. Imagina que la base y la altura se multiplican por 3.5. Describe el cambio en el área. _____

_____

_____

13. Consulta el triángulo de la derecha. Imagina que las longitudes de lado y la altura del triángulo se dividen entre 4. ¿Qué efecto tendrá en el perímetro? ¿Y en el área? Justifica tu respuesta.

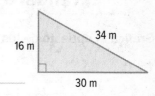

34 m
16 m
30 m

_____

_____

_____

_____

14. (PM) **Justificar las conclusiones** Un modelo de carro tiene un parabrisas con dimensiones de $\frac{1}{18}$ del tamaño de un parabrisas real. El parabrisas rectangular del auto real tiene un área de aproximadamente 2,318 pulgadas cuadradas, con un ancho de 61 pulgadas. ¿Cuáles son las longitudes de lado del parabrisas del modelo de carro? Redondea a la centésima más cercana. Justifica tu respuesta.

_____

_____

_____

15. Completa las casillas para completar los enunciados sobre el trapecio de la derecha.

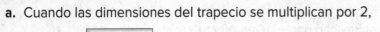

3 mm

6 mm

10.5 mm

a. Cuando las dimensiones del trapecio se multiplican por 2,

el área es ▢ veces el área original.

b. Cuando las dimensiones del trapecio se multiplican

por ▢ , el área es 16 veces el área original.

c. Cuando las dimensiones del trapecio se multiplican por 5,

el área es ▢ veces el área original.

16. Las longitudes de lado del triángulo *A* son iguales. Las longitudes de lado del triángulo *B* también son iguales. El triángulo *A* tiene un perímetro de 9 metros. El triángulo *B* tiene un perímetro de 27 metros. Selecciona los valores correctos para que el enunciado sea verdadero.

3	23.4
6	27
9	35.1
11.7	

a. La longitud de los lados del triángulo *A* es ▢ metros.

b. La longitud de los lados del triángulo *B* es ▢ metros.

c. El área del triángulo *A* es aproximadamente 3.9 metros cuadrados. El área

del triángulo *B* es aproximadamente ▢ metros cuadrados.

Grafica el opuesto de los números en una recta numérica. 6.NS.6a

17. 0

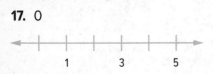

1   3   5

18. −7

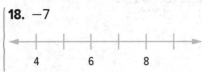

4   6   8

19. 5

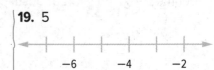

−6   −4   −2

20. Grafica 2 y 9. Luego, usa la recta numérica para hallar la distancia entre

9 y 2. 6.NS.8, 6.NS.5 _____

0 1 2 3 4 5 6 7 8 9 10

21. John y su padre están jugando a atrapar la pelota en un campo de fútbol americano. John está parado en la línea de la yarda 10. Su papá está parado en la línea de la yarda 25. ¿A cuánto está John de su papá? Si su papá se mueve a la línea de la yarda 20, ¿cuál es la distancia entre ellos ahora? 4.OA.3

_____

Polígonos en el plano de coordenadas

Conexión con el mundo real

Mapas Grafica los puntos en el plano de coordenadas para dibujar un mapa de un estadio. Completa la tabla para identificar las formas.

Ubicación	Vértices	Forma
Escenario	(2, 6), (2, 9), (6, 9), (6, 6), (5, 5), (3, 5)	
Tribuna	(7, 5), (7, 9), (9, 9), (9, 5)	
Puesto de venta	(5, 2), (5, 4), (7, 4), (7, 2)	

Pregunta esencial

¿CÓMO te ayudan las mediciones a resolver problemas de la vida cotidiana?

Common Core State Standards

Content Standards
6.G.1, 6.G.3, 6.NS.8

PM Prácticas matemáticas
1, 2, 3, 4, 5, 7

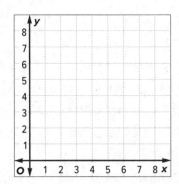

1. Halla las dimensiones de la tribuna.

    Longitud: _____   Altura: _____

2. La longitud de la recta desde el punto (2, 6) al punto (2, 9) es 3 unidades de largo. ¿Cómo puedes usar las coordenadas *y* para hallar la longitud de la recta?

    _____

¿Qué **Prácticas matemáticas** PM usaste?
Sombrea lo que corresponda.

① Perseverar con los problemas
② Razonar de manera abstracta
③ Construir un argumento
④ Representar con matemáticas
⑤ Usar las herramientas matemáticas
⑥ Prestar atención a la precisión
⑦ Usar una estructura
⑧ Usar el razonamiento repetido

Hallar el perímetro

Puedes usar las coordenadas de una figura para hallar sus dimensiones si hallas la distancia entre dos puntos. Para hallar la distancia entre dos puntos con las mismas coordenadas *x*, resta las coordenadas *y*. Para hallar la distancia entre dos puntos con las mismas coordenadas *y*, resta las coordenadas *x*.

Ejemplos

1. Un rectángulo tiene vértices *A*(2, 8), *B*(7, 8), *C*(7, 5) y *D*(2, 5). Usa las coordenadas para hallar la longitud de los lados. Luego, halla el perímetro del rectángulo.

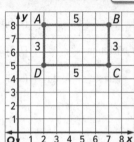

Ancho: Halla la longitud de las rectas horizontales.

$\overline{AB}$ tiene 5 unidades de largo. $\overline{CD}$ tiene 5 unidades de largo.

Longitud: Halla la longitud de las rectas verticales.

$\overline{BC}$ tiene 3 unidades de largo. $\overline{DA}$ tiene 3 unidades de largo.

Suma las longitudes de los lados para hallar el perímetro.
5 + 5 + 3 + 3 = 16 unidades

Por lo tanto, el rectángulo *ABCD* tiene un perímetro de 16 unidades.

....

2. El rectángulo *ABCD* tiene vértices *A*(2, 1), *B*(2, 5), *C*(4, 5) y *D*(4, 1). Usa las coordenadas para hallar la longitud de los lados. Luego, halla el perímetro del rectángulo.

Ancho: Resta las coordenadas *y*.

AB: 5 − 1 = 4 unidades   *CD*: 5 − 1 = 4 unidades

Longitud: Resta las coordenadas *x*.

AD: 4 − 2 = 2 unidades   *BC*: 4 − 2 = 2 unidades

Suma las longitudes de los lados para hallar el perímetro.
4 + 2 + 4 + 2 = 12 unidades

> **Perímetro y área**
> Recuerda que el perímetro es la distancia alrededor de una figura cerrada. El área es la cantidad de unidades cuadradas que se necesitan para cubrir la superficie de una figura geométrica.

Muestra tu trabajo.

¿Entendiste? Resuelve estos problemas para comprobarlo.

Usa las coordenadas para hallar la longitud de los lados. Luego, halla el perímetro del rectángulo.

a. *E*(3, 6), *F*(3, 8), *G*(7, 8), *H*(7, 6)

b. *I*(1, 4), *J*(1, 9), *K*(8, 9), *L*(8, 4)

a. _____

b. _____

Ejemplo

Tutor

3. Cada cuadrado de la cuadrícula del mapa del zoológico tiene una longitud de 200 pies. Halla la distancia total, en pies, alrededor del zoológico.

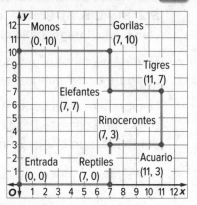

Cuando las coordenadas x son iguales, resta las coordenadas y. Cuando las coordenadas y son iguales, resta las coordenadas x.

$10 + 7 + 3 + 4 + 4 + 4 + 3 + 7 = 42$ unidades

Multiplica por 200 pies para hallar la distancia total.

$42 \times 200 = 8,400$ pies. La distancia total es 8,400 pies.

¿Entendiste? **Resuelve este problema para comprobarlo.**

Muestra tu trabajo.

c. Las coordenadas de los vértices de un jardín son (0, 1), (0, 4), (8, 4) y (8, 1). Si cada unidad representa 12 pulgadas, halla el perímetro en pulgadas del jardín.

c. _____

Hallar el área

Puedes hallar el área de una figura que se dibujó en el papel cuadriculado o se graficó en el plano de coordenadas.

Ejemplo

Tutor

4. Halla el área de la figura en unidades cuadradas.

La figura se puede separar en un rectángulo y un trapecio.

Área del rectángulo
$A = \ell \times a$
$A = 5 \times 2$ o 10

Área del trapecio
$A = \frac{1}{2}h(b_1 + b_2)$
$A = \frac{1}{2}(2)(3 + 4)$ o 7

Por lo tanto, el área de la figura es 10 + 7, o 17 unidades cuadradas.

¿Entendiste? **Resuelve este problema para comprobarlo.**

d. Halla el área, en unidades cuadradas, de la figura de la derecha.

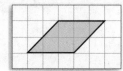

d. _____

Ejemplo

5. Una figura tiene los vértices A(2, 5), B(2, 8) y C(5, 8). Grafica la figura y clasifícala. Luego, halla el área.

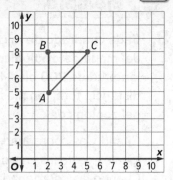

Marca los puntos. Conecta los vértices. La figura es un triángulo rectángulo.

La altura desde el punto A al punto B es 3 unidades. La base desde el punto B al punto C es 3 unidades.

$A = \frac{1}{2}bh$ Fórmula del área de un triángulo

$A = \frac{1}{2}(3)(3)$ Reemplaza b con 3 y h con 3.

$A = 4.5$ Multiplica.

El triángulo ABC tiene un área de 4.5 unidades cuadradas.

¿Entendiste? Resuelve este problema para comprobarlo.

Grafica la figura y clasifícala. Luego, halla el área.

e. A(3, 3), B(3, 6), C(5, 6), D(8, 3)

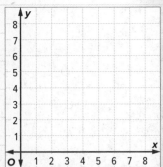

e. _____

Práctica guiada

Usa las coordenadas para hallar la longitud de los lados del rectángulo. Luego, halla el perímetro. (Ejemplos 1 y 2)

1. L(3, 3), M(3, 5), N(7, 5), P(7, 3)

2. P(3, 0), Q(6, 0), R(6, 7), S(3, 7)

3. La señora Puelo está construyendo una cerca alrededor del perímetro del patio para su perro. Las coordenadas de los vértices del patio son (0, 0), (0, 10), (5, 10) y (5, 0). Si los cuadrados de la cuadrícula tienen una longitud de 100 pies, halla la cantidad de alambre, en pies, que se necesita para la cerca. ¿Cuál es el tamaño de su patio? (Ejemplo 3) _____

4. **Desarrollar la pregunta esencial** ¿Cómo te pueden ayudar las coordenadas para hallar el área de figuras en el plano de coordenadas? _____

_____

_____

Práctica independiente

Conéctate para obtener las soluciones de varios pasos.

Usa las coordenadas para hallar la longitud de los lados del rectángulo. Luego, halla el perímetro. (Ejemplos 1 y 2)

 1 $D(1, 2)$, $E(1, 7)$, $F(4, 7)$, $G(4, 2)$

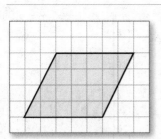

_____

_____

2. $Q(0, 0)$, $R(4, 0)$, $S(4, 4)$, $T(0, 4)$

_____

_____

3. Natasha está construyendo un marco para su foto favorita. Las coordenadas de los vértices del marco son (0, 0), (0, 8), (12, 8) y (12, 0). Si los cuadrados de la cuadrícula tienen una longitud de 3 centímetros, halla la cantidad de madera, en centímetros, que se necesita para el perímetro. (Ejemplo 3)

_____

_____

Hala el área de las figuras en unidades cuadradas. (Ejemplo 4)

4. _____

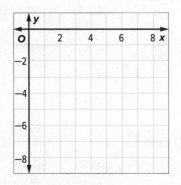

5. _____

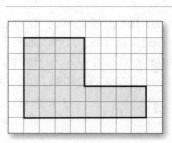

Grafica las figuras y clasifícalas. Luego, halla el área. (Ejemplo 5)

6. $R(3, -2)$, $S(7, -2)$, $T(8, -6)$, $V(1, -6)$

7 $A(-3, -4)$, $B(-3, 5)$, $C(2, 5)$, $D(2, -4)$

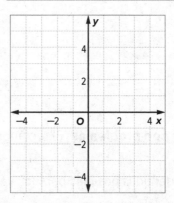

8. **(PM) Usar las herramientas matemáticas** Un rectángulo tiene un perímetro de 20 unidades. Las coordenadas de tres de los vértices son (0, 0), (6, 0) y (6, 4), como se muestra en la gráfica.

   a. ¿Cuál es la coordenada del vértice que falta?

   _____

   b. Marca los puntos (6, 6) y (2, 4). Conecta los puntos para crear una figura compuesta.

   c. ¿Cuál es el área de la figura compuesta? _____

Problemas S.O.S. Soluciones de orden superior

9. **(PM) Usar las herramientas matemáticas** Dibuja un rectángulo en el plano de coordenadas que tenga un perímetro de 16 unidades. Rotula todos los

   vértices con las coordenadas. Luego, halla el área del rectángulo. _____

   _____

10. **(PM) Perseverar con los problemas** Un rectángulo tiene un perímetro de 22 unidades y un área de 30 unidades cuadradas. Dos de los vértices tienen coordenadas en (2, 2) y (2, 7). Halla las dos coordenadas que faltan. Usa el plano de coordenadas para apoyar tu respuesta.

    _____

    _____

11. **(PM) Identificar la estructura** Explica los pasos que usarías para hallar el perímetro de un rectángulo usando las coordenadas de los vértices.

    _____

    _____

    _____

    _____

12. **(PM) Perseverar con problemas** El rectángulo $QRST$ tiene vértices $Q(3, 2)$ y $S(7, 8)$.

    a. Da dos coordenadas posibles para los vértices R y T.

    _____

    b. Halla el perímetro y el área del rectángulo.

    _____

Más práctica

Usa las coordenadas para hallar la longitud de los lados del rectángulo. Luego, halla el perímetro.

13. $A(5, 2)$, $B(5, 4)$, $C(2, 4)$, $D(2, 2)$

para área ➡ $AB = 2$ unidades, $BC = 3$ unidades, $CD = 2$

unidades, $DA = 3$ unidades; 10 unidades

14. $M(1, 1)$, $N(1, 9)$, $P(7, 9)$, $Q(7, 1)$

15. **PM** **Razonar de manera abstracta** Andre está creando un parterre alrededor de su patio con adoquines. Las coordenadas de los vértices del patio son $(1, 5)$, $(6, 5)$, $(6, 1)$ y $(1, 1)$. Los cuadrados de la cuadrícula tienen una longitud de 3 pies. Halla la cantidad de adoquines, en pies, que se necesitan para el perímetro. _____

Halla el área de las figuras en unidades cuadradas.

16. _____

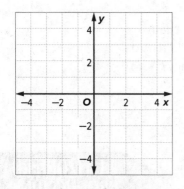

17. _____

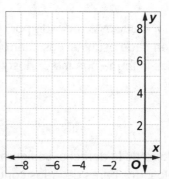

Grafica las figuras y clasifícalas. Luego, halla el área.

18. $G(-4, 1)$, $H(4, 1)$, $I(3, -3)$, $J(-1, -3)$

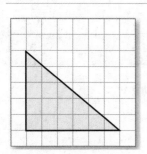

19. $X(-7, 2)$, $Y(-7, 6)$, $Z(-4, 2)$

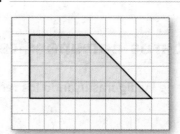

Copia y resuelve **Grafica las figuras y clasifícalas. Luego, halla el área.**

20. $K(-2, 2)$, $L(3, 2)$, $M(2, -2)$, $N(-3, -2)$

21. $Q(-2, 4)$, $R(0, -2)$, $S(-4, -2)$

22. La figura *BCDEFG* tiene vértices ubicados en *B*(1, 3), *C*(1, 7),
D(4, 7), *E*(4, 5), *F*(8, 5), y *G*(8, 3). Dibuja la figura en el plano
de coordenadas y conecta los vértices.

¿Cuál es el área de la figura?

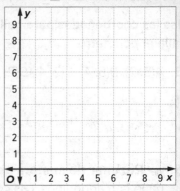

23. Un cuadrilátero tiene vértices con las coordenadas *A*(8, 5), *B*(7, 2),
C(4, 2) y *D*(2, 5). ¿Cuáles de los siguientes enunciados son características
del cuadrilátero? Selecciona todas las opciones que correspondan.

☐ un conjunto de lados paralelos ☐ cuatro vértices

☐ dos conjuntos de lados paralelos ☐ dos ángulos agudos

 Estándares comunes: Repaso en espiral

**Describe los lados de las figuras usando los términos *paralelo*, *perpendicular* y
congruente.** 5.G.4

24. paralelogramo _____

25. trapecio _____

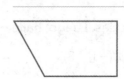

26. El jardín del señor Macy está rodeado por una cerca. La cerca forma cuatro
ángulos rectos en cada esquina. Los cuatro lados de la cerca tienen 14 metros
de largo. ¿Cuál es la forma que mejor describe el jardín del señor Macy? 5.G.4

_____

_____

27. Gary realizó el logo de la derecha. La figura azul tiene dos pares
de lados paralelos, dos pares de lados congruentes y cuatro
ángulos rectos. ¿Cuál es la forma de la figura azul? 5.G.4

A LA IZQUIERDA
PRODUCCIONES

_____

_____

Laboratorio de indagación

Área de figuras irregulares

 ¿CÓMO puedes estimar el área de una figura irregular?

Content
Standards
6.G.1

PM Prácticas
matemáticas
1, 3, 4, 5

La familia Ramírez está armando un estanque koi en su patio. Necesitan estimar el área del estanque para saber cuántos peces pueden colocar en él. Se muestra a continuación un dibujo a escala del estanque. En el dibujo, cada cuadrado representa 1 pie cuadrado.

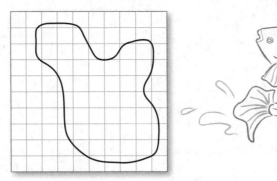

¿Qué sabes? _____

_____

¿Qué necesitas saber? _____

_____

Manos a la obra: Actividad 1

Paso 1 Sombrea y cuenta la cantidad de unidades enteras que cubre el estanque. ☐

Paso 2 Estima la cantidad de cuadrados enteros cubiertos por el total de cuadrados parciales. ☐

Paso 3 Suma tus respuestas de los Pasos 1 y 2.

☐ + ☐ = ☐

Por lo tanto, el área del estanque es ☐ pies cuadrados.

Manos a la obra: Actividad 2

Otra manera de estimar el área de una figura irregular es separar la figura en formas más simples. Luego, halla la suma de las áreas.

Paso 1 Primero, separa la figura en un triángulo y un rectángulo.

Paso 2 Halla el área de las figuras.

Área de un triángulo

$A = \frac{1}{2}bh$

$= \frac{1}{2} \cdot 200 \cdot 311$ $b = 300 - 100$, o 200
$h = 481 - 170$, o 311

$= 31,100$ Simplifica.

Área del rectángulo

$A = \ell a$

$= 300 \cdot 170$ o 51,000 $\ell = 300$ y $a = 170$

Paso 3 Suma para hallar el área total.

$\boxed{} + \boxed{} = \boxed{}$

El área de Idaho es aproximadamente $\boxed{}$ millas cuadradas.

Investigar

Colabora

PM Usar las herramientas matemáticas Trabaja con un compañero o una compañera para estimar las áreas de las figuras irregulares.

1. $A \approx$ _____

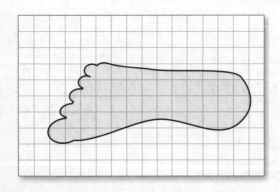

2. $A \approx$ _____

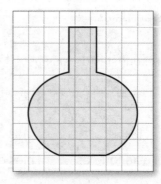

Investigar

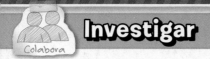

Trabaja con un compañero o una compañera para estimar las figuras irregulares.

3. $A \approx$ _____

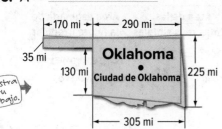

170 mi   290 mi

35 mi

Oklahoma

130 mi

● **Ciudad de Oklahoma**

225 mi

305 mi

muestra tu trabajo.

4. $A \approx$ _____

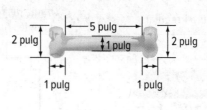

5 pulg

2 pulg   1 pulg   2 pulg

1 pulg   1 pulg

5. $A \approx$ _____

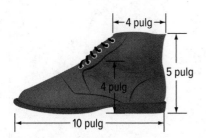

4 pulg

5 pulg

4 pulg

10 pulg

6. $A \approx$ _____

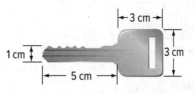

3 cm

1 cm   3 cm

5 cm

7. $A \approx$ _____

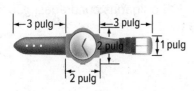

3 pulg   3 pulg

2 pulg   1 pulg

2 pulg

8. $A \approx$ _____

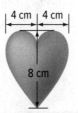

4 cm   4 cm

8 cm

9. $A \approx$ _____

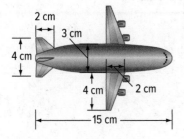

2 cm

3 cm

4 cm

4 cm   2 cm

15 cm

10. $A \approx$ _____

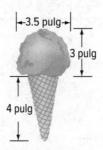

3.5 pulg

3 pulg

4 pulg

Analizar y pensar

Trabaja con un compañero o una compañera para completar la tabla. El primero está hecho y te servirá de ejemplo.

Figura irregular	Dibuja las formas más simples que puedas	Área de las formas más simples	Área estimada de la figura irregular
8 cm · 3 cm · 4 cm · 12 cm		$8 \times 3 = 24$ $12 \times 4 = 48$	72 centímetros cuadrados
11. 15 pulg · 6 pulg · EE.UU. · 20 pulg			
12. 4 cm · 4 cm · 7 cm · 5 cm · 9 cm			
13. 1 pulg · 2 pulg · 1 pulg · 2 pulg · 3 pulg · 6 pulg			

14. (PM) **Razonar de manera inductiva** Heather resuelve el Ejercicio 11 restando el área de dos triángulos al área de un rectángulo grande, y halla como respuesta 105 pulgadas cuadradas. ¿Cómo se compara la respuesta de Heather con tu respuesta del Ejercicio 11?

_____

_____

Crear

Por tu cuenta

15. (PM) **Representar con matemáticas** Dibuja una figura irregular. Escribe un problema sobre la figura. Luego, pide a un compañero que resuelve el problema.

_____

16. (Indagación) ¿CÓMO puedes estimar el área de una figura irregular?

_____

_____

_____

Área de figuras compuestas

Vocabulario inicial

Una **figura compuesta** es una figura formada por dos o más figuras de dos dimensiones. La figura compuesta que se muestra a la derecha está formada por dos rectángulos.

Dibuja una figura compuesta formada por un rectángulo y un triángulo rectángulo en el siguiente papel cuadriculado.

 Conexión con el mundo real

Piscinas Se muestran las dimensiones de la piscina de la ciudad.

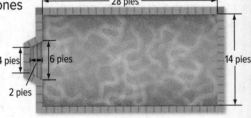

1. ¿Qué figuras de dos dimensiones se usan para hacer la forma de la piscina?

_____

_____

2. ¿Cómo puedes determinar el área de la piscina?

_____

_____

Pregunta esencial

¿CÓMO te ayudan las mediciones a resolver problemas de la vida cotidiana?

Vocabulario

figura compuesta

Common Core State Standards

Content Standards
6.G.1

PM Prácticas matemáticas
1, 2, 3, 4, 6, 7

¿Qué Prácticas matemáticas PM usaste?
Sombrea lo que corresponda.

① Perseverar con los problemas
② Razonar de manera abstracta
③ Construir un argumento
④ Representar con matemáticas
⑤ Usar las herramientas matemáticas
⑥ Prestar atención a la precisión
⑦ Usar una estructura
⑧ Usar el razonamiento repetido

Hallar el área de una figura compuesta

Para hallar el área, puedes descomponer los trapecios en un cuadrado y un triángulo.

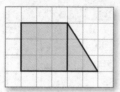

Área del cuadrado

$A = \ell \cdot a$

$A = 3 \cdot 3$, o 9

Área del triángulo

$A = \frac{1}{2}bh$

$A = \frac{1}{2}(2)(3)$, o 3

Luego, suma el área del cuadrado y el área del triángulo para hallar el área del trapecio. El área del trapecio es 9 + 3, o 12 unidades cuadradas.

Puedes hallar el área de una figura compuesta usando la misma estrategia. Para hallar el área de una figura compuesta, sepárala en figuras con áreas que sepas cómo hallar. Luego, suma esas áreas.

Ejemplo

Tutor

1. **Halla el área de la figura de la derecha.**

La figura se puede separar en un rectángulo y un triángulo. Halla el área de las dos figuras.

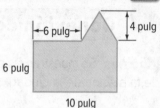

Área del rectángulo

Área del triángulo

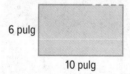

$A = \ell a$

$A = 10 \cdot 6$, o 60

$A = \frac{1}{2}bh$

$A = \frac{1}{2}(4)(4)$, o 8

La base del triángulo es 10 − 6, o 4 pulgadas.

El área es 60 + 8, o 68 pulgadas cuadradas.

¿Entendiste? **Resuelve estos problemas para comprobarlo.**

Halla el área de las figuras.

a.

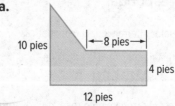

b.

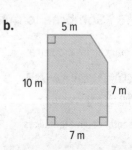

a. _____

b. _____

Ejemplo

Tutor

2. **Halla el área de la piscina.**

Separa la figura en un
rectángulo y un
trapecio.

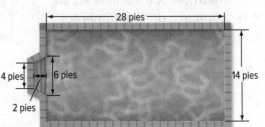

Rectángulo: 28 × 14, o 392

Trapecio: $\frac{1}{2}(2)(4 + 6)$, o 10

Por lo tanto, el área de la
piscina es 392 + 10, o 402 pies cuadrados.

¿Entendiste? **Resuelve este problema para comprobarlo.**

Muestra
tu
trabajo.

c.

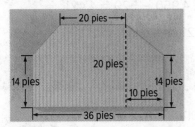

c. _____

Hallar el área de figuras superpuestas

Para hallar el área de las figuras superpuestas, descompón las figuras.

Ejemplo

Tutor

3. **Halla el área de la figura de la derecha.**

Cuadrado: 12 × 12, o 144

Rectángulo: 15 × 12, o 180

La suma de las áreas: 144 + 180, o 324

Área superpuesta: 6 × 7, o 42

Resta el área superpuesta. 324 − 42 = 282

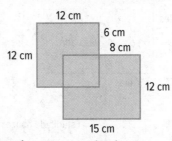

Por lo tanto, el área de la figura es 282 centímetros cuadrados.

¿Entendiste? **Resuelve este problema para comprobarlo.**

Responder con precisión

Cuando se busca el área de
las figuras superpuestas, es
importante no contar dos
veces el área de la parte
que se superpone.

d.

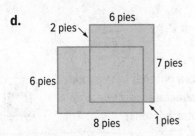

d. _____

Ejemplo

4. **Charlie y su hermano Matthew son vecinos en un complejo de apartamentos donde comparten un patio. ¿Cuál es el área de los dos apartamentos y el patio?**

Cada apartamento:
55×45, o 2,475

La suma de las áreas:
$2{,}475 + 2{,}475$, o 4,950

Patio: 23×23, o 529

Resta el área que se superpone. $4{,}950 - 529 = 4{,}421$

Por lo tanto, el área total es 4,421 pies cuadrados.

Práctica guiada

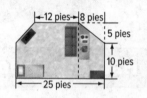

1. El gerente de un complejo de apartamentos instalará una alfombra nueva en un apartamento de un ambiente. A la derecha se muestra el plano del apartamento. ¿Cuál es el área que se tiene que alfombrar? (Ejemplos 1 y 2)

Muestra tu trabajo.

2. En el gimnasio de Finn, se puede entrar al vestuario tanto desde el estudio de danzas como desde el salón de pesas. ¿Cuál es el área del gimnasio de Finn? (Ejemplos 3 y 4)

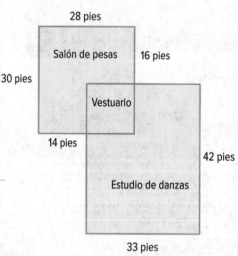

¡Califícate!

¿Estás listo para seguir? Sombrea lo que corresponda.

Tengo algunas dudas.

Estoy listo para seguir.

Tengo muchas dudas.

Para obtener más ayuda, conéctate y accede a un tutor personal.

3. 🄟 **Desarrollar la pregunta esencial** ¿Cómo puedes descomponer figuras para hallar el área?

Práctica independiente

Conéctate para obtener las soluciones de varios pasos.

Ayuda en línea

Halla el área de las figuras. Redondea a la décima más cercana si es necesario. (Ejemplo 1)

1 _____

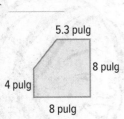

5.3 pulg
8 pulg
4 pulg
8 pulg

Muestra tu trabajo.

2. _____

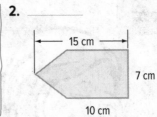

15 cm
7 cm
10 cm

3. Se muestra a la derecha el plano de una cocina. Si se colocan baldosas en el suelo de la cocina, ¿cuántos pies cuadrados de baldosas se necesitarán? (Ejemplo 2)

_____

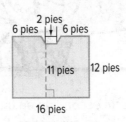

2 pies
6 pies · 6 pies
11 pies · 12 pies
16 pies

4. Las maestras Friedman y Elliot enseñan matemáticas en sexto grado. Comparten un cuarto para almacenar. ¿Cuál es el área total de los dos salones y el cuarto para almacenar? (Ejemplos 3 y 4)

_____

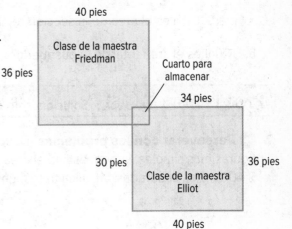

40 pies

Clase de la maestra Friedman

36 pies

Cuarto para almacenar

34 pies

30 pies

Clase de la maestra Elliot

36 pies

40 pies

5 El diagrama muestra un lado de un granero.

a. Este lado necesita pintura. Halla el área total que se debe

pintar. _____

Muestra tu trabajo.

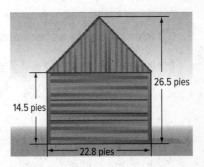

26.5 pies
14.5 pies
22.8 pies

b. Cada galón de pintura cuesta $20 y cubre 350 pies cuadrados. Halla el costo total para pintar este lado una vez. Justifica tu

respuesta. _____

_____

_____

6. **(PM) Razonar de manera abstracta** Consulta la siguiente historieta para resolver los Ejercicios **a** y **b**.

Tenemos que hallar el área total en donde tenemos que buscar.

a. La primera clave está escondida en una sección triangular del parque con un área de 600 pies cuadrados. La segunda clave está escondida en una sección rectangular con una altura de 30 pies y un ancho de 24 pies. ¿Cuál es el área de la sección rectangular? _____

b. ¿Cuál es el área total de la búsqueda? _____

Problemas S.O.S. Soluciones de orden superior

7. **(PM) Perseverar con los problemas** Describe cómo separar la figura en figuras más simples. Luego, estima el área. Una unidad cuadrada es igual a 2,400 millas cuadradas. Justifica tu respuesta.

NEVADA

_____

_____

_____

8. **(PM) Identificar la estructura** Describe cómo podrías hallar el área de la figura que se muestra a la derecha. _____

_____

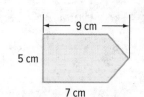

9 cm

5 cm

7 cm

9. **(PM) Hacer una conjetura** Consulta la figura compuesta de la derecha. Realiza una conjetura sobre cómo el área de una figura compuesta cambia si las dimensiones dadas se duplican. Luego, comprueba tu conjetura duplicando las dimensiones y hallando el área.

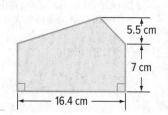

5.5 cm

7 cm

16.4 cm

_____

_____

Más práctica

Halla el área de las figuras. Redondea a la décima más cercana si es necesario.

10. 69.5 pies^2

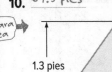

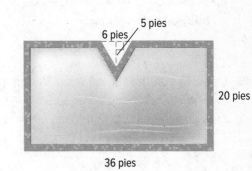

1.3 pies

8 pies   4.3 pies

$A = \frac{1}{2}(8)(11.3) = 45.2$

$A = \frac{1}{2}(4.3)(11.3) \approx 24.3$

$45.2 + 24.3 = 69.5$

11. _____

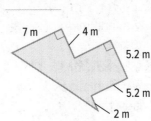

7 m   4 m

5.2 m

5.2 m

2 m

12. El diagrama da las dimensiones de una piscina. Si se necesita una cubierta para la piscina, ¿cuál será el área aproximada de la cubierta? _____

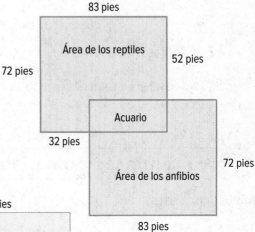

5 pies

6 pies

20 pies

36 pies

13. En el zoológico local, el acuario se puede ver desde el área de los reptiles y desde el área de los anfibios. ¿Cuál es el área total de las dos áreas y el acuario?

_____

83 pies

Área de los reptiles

52 pies

72 pies

Acuario

32 pies

Área de los anfibios

72 pies

83 pies

14. **PM Perseverar con los problemas**
El diagrama muestra una pared de la habitación de Sadie.

a. Hay que pintar la habitación. Halla el área total a pintar.

_____

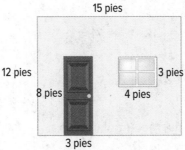

15 pies

12 pies

8 pies

3 pies

4 pies

3 pies

b. Cada cuarto de pintura cuesta $8 y cubre 90 pies cuadrados. Halla el costo total para pintar la pared una vez. Justifica tu respuesta.

_____

_____

_____

15. Una ventana tiene las dimensiones que se muestran. Determina si los enunciados son verdaderos o falsos.

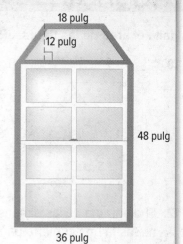

18 pulg
12 pulg
48 pulg
36 pulg

a. El área de la sección con forma de trapecio de la ventana mide 648 pulgadas cuadradas. ☐ Verdadero ☐ Falso

b. El área de la sección con forma rectangular de la ventana mide 1,728 pulgadas cuadradas. ☐ Verdadero ☐ Falso

c. El área de la ventana mide 2,376 pulgadas cuadradas. ☐ Verdadero ☐ Falso

16. La parte sombreada de la cuadrícula representa el plano de un estanque para peces. Cada cuadrado de la cuadrícula representa 5 pies cuadrados. Completa las casillas para completar los enunciados.

a. Hay ⬚ cuadrados llenos en el estanque. Esto representa un área de ⬚ pies cuadrados.

b. Hay ⬚ cuadrados por la mitad en el estanque. Esto representa un área de ⬚ pies cuadrados.

c. ¿Cuál es el área total del estanque para peces? ⬚

CCSS **Estándares comunes: Repaso en espiral**

Multiplica. 5.NBT.5

17. 36 × 12 = _____

18. 15 × 71 = _____

19. 72 × 200 = _____

20. Halla el volumen de un prisma rectangular. 5.MD.5b

_____

_____

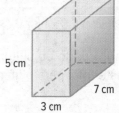

5 cm
7 cm
3 cm

21. Caminar quema aproximadamente 144 calorías cada media hora. ¿Cuántas calorías quemará una persona si camina 3 días a la semana por una hora? 4.OA.3 _____

_____

PROFESIÓN DEL SIGLO XXI
en planificación comunitaria

Planificador de parques y recreación

¿Te gusta pensar cómo lucirá tu comunidad en 10 años? Si es así, una profesión como la de planificador de parques y recreación podría ser perfecta para ti. La mayoría de los planificadores trabajan para los gobiernos locales. Evalúan el mejor uso de los espacios verdes, y crean planes, a corto y largo plazo, para los parques y las áreas de recreación. Realizan recomendaciones basadas en la ubicación de caminos, escuelas y áreas residenciales. Un planificador de parques y recreación utiliza las matemáticas, las ciencias y los programas de computación.

PREPARACIÓN
Profesional & Universitaria

Explora profesiones y la universidad en ccr.mcgraw-hill.com.

¿Es esta profesión para ti?

¿Te interesa la profesión de planificador de parques y recreación? Cursa alguna de las siguientes materias en la escuela preparatoria.

◆ Economía
◆ Diseño ambiental
◆ Geometría

Averigua cómo se relacionan las matemáticas con una profesión en planificación comunitaria.

⒫ᴹ Parques y recreación

Para los problemas, usa la información de los diseños.

1. ¿Cuál es el área del parque infantil en el Diseño 2?

   _____

2. En el Diseño 2, ¿cuánto más tiene de largo el campo de fútbol en comparación con el

   parque infantil? _____

3. En el Diseño 1, el anfiteatro tiene un escenario. ¿Cuál es el área del anfiteatro sin el

   escenario? _____

4. El costo de la construcción del anfiteatro incluyendo al escenario es $225 por yarda cuadrada. El presupuesto para la construcción del anfiteatro es $65,000. ¿Está dentro del presupuesto? Explica tu respuesta.

   _____

   _____

   _____

   _____

Diseño 1

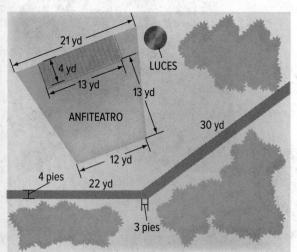

Diseño 2

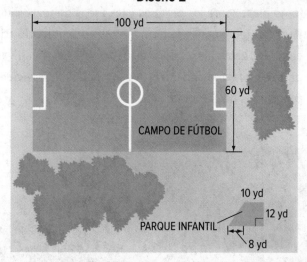

⒫ᴹ Proyecto profesional

Es hora de actualizar tu carpeta de profesiones. El departamento de parques y recreación de la ciudad de Nueva York tiene un juego en línea gratuito llamado "Juego Park Planner Game". Ve al sitio para crear tu propio parque con árboles, campos deportivos, y caminos, mientras tratas de estar dentro del presupuesto.

_____

_____

_____

¿Algo que realmente quieras hacer en diez años?

• _____

• _____

• _____

• _____

• _____

Repaso del capítulo

Comprobación del vocabulario

Ordena las letras de las palabras clave.

SEBA ☐☐☐☐

AATLUR ☐☐☐☐☐☐

ÍGONPLOO ☐☐☐☐☐☐☐☐

PRLAEORGALOMA ☐☐☐☐☐☐☐☐☐☐☐☐☐

MOBOR ☐☐☐☐☐

TCEOUGRNEN ☐☐☐☐☐☐☐☐☐

UGFIAR AOUCPSTME ☐☐☐☐☐☐ ☐☐☐☐☐☐☐☐☐

ÓLAFRMU ☐☐☐☐☐☐☐

Completa las oraciones usando una de las palabras de arriba.

1. Un _____ es una figura cerrada formada por tres o más segmentos de recta.

2. La distancia más corta desde la base de un paralelogramo a su lado opuesto es

   la _____ .

3. Un _____ es un cuadrilátero con lados opuestos paralelos y lados congruentes.

4. Cualquier lado de un paralelogramo es una _____ .

5. Un paralelogramo con cuatro lados congruentes es un _____ .

6. Si dos formas tienen las mismas medidas, son _____ .

7. Una figura formada por triángulos, cuadriláteros y otras figuras de dos dimensiones

   es una _____ .

8. Una _____ es una ecuación que muestra una relación entre ciertas cantidades.

Usa los FOLDABLES

Usa tu modelo de papel como ayuda para repasar el capítulo.

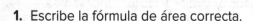
Pégalo
aquí.

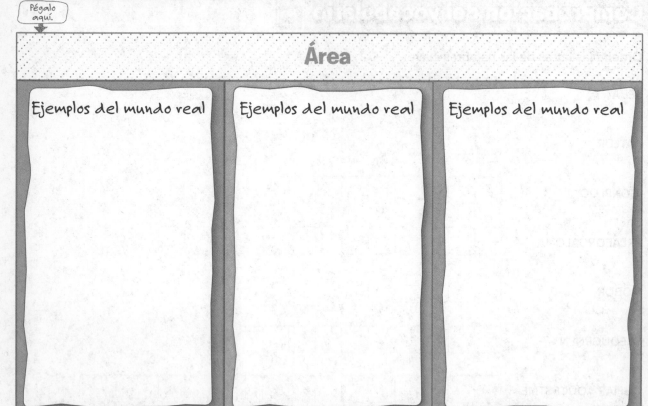

Área

Ejemplos del mundo real | Ejemplos del mundo real | Ejemplos del mundo real

¿Entendiste?

Une las expresiones con los pasos correctos para hallar el área del trapecio.

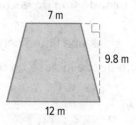

7 m

9.8 m

12 m

1. Escribe la fórmula de área correcta.

2. Reemplaza h con 9.8.

3. Reemplaza b_1 con 7, y reemplaza b_2 con 12.

4. Suma.

5. Multiplica.

a. $A = \frac{1}{2}(9.8)(b_1 + b_2)$

b. $A = \frac{1}{2}bh$

c. $A = \frac{1}{2}(9.8)(19)$

d. $A = \frac{1}{2}h(b_1 + b_2)$

e. $A = 93.1$

f. $A = \frac{1}{2}(9.8)(7 + 12)$

¡Repaso! Tarea para evaluar el desempeño

En el campo

La familia Hernández tiene la granja que se muestra.

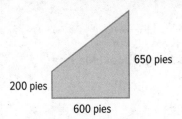

650 pies

200 pies

600 pies

Escribe tu respuesta en una hoja aparte. Muestra tu trabajo para recibir la máxima calificación.

Parte A
La casa de la granja mide 45 pies por 38 pies, un área arbolada cubre 118 pies por 60 pies, y el patio del frente tiene 78 pies por 40 pies. El resto de la tierra se cultiva. ¿Cuántos acres de tierra se cultivan? Redondea al décimo más cercano. Explica tu respuesta. (*Pista*: 1 acre = 43,560 pies cuadrados)

Parte B
Cuesta $0.05 por pie cuadrado sembrar 4 acres. El resto de la tierra de la granja está sembrada con césped para pastoreo de animales. Sembrar césped cuesta $0.03 por pie cuadrado. ¿Cuál es el costo total de sembrar la tierra de la granja?

Parte C
Grafica los vértices del terreno en un plano de coordenadas. Los vértices son: (4, 3), (9, 3), (9, 8) y (4, 5). También hay un camino que va desde (4, 3) hacia el oeste, donde se intersecta con la carretera principal en (0, 3). Determina la longitud del camino desde la carretera principal hasta el límite al este del campo. Explica cómo obtuviste tus respuestas.

Reflexionar

 Responder la pregunta esencial

Usa lo que aprendiste acerca del área para completar el organizador gráfico. Haz una lista de varios ejemplos del mundo real para las figuras.

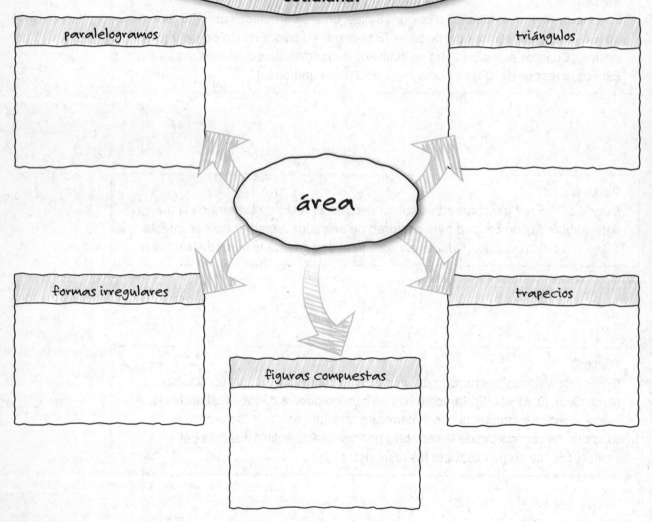

Pregunta esencial

¿CÓMO te ayudan las mediciones a resolver problemas de la vida cotidiana?

| paralelogramos | triángulos |

área

| formas irregulares | trapecios |

figuras compuestas

 Responder la pregunta esencial ¿CÓMO te ayudan las mediciones a resolver problemas de la vida cotidiana?

_____

_____

Capítulo 10
Volumen y área total

Pregunta esencial

¿POR QUÉ la forma es importante para medir una figura?

Common Core State Standards

Content Standards
6.G.2, 6.G.4

(PM) Prácticas matemáticas
1, 2, 3, 4, 5, 6, 7, 8

Matemáticas en el mundo real

Acuarios Las figuras de dos dimensiones tienen área, mientras que las figuras de tres dimensiones tienen volumen y área total.

Una pecera de 20 galones puede medir 24 pulgadas de ancho, 12 pulgadas de profundidad y 16 pulgadas de alto. ¿Cuál es el área de la base de la pecera?

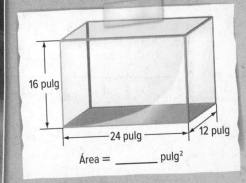

16 pulg

24 pulg — 12 pulg

Área = _____ pulg²

FOLDABLES
Ayudas de estudio

1 Recorta el modelo de papel de la página FL11 de este libro.

2 Pega tu modelo de papel en la página 794.

3 Usa el modelo de papel en todo este capítulo como ayuda para aprender sobre el volumen y el área total.

Vocabulario

altura inclinada	prisma
área total	prisma rectangular
base	prisma triangular
cara lateral	unidades cúbicas
figura de tres dimensiones	vértice
pirámide	volumen

Repaso del vocabulario

Usar un organizador gráfico te puede ayudar a recordar los términos de vocabulario importantes. Completa el organizador gráfico de abajo para el término *figura de dos dimensiones*.

figura de dos dimensiones

Definición

Ejemplos del mundo real

Dibujos

El número de unidades cuadradas que se necesitan para cubrir la superficie de una figura cerrada se llama _____.

Haz una lista de tres cosas que ya sabes acerca del volumen y el área total en la primera sección. Luego, haz una lista de tres cosas que te gustaría aprender acerca del volumen y el área total en la segunda sección.

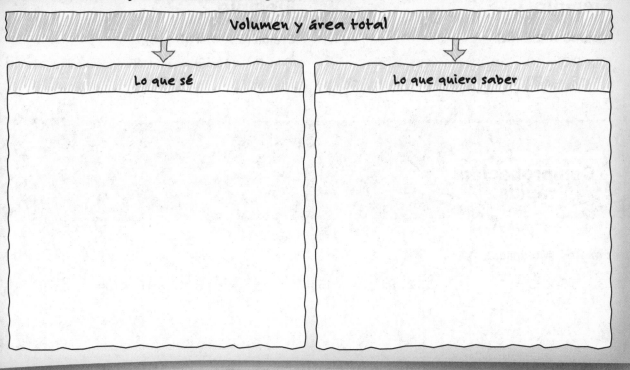

Volumen y área total

Lo que sé	Lo que quiero saber

¿Cuándo usarás esto?

Aquí tienes algunos ejemplos de cómo se usan las figuras de tres dimensiones en el mundo real.

Actividad 1 Cuando vas a ver una película, ¿compras palomitas de maíz? Si compras, ¿basas tu decisión en el costo de las palomitas o en el tamaño del recipiente?

Pilar y Amanda en *Problema de palomitas*

_____

_____

_____

Actividad 2 Conéctate en connectED.mcgraw-hill.com para leer la historieta **Problema de palomitas**. ¿Cuáles son las dimensiones de cada recipiente de palomitas?

_____

 **Antes de seguir...**

Resuelve los ejercicios de la sección
Comprobación rápida o conéctate
para hacer la prueba de preparación.

 Comprueba

CCSS **Repaso rápido**

Repaso de los estándares comunes 5.OA.1, 5.NBT.5, 5.NBT.7

Ejemplo 1

Halla 16 × 2.5 × 8.

16 × 2.5 = 40   Multiplica 16 por 2.5.

40 × 8 = 320   Multiplica el producto por 8.

Ejemplo 2

Evalúa (6 × 4) + (3 × 5).

(6 × 4) + (3 × 5) = 24 + 15   Multiplica.

= 39   Suma.

Comprobación rápida

Decimales **Multiplica.**

1. 3 × 5.5 × 13 = _____

2. 9.8 × 4 × 15 = _____

3. 18 × 1.6 × 6 = _____

 Muestra tu trabajo.

4. Dante ganó $7.25 por cada hora que trabajó. Si trabajó 8 horas por semana durante 4 semanas, ¿cuánto ganó?

_____

Expresiones numéricas **Evalúa las expresiones.**

5. (3 × 12) + (4 × 2) = _____

6. (9 × 7) + (6 × 4) = _____

7. (15 × 3) + (8 × 7) = _____

 ¿Cómo te fue?

Sombrea los números de los ejercicios de la sección Comprobación rápida que resolviste correctamente.

 1   **2**   **3**   **4**   **5**   **6** **7**

Laboratorio de indagación

Volumen de prismas rectangulares

Content Standards
6.G.2

Prácticas matemáticas
1, 3, 4

 ¿CÓMO puedes usar modelos para hallar el volumen?

Desmond está por comprar un armario para guardar cosas. El armario mide 2 pies de ancho, 3 pies de largo y 6 pies de alto. ¿Cuál es el volumen del armario?

Manos a la obra: Actividad 1

Puedes usar cubos de 1 centímetro para hallar el *volumen* del armario. El volumen es la cantidad de espacio que hay dentro de una figura de tres dimensiones. El volumen se mide en *unidades cúbicas*. Cada cubo de tu modelo representa 1 pie cúbico.

Paso 1 Construye un modelo que mida 2 cubos de ancho, 3 cubos de largo y 6 cubos de alto.

Paso 2 Cuenta el número de cubos que usaste para construir el modelo. En el modelo se usan ☐ cubos.

Por lo tanto, el volumen del armario es ☐ pies cúbicos.

Halla el producto de las dimensiones del armario.

☐ × ☐ × ☐ = ☐

El producto es _____ que el volumen.

Trabaja con un compañero. Usa 36 cubos. Construye todos los prismas posibles que tengan un volumen de 36 unidades cúbicas. Haz una lista de las dimensiones abajo. Usa cada conjunto de factores una sola vez.

☐ × ☐ × ☐ = 36   ☐ × ☐ × ☐ = 36

☐ × ☐ × ☐ = 36   ☐ × ☐ × ☐ = 36

☐ × ☐ × ☐ = 36   ☐ × ☐ × ☐ = 36

☐ × ☐ × ☐ = 36   ☐ × ☐ × ☐ = 36

Manos a la obra: Actividad 2

Puedes hallar el volumen de prismas rectangulares con longitudes de lado fraccionarias.

Paso 1 El modelo de la derecha mide _____ cubos de largo,

_____ cubo de ancho y _____ cubo de alto.

Paso 2 Cuenta el número de cubos que usaste para construir el modelo.

En el modelo se usan _____ cubos.

Por lo tanto, el volumen del modelo es _____ pies cúbicos.

Compara el producto de las dimensiones del prisma con su volumen.

_____ × _____ × _____ = _____

Son _____ .

Manos a la obra: Actividad 3

Puedes usar cubos de caramelo para hallar el volumen de prismas rectangulares con lados fraccionarios.

Paso 1 Corta un caramelo en dos mitades.

Paso 2 Haz un modelo que mida $2\frac{1}{2}$ cubos de largo, 2 cubos de ancho y 1 cubo de alto. Haz un dibujo de tu modelo.

Paso 3 Cuenta el número de cubos que usaste para construir el modelo. En el modelo se usan _____ cubos enteros y _____ mitades de cubo. Dos mitades es igual a un entero. Por lo tanto, se usaron _____ cubos en total.

Por lo tanto, el volumen del prisma es _____ unidades cúbicas.

Compara el producto de las dimensiones del prisma con su volumen.

_____ × _____ × _____ = _____

Son _____ .

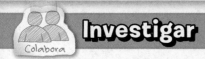

Investigar

PM Representar con matemáticas Trabaja con un compañero o una compañera. Usa modelos para hallar el volumen de los prismas. Haz un diagrama de los modelos en el espacio dado.

1. largo: 1
alto: 1
ancho: 1
volumen: _____

Muestra tu trabajo.

2. largo: 2
alto: 4
ancho: 1
volumen: _____

3. largo: 3
alto: 4
ancho: 2
volumen: _____

4. largo: $\frac{1}{2}$
alto: 1
ancho: 1
volumen: _____

5. largo: $2\frac{1}{2}$
alto: 4
ancho: 1
volumen: _____

6. largo: $3\frac{1}{2}$
alto: 2
ancho: 2
volumen: _____

Trabaja con un compañero para completar la tabla. Usa modelos si es
necesario. La primera fila está hecha y te servirá de ejemplo.

Prisma	Alto (unidades)	Largo (unidades)	Ancho (unidades)	Volumen (unidades^3)
A	6	3	2	36
7. B	$2\frac{1}{2}$	$1\frac{1}{2}$	2	
8. C	5	$1\frac{1}{2}$	2	
9. D	2	5	$1\frac{1}{2}$	
10. E	5	3	4	

11. Compara las dimensiones del prisma *C* con las dimensiones del prisma *D*.
Compara el volumen de los dos prismas. ¿Qué observas?

_____

12. El largo y el ancho de los prismas *B* y *C* son iguales. Compara la altura de los
dos prismas. ¿Cómo afecta el cambio en la altura al cambio en el volumen?

_____

13. Compara las dimensiones del prisma *B* con las dimensiones del prisma *E*.
Compara el volumen de los dos prismas. ¿Qué observas?

_____

14. (PM) **Razonar de manera inductiva** Describe la relación entre el número de
cubos que se necesitan y las dimensiones del prisma.

_____

Crear

Por tu cuenta

15. (PM) **Representar con matemáticas** Escribe un problema del mundo real
relacionado con el volumen de prismas rectangulares. Incluye las dimensiones y

el volumen del prisma rectangular en tu respuesta. _____

_____

16. (indagación) ¿CÓMO puedes usar modelos para hallar el volumen?

_____

_____

Volumen de prismas rectangulares

Vocabulario inicial

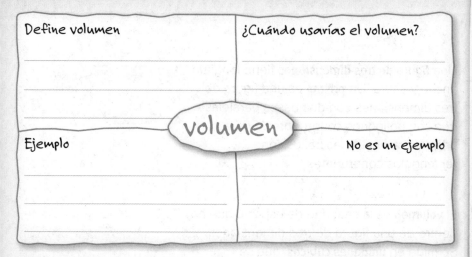

Define volumen	¿Cuándo usarías el volumen?
volumen	
Ejemplo	No es un ejemplo

 Pregunta esencial

¿POR QUÉ la forma es importante para medir una figura?

 Vocabulario

figura de tres dimensiones
prisma
prisma rectangular
volumen
unidades cúbicas

CCSS **Common Core State Standards**

Content Standards
6.G.2
PM Prácticas matemáticas
1, 3, 4, 5, 6, 7

 ## Conexión con el mundo real

 Observa ▶

Pecera Se muestran las dimensiones de una pecera.

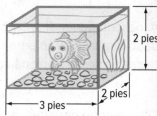

2 pies
2 pies
3 pies

1. ¿Cuál es el área de la base de la pecera? _____

2. ¿Cuál es la altura de la pecera? _____

3. Completa los espacios en blanco para hallar el volumen.

_____ × _____ × _____ = 12 pies³
  largo   ancho   alto

 ¿Qué Prácticas matemáticas PM usaste?
Sombrea lo que corresponda.

① Perseverar con los problemas   ⑤ Usar las herramientas matemáticas
② Razonar de manera abstracta   ⑥ Prestar atención a la precisión
③ Construir argumentos   ⑦ Usar una estructura
④ Representar con matemáticas   ⑧ Usar el razonamiento repetido

Volumen de un prisma rectangular

Dato   El volumen V de un prisma rectangular es el producto de su largo ℓ, su ancho a y su altura h.

Símbolos $V = \ell a h$, o $V = Bh$

Modelo

Una **figura de tres dimensiones** tiene longitud, ancho y altura. Un **prisma** es una figura de tres dimensiones con dos bases paralelas que son polígonos congruentes. En un **prisma rectangular**, las bases son rectángulos congruentes.

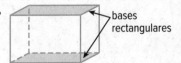

bases rectangulares

El **volumen** es la cantidad de espacio que hay dentro de una figura de tres dimensiones. Se mide en **unidades cúbicas**, que se pueden escribir usando abreviaturas y un exponente de 3, como unidades^3 o pulg^3.

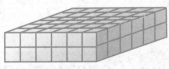

Al descomponer el prisma obtienes el número de cubos de un tamaño dado que se usarán para completar el prisma. El volumen de un prisma rectangular se relaciona con sus dimensiones: largo, ancho y altura.

Otro método para descomponer un prisma rectangular es hallar el área de la base (B) y multiplicarla por la altura (h).

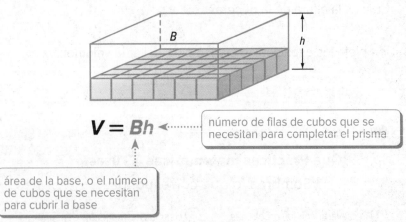

$$V = Bh$$

número de filas de cubos que se necesitan para completar el prisma

área de la base, o el número de cubos que se necesitan para cubrir la base

Cubos

Los cubos son prismas rectangulares especiales. Las tres longitudes de lado son iguales. Por lo tanto, el volumen de un cubo se puede escribir usando la fórmula $V = l^3$.

Ejemplo

1. **Halla el volumen del prisma rectangular.**

B, o el área de la base, es 10 × 12, o 120 centímetros cuadrados. La altura del prisma es 6 centímetros.

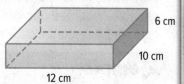

6 cm

10 cm

12 cm

$V = Bh$ Volumen del prisma rectangular

$V = \mathbf{120} \times \mathbf{6}$ Sustituye B por 120 y h por 6.

$V = 720$ Multiplica.

El volumen es 720 centímetros cúbicos.

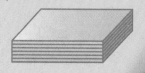

Descomponer figuras

Puedes pensar en el volumen del prisma como formado por seis capas congruentes. Cada capa contiene el área de la base, 120 cm², multiplicada por la altura de 1 cm.

¿Entendiste? **Resuelve estos problemas para comprobarlo.**

a.

5 pulg

5 pulg

5 pulg

b.

6 pies

4 pies

10 pies

Muestra tu trabajo.

a. _____

b. _____

 El mundo real

Ejemplo

2. **Una caja de cereal tiene las dimensiones que se muestran. ¿Cuál es el volumen de la caja de cereal?**

8 pulg

Cereal

$12\frac{1}{2}$ pulg

$3\frac{1}{4}$ pulg

Estima. 10 × 3 × 10 = 300

$V = \ell ah$

Volumen de un prisma rectangular.

$V = 8 \times 3\frac{1}{4} \times 12\frac{1}{2}$

Sustituye ℓ por 8, a por $3\frac{1}{4}$ y h por $12\frac{1}{2}$.

$V = \frac{\overset{1}{\cancel{8}}}{1} \times \frac{13}{\underset{1}{\cancel{4}}} \times \frac{25}{\underset{1}{\cancel{2}}}$

Escribe los factores como fracciones impropias. Luego, cancela los factores comunes.

$V = \frac{325}{1}$, o 325   Multiplica.

El volumen de la caja es 325 pulgadas cúbicas.

Comprueba si es razonable. 325 ≈ 300 ✔

¿Entendiste? **Resuelve este problema para comprobarlo.**

c. Halla el volumen de un recipiente que mide 4 pulgadas de largo, 5 pulgadas de alto y $8\frac{1}{2}$ pulgadas de ancho.

c. _____

Hallar dimensiones que faltan

Para hallar dimensiones que faltan de un prisma rectangular, sustituye las variables por medidas conocidas. Luego resuelve para hallar el valor de la medida desconocida.

Ejemplo

3. **Halla la dimensión del prisma que falta.**

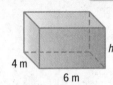

$V = \ell ah$	Volumen del prisma rectangular
$84 = 6 \times 4 \times h$	Sustituye V por 84, ℓ por 6, y a por 4.
$84 = 24h$	Multiplica.
$\dfrac{84}{24} = \dfrac{24h}{24}$	Divide cada lado entre 24.
$3.5 = h$	Simplifica.

4 m
6 m
h
$V = 84\ m^3$

La altura del prisma es 3.5 metros.

Comprueba. $6 \times 4 \times 3.5 = 84$ ✓

¿Entendiste? **Resuelve este problema para comprobarlo.**

d. _____

d. $V = 94.5\ km^3,\ \ell = 7\ km,\ h = 3\ km,\ a = ?$

Muestra tu trabajo.

Práctica guiada

1. Un lavabo para cocinas rectangular mide 25.25 pulgadas de largo, 19.75 pulgadas de ancho y 10 pulgadas de profundidad. Halla la cantidad de agua

Muestra tu trabajo.

que puede contener el lavabo. (Ejemplos 1 y 2) _____

2. Halla la dimensión que falta de un prisma rectangular con un volumen de 126 centímetros cúbicos, un ancho de $7\frac{7}{8}$ centímetros y una altura de 2 centímetros. (Ejemplo 3) _____

3. ℮ **Desarrollar la pregunta esencial** ¿Por qué puedes usar la fórmula $V = \ell ah$, o $V = Bh$ para hallar el volumen de un prisma rectangular?

_____
_____
_____
_____

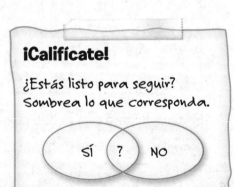

¡Califícate!

¿Estás listo para seguir? Sombrea lo que corresponda.

SÍ   ?   NO

Para obtener más ayuda, conéctate y accede a un tutor personal.

FOLDABLES ¡Es hora de que actualices tu modelo de papel!

Práctica independiente

Conéctate para obtener las soluciones de varios pasos.

Halla el volumen de los prismas. (Ejemplo 1)

1. _____

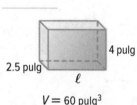

$4\frac{2}{5}$ m   3 m
10 m

muestra tu trabajo.

2. _____

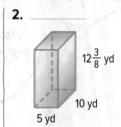

$12\frac{3}{8}$ yd
10 yd
5 yd

3 _____

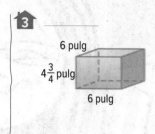

6 pulg
$4\frac{3}{4}$ pulg
6 pulg

4. Una caja de equipos de pesca mide 13 pulgadas de largo, 6 pulgadas de ancho y $2\frac{1}{2}$ pulgadas de alto. ¿Cuál es el volumen de la caja de equipos de pesca? (Ejemplo 2)

_____

5. Halla la longitud de un prisma rectangular con un volumen de 2,830.5 metros cúbicos, un ancho de 18.5 metros y una altura de 9 metros. (Ejemplo 3)

_____

Halla la dimensión que falta en los prismas. (Ejemplo 3)

6. _____

4 pulg
2.5 pulg
ℓ
$V = 60$ pulg^3

7. _____

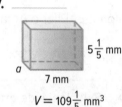

$5\frac{1}{5}$ mm
a
7 mm
$V = 109\frac{1}{5}$ mm^3

8. **PM** **Responder con precisión** En Japón, los granjeros crearon sandías con forma de prismas rectangulares. Halla el volumen en pulgadas cúbicas de una sandía con forma de prisma si su largo es 10 pulgadas, su ancho es $\frac{2}{3}$ pie y su altura es 9 pulgadas.

_____

9 El recipiente de vidrio que se muestra se llena hasta una altura de 2.25 pulgadas.

a. ¿Cuánta arena contiene actualmente el recipiente?

_____

b. ¿Cuánta más arena podría contener el recipiente antes de desbordarse? _____

c. ¿Qué porcentaje del recipiente está lleno con arena? _____

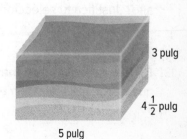

3 pulg
$4\frac{1}{2}$ pulg
5 pulg

10. (PM) **Identificar la estructura** Consulta la historieta de abajo para los ejercicios **a** a **c**.

a. Pilar escogió la caja de la izquierda. Si mide 8 pulgadas de largo, 8 pulgadas de ancho y 8 pulgadas de alto, ¿cuál es el volumen de la caja de Pilar?

_____

b. Amanda escogió la caja de la derecha. Si mide 8 pulgadas de largo, 6 pulgadas de ancho y 10 pulgadas de alto, ¿cuál es el volumen de la caja de Amanda?

_____

c. ¿Quién recibió más palomitas, Pilar o Amanda? ¿Cuánto más?

_____

Problemas S.O.S. Soluciones de orden superior

11. (PM) **Perseverar con los problemas** Consulta el prisma de la derecha. Si se duplican todas las dimensiones del prisma, ¿se duplicará el volumen? Explica tu razonamiento.

_____

_____

12. (PM) **Justificar las conclusiones** ¿Qué prisma tiene un volumen mayor: un prisma de 5 pulgadas de largo, 4 pulgadas de ancho y 10 pulgadas de alto o un prisma de 10 pulgadas de largo, 5 pulgadas de ancho y 4 pulgadas de alto? Justifica tu selección. _____

_____

13. (PM) **Representar con matemáticas** Escribe un problema del mundo real en el que debas hallar el volumen de un prisma rectangular. Resuelve tu problema.

_____

_____

Más práctica

Halla el volumen de los prismas.

14. 105.84 cm^3

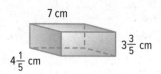

7 cm

$3\frac{3}{5}$ cm

$4\frac{1}{5}$ cm

$V = lah$

$V = 7 \times 4\frac{1}{5} \times 3\frac{3}{5}$

para área

$V = \frac{7}{1} \times \frac{21}{5} \times \frac{18}{5}$

$V = \frac{2,646}{25}$

$V = 105.84$

15. _____

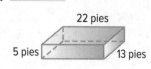

22 pies

5 pies   13 pies

16. _____

35.5 m   29.8 m

6.3 m

17. Halla el volumen de la jaula para mascotas que se muestra a la derecha.

_____

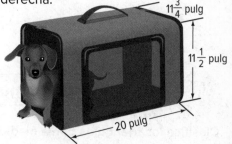

$11\frac{3}{4}$ pulg

$11\frac{1}{2}$ pulg

20 pulg

18. ¿Cuál es el ancho de un prisma rectangular con un largo de 13 pies, un volumen de 11,232 pies cúbicos y un alto de 36 pies?

_____

19. El cañón de Palo Duro mide 120 millas de largo, hasta 20 millas de ancho y tiene una profundidad máxima de más de 0.15 millas. ¿Cuál es el volumen aproximado de este cañón?

_____

20. **(PM) Usar las herramientas matemáticas** Usa la tabla de la derecha.

a. ¿Cuál es el volumen aproximado del camión pequeño?

_____

b. La familia Davis se está por mudar, y estiman que necesitarán un camión de unos 1,250 pies cúbicos. ¿Qué camión les convendría alquilar?

_____

c. Aproximadamente, ¿cuántos pies cúbicos mayor es el volumen del súper camión de mudanzas que el del camión de mudanzas de 2 dormitorios?

_____

_____

Dimensiones interiores de camiones de mudanzas			
Camión	**Largo (pies)**	**Ancho (pies)**	**Alto (pies)**
Camioneta	10	$6\frac{1}{2}$	6
Camión pequeño	$11\frac{1}{13}$	$7\frac{5}{12}$	$6\frac{3}{4}$
Camión de mudanzas de 2 dormitorios	$14\frac{1}{2}$	$7\frac{7}{12}$	$7\frac{1}{6}$
Camión de mudanzas de 3 dormitorios	$20\frac{5}{6}$	$7\frac{1}{2}$	$8\frac{1}{12}$
Súper camión de mudanzas	$22\frac{1}{4}$	$7\frac{7}{12}$	$8\frac{5}{12}$

21. El volumen del prisma rectangular que se muestra es 2,520 pulgadas cúbicas. Escribe en las casillas para completar los enunciados.

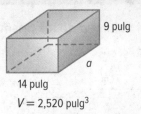

9 pulg

a

14 pulg

$V = 2{,}520$ pulg³

   a. Para hallar el ancho del prisma, divide ☐

      entre el producto de ☐ y ☐ .

   b. El ancho del prisma es ☐ pulgadas.

22. Una empresa que traslada mascotas está diseñando un nuevo tamaño de jaula. Mide 27 centímetros de largo y 7 centímetros de ancho, y tiene un volumen de 6,426 centímetros cúbicos. Selecciona los valores para completar la fórmula de abajo para hallar la altura *h* de la jaula.

| 7 |
| 27 |
| 6,426 |
| h |

☐ = ☐ × ☐ × ☐

¿Cuál es la altura de la jaula para mascotas? ☐

27 cm ← → 7 cm

Clasifica los triángulos por la medida de los ángulos. 5.G.4

23. _____

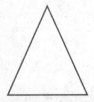

24. _____

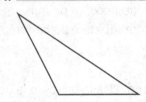

25. _____

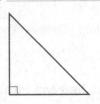

26. Dibuja la figura que sigue en el patrón de abajo. 4.OA.5, 4.G.2

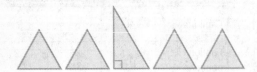

27. Se suelen usar triángulos en el diseño de puentes. Clasifica el triángulo que se muestra por la medida de sus lados. Explica tu respuesta. 5.G.4

_____

_____

Volumen de prismas triangulares

Campamento Ari tiene una carpa tipo canadiense como la que se muestra. La entrada de la carpa tiene una base y una altura de 6 pies. El largo de la carpa es 8 pies.

¿Cuál es el área de la cara triangular

del frente? _____

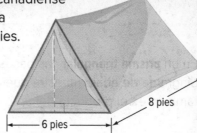

8 pies

6 pies

Colabora

En una hoja de papel cuadriculado, dibuja un triángulo rectángulo con una base y una altura de 4 unidades, como se muestra.

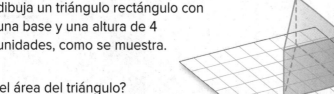

1. ¿Cuál es el área del triángulo?

_____

2. Imagina que cubres el triángulo con cubos del tamaño de un cuadrado del papel cuadriculado. ¿Cuántos cubos usarías? (*Pista*:

Puedes cortar y volver a armar los cubos). _____

3. ¿Cuántos cubos usarías si tuvieras 4 capas? _____

4. **Hacer una conjetura** Escribe una fórmula para hallar el volumen

de un prisma triangular. _____

Pregunta esencial

¿POR QUÉ la forma es importante para medir una figura?

Vocabulario

prisma triangular

Common Core State Standards

Content Standards
Extension of 6.G.2

PM Prácticas matemáticas
1, 3, 4, 6, 8

¿Qué **Prácticas matemáticas** usaste?
Sombrea lo que corresponda.

① Perseverar con los problemas
② Razonar de manera abstracta
③ Construir argumentos
④ Representar con matemáticas

⑤ Usar las herramientas matemáticas
⑥ Prestar atención a la precisión
⑦ Usar una estructura
⑧ Usar el razonamiento repetido

Volumen de un prisma triangular

Área de trabajo

		Modelo
Dato	El volumen *V* de un prisma triangular es el área de la base *B* por la altura *h*.	
Símbolos	$V = Bh$, donde *B* es el área de la base.	

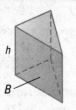

En un **prisma triangular**, las bases son triángulos congruentes. El diagrama de abajo muestra que el volumen de un prisma triangular también es el producto del área de la base *B* y la altura *h* del prisma.

altura del prisma

La base *B* es un triángulo.

Ejemplo

Tutor

1. Halla el volumen del prisma triangular.

El área del triángulo es $\frac{1}{2} \cdot 8 \cdot 10$, por lo tanto, *B* es $\frac{1}{2} \cdot 8 \cdot 10$.

$$V = Bh \qquad \text{Volumen de un prisma}$$

$$V = \left(\frac{1}{2} \cdot 8 \cdot 10\right)h \qquad \text{Sustituye } B \text{ por } \frac{1}{2} \cdot 8 \cdot 10.$$

$$V = \left(\frac{1}{2} \cdot 8 \cdot 10\right)13 \qquad \text{Sustituye } h \text{ por 13, la altura del prisma.}$$

$$V = 520 \qquad \text{Multiplica.}$$

El volumen es 520 metros cúbicos, o 520 m³.

Base

Antes de hallar el volumen de un prisma triangular, identifica la base. En el ejercicio b, la base no es el "fondo". La base es una de las caras paralelas.

Muestra tu trabajo.

¿Entendiste? Resuelve estos problemas para comprobarlo.

a.

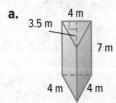

b.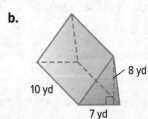

a. _____

b. _____

Ejemplo

Tutor

2. **Se muestra una rampa grande para patinetas. Halla el volumen del prisma triangular.**

La base es un triángulo con un largo de base de 10 pies y una altura de 7 pies. La altura del prisma es 4 pies.

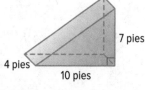

7 pies

4 pies

10 pies

$V = Bh$ Volumen de un prisma

$V = \left(\dfrac{1}{2} \cdot 10 \cdot 7\right)h$ Sustituye B por $\dfrac{1}{2} \cdot 10 \cdot 7$.

$V = \left(\dfrac{1}{2} \cdot 10 \cdot 7\right)4$ Sustituye h por 4, la altura del prisma.

$V = 140$ Multiplica.

El volumen es 140 pies cúbicos, o 140 pies^3.

¿Entendiste? **Resuelve este problema para comprobarlo.**

Muestra tu trabajo.

c. Halla el volumen de un modelo con forma de prisma triangular con una base de 32 centímetros cuadrados y una altura de 6 centímetros.

c. _____

Hallar dimensiones que faltan

Para hallar las dimensiones que faltan de un prisma triangular, sustituye las variables por las medidas conocidas. Luego, resuelve para hallar el valor de la medida desconocida.

Ejemplo

Tutor

3. **Halla la altura del prisma triangular.**

1 cm

0.3 cm

h

$V = 12$ cm^3

$V = Bh$ Volumen de un prisma

$V = \left(\dfrac{1}{2} \cdot 1 \cdot 0.3\right)h$ Sustituye B por $\dfrac{1}{2} \cdot 1 \cdot 0.3$.

$12 = \left(\dfrac{1}{2} \cdot 1 \cdot 0.3\right)h$ Sustituye V por 12.

$12 = 0.15h$ Multiplica.

$\dfrac{12}{0.15} = \dfrac{0.15h}{0.15}$ Divide a cada lado entre 0.15.

$80 = h$ Simplifica.

Por lo tanto, la altura del prisma es 80 cm.

¿Entendiste? **Resuelve este problema para comprobarlo.**

Halla la dimensión que falta en el prisma triangular.

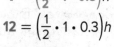
d. _____

d. $V = 55$ km^3, largo de la base = 2 km, altura de la base = 5 km, $h = ?$

Ejemplo

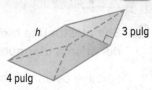

4. Dwane compró una cuña de queso para su fiesta loca de marzo. La cuña de queso tiene las dimensiones que se muestran. El volumen de la cuña de queso es 54 pulgadas cúbicas. ¿Cuál es la altura de la cuña de queso?

$V = Bh$ — Volumen de un prisma triangular

$54 = \left(\frac{1}{2} \cdot 3 \cdot 4\right)h$ — Sustituye V por 54 y B por $\frac{1}{2} \cdot 3 \cdot 4$.

$54 = 6h$ — Multiplica.

$\frac{54}{6} = \frac{6h}{6}$ — Divide cada lado entre 6.

$9 = h$ — Simplifica.

Por lo tanto, la altura de la cuña de queso es 9 pulgadas.

Práctica guiada

Halla el volumen de los prismas. Redondea a la décima más cercana si es necesario. (Ejemplo 1)

1. _____

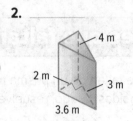

3 pies   5 pies   Muestra tu trabajo.

6 pies

2. _____

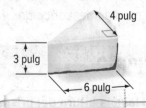

4 m
2 m   3 m
3.6 m

3. Dirk tiene una porción de tarta de queso en forma de triángulo para su almuerzo. Halla el volumen de la porción de tarta. (Ejemplo 2)

_____

4 pulg
3 pulg
6 pulg

4. Halla el largo de base de una caja para encomiendas que tiene forma de prisma triangular. La caja para encomiendas tiene un volumen de 276 pies cúbicos, una altura de base de 6.9 pies y una altura de 10 pies. (Ejemplos 3 y 4)

_____

5. **Desarrollar la pregunta esencial** ¿Cómo se relaciona el área de un triángulo con el volumen de un prisma triangular?

_____

_____

_____

¡Califícate!

¿Entiendes el volumen de los prismas triangulares? Encierra en un círculo la imagen que corresponda.

No tengo dudas.   Tengo algunas dudas.   Tengo muchas dudas.

Para obtener más ayuda, conéctate y accede a un tutor personal.

 ¡Es hora de que actualices tu modelo de papel!

Práctica independiente

Conéctate para obtener las soluciones de varios pasos.

Halla el volumen de los prismas. Redondea a la décima más cercana si es necesario. (Ejemplo 1)

1. _____

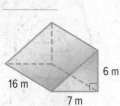

16 m
6 m
7 m

2. _____

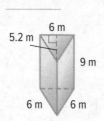

6 m
5.2 m
9 m
6 m   6 m

3 _____

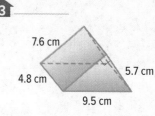

7.6 cm
4.8 cm
5.7 cm
9.5 cm

4. Una rampa para sillas de ruedas tiene forma de prisma triangular. El área de la base tiene 37.4 yardas cuadradas y su altura es 5 yardas. Halla el volumen de la rampa. (Ejemplo 2)

_____

5 Un prisma triangular tiene una altura de 9 pulgadas. La base triangular tiene una base de 3 pulgadas y una altura de 8 pulgadas. Halla el volumen del prisma. (Ejemplo 2)

_____

Halla la dimensión que falta en los prismas triangulares. (Ejemplo 3)

6. x = _____

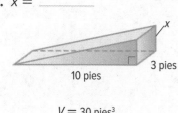

x
10 pies
3 pies
V = 30 pies³

7. x = _____

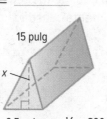

15 pulg
x
6.5 pulg   V = 390 pulg³

8. x = _____

x
5 m
9.8 m
V = 98 m³

9. El invernadero del Sr. Standford tiene las dimensiones que se muestran. El volumen del invernadero es 90 yardas cúbicas. Halla la dimensión que falta en el invernadero. (Ejemplo 4)

_____

3 yd
6 yd
h

10. (PM) **Responder con precisión** Darcy construyó la casa de muñecas que se muestra.

a. ¿Cuál es el volumen de la planta baja?

_____

b. ¿Cuál es el volumen del ático?

_____

8 pulg
10 pulg
45 pulg
20 pulg

11. (PM) **Hallar el error** Amanda está hallando el volumen de un prisma triangular. Halla su error y corrígelo.

 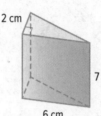

2 cm

7 cm

6 cm

$v = Bh$
$v = 12 \times 7$
$v = 84 \ cm^3$

12. (PM) **Identificar el razonamiento repetido** Un prisma rectangular y un prisma triangular tienen los dos un volumen de 210 metros cúbicos. Halla conjuntos de dimensiones posibles para cada prisma.

13. (PM) **Perseverar con los problemas** Una fábrica de dulces vende caramelos de menta en dos recipientes distintos. ¿En cuál de los recipientes que se muestran abajo caben más caramelos de menta? Justifica tu respuesta.

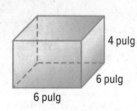

4 pulg

6 pulg

6 pulg

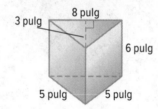

3 pulg

8 pulg

6 pulg

5 pulg   5 pulg

14. (PM) **Perseverar con los problemas** Explica un método que puedas usar para hallar el volumen del prisma de abajo. Luego, halla el volumen del prisma.

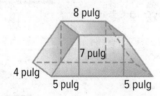

8 pulg

7 pulg

4 pulg

5 pulg   5 pulg

Nombre _____ Mi tarea _____

Más práctica

Halla el volumen de los prismas. Redondea a la décima más cercana si es necesario.

15. _346.5 pies³_

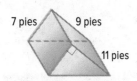

7 pies 9 pies 11 pies

$V = Bh$

$V = \left(\dfrac{1}{2} \cdot 7 \cdot 9\right)(11)$

$V = 346.5$

16. _____

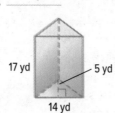

17 yd 5 yd 14 yd

17. _____

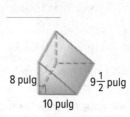

8 pulg $9\dfrac{1}{2}$ pulg 10 pulg

18. Una vela tiene forma de prisma triangular. La base tiene un área de 30 pulgadas cuadradas. La vela tiene una altura de 6 pulgadas. Halla el volumen de la vela.

_____

_____

19. Un armario tiene forma de prisma triangular. La base triangular tiene un largo de base de 14 pulgadas y una altura de base de 22 pulgadas. El armario mide 67.5 pulgadas de alto. ¿Cuál es el volumen del armario?

_____

_____

Halla la dimensión que falta en los prismas triangulares.

20. $x =$ _____

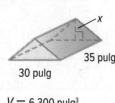

x 35 pulg 30 pulg

$V = 6,300$ pulg³

21. $x =$ _____

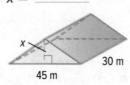

x 30 m 45 m

$V = 10,125$ m³

22. $x =$ _____

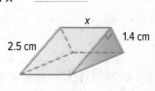

x 1.4 cm 2.5 cm

$V = 3.5$ cm³

23. ¿Cuál es el volumen de la carpa tipo canadiense que se muestra?

_____

_____

4 pies 6 pies 4 pies

24. (PM) **Responder con precisión** Un puente techado ubicado en Vermont tiene las dimensiones que se muestran.

a. ¿Cuál es el volumen de la parte de abajo redondeado a la décima más cercana? _____

_____

b. ¿Cuál es el volumen de la parte de arriba redondeado a la décima más cercana? _____

_____

2.5 pies 125.5 pies 8.67 pies 14.25 pies

25. Un prisma triangular tiene un volumen de 240 metros cúbicos. ¿Cuáles de las siguientes son dimensiones posibles para el área de la base y la altura del prisma? Selecciona todas las que correspondan.

☐ $B = 48$ m², $h = 5$ m   ☐ $B = 24$ m², $h = 10$ m

☐ $B = 12$ m², $h = 20$ m   ☐ $B = 50$ m², $h = 4$ m

26. Un fabricante de muebles de cocina ofrece tres tamaños diferentes de armarios esquineros con las dimensiones que se muestran. Ordena el volumen de los armarios de menor a mayor.

	Armario	Volumen (pulg³)
Menor		
Mayor		

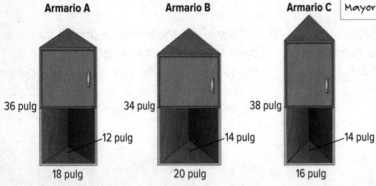

Armario A

36 pulg
12 pulg
18 pulg

Armario B

34 pulg
14 pulg
20 pulg

Armario C

38 pulg
14 pulg
16 pulg

¿Qué armario tiene el mayor volumen? [ ]

Halla el área de las figuras. 4.MD.3

27. _____

28. _____

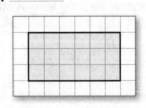

29. _____

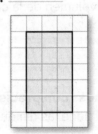

30. Sarah está construyendo una casa para pájaros. Los clavos que usa miden una pulgada de largo. La tabla de madera mide 1 pie de largo. ¿Cuántas veces cabe un clavo en la tabla de madera? 4.MD.1 _____

Resolución de problemas: Investigación
Hacer un modelo

Content Standards
6.G.2, 6.G.4

Prácticas matemáticas
1, 3, 4

Caso #1 Depósito de monopatines

Nick trabaja en una tienda de artículos deportivos. Está apilando cajas de monopatines en el depósito de la parte posterior de la tienda. La primera capa tiene 9 cajas.

Si en el depósito caben 6 capas de cajas, ¿cuántas cajas caben en el depósito?

Comprende ¿Cuáles son los datos?

- La primera capa tiene 9 cajas.
- El depósito tiene lugar para 6 capas de cajas.

Planifica ¿Cuál es tu estrategia para resolver este problema?

Hacer un modelo usando cubos de 1 centímetro.

Resuelve ¿Cómo puedes aplicar la estrategia?

Haz un modelo de una capa de cajas ordenando 9 cubos en un arreglo de 3 × 3.

Continua apilando cubos hasta tener 6 capas.

Por lo tanto, en el depósito caben 54 cajas.

Comprueba ¿Tiene sentido la respuesta?

Usa la fórmula del volumen para comprobar tu respuesta.
$V = 3 \times 3 \times 6$, o 54

Por lo tanto, en el depósito caben 54 cajas en total.

Analizar la estrategia
Herramientas Tutor

Justificar las conclusiones Imagina que las cajas son de diferente tamaño y en la primera capa hay 6 cajas ahora. ¿Cuántas cajas se pueden almacenar si en el depósito caben 5 capas? Explica tu respuesta.

Caso #2 Capacidad para tu diversión

Una caja de guardado de plástico mide $1\frac{1}{2}$ pies de largo, 2 pies de ancho y $2\frac{1}{2}$ pies de alto.

Halla el área total del recipiente de plástico, incluida la tapa.

Comprende

Lee el problema. ¿Qué debes hallar?

Debo hallar _____.

Subraya las palabras clave y los valores del problema. ¿Qué información conoces?

La caja plástica mide _____ de largo, _____ de ancho

y _____ de alto.

Planifica

Elige una estrategia de resolución de problemas.

Voy a usar la estrategia _____.

Resuelve

Usa tu estrategia de resolución de problemas para resolver el problema.

Representa la caja con un modelo plano. Luego, halla el área de cada rectángulo para hallar el área total.

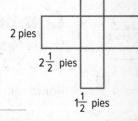

frente y dorso: 2(_____ × _____) = _____

lados derecho e izquierdo: 2(_____ × _____) = _____

tapa y base: 2(_____ × _____) = _____

Suma de los 6 lados: _____ + _____ + _____ = _____

Por lo tanto, el área total de la caja es _____ pies cuadrados.

2 pies

$2\frac{1}{2}$ pies

$1\frac{1}{2}$ pies

Comprueba

Usa información del problema para comprobar tu respuesta.

Sustituye los valores conocidos en la fórmula del área total para comprobar tu respuesta.

$A =$ (_____) + (_____) + (_____) = _____ pies^2

Trabaja con un grupo pequeño para resolver los siguientes casos. Muestra tu trabajo en una hoja aparte.

Caso #3 Asamblea

Observa

Mateo está ayudando a acomodar 7 filas de sillas para una asamblea escolar. La primera fila tiene ocho sillas. Cada fila después de la primera tiene dos sillas más que la anterior.

Si tiene 100 sillas, ¿puede terminar de ordenar las filas? Explica tu respuesta.

_____

_____

Caso #4 Papel

Timothy tomó un trozo de una hoja de cuaderno y lo cortó al medio. Luego colocó los 2 trozos uno sobre el otro y volvió a cortarlos para tener 4 trozos de papel.

Si pudiera seguir cortando el papel de esta manera, ¿cuántos trozos de papel tendría después de 6 cortes?

_____

Caso #5 Deportes

Rosario está embalando un contenedor con cajas de palos de mini golf. Cada caja tiene una altura de 1 pie, un ancho de 1 pie y un largo de 3 pies.

¿Cuántas cajas puede embalar Rosario en el contenedor que mide 4 pies de alto, 4 pies de ancho y 3 pies de largo?

_____

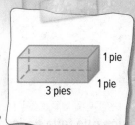

1 pie

3 pies   1 pie

Caso #6 Patrones

Dibuja la figura número diecisiete del patrón.

¡Usa una estrategia!

Muestra tu trabajo.

Repaso de medio capítulo

Comprobación del vocabulario

1. **PM Responder con precisión** Define *figura de tres dimensiones*. Da un ejemplo de una figura que tenga tres dimensiones y de una figura que no tenga tres dimensiones (Lección 1)

_____

_____

Completa los espacios en blanco de las oraciones de abajo con los términos correctos. (Lección 1)

2. El volumen es la cantidad de _____ que hay dentro de una figura de tres dimensiones.

3. El volumen se mide en unidades _____ .

Comprobación de destrezas y resolución de problemas

Halla el volumen de los prismas. Redondea a la décima más cercana si es necesario. (Lecciones 1 y 2)

4. _____

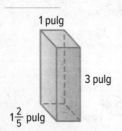

1 pulg
3 pulg
$1\frac{2}{5}$ pulg

5. _____

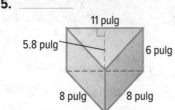

11 pulg
5.8 pulg
6 pulg
8 pulg   8 pulg

6. _____

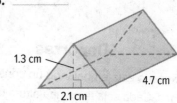

1.3 cm
4.7 cm
2.1 cm

Halla la dimensión que falta en las figuras. (Lecciones 1 y 2)

7. prisma rectangular: $V = 80$ m^3;
largo $= 5$ m; ancho $= 4$ m

$h =$ _____

8. prisma triangular: $V = 42$ cm^3;
longitud de base $= 2$ cm; altura de base $= 6$ cm

$h =$ _____

9. **PM Perseverar con los problemas** Janet envía por correo una vela con forma de prisma triangular, como se muestra. Colocó la vela en una caja rectangular que mide 3 pulgadas por 5 pulgadas por 7 pulgadas, y puso espuma de polietileno alrededor de la vela. Halla el volumen de la espuma de polietileno que se necesitó para rellenar el espacio entre la vela y la caja. (Lección 2) _____

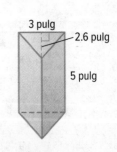

3 pulg
2.6 pulg
5 pulg

Laboratorio de indagación
Área total de prismas rectangulares

 ¿CÓMO puedes usar modelos planos para hallar el área total?

 Content Standards
6.G.4

 Prácticas matemáticas
1, 3, 4

Si quieres saber la cantidad de cereal que cabe en la caja, debes hallar el volumen. Pero si quieres saber cuánto cartón se necesita para hacer la caja, debes hallar el *área total*.

Manos a la obra: Actividad 1

Una manera de hallar el área total es usar un modelo plano. Los modelos planos son diseños en dos dimensiones de figuras de tres dimensiones. Cuando construyes un modelo plano, estás descomponiendo la figura de tres dimensiones en figuras separadas.

Paso 1 Usa una caja de cereal con forma de prisma rectangular. Mide y anota el largo, el ancho y la altura de la caja en las líneas de abajo.

Largo: _____

Ancho: _____

Alto: _____

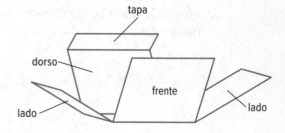

Paso 2 Con un marcador, rotula la tapa, el fondo, el frente, el dorso y las caras laterales de la caja.

Paso 3 Con una tijera, corta con cuidado por los tres bordes de la tapa y luego corta hacia abajo por uno de los bordes verticales.

Paso 4 Mide y anota el área de cada cara, usando las dimensiones de la caja que se muestran en la tabla.

Paso 5 Con un marcador, rotula la tapa, el fondo, el frente, el dorso y las caras laterales de la caja.

Cara	Largo	Ancho	Área de la cara
Frente			
Dorso			
Lado 1			
Lado 2			
Tapa			
Fondo			

⬜ + ⬜ + ⬜ + ⬜ + ⬜ + ⬜ = ⬜

Por lo tanto, el área total de la caja es ⬜ pulgadas cuadradas.

Los *dibujos ortogonales* están formados por vistas separadas de un objeto tomadas desde diferentes ángulos. Puedes crear un modelo plano a partir de dibujos ortogonales.

Paso 1 Halla las dimensiones de cada lado de un prisma rectangular a partir del dibujo ortogonal.

Dibujo ortogonal		
Vista	**Dibujo**	**Dimensiones**
Frente y dorso		×
Lados		×
Tapa y fondo		×

Paso 2 Usa un papel cuadriculado para dibujar un modelo plano a partir del dibujo ortogonal. Calca y recorta tu dibujo, y pégalo en el espacio de abajo. Comprueba las dimensiones de cada cara con la información de la tabla.

Muestra tu trabajo.

Paso 3 Dobla el modelo plano para formar una figura de tres dimensiones. Dibuja la figura que obtienes como resultado en el espacio dado.

Por lo tanto, la figura es un _____.

Su área total es [   ] unidades cuadradas.

Investigar

Colabora

PM **Representar con matemáticas** Trabaja con un compañero o una compañera. Usa un modelo plano para hallar el área total de los prismas. Dibuja un modelo plano de los prismas en la cuadrícula dada.

1. _____ mm^2

2 mm
2 mm
2 mm

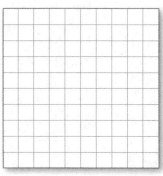

2. _____ pulg^2

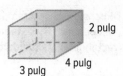

2 pulg
4 pulg
3 pulg

3. _____ pies^2

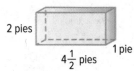

2 pies
1 pie
$4\frac{1}{2}$ pies

4. _____

2 m
1.5 m
3 m

Dibuja un modelo plano en la cuadrícula a partir del dibujo ortogonal. Luego, halla el área total del prisma.

5. _____ unidades cuadradas

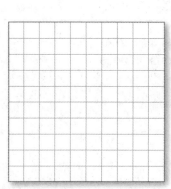

Dibujo ortogonal	
Vista	**Dibujo**
Frente y dorso	
Lados	
Tapa y fondo	

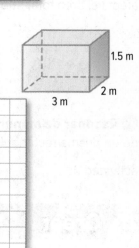

Analizar y pensar

Trabaja con un compañero para completar la tabla. La primera fila está hecha y te servirá de ejemplo.

Dimensiones del prisma rectangular	Área de la tapa (unidades²)	Área del fondo (unidades²)	Área del lado 1 (unidades²)	Área del lado 2 (unidades²)	Área del frente (unidades²)	Área del dorso (unidades²)	Área total (unidades²)
1 × 2 × 3	2	2	6	6	3	3	22
6. 2 × 2 × 3							
7. 3 × 3 × 3							
8. 3 × 2 × 8							
9. 6 × 6 × 6							

10. Compara el área total del ejercicio 7 con el área total del ejercicio 9. ¿Cómo afecta al área total duplicar cada dimensión?

_____

_____

_____

11. **(PM) Razonar de manera inductiva** Escribe una fórmula para hallar el área total de un prisma rectangular. Usa tu fórmula para hallar el área total del prisma de la

actividad 2. _____

Crear

12. **(PM) Representar con matemáticas** Escribe un problema del mundo real relacionado con el área total de prismas rectangulares. Da las dimensiones y el área total.

_____

_____

13. ¿El área total de un cubo podrá tener alguna vez el mismo valor numérico que el volumen del cubo?

_____

_____

14. **indagación** ¿CÓMO puedes usar modelos planos para hallar el área total?

_____

_____

Área total de prismas rectangulares

Vocabulario inicial

Define área	Define total
¿Qué es el área total?	Ejemplo:

Pregunta esencial

¿POR QUÉ la forma es importante para medir una figura?

 Vocabulario

área total

 Common Core State Standards

Content Standards
6.G.4

PM **Prácticas matemáticas**
1, 3, 4, 8

 ## Conexión con el mundo real

Regalos Roberta está envolviendo un regalo para el cumpleaños de quince de su hermana. Lo coloca en una caja de las medidas que se muestran.

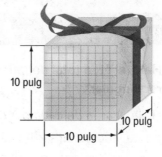

10 pulg
10 pulg
10 pulg

1. ¿Cuál es el área de una cara de la caja?

_____

2. ¿Cuántas caras tiene la caja? [ ]

3. ¿Qué operaciones usarías para hallar el área total de la caja?

¿Qué **Prácticas matemáticas** PM usaste?
Sombrea lo que corresponda.

① Perseverar con los problemas   ⑤ Usar las herramientas matemáticas

② Razonar de manera abstracta   ⑥ Prestar atención a la precisión

③ Construir argumentos   ⑦ Usar una estructura

④ Representar con matemáticas   ⑧ Usar el razonamiento repetido

Concepto clave ⟩ ## Área total de un prisma rectangular

Área de trabajo

Dato El área total *A* de un prisma rectangular de largo ℓ, ancho *a* y altura *h* es la suma de las áreas de las caras.

Modelo

Símbolos $A = 2\ell h + 2\ell a + 2ha$

El área total de un prisma es la suma de las áreas de sus caras.

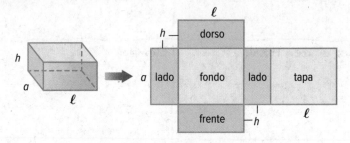

frente y dorso: $\ell h + \ell h = 2\ell h$
tapa y fondo: $\ell a + \ell a = 2\ell a$ } $2\ell h + 2\ell a + 2ha$
dos lados: $ha + ha = 2ha$

Ejemplo

Observa ▶ Tutor 💬

1. **Halla el área total del prisma rectangular.**

Halla el área de cada par de caras.

frente y dorso: $2(8 \cdot 6) = 2(48)$

tapa y fondo: $2(7 \cdot 8) = 2(56)$

lados: $2(7 \cdot 6) = 2(42)$

$48 + 48 + 56 + 56 + 42 + 42 = 292$ Suma el área de cada cara.

Por lo tanto, el área total es 292 metros cuadrados.

¿Entendiste? **Resuelve este problema para comprobarlo.**

Modelos planos

El modelo plano muestra que un prisma rectangular tiene seis caras. Las caras se pueden agrupar en tres pares de caras congruentes. Los colores indican qué caras son congruentes.

Muestra tu trabajo.

a. Halla el área total del prisma rectangular.

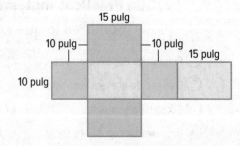

a. _____

Hallar el área total usando una fórmula

Puedes usar modelos planos o modelos para hallar el área total de un prisma rectangular. También puedes usar la fórmula del área total, $A_t = 2\ell h + 2\ell a + 2ha$.

Ejemplos

2. **Halla el área total del prisma rectangular.**

Halla el área de cada cara.

$2\ell h = 2(7)(4)$, o 56

tapa y fondo:
$2\ell a = 2(7)(5)$, o 70

lados izquierdo y derecho:
$2ha = 2(4)(5)$, o 40

Suma para hallar el área total.

El área total es $56 + 70 + 40$, o 166 pies cuadrados.

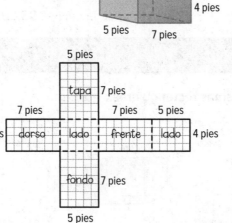

3. **Halla el área total del prisma rectangular.**

Para hallar el área de cada cara, halla las dimensiones.

$\ell = 7, a = 4.8, h = 6$

frente y dorso: $2\ell h = 2\left(\boxed{}\right)\left(\boxed{}\right)$, o $\boxed{}$

tapa y fondo: $2\ell a = 2\left(\boxed{}\right)\left(\boxed{}\right)$, o $\boxed{}$

dos lados: $2ha = 2\left(\boxed{}\right)\left(\boxed{}\right)$, o $\boxed{}$

Suma para hallar el área total.

$\boxed{} + \boxed{} + \boxed{}$, o $\boxed{}$ centímetros cuadrados

¿Entendiste? **Resuelve este problema para comprobarlo.**

b. Halla el área total del prisma rectangular.

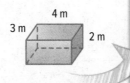

Muestra tu trabajo.

b. _____

Ejemplo

4. **STEM** Se envía como regalo una geoda. Se embala en una caja que mide 7 pulgadas de largo, 3 pulgadas de ancho y 16 pulgadas de alto. ¿Cuál es el área total de la caja?

$A_t = 2\ell h + 2\ell a + 2ha$ — Área total de un prisma

$A_t = 2(7)(16) + 2(7)(3) + 2(16)(3)$ — $\ell = 7, a = 3, h = 16$

$A_t = 14(16) + 14(3) + 32(3)$ — Multiplica.

$A_t = 224 + 42 + 96$ — Multiplica.

$A_t = 362$ — Suma.

El área total de la caja es 362 pulgadas cuadradas.

Práctica guiada

Comprueba

Halla el área total de los prismas rectangulares. (Ejemplos 1 a 3)

1. _____

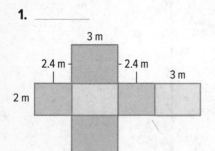

3 m

2.4 m — 2.4 m

3 m

2 m

Muestra tu trabajo.

2. _____

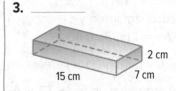

10.25 pies — 5 pies

6.5 pies

3. _____

2 cm

15 cm — 7 cm

4. Tomás guarda su carro de metal fundido en una vitrina de vidrio, como se muestra. ¿Cuál es el área total de la vitrina, incluida la base? (Ejemplo 4)

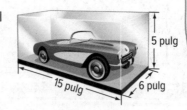

5 pulg

15 pulg — 6 pulg

_____

5. **Desarrollar la pregunta esencial** ¿Cuál es la relación entre el área y el área total?

_____

_____

_____

_____

¡Califícate!

¿Estás listo para seguir? Sombrea la sección que corresponda.

Tengo algunas dudas.

Estoy listo para seguir.

Tengo muchas dudas.

Para obtener más ayuda, conéctate y accede a un tutor personal.

Tutor

FOLDABLES ¡Es hora de que actualices tu modelo de papel!

Nombre _____ Mi tarea _____

Práctica independiente

Conéctate para obtener las soluciones de varios pasos.

Halla el área total de los prismas rectangulares. (Ejemplos 1 a 3)

1. _____

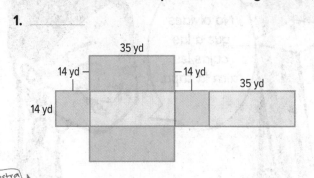

35 yd

14 yd ─ ├─ 14 yd

35 yd

14 yd

14 yd

muestra tu trabajo.

2. _____

2.6 km

2.6 km─ ├─ 2.6 km

2.6 km

2.6 km

2.6 km

3 _____

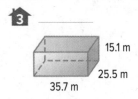

15.1 m

25.5 m

35.7 m

4. _____

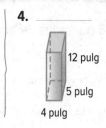

12 pulg

5 pulg

4 pulg

5. **STEM** Una caja de videojuegos tiene la forma de un prisma rectangular. ¿Cuál es el área total de la caja de videojuegos? (Ejemplo 4)

15 cm

11 cm

16 cm

6. **PM** **Justificar las conclusiones** Martina estima que el área total de un prisma rectangular de 13.2 pies de largo, 6 pies de ancho y 8 pies de alto es alrededor de 460 pies cuadrados. ¿Es razonable su estimación? Explica tu razonamiento

_____

_____

7 **PM** **Justificar las conclusiones** Halla el área total de las cajas para encomiendas. ¿Qué paquete tiene mayor área total? ¿El mismo paquete es el que tiene un mayor volumen? Explica tu razonamiento a un compañero.

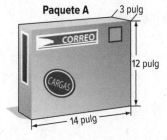

Paquete A 3 pulg

CORREO

CARGAS

12 pulg

14 pulg

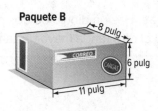

Paquete B

8 pulg

CORREO

CARGAS

6 pulg

11 pulg

_____

_____

8. **PM** **Representar con matemáticas** Consulta la historieta de abajo para los ejercicios **a** a **c**.

a. La caja de la izquierda mide 8 pulgadas de largo, 8 pulgadas de ancho y 8 pulgadas de alto. ¿Cuál es el área total de la caja? _____

b. La caja de la derecha mide 8 pulgadas de largo, 6 pulgadas de ancho y 10 pulgadas de alto. ¿Cuál es el área total de la caja? _____

c. ¿Cuánto mayor es el área total de la caja grande?

_____

Problemas S.O.S. Soluciones de orden superior

PM **Perseverar con los problemas** Todas las caras triangulares de la figura son congruentes.

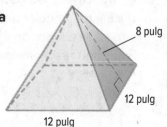

8 pulg

12 pulg

12 pulg

9. ¿Cuál es el área de una de las caras triangulares? ¿Y la de la cara cuadrada?

_____

10. Aplica lo que sabes acerca de hallar el área total de un prisma rectangular para hallar el área total de la pirámide cuadrangular.

_____

11. **PM** **Representar con matemáticas** Haz un dibujo de dos prismas de modo que uno tenga un mayor volumen y el otro tenga mayor área total. Incluye unidades del mundo real.

Muestra tu trabajo.

Más práctica

Halla el área total de los prismas rectangulares.

12. ___150 pies²___

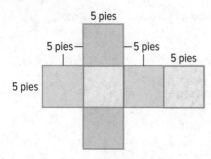

5 pies

5 pies — — 5 pies

5 pies

5 pies

5 pies

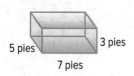

2(5)(5) + 2(5)(5) + 2(5)(5)

= 50 + 50 + 50

= 150

13. _____

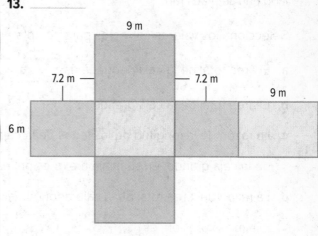

9 m

7.2 m — — 7.2 m

9 m

6 m

14. _____

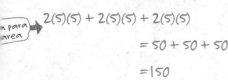

5 pies   3 pies

7 pies

15. _____

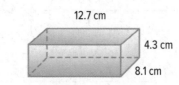

12.7 cm

4.3 cm

8.1 cm

16. Nadine va a pintar el armario de los juguetes de su hermana menor, incluida la base. ¿Cuál es el área total aproximada

que va a pintar? _____

_____

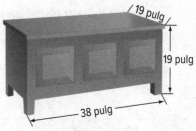

19 pulg

19 pulg

38 pulg

17. **(PM) Identificar el razonamiento repetido** Chrissy está haciendo una casa para pájaros para su patio trasero.

a. ¿Cuál es el área total de la caja para pájaros, incluido el

agujero? _____

_____

b. ¿Cuál es el área total si se duplica el ancho de 7.5 pulgadas?

_____

_____

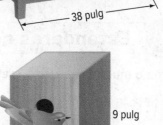

9 pulg

7.5 pulg

5.5 pulg

c. ¿Cuál es el área total si se reduce el ancho de 7.5 pulgadas a la mitad?

_____

_____

18. Una empresa está haciendo pruebas con dos cajas nuevas para empacar mercadería. Cada caja es un cubo con las longitudes de lado que se muestran.

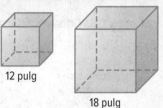

12 pulg

18 pulg

Selecciona los valores correctos para completar los enunciados.

a. El área total de la caja pequeña es [ ] pulgadas cuadradas.

b. El área total de la caja grande es [ ] pulgadas cuadradas.

c. La razón de la longitud de los lados de la caja pequeña a la longitud de los lados de la caja grande, en su mínima expresión, es [ ] a [ ].

d. La razón del área total de la caja pequeña al área total de la caja grande, en su mínima expresión, es [ ] a [ ].

¿Son iguales las razones de las partes c y d? ¿Esperabas que fueran iguales? Explica tu razonamiento.

2	9
3	864
4	1,728
6	1,944
8	5,832

19. ¿Qué medidas se pueden clasificar como área total? Selecciona todas las opciones que correspondan.

☐ la cantidad de agua que hay en un lago

☐ la cantidad de papel para regalo que se necesita para cubrir una caja

☐ la cantidad de pintura que se necesita para cubrir una estatua

☐ la cantidad de espacio que se necesita para construir un parque de juegos

Estándares comunes: Repaso en espiral

Suma o multiplica. 5.NBT.5, 4.NBT.4

20. $14 \times 16 =$ _____

21. $72 + 62 + 84 =$ _____

22. $27 \times 63 =$ _____

23. Clasifica el triángulo por la medida de sus lados. Explica tu respuesta. 5.G.4

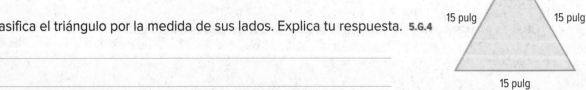

15 pulg   15 pulg

15 pulg

Laboratorio de indagación
Modelos planos de prismas triangulares

 Indagación ¿CÓMO se relaciona el área de un triángulo con el área total de un prisma triangular?

 Content Standards
6.G.4

PM Prácticas matemáticas
1, 3, 4, 7

Una empresa de soporte físico de computadoras empaca las baterías y los cables en cajas con forma de prismas triangulares. Puedes usar modelos planos y dibujos para hallar el área total de la caja.

Manos a la obra

Usa dibujos ortogonales para hallar el área total de un prisma triangular. Un *prisma triangular* es un prisma que tiene triángulos como bases.

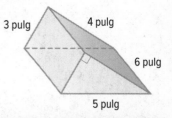

3 pulg
4 pulg
6 pulg
5 pulg

Paso 1 Halla las dimensiones de cada lado del prisma a partir del dibujo ortogonal.

Dibujo ortogonal							
Vista	Dibujo	Dimensiones (pulg)	Área de la base (pulg^2)	Vista	Dibujo	Dimensiones (pulg)	Área de la base (pulg^2)
Bases		base = 3 altura = 4	$\frac{1}{2}(3 \times 4) = 6$	Fondo		largo = 6 ancho = 5	$6 \times 5 = 30$
Izquierda		largo = 6 ancho = 3	$6 \times 3 = 18$	Derecha		largo = 6 ancho = 4	$6 \times 4 = 24$

Paso 2 Usa papel cuadriculado para dibujar un modelo plano. Comprueba las dimensiones de cada cara usando la información de la tabla.

Paso 3 Suma el área de cada cara para hallar el área total de la figura. Recuerda, tiene dos bases.

 ☐ + ☐ + ☐ + ☐ + ☐ = ☐

Por lo tanto, el área total es ☐ unidades cuadradas.

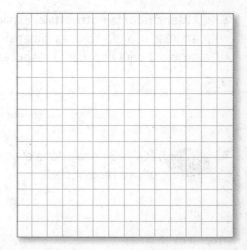

PM **Representar con matemáticas** Trabaja con un compañero o una compañera. Usa modelos planos para hallar el área total de los prismas. Dibuja un modelo plano de los prismas en el papel cuadriculado dado.

1. _____ m²

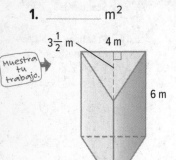

Muestra tu trabajo.

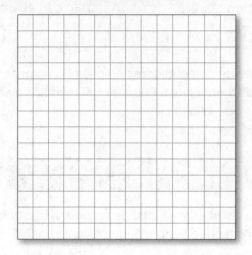

2. _____ cm²

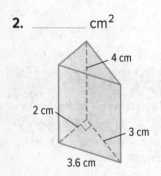

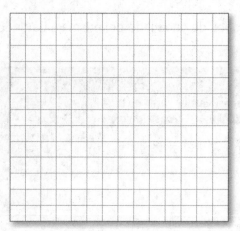

Crear

Por tu cuenta

3. **PM** **Identificar la estructura** Explica cómo hallar el área total de un prisma triangular, usando solo las dimensiones de la figura. Usa las dimensiones del ejercicio 2 para explicar tu respuesta.

_____

_____

4. **indagación** ¿CÓMO se relaciona el área de un triángulo con el área total de un prisma rectangular?

_____

_____

Área total de prismas triangulares

Conexión con el mundo real

Rampa Raj y su papá están construyendo una rampa para subir su moto todoterreno a un camión.

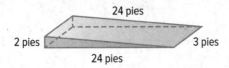

24 pies

2 pies   3 pies

24 pies

Pregunta esencial

¿POR QUÉ la forma es importante para medir una figura?

CCSS **Common Core State Standards**

Content Standards
6.G.4

PM **Prácticas matemáticas**
1, 2, 3, 4, 6

Completa la tabla con dibujos de los lados de la rampa y el nombre de las figuras de las caras.

Cara	Dibuja la cara	Forma de la cara
1. Frente		
2. Dorso		
3. Tapa		
4. Fondo		
5. Lado		

¿Qué **Prácticas matemáticas** **PM** usaste?
Sombrea lo que corresponda.

① Perseverar con los problemas   ⑤ Usar las herramientas matemáticas

② Razonar de manera abstracta   ⑥ Prestar atención a la precisión

③ Construir argumentos   ⑦ Usar una estructura

④ Representar con matemáticas   ⑧ Usar el razonamiento repetido

Área total de un prisma triangular

Dato

El área total de un prisma triangular es la suma de las áreas de las dos bases triangulares y las tres caras rectangulares.

Modelo

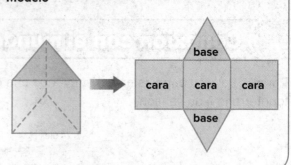

Un prisma triangular es un prisma que tiene bases triangulares. Cuando las bases son triángulos equiláteros, las áreas de las tres caras rectangulares son iguales. Puedes usar un modelo plano para hallar el área total de un prisma triangular.

Ejemplo

1. **Halla el área total del prisma triangular.**

Para hallar el área total del prisma triangular, halla las áreas de las caras y súmalas.

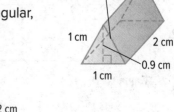

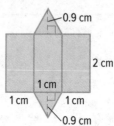

área de cada base triangular: $\frac{1}{2}(1)(0.9) = 0.45$

área de cada base rectangular: $1(2) = 2$

Suma para hallar el área total.

$0.45 + 0.45 + 2 + 2 + 2 = 6.9$ centímetros cuadrados

¿Entendiste? **Resuelve este problema para comprobarlo.**

a. Halla el área total del prisma triangular.

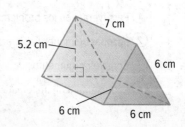

a. _____

Área total de otros prismas triangulares

También puedes hallar el área total de cualquier prisma triangular sumando las áreas de todos los lados del prisma usando un dibujo ortogonal.

Ejemplo

2. **Halla el área total del prisma triangular.**

Halla las áreas de las caras y súmalas. Para este prisma, cada cara rectangular tiene un área diferente.

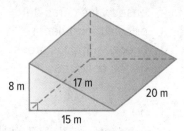

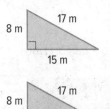 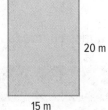 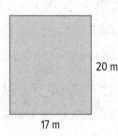 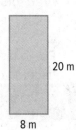

área de cada base triangular: $\frac{1}{2}(15)(8) = 60$

área de las bases rectangulares: $15(20) = 300$

$17(20) = 340$

$8(20) = 160$

Suma para hallar el área total.

$60 + 60 + 300 + 340 + 160 = 920$ metros cuadrados

¿Entendiste? **Resuelve estos problemas para comprobarlo.**

Halla el área total de los prismas triangulares.

b.
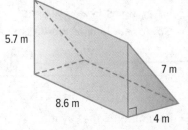

c.
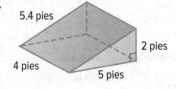

b. _____

c. _____

Muestra tu trabajo.

Ejemplo

3. En una panadería ponen los pastelitos en cajas con forma de prisma triangular, como se muestra. Halla la cantidad de cartón que se usa para hacer una de las cajas.

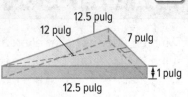

12.5 pulg
12 pulg
7 pulg
1 pulg
12.5 pulg

Dibuja y rotula las bases y las caras del prisma triangular. Luego, suma las áreas de los polígonos.

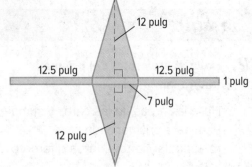

12 pulg
12.5 pulg · 12.5 pulg · 1 pulg
7 pulg
12 pulg

$$\text{Área total} = 2\left(\frac{1}{2} \cdot 7 \cdot 12\right) + 2(1 \cdot 12.5) + (1 \cdot 7)$$

$$= 84 + 25 + 7, \text{ o } 116$$

Por lo tanto, se necesitan 116 pulgadas cuadradas de cartón para hacer la caja.

Práctica guiada

1. Halla el área total del prisma triangular. (Ejemplos 1 y 2) _____

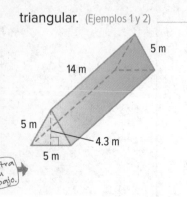

5 m
14 m
5 m
4.3 m
5 m

Muestra tu trabajo.

2. Una rampa para patinetas tiene forma de prisma triangular. Si se va a pintar toda la rampa, ¿cuál es el área total que se va a pintar? (Ejemplo 3) _____

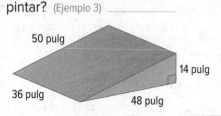

50 pulg
14 pulg
36 pulg
48 pulg

¡Califícate!

¿Entendiste el área total de los prismas triangulares? Sombrea lo que corresponda.

Para obtener más ayuda, conéctate y accede a un tutor personal.

Tutor

FOLDABLES ¡Es hora de que actualices tu modelo de papel!

3. ℗ **Desarrollar la pregunta esencial** ¿Cómo se relaciona el área de un rectángulo con el área total de un prisma triangular? _____

_____

_____

Práctica independiente

Conéctate para obtener las soluciones de varios pasos.

Ayuda
en línea

Halla el área total de los prismas triangulares. (Ejemplos 1 y 2)

1. _____

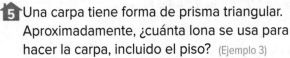

37 yd   20 yd

51 yd   5 yd   12 yd

2. _____

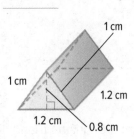

1 cm

1 cm   1.2 cm

1.2 cm   0.8 cm

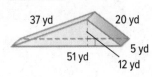 **3** _____

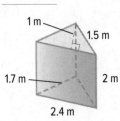

1 m   1.5 m

1.7 m   2 m

2.4 m

4. _____

15.6 cm

10 cm   11 cm

12 cm

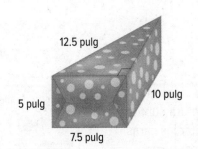 **5** Una carpa tiene forma de prisma triangular. Aproximadamente, ¿cuánta lona se usa para hacer la carpa, incluido el piso? (Ejemplo 3)

_____

Muestra
tu
trabajo.

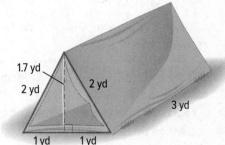

1.7 yd   2 yd

2 yd   3 yd

1 yd   1 yd

6. Una caja decorada para regalos tiene la forma de prisma triangular que se muestra. ¿Cuál es el área total de la caja? (Ejemplo 3)

_____

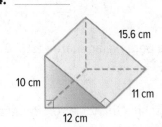

12.5 pulg

5 pulg   10 pulg

7.5 pulg

7. Una caja de encomienda para carteles tiene la forma de prisma triangular que se muestra. Halla el área total de la caja de encomiendas. (Ejemplo 3)

_____

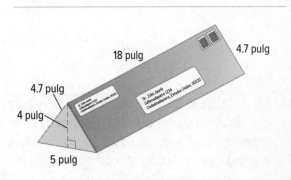

18 pulg   4.7 pulg

4.7 pulg

4 pulg

5 pulg

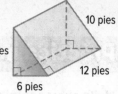

8. **(PM) Representaciones múltiples** En la figura se muestran las dimensiones de un prisma triangular.

   a. **Modelos** Dibuja un modelo de las caras y las bases de un prisma triangular.

   b. **En palabras** Describe el prisma triangular. _____

   _____

   c. **Números** Suma para hallar el área total del prisma triangular.

   _____

9. El área total de un prisma triangular en forma de triángulo rectángulo es 228 pulgadas cuadradas. La base es un triángulo rectángulo con una altura de base de 6 pulgadas y un largo de base de 8 pulgadas. El largo del tercer lado de la base es 10 pulgadas. Halla la altura del prisma. _____

Problemas S.O.S. Soluciones de orden superior

10. **(PM) Razonar de manera abstracta** Describe las dimensiones de un prisma triangular que tenga un área total entre 550 pulgadas cuadradas y 700 pulgadas cuadradas.

    _____

    _____

11. **(PM) Perseverar con los problemas** Dibuja y rotula dos prismas triangulares de modo que uno tenga un mayor volumen y el otro tenga un área total mayor.

    _____

    _____

    _____

    _____

12. **(PM) Justificar las conclusiones** Gary está pintando una caja decorada con las dimensiones que se muestran a la derecha. Una lata de pintura cubre alrededor de 25 pies cuadrados. ¿Tiene suficiente pintura para pintar las caras rectangulares de esta caja con tres capas de pintura? Justifica tu respuesta.

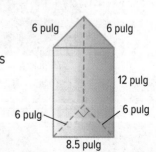

    _____

    _____

Más práctica

PM Responder con precisión Halla el área total de los prismas triangulares. Redondea a la décima más cercana si es necesario.

13. 537 pies²

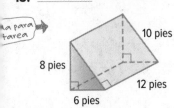

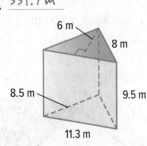

área de cada base: $\frac{1}{2} \cdot 10 \cdot 8.7 = 43.5$ pies²

área de cada cara: $15 \cdot 10 = 150$ pies²

área total $= 2(43.5) + 3(150)$
$\qquad\quad = 537$ pies²

14. 331.9 m²

área de cada base: $\frac{1}{2} \cdot 11.3 \cdot 6 = 33.9$ m²

área de cada cara: $11.3 \cdot 9.5 = 107.35$ m²
$\qquad\qquad\qquad\quad 8.5 \cdot 9.5 = 80.75$ m²
$\qquad\qquad\qquad\quad 8 \cdot 9.5 = 76$ m²

área total $= 33.9 + 33.9 + 107.35 +$
$\qquad\qquad 80.75 + 76$, o 331.9 m²

15. _____

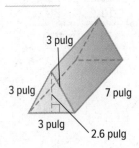

16. _____

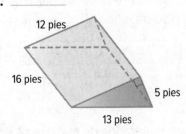

17. _____

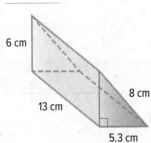

18. _____

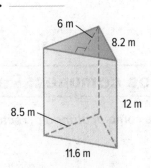

Copia y resuelve Halla el área total de los prismas triangulares usando los triángulos de base que se muestran. Muestra tu trabajo en una hoja aparte.

19.

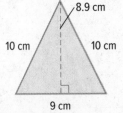

altura del prisma: 12 cm

20.

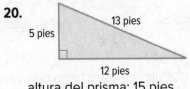

altura del prisma: 15 pies

21. Un prisma triangular tiene las dimensiones que se muestran.
Determina si cada enunciado es *verdadero* o *falso*.

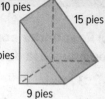

a. Las áreas combinadas de las bases son 54 pies². ☐ Verdadero ☐ Falso

b. Las áreas de las caras rectangulares son 90 pies cuadrados, 120 pies cuadrados y 180 pies cuadrados. ☐ Verdadero ☐ Falso

c. El área total del prisma es 468 pies cuadrados. ☐ Verdadero ☐ Falso

22. El ático de la casa que se muestra tiene un piso de madera.

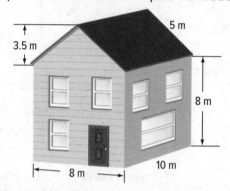

Selecciona los valores para completar el modelo de abajo y hallar cuánta madera se necesita para hacer el techo de la casa y el piso del ático.

2	8	50
3.5	10	80
5	14	100

Piso del ático: ☐ × ☐ = ☐ m²

Techo: ☐ × ☐ × ☐ = ☐ m²

¿Cuántos metros cuadrados de madera se necesitan para construir el techo y el piso del ático? ☐

Identifica los triángulos como *acutángulo*, *rectángulo* u *obtusángulo*. 5.G.4

23. _____

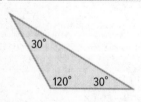

24. _____

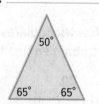

25. _____

26. Cierta figura de dos dimensiones tiene dos pares de lados paralelos, cuatro ángulos rectos y cuatro lados congruentes. ¿Cuál es la figura? 4.G.2 _____

Laboratorio de indagación

Modelos planos de pirámides

 ¿CÓMO se relaciona el área de un triángulo con el área total de una pirámide cuadrangular?

 Content Standards
6.G.4

 Prácticas matemáticas
1, 3, 4

Arte Anderson está diseñando un pisapapeles en forma de pirámide cuadrangular.

Manos a la obra

Usa dibujos ortogonales para hallar el área total de una pirámide cuadrangular. Una *pirámide cuadrangular* es una figura de tres dimensiones con una base cuadrangular y cuatro caras triangulares.

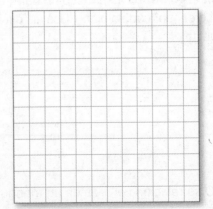

3 pies

4 pies

4 pies

Paso 1 Halla las dimensiones de cada lado de la pirámide cuadrangular a partir del dibujo ortogonal.

Dibujo ortogonal			
Vista	**Dibujo**	**Dimensiones (pies)**	**Área de la base (pies²)**
Base	4 pies / 4 pies	largo = 4 ancho = 4	$4 \times 4 = 16$
Caras triangulares	3 pies / 4 pies	altura = 3 base = 4	$\frac{1}{2}(3 \times 4) = 6$

Paso 2 Usa papel cuadriculado para dibujar un modelo plano. Sea 1 unidad en el papel cuadriculado 1 pie. Comprueba las dimensiones de cada cara usando la información de la tabla.

Paso 3 Suma el área de cada cara para hallar el área total de la figura. Recuerda, tiene cuatro caras triangulares.

 +  ×  =

Por lo tanto, el área total es ☐ pies cuadrados.

Investigar

Representar con matemáticas Trabaja con un compañero o una compañera. Usa modelos planos para hallar el área total de las pirámides. Dibuja un modelo plano de las pirámides en el papel cuadriculado dado.

1. _____ cm²

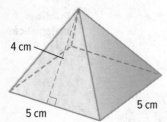

4 cm

5 cm   5 cm

Muestra tu trabajo.

2. _____ m²

3 m

2 m

2 m

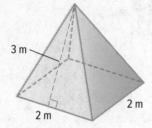

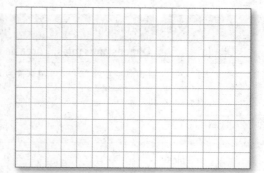

Crear

Por tu cuenta

3. **Construir un argumento** Explica cómo hallar el área total de una pirámide cuadrangular sin crear un modelo plano. Usa las dimensiones del ejercicio 1 para explicar tu respuesta.

_____

_____

_____

_____

4. **indagación** ¿CÓMO se relaciona el área de un triángulo con el área total de una

pirámide cuadrangular? _____

_____

_____

Área total de pirámides

Vocabulario inicial

Una **pirámide** es una figura de tres dimensiones con al menos tres lados triangulares que se unen en un **vértice** común y una sola **base** que es un polígono. Los lados triangulares de una pirámide cuadrangular se llaman **caras laterales**. La **altura inclinada** es la altura de cada cara lateral.

Completa los espacios en blanco del diagrama de abajo con las palabras de vocabulario.

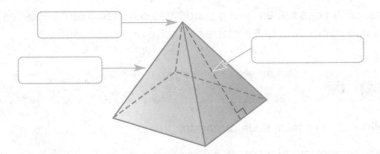

 Pregunta esencial

¿POR QUÉ la forma es importante para medir una figura?

 Vocabulario

pirámide
vértice
base
cara lateral
altura inclinada

CCSS **Common Core State Standards**

Content Standards
6.G.4
PM **Prácticas matemáticas**
1, 3, 4, 6, 7

 ## Conexión con el mundo real

Museo Claude hizo un modelo de la gran pirámide ubicada frente al museo Louvre. Aquí se muestra su modelo.

3.5 pulg

5 pulg   5 pulg

1. Dibuja las caras de la pirámide.

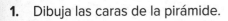

base   cara lateral   cara lateral   cara lateral   cara lateral

¿Qué **Prácticas matemáticas** PM usaste?
Sombrea lo que corresponda.

① Perseverar con los problemas
② Razonar de manera abstracta
③ Construir argumentos
④ Representar con matemáticas

⑤ Usar las herramientas matemáticas
⑥ Prestar atención a la precisión
⑦ Usar una estructura
⑧ Usar el razonamiento repetido

Área total de una pirámide

Dato   El área total de una pirámide es la suma del área de la base y las áreas de las caras laterales.

Modelo

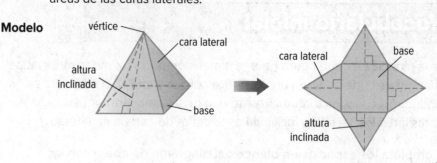

Algunas pirámides tienen bases cuadradas o rectangulares. Puedes usar un modelo plano para hallar el área total de una pirámide.

Ejemplo

1. **Halla el área total de la pirámide.**

Usa un modelo plano para hallar el área de cada cara y luego suma.

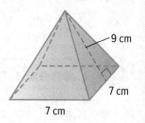

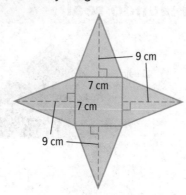

área de la base: $7(7) = 49$

área de cada lado triangular: $\frac{1}{2}(7)(9) = 31.5$

Suma para hallar el área total.

$49 + 31.5 + 31.5 + 31.5 + 31.5 = 175$ centímetros cuadrados

¿Entendiste?   **Resuelve estos problemas para comprobarlo.**

a.

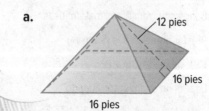

b.

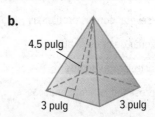

a. _____

b. _____

Área total de pirámides con bases triangulares

Una pirámide triangular tiene una base triangular y tres caras triangulares. Si la base es un triángulo equilátero, las tres caras laterales son congruentes. Si los lados de la base triangular tienen distintas longitudes, las áreas de las caras laterales también serán diferentes.

Ejemplo

2. **Halla el área total de la pirámide.**

Halla el área de cada cara y suma. La base triangular es un triángulo equilátero porque los tres lados miden 4 pies de largo.

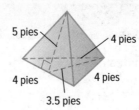

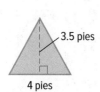 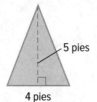 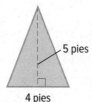 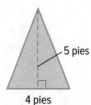

base　　**caras laterales**

área de la base: $\frac{1}{2}(4)(3.5) = 7$

área de cada cara lateral: $\frac{1}{2}(4)(5) = 10$

Suma para hallar el área total.
$7 + 10 + 10 + 10 = 37$ pies cuadrados

¿Entendiste? **Resuelve estos problemas para comprobarlo.**

c.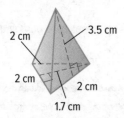

d.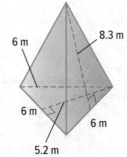

Muestra tu trabajo.

c. _____

d. _____

Ejemplo

Tutor

3. Todos los lados de un rompecabezas piramidal son triángulos equiláteros. La longitud de lado de cada triángulo es 8 centímetros. La altura inclinada es 6.9 centímetros. Halla el área total del rompecabezas.

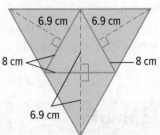
6.9 cm   6.9 cm
8 cm   8 cm
6.9 cm

Crea un modelo plano y úsalo para hallar el área total de la pirámide.

El área de cada cara es $\frac{1}{2}(8)(6.9)$, o 27.6 centímetros cuadrados. Por lo tanto, el área total del rompecabezas es 4 · 27.6, o 110.4 centímetros cuadrados.

Comprueba

Práctica guiada

Halla el área total de las pirámides. (Ejemplos 1 y 2)

1. _____

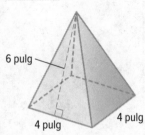
6 pulg
4 pulg   4 pulg

Muestra tu trabajo.

2. _____

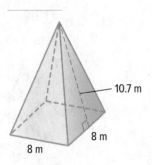
10.7 m
8 m
8 m

3. _____

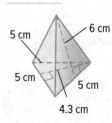
5 cm   6 cm
5 cm   5 cm
4.3 cm

4. Unas cajas de regalo en forma de pirámide tienen bases cuadradas que miden 5 pulgadas de lado. La altura inclinada mide 6.5 pulgadas. ¿Cuánto cartón se necesita para hacer cada caja? (Ejemplo 3)

_____

5. **Desarrollar la pregunta esencial** ¿Cómo usas el área de un triángulo para hallar el área total de una pirámide triangular?

_____

_____

_____

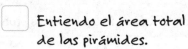

¡Califícate!

☐ Entiendo el área total de las pirámides.

▶▶ ¡Muy bien! ¡Estás listo para seguir!

☐ Todavía tengo dudas acerca del área total de las pirámides.

▌▌ ¡No hay problema! Conéctate y accede a un tutor personal.

Tutor

FOLDABLES ¡Es hora de que actualices tu modelo de papel!

Práctica independiente

Conéctate para obtener las soluciones de varios pasos.

Ayuda en línea

Halla el área total de las pirámides. (Ejemplos 1 y 2)

1. _____

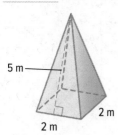

5 m

2 m

2 m

2. _____

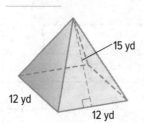

15 yd

12 yd

12 yd

3 _____

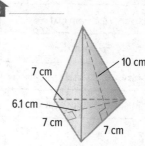

7 cm

10 cm

6.1 cm

7 cm

7 cm

4. _____

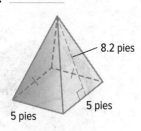

8.2 pies

5 pies

5 pies

5. _____

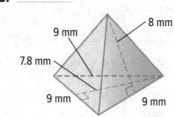

9 mm

8 mm

7.8 mm

9 mm

9 mm

6. _____

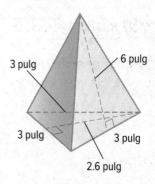

3 pulg

6 pulg

3 pulg

3 pulg

2.6 pulg

7 Una bolsita de té tiene forma de pirámide cuadrangular, y su base mide 4 centímetros de lado. La altura inclinada es 4.5 centímetros. ¿Cuánta tela de malla se usa para hacer la bolsita de té? (Ejemplo 3)

_____

Muestra tu trabajo.

8. Un pendiente tiene forma de pirámide triangular. Todas las caras son triángulos equiláteros con una longitud de lado de 14 milímetros. La altura inclinada es 12.1 milímetros. ¿Cuál es el área total del pendiente? (Ejemplo 3)

_____

9. Un premio de actuación es una pirámide cuadrangular con una base que mide 6 pulgadas de lado. La altura inclinada es 8 pulgadas. ¿Cuál es el área total del premio? (Ejemplo 3)

_____

10. **(PM) Identificar la estructura** Consulta las figuras de la tabla. Halla el número de caras de cada figura de dos dimensiones que tiene cada figura. Explica tu respuesta.

Figura	Caras rectangulares	Caras triangulares
Prisma rectangular		
Prisma triangular		
Pirámide cuadrangular		
Pirámide triangular		

_____

_____

_____

Problemas S.O.S. Soluciones de orden superior

11. **(PM) Hallar el error** Pilar está hallando el área total de la pirámide que se muestra. Halla su error y corrígelo.

_____

_____

_____

_____

_____

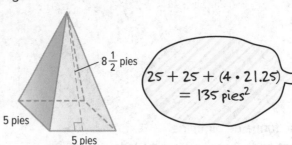

8½ pies

5 pies

5 pies

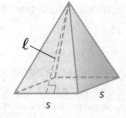

$$25 + 25 + (4 \cdot 21.25) = 135 \text{ pies}^2$$

12. **(PM) Perseverar con los problemas** El *área lateral*, A_l, total de una pirámide es el área de sus caras laterales. Usa la pirámide cuadrangular de la derecha para completar cada paso y hallar el área lateral total de cualquier pirámide.

$A_l = \frac{1}{2} s\ell +$ _____   Área lateral total

$= \frac{1}{2} ($ _____ $)\ell$ Propiedad distributiva

$=$ _____   Perímetro de la base: $P = s + s + s + s$

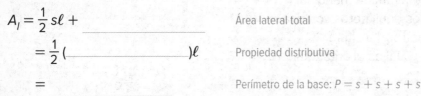

ℓ

s

s

13. **(PM) Justificar las conclusiones** Imagina que puedes subir a la cima de la pirámide Arena en Memphis, Tennessee. ¿Cuál sería el camino más corto, subir por un borde lateral o por la altura inclinada? Justifica tu respuesta.

_____

_____

_____

Más práctica

Halla el área total de las pirámides.

14. 55 m^2

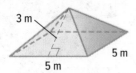
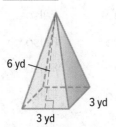

3 m

5 m

5 m

a para tarea

área de la base: $5 \cdot 5 = 25 \text{ m}^2$

área de cada cara: $\frac{1}{2} \cdot 5 \cdot 3 = 7.5 \text{ m}^2$

área total $= 25 + (4 \cdot 7.5)$
$= 25 + 30, \text{ o } 55 \text{ m}^2$

15. 223.5 pies^2

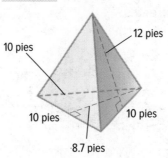

12 pies

10 pies

10 pies

10 pies

8.7 pies

área de la base: $\frac{1}{2} \cdot 10 \cdot 8.7 = 43.5 \text{ pies}^2$

área de cada cara: $\frac{1}{2} \cdot 10 \cdot 12 = 60 \text{ pies}^2$

área total $= 43.5 + (3 \cdot 60)$
$= 43.5 + 180, \text{ o } 223.5 \text{ pies}^2$

16. _____

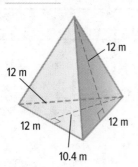

6 yd

3 yd

3 yd

17. _____

13 cm

10.5 cm

10.5 cm

18. _____

12 m

12 m

12 m

12 m

10.4 m

19. _____

25 pulg

20 pulg

20 pulg

20 pulg

17.3 pulg

20. Un modelo de papel de la pirámide Khafre de Egipto tiene una base cuadrada de 7.2 centímetros de lado. La altura inclinada es 6 centímetros. ¿Cuánto papel se usó para hacer el modelo?

21. 🅟🅜 **Responder con precisión** Una pirámide triangular tiene un área total de 336 pulgadas cuadradas. Está hecha con triángulos equiláteros con lados de 12 pulgadas de longitud. ¿Cuánto mide la altura inclinada?

22. Un salero tiene forma de pirámide cuadrangular. El perímetro de la base es 16 cm, la altura del salero es 10 cm y la altura inclinada es aproximadamente 10.2 cm. Selecciona los valores para rotular el modelo plano de abajo con las dimensiones correctas.

2	10
4	10.2
8	16

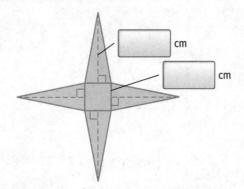

cm

cm

¿Cuál es el área total del salero? [   ]

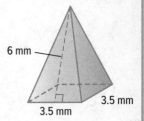

6 mm

3.5 mm

3.5 mm

23. Una pirámide cuadrangular tiene las dimensiones que se muestran. Determina si los enunciados son verdaderos o falsos.

a. La pirámide tiene 1 base y 3 caras laterales. ☐ Verdadero ☐ Falso

b. El área de la base mide 12.25 milímetros cuadrados. ☐ Verdadero ☐ Falso

c. El área de cada cara lateral mide 10.5 milímetros cuadrados. ☐ Verdadero ☐ Falso

d. El área total de la pirámide mide 54.25 mm². ☐ Verdadero ☐ Falso

---

 ## Estándares comunes: Repaso en espiral

Divide. 5.NBT.6

24. 240 ÷ 10 = _____

25. 3,600 ÷ 36 = _____

26. 4,800 ÷ 80 = _____

27. Jalisa y dos de sus amigas comparten el costo de un viaje en taxi hasta el aeropuerto. El viaje en taxi cuesta $24.75. ¿Cuánto pagará cada una? 5.NBT.7

_____

28. ¿A cuántos centímetros equivale 0.05 metros? 5.MD.1

_____

PROFESIÓN DEL SIGLO XXI
en diseño

Diseñador de interiores

¿Te gusta buscar nuevas maneras de decorar tu cuarto o estás todo el tiempo cambiando los muebles de lugar? Tu profesión podría consistir en hacer exactamente eso si trabajas como diseñador de interiores. Los diseñadores de interiores planifican el espacio interior y el amueblamiento de hogares, oficinas y otros lugares. Sus diseños se basan en las especificaciones, los gustos y el presupuesto de los clientes. Los diseñadores de interiores son responsables de recomendar esquemas de color, muebles, iluminación y opciones para remodelar habitaciones. Muchos diseñadores de interior también desarrollan sus propias líneas de productos como muebles, ropa de cama y accesorios.

PREPARACIÓN
Profesional
& Universitaria

Explora profesiones y la universidad en ccr.mcgraw-hill.com.

¿Es esta profesión para ti?

¿Te interesa la profesión de diseñador de interiores? Cursa algunas de las siguientes materias en la escuela preparatoria.

◆ **Álgebra**
◆ **Geometría**
◆ **Diseño de interiores**
◆ **Introducción al diseño asistido por computadoras**

Descubre cómo se relacionan las matemáticas con una carrera en diseño.

ⓟ ¡Diséñalo tú mismo!

Usa las figuras rotuladas para resolver los problemas. Redondea a la décima más cercana si es necesario.

1. Un cliente quiere comprar la otomana rectangular que tenga la mayor capacidad para guardar cosas en su interior. ¿Cuál debe elegir?

Explica tu razonamiento. _____

_____

2. Halla el volumen del baúl para mantas estampado.

_____

3. ¿Cuál es el volumen del baúl de juguetes? ¿Cómo es su volumen en comparación con el volumen

del baúl para mantas estampado? _____

_____

4. Un diseñador va a retapizar la otomana roja. Si el fondo no está cubierto, estima la cantidad de tela que necesita.

_____

5. ¿Cuánta tela se necesita para tapizar la

otomana morada? _____

6. ¿Cuánto mayor es el área total del baúl para mantas estampado que el área total del baúl

de juguetes? _____

Otomana roja

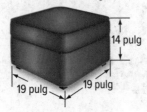

14 pulg

19 pulg · 19 pulg

Otomana morada

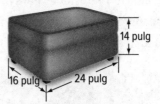

14 pulg

16 pulg · 24 pulg

Baúl para mantas

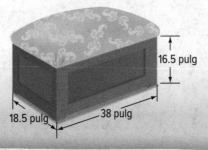

16.5 pulg

18.5 pulg · 38 pulg

Baúl de juguetes

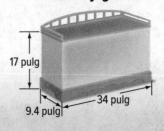

17 pulg

9.4 pulg · 34 pulg

ⓟ Proyecto profesional

¡Es hora de que actualices tu carpeta de profesiones! Haz un dibujo a escala de una habitación de tu casa en papel cuadriculado. Representa los muebles con cuadrados, rectángulos y triángulos dibujados a escala. Recorta las figuras y úsalas para crear distintas disposiciones para la habitación. Luego, pega las partes con cinta sobre el papel cuadriculado. Describe el esquema de colores y el estilo de la habitación.

_____

_____

_____

_____

¿Piensas que te gustaría una profesión como diseñador de interiores? ¿Por qué?

_____

_____

_____

_____

Repaso del capítulo

Comprobación del vocabulario

Completa las oraciones usando la lista de vocabulario del comienzo del capítulo. Luego encierra en un círculo la palabra que completa la oración en la sopa de letras.

1. Una figura que tiene largo, ancho y altura es una _____.

2. El _____ es la suma del área de todas las caras de una figura de tres dimensiones.

3. La cantidad de espacio que hay dentro de una figura de tres dimensiones es su _____.

4. Un prisma que tiene bases triangulares es un _____.

5. Un _____ es un prisma que tiene bases rectangulares.

6. El volumen se mide en _____.

7. El punto donde se intersecan tres o más caras es el _____.

8. La _____ es la altura de cada cara lateral.

9. Toda cara que no es una base es una _____.

Usa los FOLDABLES

Usa tu modelo de papel como ayuda para repasar el capítulo.

Pégalo aquí.

Pestaña 1

Ejemplos del mundo real

Fórmulas   Modelo

Pestaña 2

Pégalo aquí.

¿Entendiste?

Usa la figura dada para completar el crucigrama de números.

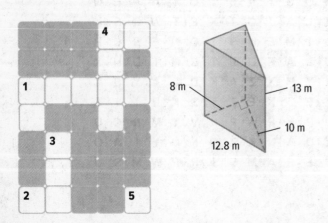

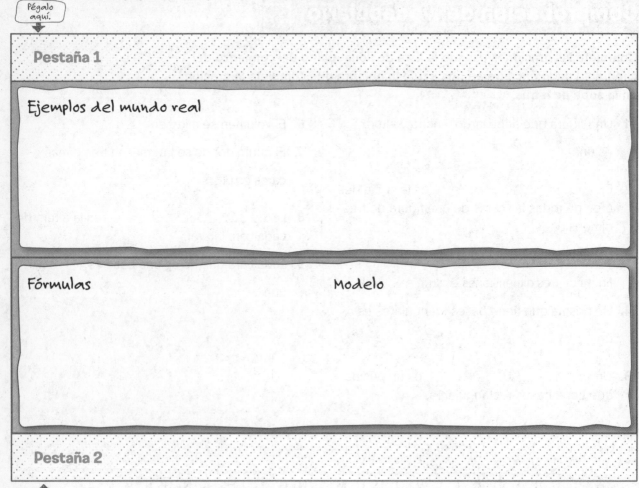

8 m   13 m

10 m

12.8 m

Horizontales

1. área total del prisma

2. altura de la base triangular

4. altura del prisma

5. longitud de la base triangular

Verticales

1. área de la base

3. volumen del prisma

4. longitud de un lado de la base triangular

¡Repaso! Tarea para evaluar el desempeño

Tiempo de mudanza

La familia Davidson se muda a una nueva casa y alquiló un remolque para transportar cajas para la mudanza. Compraron cajas de cartón, como la que se muestra, en las que embalarán sus pertenencias. El remolque tiene 180 pies cúbicos de espacio de carga. La altura del remolque es 7.5 pies y el ancho es 4 pies. El perímetro de la base del remolque es 20 pies.

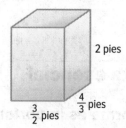

2 pies

$\frac{4}{3}$ pies

$\frac{3}{2}$ pies

Escribe tus respuestas en una hoja aparte. Muestra tu trabajo para recibir la máxima calificación.

Parte A
La familia Davidson necesita saber las dimensiones del remolque para optimizar el espacio al preparar las cajas. ¿Cuál es el largo y el ancho del remolque en pies?

Parte B
Si las cajas se pueden acomodar en el remolque en cualquier posición, cuál es el mayor número de cajas que caben en el remolque? ¿Cuántas cajas caben en el remolque si todas las cajas se deben colocar como se muestra en la imagen (con 2 pies como la altura)?

Parte C
La familia llevará tres de las mismas cajas envueltas para regalo. ¿Cuánto papel para regalos necesitarán? Dibuja un modelo plano para representar una de las cajas.

Reflexionar

 Respuesta a la pregunta esencial

Usa lo que aprendiste sobre el volumen y el área total para completar el organizador gráfico.

 Pregunta esencial

¿POR QUÉ la forma es importante para medir una figura?

	Dibújalo.	¿Cómo hallas el volumen?	¿Cómo hallas el área total?
Prisma rectangular			
Prisma triangular			

 Responder la pregunta esencial. ¿POR QUÉ la forma es importante para medir una figura?

_____

_____

PROYECTO DE LA UNIDAD

Un zoológico nuevo Un zoológico es un lugar fantástico para explorar los animales salvajes y aprender acerca de sus hábitats. En este proyecto, harás lo siguiente:

- **Colaborar** con tus compañeros mientras exploran algunos animales en el zoológico y diseñan su propio zoológico.
- **Compartir** los resultados de tu investigación de una manera creativa.
- **Reflexionar** sobre cómo usan diferentes medidas para resolver problemas de la vida real.

Para el final de este proyecto, quizá te interese trabajar en el zoológico o incluso trabajar como diseñador para ayudar a crear nuevas áreas donde vivan los animales.

Colaborar

Conéctate Trabaja con tu grupo para investigar y completar las actividades. Usarás tus resultados en la sección Compartir de la página siguiente.

1. Elige 10 animales del zoológico. Investiga varias características de cada animal, como su peso promedio, expectativa de vida, período de incubación y temperatura de su hábitat natural. Escribe un breve resumen de cada animal que elijas.

2. Crea una gráfica de barras que muestre el peso promedio, la expectativa de vida promedio y el promedio del período de incubación de los 10 animales que elegiste.

3. Organiza las características que hallaste en el ejercicio 1 para cada animal en una tabla u hoja de cálculo. Luego describe cómo podrías usar esas características como ayuda para diseñar los espacios donde vive cada animal.

4. Investiga la cantidad de espacio que necesita cada animal para vivir. Usa esa información para dibujar y diseñar tu propio zoológico. Asegúrate de incluir las dimensiones y el área. ¿Qué animales tienen las áreas más grandes? Explica por qué.

5. Halla el área de los espacios de cada animal de tu diseño del ejercicio 4. Además, halla el volumen y el área total de cualquier construcción del zoológico que diseñaste.

Compartir

Con tu grupo, decidan una manera de compartir lo que han aprendido acerca de diseñar un zoológico. Abajo se enumeran algunas sugerencias, pero ustedes también pueden pensar en otras maneras creativas de presentar la información. Recuerden mostrar cómo usaron las matemáticas en este proyecto.

Conectar con **Ciencias**

Conocimientos sobre el medio ambiente

Investiga acerca de las condiciones de vida de los animales que están en zoológicos hoy en día en comparación con sus condiciones de vida en el pasado. ¿Cómo han cambiado con el tiempo? Cosas que debes considerar:

• tamaño de los espacios donde viven

• diferencia en la expectativa de vida promedio

• cambios de conducta

• Diseñen una página web que se pueda usar para describir el zoológico. Estas son algunas preguntas que deben tener en cuenta:
  - ¿Qué atracciones del zoológico se deben publicitar para lograr que más turistas visiten tu zoológico?
  - Incluyan un mapa de su zoológico.
• Diseñen un hábitat para la exhibición del panda gigante. Asegúrense de incluir dibujos y explicaciones sobre por qué diseñaron la exhibición del modo en el que lo hicieron.

Consulta la nota de la derecha para relacionar este proyecto con otras materias.

Reflexionar

Por tu cuenta

6. **Ⓟ Responder la pregunta esencial** ¿Cómo puedes usar diferentes medidas para resolver problemas de la vida real?

   a. ¿Cómo usaron lo que aprendieron acerca del área para resolver problemas de la vida real?

   _____

   _____

   _____

   b. ¿Cómo usaron lo que aprendieron acerca del volumen y el área total para resolver problemas de la vida real?

   _____

   _____

   _____

Unidad 5

CCSS Estadística y probabilidad

℗ Pregunta esencial

¿POR QUÉ aprender matemáticas es importante?

Capítulo 11
Medidas estadísticas

Los datos estadísticos tienen una distribución que puede describirse por su centro o por su dispersión. En este capítulo, hallarás y usarás medidas de centro y medidas de variación para describir conjuntos de datos.

Capítulo 12
Representaciones estadísticas

Los datos estadísticos pueden representarse de maneras distintas. En este capítulo, representarás y analizarás datos usando diagramas lineales, histogramas y diagramas de cajas.

Observa

Hagamos ejercicio Los pediatras recomiendan que los niños y adolescentes realicen 60 o más minutos diarios de actividad para promover una buena condición física. Esto incluye andar en bicicleta o patineta, bailar, e incluso caminar hasta la escuela.

Encuesta a veinte estudiantes sobre deportes u otras actividades físicas que realizan cada semana. Luego, realiza una gráfica de barras de las cinco actividades más comunes.

Al final del Capítulo 12, completarás un proyecto sobre cómo lograr una buena condición física. Toma tus tenis y prepárate para correr con esta tarea emocionante.

Participar en actividades físicas

Capítulo 11

Medidas estadísticas

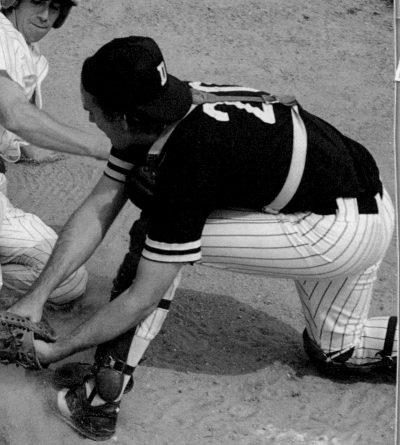

 Pregunta esencial

¿CÓMO te ayudan la media, la mediana y la moda a describir datos?

Common Core State Standards

Content Standards
6.SP.1, 6.SP.3, 6.SP.5, 6.SP.5b, 6.SP.5c, 6.SP.5d

 Prácticas matemáticas
1, 2, 3, 4, 5, 6

Matemáticas en el mundo real

Deportes Un equipo de béisbol obtuvo una puntuación de 9, 6, 8, 16 y 5 puntos en 5 partidos. Marca las puntuaciones en la recta numérica.

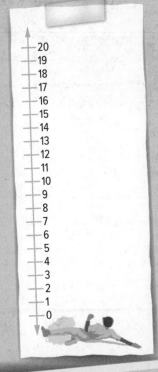

 **FOLDABLES®**
Ayudas de estudio

1 Recorta el modelo de papel de la página FL13 de este libro.

2 Pega tu modelo de papel en la página 856.

3 Usa este modelo de papel en todo el capítulo como ayuda para aprender sobre las medidas estadísticas.

Vocabulario

cuartiles	pregunta estadística
desviación media absoluta	primer cuartil
media	promedio
mediana	rango
medida de centro	rango intercuartil
medidas de variación	tercer cuartil
moda	valores extremos

Repaso del vocabulario

Organizador gráfico Una manera de recordar los términos de vocabulario es conectarlos con su término opuesto o un ejemplo. Usa la información para completar el organizador gráfico.

cociente

⬇

Definición

Opuesto

Ejemplo

Lee las oraciones. Indica si estás de acuerdo (A) o en desacuerdo (D). Haz una marca en la columna correcta y, luego, justifica tu razonamiento.

Medidas estadísticas			
Oración	A	D	¿Por qué?
La mediana de un conjunto de datos es lo mismo que el promedio del conjunto de datos.			
El promedio es la diferencia entre los números menores y mayores en un conjunto de datos.			
Una medida de variación describe el cambio en los valores de un conjunto de datos.			
Las medidas de centro incluyen la media, la mediana y la moda.			
Una pregunta estadística es una pregunta que anticipa y explica varias respuestas.			
El primer cuartil es lo mismo que la mediana de un conjunto de datos.			

¿Cuándo usarás esto?

Estos son algunos ejemplos de cómo se usan las estadísticas en el mundo real.

Actividad 1 ¿Cuál es tu equipo deportivo favorito? Usa Internet para hallar la cantidad de victorias de tu equipo en las últimas cinco temporadas. Compara las victorias de tu equipo con la cantidad de victorias del equipo favorito de otra persona.

Actividad 2 Conéctate en **connectED.mcgraw-hill.com** para leer la historieta *Desafío de béisbol*. En alguna temporada, ¿los dos equipos de béisbol tuvieron la misma cantidad de victorias?

Noah y Julie en

Desafío de béisbol

¡Sabes que las Grullas son el MEJOR equipo, Julie!

Resuelve los ejercicios de la sección Comprobación rápida o conéctate para hacer la prueba de preparación.

CCSS Repaso rápido

Repaso de los estándares comunes 5.NBT.7

Ejemplo 1

Halla 12.53 + 9.87 + 16.24 + 22.12.

```
  2 1  1
  12.53
   9.87      Suma.
  16.24
+ 22.12
  60.76
```

Ejemplo 2

Michelle leyó 56.5 páginas de un libro del lunes al martes. Si lee la misma cantidad cada día, ¿cuántas páginas leerá por día en promedio?

$56.5 \div 2 = 28.25$ Divide la cantidad total de páginas entre la cantidad de días.

El promedio de Michelle es 28.25 páginas por día.

Comprobación rápida

Sumar decimales Halla las sumas.

1. $6.20 + 31.59 + 11.11 + 19.85 =$

2. $22.69 + 15.45 + 9.87 + 26.79 =$

 Muestra tu trabajo.

3. Sonya fue a un partido de béisbol. Pagó $10.50 por la entrada. Compró una bebida por $2.75, una bolsa de palomitas por $4.60 y un perro caliente por $3.75. ¿Cuánto gastó en total?

Dividir decimales Halla los cocientes.

4. $79.2 \div 6 =$

5. $72.60 \div 3 =$

6. $240.5 \div 13 =$

7. La familia Chen recorrió 345.6 millas en las vacaciones. Recorrieron la misma cantidad cada uno de 3 días. ¿Cuántas millas recorrieron cada día?

 ¿Cómo te fue?

Sombrea los números de los ejercicios de la sección Comprobación rápida que resolviste correctamente.

(1) (2) (3) (4) (5) (6) (7)

Laboratorio de indagación
Preguntas estadísticas

 ¿CÓMO se crean las encuestas para reunir y analizar los datos?

 Content Standards
6.SP.1, 6.SP.3

PM Prácticas matemáticas
1, 3, 4

Publicidad Anderson está reuniendo información para una pizzería. Quieren saber la cantidad de ingredientes que la mayoría de los clientes prefieren para la pizza. Usarán esta información para determinar el especial semanal.

Manos a la obra: Actividad 1

Las *estadísticas* están relacionadas con reunir, organizar e interpretar información, o *datos*. Una manera de reunir datos es realizar preguntas estadísticas. Una **pregunta estadística** es una pregunta que anticipa y explica varias respuestas.

La siguiente tabla muestra algunos ejemplos de preguntas estadísticas y preguntas que *no* son preguntas estadísticas.

Preguntas estadísticas	Preguntas no estadísticas
¿Cuántos mensajes de texto envías cada día?	¿Cuál es la altura en pies de la montaña más alta de Colorado?
¿Cuál es la edad mínima para conducir en cada estado de Estados Unidos?	¿Cuántas personas concurrieron al concierto de jazz de anoche?

Crea una encuesta semejante a la que Publicidad Anderson usaría para encuestar a tus compañeros. Considera una pizza con queso sin otro ingrediente como una pizza con un ingrediente.

Paso 1 Comienza con una pregunta estadística.
¿Cuántos ingredientes te gustan en la pizza?

Paso 2 Encuesta a tus compañeros.

Paso 3 Anota los resultados en la tabla de la derecha. Agrega los números adicionales de ingredientes a la tabla si es necesario.

¿Cuántos ingredientes te gustan en la pizza?	
Cantidad de ingredientes	Cantidad de respuestas

¿Por qué la siguiente es una pregunta estadística?
¿Cuántos ingredientes te gustan en la pizza?

_____

_____

Manos a la obra: Actividad 2

A veces un conjunto de datos puede organizarse en intervalos para que la organización sea más sencilla. Esto sucede cuando el conjunto de datos tiene un rango de valores amplio.

Imagina que quieres determinar la cantidad de videojuegos que tus compañeros de matemáticas tienen en su casa.

| Paso 1 | Escribe la pregunta estadística.
¿Cuántos videojuegos tienes? |

| Paso 2 | Encuesta a tus compañeros. |

| Paso 3 | Anota los resultados en la tabla
de la derecha. |

¿Cuántos videojuegos tienes?	
Cantidad de videojuegos	Cantidad de respuestas
Menos de 5	
5 a 9	
10 a 14	
15 o más	

Manos a la obra: Actividad 3

Herramientas

Puedes usar encuestas para brindar información sobre patrones en las respuestas.

Imagina que encuestaste a cinco estudiantes usando la pregunta estadística, *¿Cuántos sitios de Internet visitaste antes de venir a la escuela esta mañana?* Los estudiantes dijeron 4, 3, 5, 1 y 2 sitios de Internet. Si la cantidad total se distribuyó en partes iguales entre los cinco estudiantes, ¿cuántos sitios de Internet visitó cada estudiante?

| Paso 1 | Como se muestra a continuación, realiza una pila de cubos de 1 centímetro para representar la cantidad de sitios de Internet que visitó cada estudiante. |

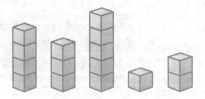

| Paso 2 | Mueve los cubos para que las pilas tengan la misma cantidad de cubos. Dibuja los modelos en el siguiente espacio. |

Hay cinco pilas con ☐ cubos en cada pila. Por lo tanto, si las respuestas están

distribuidas en partes iguales, cada estudiante visitó ☐ sitios de Internet antes de ir a la escuela.

Investigar

Colabora

Trabaja con un compañero o una compañera. Determina si las siguientes preguntas son preguntas estadísticas. Explica tu razonamiento.

1. ¿Quién fue el primer presidente de Estados Unidos?

_____

2. ¿Cuánto tiempo los estudiantes de mi escuela pasan en Internet cada noche?

_____

3. ¿Cuál es la altura del tobogán más alto del parque acuático Aventura?

_____

4. ¿Cuál es el precio para alquilar una cabaña en los parques estatales de Kentucky?

_____

Trabaja con un con un compañero o una compañera. Determina las partes iguales si la cantidad total de centímetros cúbicos está distribuida en partes iguales entre los grupos. Dibuja tus modelos en el espacio provisto.

5.

6.

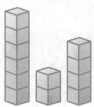

7.

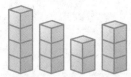

8.

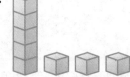

Analizar y pensar

Trabaja con un compañero o una compañera para determinar las partes iguales de los ejercicios. Usa cubos de 1 centímetro o fichas si es necesario. La primera fila está hecha y te servirá de ejemplo.

Situación	Respuestas	Total de las respuestas	Cantidad de respuestas	Partes iguales
Caída de lluvia (pulg)	7, 5, 2, 6	$7 + 5 + 2 + 6 = 20$	4	5
9. Libros leídos	8, 7, 3			
10. Huevos con el cascarón roto	5, 2, 3, 6			
11. Estados visitados	1, 4, 2, 5, 3			
12. Fotos tomadas	5, 3, 7, 2, 4, 3			
13. Millas recorridas	11, 12, 8, 9			

14. **(PM) Razonar de manera inductiva** Compara las respuestas que diste en la tabla anterior. ¿Cómo se relaciona el total de las respuestas y la cantidad de respuestas con las partes iguales? Escribe una regla que puedas usar para distribuir en partes iguales un conjunto de datos sin usar cubos de 1 centímetro.

_____

_____

Crear

15. **(PM) Representar con matemáticas** Escribe una pregunta de encuesta que brinde datos sin variabilidad. Vuelve a escribir la pregunta para que brinde datos con variabilidad.

_____

_____

16. **(PM) Representar con matemáticas** Escribe un problema del mundo real que involucre partes iguales. Halla las partes iguales de tu conjunto de datos.

_____

_____

_____

17. **(Indagación)** ¿CÓMO se crean las encuestas para reunir y analizar los datos?

_____

_____

_____

_____

Conexión con el mundo real

Música Tina y sus amigos descargaron canciones durante 6 semanas, como se muestra en la tabla.

Cantidad de canciones descargadas cada semana					
12	6	10	9	4	1

1. ¿Cuántas canciones se descargaron? _____

2. En promedio, ¿cuántas canciones descargaron cada semana?

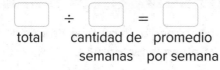

  total   cantidad de   promedio
            semanas   por semana

3. En la siguiente recta numérica, dibuja una flecha que señale el promedio. Marca en la recta numérica la cantidad de canciones que se descargaron.

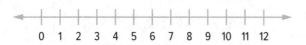

0 1 2 3 4 5 6 7 8 9 10 11 12

4. ¿A qué distancia hacia abajo del promedio está 1? ¿4 y 6? ¿A qué distancia hacia arriba del promedio está 9? ¿10 y 12? _____

5. ¿Cuál es la suma de las distancias entre el promedio y los puntos debajo del promedio? ¿Y arriba del promedio? _____

6. Explica por qué el promedio es el punto de equilibrio de los datos.

_____

_____

Pregunta esencial

¿CÓMO te ayudan la media, la mediana y la moda a describir datos?

Vocabulario

media
promedio

Common Core State Standards

Content Standards
6.SP.3

PM Prácticas matemáticas
1, 2, 3, 4, 6

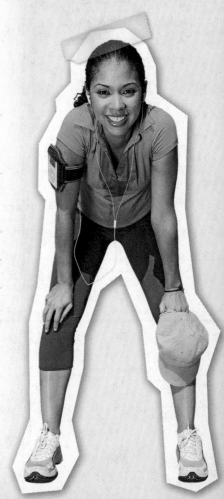

¿Qué **Prácticas matemáticas** PM usaste?
Sombrea lo que corresponda.

① Perseverar con los problemas
② Razonar de manera abstracta
③ Construir argumentos
④ Representar con matemáticas
⑤ Usar las herramientas matemáticas
⑥ Prestar atención a la precisión
⑦ Usar una estructura
⑧ Usar el razonamiento repetido

Media

La **media** de un conjunto de datos es la suma de los datos divididos entre la cantidad de datos. Es el punto de equilibrio del conjunto de datos.

En la página anterior, encontraste un solo número para describir la cantidad de canciones que se bajaron cada semana. El **promedio**, o media, resume los datos usando un solo número.

Puedes hallar la media de un conjunto de datos que se muestra a través de distintas representaciones, como pictografías y gráficas de puntos.

Ejemplo

1. **Halla la cantidad media de representantes de los cuatro estados que se muestran en la pictografía.**

> Mueve las figuras para distribuir en partes iguales la cantidad total de representantes entre los cuatro estados.

Cada estado tiene una media, o promedio, de 8 representantes.

¿Entendiste? **Resuelve este problema para comprobarlo.**

a. La tabla muestra la cantidad de CD que compró un grupo de amigos. Halla la cantidad media de CD que compró el grupo.

Cantidad de CD comprados		
3	4	6
	0	2

> **Incluir datos**
> Incluso si el valor de un dato es 0, se debe contar en el total de datos.

 Muestra tu trabajo.

a. _____

Ejemplos

2. El diagrama de puntos muestra las temperaturas máximas registradas durante seis días en Little Rock, Arkansas. Halla la temperatura media.

Temperaturas máximas

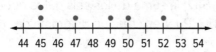

44 45 46 47 48 49 50 51 52 53 54

$$\text{media} = \frac{45 + 45 + 47 + 49 + 50 + 52}{6}$$ ◄····· Suma de los datos
◄····· Cantidad de datos

$$= \frac{288}{6}, \text{ o } 48$$ Simplifica.

La media es 48 grados. Por lo tanto, todos los valores de datos se pueden resumir con un solo número, 48.

3. El diagrama de puntos muestra la cantidad de carreras que realizó un equipo de béisbol en 4 partidos. Halla la cantidad media de carreras en los partidos.

Cantidad de carreras

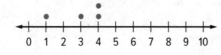

0 1 2 3 4 5 6 7 8 9 10

$$\text{media} = \frac{\boxed{}}{\boxed{}}$$ ◄····· Suma de los datos
◄····· Cantidad de datos

$$= \frac{\boxed{}}{\boxed{}}, \text{ o } \boxed{}$$ Simplifica.

La cantidad media de carreras de los partidos es $\boxed{}$.

¿Entendiste? Resuelve este problema para comprobarlo.

b. El diagrama de puntos muestra la cantidad de libros que leyó Deanna durante cada semana de un reto de lectura. Halla la cantidad media de libros que leyó.

b. _____

Libros leídos

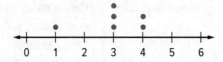

0 1 2 3 4 5 6

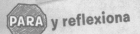

 Ejemplo

A veces, la media se describe como el punto de equilibrio. Debajo explica qué significa esto usando el conjunto de datos {2, 2, 3, 8, 10}.

4. Durante los últimos cinco meses, Marielle habló por teléfono celular 494, 502, 486, 690 y 478 minutos. Imagina que la media de los últimos seis meses fue 532 minutos. ¿Cuántos minutos habló por teléfono durante el sexto mes?

Si la media es 532, la suma de los seis datos debe ser 532 × 6, o 3,192. Puedes crear un diagrama de barras.

494	502	486	690	478	?

⊢--------------- 3,192 ---------------⊣

$3{,}192 - (494 + 502 + 486 + 690 + 478) = 3{,}192 - 2{,}650$
$$= 542$$

Marielle habló 542 minutos durante el sexto mes.

Práctica guiada

Comprueba ✓

1. El diagrama de puntos muestra la cantidad de cuentas que se vendieron. Halla la cantidad media de cuentas. (Ejemplos 1 a 3)

Cantidad de cuentas

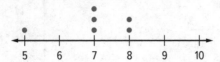

2. La tabla muestra las profundidades máximas de cuatro de los cinco océanos. Si la profundidad máxima promedio es 8.094 kilómetros, ¿cuál es la profundidad máxima del océano

Antártico? (Ejemplo 4) _____

Océano	Profundidad máxima (km)
Pacífico	10.92
Atlántico	9.22
Índico	7.46
Ártico	5.63
Antártico	■

¡Califícate!

¿Entendiste cómo hallar la media de un conjunto de datos? Sombrea lo que corresponda.

3. 🄿 **Desarrollar la pregunta esencial** ¿Por qué es útil hallar la media de un conjunto de datos?

_____

_____

Para obtener más ayuda, conéctate y accede a un tutor personal.

Tutor

FOLDABLES ¡Es hora de que actualices tu modelo de papel!

Práctica independiente

Conéctate para obtener las soluciones de varios pasos.

Halla la media de los conjuntos de datos. (Ejemplos 1 a 3)

 1. _____

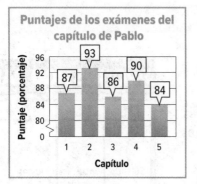

Puntajes de los exámenes del capítulo de Pablo

2. _____

Cantidad de flores

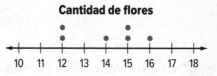

3 **Conocimiento sobre finanzas** Jamila trabajó cuidando bebés en nueve oportunidades. Ganó $15, $20, $10, $12, $20, $16, $80 y $18 por ocho jornadas de trabajo. ¿Cuánto ganó la novena vez si la media del conjunto de datos es $24? (Ejemplo 4)

_____

4. (PM) **Representar con matemáticas** Consulta la siguiente historieta para resolver los Ejercicios **a** y **b**.

a. ¿Cuál es la cantidad media de victorias de las Grullas? ¿Y de las Panteras?

_____

_____

b. A partir de tu respuesta de la parte **a**, ¿la media es una buena medida para determinar qué equipo tuvo una mejor anotación? Explica tu respuesta.

_____

_____

5. Un *diagrama de tallo y hojas* es una representación que organiza los datos de menor a mayor. Los dígitos del valor de posición menor forman las hojas, y los dígitos del siguiente valor de posición forman el tallo. Un diagrama de tallo y hojas muestra las puntuaciones de varios exámenes de Marcia. Halla la media de la puntuación de los exámenes.

Tallo	Hoja
7	8
8	5 8 9
9	2 6

$$7|8 = 78$$

_____

6. (PM) **Representaciones múltiples** La gráfica muestra el pronóstico para 5 días.

PRONÓSTICO PARA 5 DÍAS

DO	LU	MA	MI	JU
Soleado	Parcialmente nublado	Lluvias	Lluvias aisladas	Soleado
Máx: 63 °F	Máx: 60 °F	Máx: 55 °F	Máx: 57 °F	Máx: 65 °F
Mín: 45 °F	Mín: 38 °F	Mín: 40 °F	Mín: 39 °F	Mín: 42 °F

a. Números ¿Cuál es la diferencia entre la media de las temperaturas máximas y la media de las temperaturas mínimas para estos 5 días? Justifica tu respuesta.

_____

_____

_____

b. Gráfica Realiza una gráfica de doble línea para las temperaturas máximas y mínimas de los 5 días.

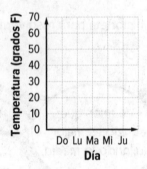

Problemas S.O.S. Soluciones de orden superior

7. (PM) **Razonar de manera abstracta** Crea un conjunto de datos que tenga cinco valores. La media del conjunto de datos debería ser 34. _____

8. (PM) **Perseverar con los problemas** La media de un conjunto de datos es 45 años. Halla los números que faltan del conjunto de datos {40, 45, 48, ?, 54, ?, 45}. Explica el método o la estrategia que usaste.

_____

9. (PM) **Razonar de manera inductiva** Si 99 estudiantes tienen una media de puntuación en las pruebas de 82, ¿en cuánto aumentaría la media de la puntuación si se sumara una puntuación de 99? Explica tu respuesta.

_____

_____

_____

Más práctica

Halla la media de los conjuntos de datos.

10. 8 bolsas

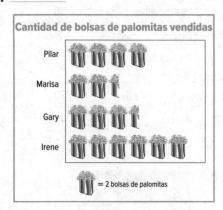

Cantidad de bolsas de palomitas vendidas

Pilar
Marisa
Gary
Irene

= 2 bolsas de palomitas

a para
area $\rightarrow$ $\dfrac{8+5+7+12}{4}=8$

11. _____

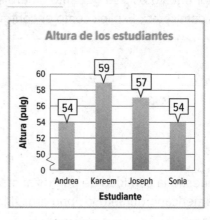

Altura de los estudiantes

12. _____

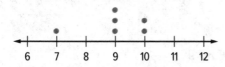

Cantidad de tarjetas decoradas

13. _____

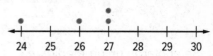

Cantidad de boletos vendidos

14. (PM) **Responder con precisión** La tabla muestra las alturas aproximadas de algunos de los árboles más altos de EE.UU.

Árboles más altos de EE.UU.	
Árbol	**Altura (pies)**
Cedro canadiense	160
Sequoia	320
Ciprés de Monterrey	100
Laurel de California	110
Pícea de Sitka	200
Cedro de Oregón	220

a. Halla la media de los datos. _____

b. Halla la media si la sequoia no está entre el conjunto de datos.

_____

c. ¿Cómo afecta la altura de las sequoias la media de los datos?

_____

_____

_____

d. Imagina que se incluye la pícea azul en la lista, y la media baja a 165 pies. ¿Cuál es la altura de la pícea azul?

_____

15. La tabla muestra el dinero recaudado por los puestos de distintos rubros en una venta de artesanías. La cantidad media que se recaudó por puesto es $59. ¿Cuánto dinero se recaudó en el puesto de camisetas? Explica cómo encontraste tu respuesta.

Venta de artesanías en Northside	
Puesto	**Dinero recaudado ($)**
Ilustraciones	58
Dulces	47
Decoraciones festivas	54
Joyas	70
Marcos	45
Camisetas	?

16. La tabla muestra la cantidad de puntos anotados por un equipo de fútbol americano durante los primeros 4 juegos.

Juego	1	2	3	4
Puntos anotados	24	30	22	28

Selecciona los valores para completar la siguiente representación para hallar la media de la cantidad de puntos anotados por juego.

$$\frac{\boxed{} + \boxed{} + \boxed{} + \boxed{}}{\boxed{}} = \boxed{}$$

1	24
2	26
3	28
4	30
22	32

Se anotaron un promedio de ☐ puntos por juego.

CCSS **Estándares comunes: Repaso en espiral**

Compara los números usando < o >. 4.NBT.2

17. 18 ◯ 16

18. 65 ◯ 63

19. 22 ◯ 28

20. 34 ◯ 31

21. 75 ◯ 79

22. 67 ◯ 57

23. La tabla muestra las distancias desde Louisville a varias ciudades.

   a. ¿Cuántas más millas hay entre Charlotte y Louisville que entre Louisville y Lexington? 4.NBT.4 _____

   b. ¿Qué ciudad está a mayor distancia desde Louisville? 4.NBT.2

_____

Ciudad	Distancia (millas)
Charlotte	474
Cincinnati	100
Indianápolis	114
Lexington	75
San Luis	265

Mediana y moda

Vocabulario inicial

Un conjunto de datos también puede describirse por la mediana o por la moda. La media, la mediana y la moda se denominan **medidas de centro** porque describen el centro de un conjunto de datos.

Halla la definición de los términos en el glosario. Luego, completa el organizador gráfico.

Medidas de centro

media: _____

mediana: _____

moda: _____

Pregunta esencial

¿CÓMO te ayudan la media, la mediana y la moda a describir datos?

Vocabulario

medidas de centro
mediana
moda

 Common Core State Standards

Content Standards
6.SP.3, 6.SP.5, 6.SP.5b, 6.SP.5c

PM **Prácticas matemáticas**
1, 3, 4, 5, 6

 ## Conexión con el mundo real

Huracanes La tabla muestra la cantidad de huracanes en el Atlántico durante varios años.

Huracanes en el Atlántico						
5	15	9	7	4	9	8

1. Ordena los datos de menor a mayor. Encierra en un círculo el número del medio de tu lista. _____

2. Halla la media. Compara el número del medio con la media de los datos. Redondea a la centésima más cercana si es necesario.

_____

¿Qué **Prácticas matemáticas** PM usaste?
Sombrea lo que corresponda.

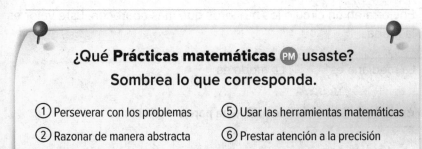

① Perseverar con los problemas

② Razonar de manera abstracta

③ Construir argumentos

④ Representar con matemáticas

⑤ Usar las herramientas matemáticas

⑥ Prestar atención a la precisión

⑦ Usar una estructura

⑧ Usar el razonamiento repetido

Concepto clave

Área de trabajo

Mediana y moda

La **mediana** de una lista de valores es el valor que aparece en el centro de una versión ordenada de la lista, o la media de dos valores centrales, si la lista contiene un número par de valores.

La **moda** es el número o los números que aparecen más frecuentemente.

De la misma manera que la media es un valor que se usa para resumir un conjunto de datos, la mediana y la moda también resumen un conjunto de datos con un solo número. Si hay más de un número que aparece con la misma frecuencia, un conjunto de datos puede tener más de una moda.

Ejemplos

1. **La tabla muestra la cantidad de monos en once zoológicos distintos. Halla la mediana y la moda de los datos.**

Cantidad de monos					
28	36	18	25	12	44
18	42	34	16	30	

Ordena los datos de menor a mayor.

Mediana   12, 16, 18, 18, 25, (28,) 30, 34, 36, 42, 44   28 está en el centro.

Moda   12, 16, [18, 18,] 25, 28, 30, 34, 36, 42, 44   18 aparece con más frecuencia.

La mediana es 28 monos. La moda es 18 monos.

2. **Dina anotó las puntuaciones de 7 exámenes en la tabla. Halla la mediana y la moda de los datos.**

Puntuación de los exámenes			
93	88	94	93
	85	97	90

Ordena los datos de menor a mayor.

_____

Encierra en un círculo el número del centro. Esta es la mediana.

Encierra en un círculo los números que más aparecen. Este valor es la moda.

La mediana es [   ]. La moda es [   ].

Muestra tu trabajo.

¿Entendiste? **Resuelve este problema para comprobarlo.**

a. _____

a. La lista muestra la cantidad de pisos que hay en los 11 edificios más altos de Springfield. Halla la mediana y la moda de los datos.

40, 38, 40, 37, 33, 30, 20, 24, 21, 17, 19

Ejemplos

Tutor

3. Halla la mediana y la moda de las temperaturas que se muestran en la gráfica.

Mediana   55.8, $\underbrace{58.2, 64.4}$, 71.2

$$\frac{58.2 + 64.4}{2} = \frac{122.6}{2}$$
$$= 61.3°$$

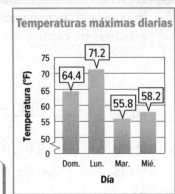

Temperaturas máximas diarias

> Hay una cantidad par de valores de datos. Por lo tanto, para hallar la mediana, halla la media de los dos valores centrales.

Moda   No hay moda.

4. Miguel investigó las precipitaciones promedio en varios estados. Halla y compara la mediana y la moda de las precipitaciones promedio.

Estado	Precipitación (pulg)	Estado	Precipitación (pulg)
Alabama	58.3	Luisiana	60.1
Florida	54.5	Maine	42.2
Georgia	50.7	Michigan	32.8
Kentucky	48.9	Missouri	42.2

Mediana   32.8, 42.2, 42.2, $\underbrace{48.9, 50.7}$, 54.5, 58.3, 60.1

$$\frac{48.9 + 50.7}{2} = \frac{99.6}{2}$$
$$= 49.8$$

Moda   32.8, $\boxed{42.2, 42.2,}$ 48.9, 50.7, 54.5, 58.3, 60.1

La mediana es 49.8 pulgadas y la moda es 42.2 pulgadas. La mediana es 7.6 pulgadas mayor que la moda.

¿Entendiste? Resuelve estos problemas para comprobarlo.

Muestra tu trabajo.

b. Halla la mediana y la moda de los costos de la tabla.

Costo de las mochilas ($)			
16.78	48.75	31.42	18.38
22.89	51.25	28.54	26.79

b. _____

c. _____

c. Halla y compara la mediana y la moda de los costos de la tabla.

Costo del jugo ($)			
1.65	1.97	2.45	2.87
2.35	3.75	2.49	2.87

Ejemplo

5. Describe las temperaturas máximas diarias usando las medidas de centro.

Temperaturas máximas diarias (°F)			
72	73	67	65
	71	64	71

Media $\dfrac{72 + 73 + 67 + 65 + 71 + 64 + 71}{7} = \dfrac{483}{7}$, o 69°

Mediana 64, 65, 67, (71,) 71, 72, 73

Moda 64, 65, 67, (71, 71,) 72, 73

Tanto la mediana como la moda son 71 grados. Las dos están 2 grados por encima de la media. Los datos siguen las medidas de centro, ya que las temperaturas son cercanas a las medidas de centro.

Muestra tu trabajo.

d. _____

¿Entendiste? **Resuelve este problema para comprobarlo.**

d. Describe el costo de los CD usando las medidas de centro.

Costo de CD ($)		
11.95	12.89	19.99
19.99	12.59	18.49

Práctica guiada

Comprueba

1. Halla y compara la mediana y la moda del siguiente conjunto de datos. gastos mensuales: $46, $62, $62, $57, $50, $42, $56, $40 (Ejemplos 1 a 4)

_____

2. Describe la temperatura máxima diaria usando las medidas de centro. (Ejemplo 5)

Temperatura máxima diaria (°F)			
34	35	31	36
	31	24	33

_____

_____

_____

3. 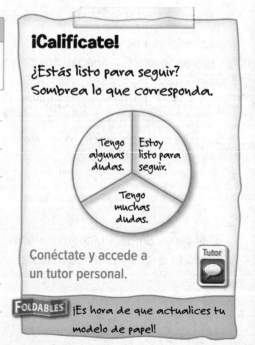 **Desarrollar la pregunta esencial** ¿En qué se parecen la media y la mediana? _____

_____

_____

¡Califícate!

¿Estás listo para seguir? Sombrea lo que corresponda.

Tengo algunas dudas.
Estoy listo para seguir.
Tengo muchas dudas.

Conéctate y accede a un tutor personal.

FOLDABLES ¡Es hora de que actualices tu modelo de papel!

Práctica independiente

Conéctate para obtener las soluciones de varios pasos.

Ayuda
en línea

Halla y compara la mediana y la moda de los conjuntos de datos. (Ejemplos 1 a 4)

1 puntuaciones de exámenes de matemáticas: 97, 85, 92, 86 _____

2.

_____

_____

3. Describe las velocidades promedio usando las medidas de centro. (Ejemplo 5)

_____

_____

_____

Velocidad promedio (mi/h)			
40	52	44	46
52	40	44	50
41	44	44	50

4. (PM) **Representar con matemáticas** Consulta la siguiente historieta para resolver los Ejercicios **a** y **b**.

a. Halla la mediana y la moda para las victorias de los equipos.

_____

_____

b. ¿Qué equipo tuvo la mejor anotación? Justifica tu respuesta.

_____

_____

5 Un periódico de Louisville afirmó que, durante siete días, la temperatura máxima en Lexington fue 6° más cálida que la temperatura máxima en Louisville. ¿Qué medida se usó para hacer esta afirmación? Justifica tu respuesta. _____

Temperaturas máximas diarias (°F)							
Louisville				Lexington			
75	50	80	72	80	73	75	74
	70	84	70		71	76	76

_____

_____

6. (PM) **Usar las herramientas matemáticas** Usa Internet para hallar las temperaturas máximas de los últimos siete días en una ciudad cercana a la tuya. Luego, halla la media de las temperaturas máximas.

_____

Problemas S.O.S. Soluciones de orden superior

7. (PM) **Perseverar con los problemas** Los precios de los boletos para una serie de conciertos son $12, $37, $45, $18, $8, $25 y $18. ¿Cuál fue el precio del octavo boleto, el último de esta serie, si el conjunto de 8 precios tiene una media de $23, una moda de $18 y una mediana de $19.50? _____

8. (PM) **Construir un argumento** Una noche en la pizzería local, se pidieron las siguientes cantidades de ingredientes para cada pizza grande.

3, 0, 1, 1, 2, 5, 4, 3, 1, 0, 0, 1, 1, 2, 2, 3, 6, 4, 3, 2, 0, 2, 1, 3

Determina si los enunciados son *verdaderos* o *falsos*. Explica tu razonamiento.

a. La mayoría pidió una pizza con 1 ingrediente.

_____

_____

b. La mitad de los clientes pidieron pizzas con 3 o más ingredientes, y la mitad de los clientes pidieron pizzas con menos de 3 ingredientes.

_____

_____

9. (PM) **Justificar las conclusiones** En el conjunto de datos {3, 7, 4, 2, 31, 5, 4}, ¿qué medida describe mejor el conjunto de datos: media, mediana o moda?

Explica tu razonamiento. _____

_____

10. (PM) **Representar con matemáticas** Crea una lista de seis valores donde la media, la mediana y la moda sean 45, y solo dos de los valores sean iguales.

_____

Más práctica

Halla y compara la mediana y la moda de los conjuntos de datos.

11. edad de los empleados: 23, 22, 15, 44, 44 *Mediana: 23; moda: 44; la moda es*

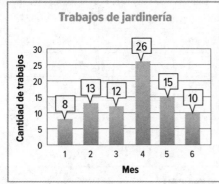

para tarea ➡ *21 años más que la mediana.* _____

Mediana: 15, 22, (23) 44, 44
Moda: 15, 22, 23, (44, 44)

12. minutos dedicados a hacer la tarea: 18, 20, 22, 11, 19, 18, 18

_____

13.

Trabajos de jardinería

(Gráfica de barras: Cantidad de trabajos vs. Mes)
- Mes 1: 8
- Mes 2: 13
- Mes 3: 12
- Mes 4: 26
- Mes 5: 15
- Mes 6: 10

_____

_____

14. Describe los exámenes del grado usando las medidas de centro.

_____

_____

_____

Exámenes del grado			
100	77	80	65
87	85	85	82
100	97	95	75

15. (PM) **Responder con precisión** Completa el organizador gráfico con las descripciones. La primera está hecha y te servirá de ejemplo.

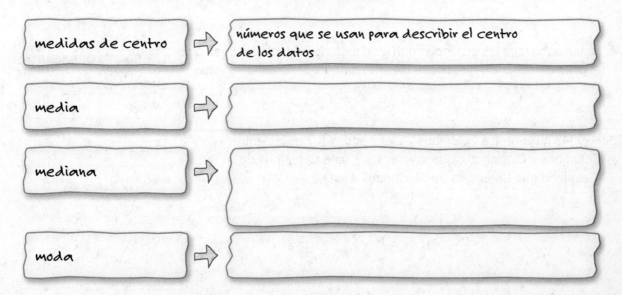

medidas de centro	➡	números que se usan para describir el centro de los datos
media	➡	
mediana	➡	
moda	➡	

16. La lista de datos muestra la cantidad de escuelas en 12 condados distintos.

Ordena los valores de datos de menor a mayor.

Cantidad de escuelas en distintos condados			
4	3	6	10
3	14	8	5
7	11	7	8

¿Cuáles son los dos números del medio en el conjunto de datos?

¿Cuál es el número de la mediana de escuelas en los 12 condados?

17. La tabla muestra la cantidad de conciertos que realizó una banda durante un año. Determina si los enunciados son verdaderos o falsos.

a. La mediana es 135 conciertos. ☐ Verdadero ☐ Falso

b. La moda es 136 conciertos. ☐ Verdadero ☐ Falso

c. La media es 138 conciertos. ☐ Verdadero ☐ Falso

Año	Cantidad de conciertos	Año	Cantidad de conciertos
1	142	5	124
2	142	6	138
3	136	7	136
4	136	8	150

Estándares comunes: Repaso en espiral

Halla el número mayor de los conjuntos de datos. 4.NBT.2

18. {23, 35, 31, 28, 26, 34}

19. {56, 58, 49, 50, 56, 57}

20. {78, 81, 79, 84, 82, 83}

Halla el número menor de los conjuntos de datos. 4.NBT.2

21. {62, 58, 56, 61, 59, 57}

22. {24, 29, 22, 26, 23, 24}

23. {56, 58, 52, 54, 53, 57}

24. La tabla muestra las distancias que Mari recorrió en bicicleta cada día. ¿Cuál es la distancia mayor que recorrió durante la semana? 5.NBT.3b

Día	Distancia (millas)
Lunes	5.2
Martes	3.5
Miércoles	4.9
Jueves	3.8
Viernes	3.2

25. Hay 143 millas entre Columbus y Cleveland, y 107 millas entre Columbus y Cincinnati. ¿Cuánto más lejos está Columbus de Cleveland que Columbus de Cincinnati? 4.NBT.4

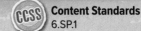

Investigación para la resolución de problemas
Usar razonamiento lógico

Content Standards
6.SP.1

PM Prácticas matemáticas
1, 3, 4

Caso #1 Hablemos

Amy encuestó a 15 estudiantes y realizó la siguiente pregunta estadística: "¿Hablas español, francés, los dos idiomas o ninguno de los dos?". Cuatro estudiantes hablan francés, siete hablan español y dos estudiantes hablan los dos idiomas.

Usa un diagrama de Venn para hallar cuántos estudiantes no hablan español ni francés.

Comprende ¿Qué sabes?

- Sabes que ☐ estudiantes hablan español y ☐ estudiantes hablan francés.

- Sabes que ☐ estudiantes hablan los dos idiomas.

Planifica ¿Cuál es tu estrategia para resolver este problema?

Haz un diagrama de Venn para organizar la información. Usa el razonamiento lógico para hallar la respuesta.

Resuelve ¿Cómo puedes aplicar la estrategia?

Dibuja y rotula dos círculos que se superpongan para representar los dos idiomas. Ya que 2 estudiantes hablan los dos idiomas, coloca un 2 en la sección que comparten los dos círculos. Usa la resta para determinar los números de las otras secciones.

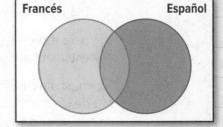

Francés   Español

solo francés: 4 − ☐ = ☐

solo español: 7 − ☐ = ☐

ninguno: 15 − ☐ − ☐ − ☐ = ☐

Por lo tanto, ☐ estudiantes no hablan francés ni español.

Comprueba ¿Tiene sentido tu respuesta?

Comprueba los círculos para ver si está representada la cantidad adecuada de estudiantes.

Analizar la estrategia Tutor

PM Razonar de manera inductiva Explica por qué la pregunta de Amy, "¿Hablas español, francés, los dos idiomas, o ninguno de los dos?", es una pregunta estadística.

Caso #2 Batalla de mascotas

Nick realizó una encuesta entre 85 estudiantes sobre una nueva mascota de la escuela. Los resultados muestran que a 40 estudiantes les gustan los tigres y a 31 estudiantes les gustan los osos. De esos estudiantes, a 12 les gustan los tigres y los osos.

¿A cuántos estudiantes no les gustan ni los tigres ni los osos?

Comprende

Lee el problema. ¿Qué se te pide que halles?

Debo hallar _____

Subraya los valores y las palabras clave. ¿Qué información conoces?

Se encuestaron ⬚ estudiantes. En la encuesta, ⬚ estudiantes

dijeron que les gustan los tigres, ⬚ dijeron que les gustan los osos y

⬚ dijeron que les gustan los dos.

Planifica

Elige una estrategia para la resolución de problemas.

Usaré la estrategia _____

Resuelve

Usa tu estrategia para la resolución de problemas y un diagrama de Venn, y resuélvelo.

Dibuja y rotula dos círculos que se superponen para representar a las dos mascotas. Como ⬚ estudiantes dijeron que les gustaban las dos mascotas, ubica ⬚ en la sección que es parte de los dos círculos. Resta para hallar los números de las otras secciones.

Tigres — Osos

solo tigres: _____ solo osos: _____

ni tigres ni osos: _____

Por lo tanto, a ⬚ estudiantes no les gustan ni los tigres ni los osos.

Comprueba

Usa la información del problema para comprobar tu respuesta.

_____

_____

_____

Trabaja con un grupo pequeño para resolver los siguientes casos. Muestra tu trabajo en una hoja aparte.

Caso #3 Panes

Una encuesta demostró que 70 clientes compraron pan blanco, 63 compraron pan de trigo y 35 compraron pan de centeno. De los que compraron dos tipos de pan, 12 compraron pan de trigo y pan blanco, 5 compraron pan blanco y pan de centeno, y 7 compraron pan de trigo y de centeno. Dos clientes compraron los tres.

¿Cuántos clientes compraron solo pan blanco?

_____

Caso #4 Mascotas

El doctor Poston es veterinario. Una semana atendió a 20 perros, 16 gatos y 11 aves. Algunos dueños de mascotas tienen más de una mascota, como se muestra en la tabla.

¿Cuántos dueños tienen solo un perro como mascota?

_____

Mascotas	Cantidad de dueños
perro y gato	7
perro y ave	5
gato y ave	3
perro, gato y ave	2

Caso #5 Deportes

El consejo estudiantil encuestó a un grupo de 24 estudiantes y les hicieron la siguiente pregunta estadística: "¿Te gusta el sóftbol, el basquetbol, los dos o ninguno de los dos?". Los resultados mostraron que a 14 estudiantes les gusta el sóftbol y a 18 les gusta el basquetbol. De esos estudiantes, a 8 les gustan los dos deportes.

¿A cuántos estudiantes les gusta solo el sóftbol y a cuántos les gusta solo el basquetbol?

_____

¡Usa una estrategia!

Caso #6 Dinero

Jorge tiene $138.22 en su cuenta de ahorros. Depositó $10.75 cada semana y retiró $31.68 cada cuatro semanas.

¿Cuál será su saldo en 8 semanas?

_____

Repaso de medio capítulo

Comprobación del vocabulario

1. Define *media*. Luego, determina la media del siguiente conjunto de datos {22, 18, 38, 6, 24, 18}. (Lección 1)

_____

_____

2. Completa el espacio en blanco de la siguiente oración con el término correcto. (Lección 2)

La _____ es el número o los números que aparecen más a menudo en un conjunto de datos.

Comprobación y resolución de problemas: Destrezas

Halla la media de los conjuntos de datos. (Lección 1)

3. cantidad de cuadrangulares realizados por jugadores de béisbol en una temporada: 43, 21, 35, 15, 35 _____

4. cantidad de distintas aves observadas: 7, 10, 13, 9, 12, 3

_____

Halla la mediana y la moda de los conjuntos de datos. (Lección 2)

5. cantidad de horas de estudio: 4, 2, 5, 7, 1

_____

6. alturas de edificios en pies: 35, 42, 40, 25, 42, 54, 50 _____

7. (PM) **Usar las herramientas matemáticas** Usa la tabla que muestra las longitudes de distintos lagartos. Halla y compara la mediana y moda de los datos. (Lección 2)

_____

_____

Longitud de lagartos (cm)			
14	12	14	14
19	18	11	16
30	12	19	15

8. (PM) **Perseverar con los problemas** La tabla muestra la cantidad de minutos en los que se realizaron distintos ejercicios. El tiempo de la media que se pasó realizando ejercicio fue 18.2 minutos. ¿Cuántos más minutos se pasaron haciendo abdominales? (Lección 2)

_____

Ejercicio diario	
Ejercicio	Tiempo (min)
Flexiones	8
Lagartijas	10
Correr	38
Abdominales	■
Levantar pesas	20

Medidas de variación

Vocabulario inicial

Las **medidas de variación** se usan para describir la distribución, o dispersión, de los datos. Describen cómo los valores de un conjunto de datos varían con un solo número. Un *cuartil* es una medida de variación.

Halla en el diccionario palabras que empiecen con *cua-*. Escribe dos palabras y sus definiciones.

Palabra que comienza con cua-	Definición

A partir de las definiciones que encontraste, completa el siguiente espacio en blanco.

Los *cuartiles* son valores que dividen un conjunto de datos en _____ partes iguales.

 ## Conexión con el mundo real

Encuestas James preguntó a sus compañeros cuántas horas de televisión miran en un día común.

Horas de TV

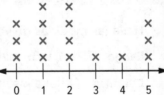

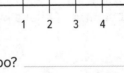

1. Divide los datos en 4 partes iguales. Dibuja un círculo alrededor de cada parte.

2. ¿Cuántos valores de datos hay en cada grupo? _____

¿Qué Prácticas matemáticas **usaste?**
Sombrea lo que corresponda.

① Perseverar con los problemas
② Razonar de manera abstracta
③ Construir argumentos
④ Representar con matemáticas
⑤ Usar las herramientas matemáticas
⑥ Prestar atención a la precisión
⑦ Usar una estructura
⑧ Usar el razonamiento repetido

 Pregunta esencial

¿CÓMO te ayudan la media, la mediana y la moda a describir datos?

 Vocabulario

medidas de variación
cuartiles
primer cuartil
tercer cuartil
rango intercuartil
rango
valores extremos

CCSS **Common Core State Standards**

Content Standards
6.SP.3, 6.SP.5, 6.SP.5c

PM Prácticas matemáticas
1, 2, 3, 4, 5

Medidas de variación

Los **cuartiles** dividen un conjunto de datos en cuatro partes iguales.

Primer y tercer cuartil

El primer y el tercer cuartil son las medianas de valores de datos menores que la mediana y valores de datos mayores que la mediana, respectivamente.

Rango intercuartil (RIC)

La distancia entre el primer y el tercer cuartil de los conjuntos de datos.

Rango

La diferencia entre los valores de datos mayores o menores.

Las medidas de variación de conjuntos de datos se muestran a continuación.

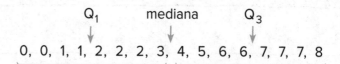

$$Q_1 \qquad \text{mediana} \qquad Q_3$$

$$0,\ 0,\ 1,\ 1,\ 2,\ 2,\ 2,\ 3,\ 4,\ 5,\ 6,\ 6,\ 7,\ 7,\ 7,\ 8$$

La mediana de los valores de datos menores que la mediana es el primer cuartil, o Q_1; en este caso, 1.5.

La mediana de los valores de datos mayores que la mediana es el tercer cuartil, o Q_3; en este caso, 6.5.

Un cuarto de los datos están por debajo del primer cuartil y un cuarto de los datos están por encima del tercer cuartil. Por lo tanto, un medio de los datos están entre el primer cuartil y el tercer cuartil.

Ejemplo

Tutor

1. **Halla las medidas de variación de los datos.**

Rango $70 - 1$, o 69 mi/h

Cuartiles   Ordena los números.

$$Q_1 \qquad \text{mediana} = 27.5 \qquad Q_3$$

$$1 \quad 8 \quad 25 \quad 30 \quad 50 \quad 70$$

Rango intercuartil $50 - 8$, o 42 $Q_3 - Q_1$

El rango es 69, la mediana es 27.5, el primer cuartil es 8, el tercer cuartil es 50, y el RIC es 42.

Animal	Velocidad (mi/h)
chita	70
león	50
gato	30
elefante	25
ratón	8
araña	1

¿Entendiste?   **Resuelve este problema para comprobarlo.**

a. Determina las medidas de variación para los datos 64, 61, 67, 59, 60, 58, 57, 71, 56 y 62.

Área de trabajo

Rango intercuartil
Si el rango intercuartil es bajo, los datos del medio están agrupados más cerca.

Muestra tu trabajo.

a. _____

Hallar valores extremos y analizar datos

Un **valor extremo** es un valor de datos que es mucho *mayor* o mucho *menor* que los otros valores en el conjunto de datos. Si un valor de datos es 1.5 veces el valor del rango intercuartil y está más allá de los cuartiles, es un valor extremo.

Ejemplo

2. En una elección, las edades de los candidatos son 23, 48, 49, 55, 57, 63 y 72. Nombra algún valor extremo de los datos.

Halla el rango intercuartil: $63 - 48 = 15$

Multiplica el rango intercuartil por 1.5: $15 \times 1.5 = 22.5$

Resta 22.5 al primer cuartil y suma 22.5 al tercer cuartil para hallar los límites de los valores extremos.

$48 - \textbf{22.5} = 25.5$ $\qquad\qquad$ $63 + \textbf{22.5} = 85.5$

La única edad más allá de los límites es 23, que es un valor extremo.

¿Entendiste? Resuelve este problema para comprobarlo.

b. Las longitudes, en pies, de varios puentes son 88, 251, 275, 354 y 1,121. Nombra algún valor extremo en el conjunto de datos.

b. _____

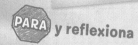
  Tutor

Ejemplo

3. La tabla muestra las puntuaciones en un examen de ciencias. Compara y contrasta las medidas de variación.

Halla las medidas de variación de los dos salones.

	Salón A	Salón B
Rango	$100 - 65 = 35$	$98 - 63 = 35$
Mediana	80	81
Q_3	$\frac{87+92}{2} = 89.5$	$\frac{87+93}{2} = 90$
Q_1	$\frac{67+72}{2} = 69.5$	$\frac{65+73}{2} = 69$
RIC	$89.5 - 69.5 = 20$	$90 - 69 = 21$

Salón A	Salón B
72	63
100	93
67	79
84	83
65	98
78	87
92	73
87	81
80	65

Los dos salones tienen un rango de 35 puntos, pero el Salón B tiene un rango intercuartil de 21 puntos mientras que el Salón A tiene 20 puntos. Hay algunas diferencias en las medianas, el primer y el tercer cuartil.

¿Entendiste? **Resuelve este problema para comprobarlo.**

c. _____

c. Se dan las temperaturas de la primera parte del año de Antelope, en Montana, y de Augusta, en Maine. Compara y contrasta las medidas de variación de las dos ciudades.

Mes	Antelope, MT	Augusta, ME
Enero	21	28
Febrero	30	32
Marzo	42	41
Abril	58	53
Mayo	70	66
Junio	79	75

Práctica guiada

1. En la tabla, se muestra el promedio de las velocidades del viento de varias ciudades de Pennsylvania. (Ejemplos 1 y 2)

   a. Halla el rango de los datos. _____

   b. Halla la mediana, y el primer y tercer cuartil.

   _____

   c. Halla el rango intercuartil. _____

   d. Identifica algún valor extremo en los datos. _____

Velocidad del viento	
Ciudad de Pennsylvania	Velocidad (mi/h)
Allentown	8.9
Erie	11.0
Harrisburg	7.5
Middletown	7.7
Filadelfia	9.5
Pittsburgh	9.0
Williamsport	7.6

2. Las alturas de distintas clases de palmeras, en pies, son 40, 25, 15, 22, 50 y 30. Las alturas de varias clases de pinos, en pies, son 60, 75, 45, 80, 75 y 70. Compara y contrasta las medidas de variación de las dos clases de árboles. (Ejemplo 3)

_____

_____

_____

_____

3. **Desarrollar la pregunta esencial** Describe la diferencia entre medida de centro y medida de variación.

_____

_____

_____

¡Califícate!

¿Estás listo para seguir? Sombrea lo que corresponda.

SÍ ? NO

Para obtener más ayuda, conéctate y accede a un tutor personal.

 Tutor

FOLDABLES ¡Es hora de que actualices tu modelo de papel!

Práctica independiente

Conéctate para obtener las soluciones de varios pasos.

Ayuda
en línea

1 La tabla muestra la cantidad de campos de golf en varios estados. (Ejemplos 1 y 2)

Cantidad de campos de golf			
California	1,117	Nueva York	954
Florida	1,465	Carolina del Norte	650
Georgia	513	Ohio	893
Iowa	437	Carolina del Sur	456
Michigan	1,038	Texas	1,018

a. Halla el rango de los datos. _____

b. Halla la mediana, y el primer y tercer cuartil.

_____

c. Halla el rango intercuartil. _____

d. Nombra algún valor extremo en los datos. _____

Para cada conjunto de datos, halla la mediana, el primer y el tercer cuartil y el rango intercuartil. (Ejemplo 1)

2. mensajes de texto por día: 24, 53, 38, 12, 31, 19, 26

_____

_____

3 concurrencia diaria a un parque de atracciones acuático: 346, 250, 433, 369, 422, 298

_____

_____

4. La tabla muestra la cantidad de minutos de ejercicio de cada persona. Compara y contrasta las medidas de variación de las dos semanas. (Ejemplo 3) _____

_____

_____

_____

Minutos de ejercicio		
	Semana 1	Semana 2
Tanika	45	30
Tasha	40	55
Tyrone	45	35
Uniqua	55	60
Videl	60	45
Wesley	90	75

5. **STEM** La tabla muestra la cantidad de lunas conocidas de los planetas de nuestro sistema solar. Usa las medidas de variación para describir los datos. _____

_____

_____

_____

Lunas conocidas de los planetas			
Mercurio	0	Júpiter	63
Venus	0	Saturno	34
Tierra	1	Urano	27
Marte	2	Neptuno	13

6. **Ⓟᴍ Usar las herramientas matemáticas** El *diagrama de tallo y hojas doble*, donde el tallo está en el medio y las hojas a ambos lados, muestra las temperaturas máximas de dos ciudades en la misma semana. Describe los datos del diagrama de tallo y hojas.

Minneapolis		Columbus
5 3 1 0	2	5 7 9 9
6 4	3	7
3	4	8
	5	
	6	2

6|3 = 36°   2|5 = 25°

_____

_____

_____

Problemas S.O.S. Soluciones de orden superior

7. **Ⓟᴍ Hallar el error** Hiroshi está buscando las medidas de variación del siguiente conjunto de datos: 89, 93, 99, 110, 128, 135, 144, 152 y 159. Halla su error y corrígelo.

_____

_____

_____

_____

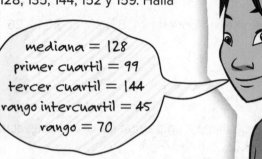

mediana = 128
primer cuartil = 99
tercer cuartil = 144
rango intercuartil = 45
rango = 70

8. **Ⓟᴍ Razonar de manera abstracta** Crea una lista de datos con al menos seis números que tenga un rango intercuartil de 15 y dos valores extremos.

_____

9. **Ⓟᴍ Perseverar con los problemas** ¿En qué se parece hallar el primer y el tercer cuartil a hallar la mediana? _____

_____

10. **Ⓟᴍ Razonar de manera inductiva** Explica por qué la mediana no se ve afectada por valores muy altos o muy bajos de los datos. _____

_____

_____

11. **Ⓟᴍ Razonar de manera inductiva** Determina el rango y el RIC de los conjuntos de datos. ¿Qué medida de variación dice más sobre la distribución de los valores de datos? Explica tu respuesta.

Conjunto de datos A	Conjunto de datos B
1, 2, 2, 2, 3, 3, 4, 5, 5, 5, 6, 6, 17, 19, 21	1, 2, 9, 17, 17, 17, 17, 17, 17, 18, 18, 18, 19, 20, 21

_____

_____

_____

Más práctica

12. La tabla muestra los países con mayor cantidad de usuarios de Internet.

Millones de usuarios de Internet	
China	99.8
Alemania	41.88
India	36.97
Japón	78.05
Corea del Sur	31.67
Reino Unido	33.11
Estados Unidos	185.55

a. Halla el rango de los datos.

153,880,000   185,550,000 − 31,670,000 = 153,880,000

b. Halla la mediana, y el primer y el tercer cuartil.

41,880,000; 33,110,000; 99,800,000

31.67   33.11   36.97   41.88   78.05   99.8   185.55
     Q₁   mediana   Q₃

c. Halla el rango intercuartil.

66,690,000   99,800,000 − 33,110,000 = 66,690,000

d. Nombra algún valor extremo de los datos. ninguno

13. (PM) **Usar las herramientas matemáticas**
La tabla muestra los equipos de la Conferencia Nacional de Fútbol (NFC) y la Conferencia Americana de Fútbol (AFC).

Penales de los equipos de la NFL			
NFC		**AFC**	
Dallas Cowboys	104	Nueva Inglaterra Patriots	78
Arizona Cardinals	137	Indianapolis Colts	67
Green Bay Packers	113	Jacksonville Jaguars	76
Nueva Orleans Saints	68	San Diego Chargers	94
Nueva York Giants	77	Cleveland Browns	114
Seattle Seahawks	59	Pittsburgh Steelers	80
Minnesota Vikings	86	Houston Texans	82

a. ¿Qué conferencia tiene la mayor cantidad de penales? _____

_____

b. Halla las medidas de variación de las conferencias. _____

_____

_____

_____

c. Compara y contrasta las medidas de variación de las conferencias.

_____

_____

_____

_____

14. Halla la mediana, el primer y el tercer cuartil, y el rango intercuartil para el costo de las entradas: $13.95, $24.59, $19.99, $29.98, $23.95, $28.99.

_____

_____

_____

_____

15. A continuación, se muestra la cantidad de juegos que ganaron 10 jugadores de ajedrez.

13, 15, 2, 7, 5, 9, 11, 10, 12, 11

¿Cuáles de los siguientes enunciados son verdaderos? Selecciona todas las opciones que correspondan.

☐ La mitad de los jugadores ganó más de 10.5 juegos y la mitad ganó menos de 10.5 juegos.

☐ El rango de los datos es 13 juegos.

☐ No hay valores extremos.

☐ Solo cuatro de los jugadores ganaron más que 7 juegos.

16. Los datos de la derecha muestran la cantidad de perros anotados en distintas clases de obediencia.

a. Ordena los valores de menor a mayor.

b. Halla el rango de los datos.

c. Halla la mediana, y el primer y el tercer cuartil.

d. Halla el rango intercuartil.

Cantidad de perros en las clases de obediencia				
8	12	20	10	6
15	12	9	10	22

CCSS **Estándares comunes: Repaso en espiral**

Divide. 5.NBT.6, 5.NBT.7

17. $160 \div 5 =$ _____

18. $188 \div 8 =$ _____

19. $133 \div 7 =$ _____

Muestra tu trabajo.

20. $87.5 \div 5 =$ _____

21. $136.5 \div 7 =$ _____

22. $74.4 \div 6 =$ _____

23. Consulta la tabla. ¿Cuánto más manejó la familia Sing el viernes que el sábado? 4.NBT.4

Día	Distancia (millas)
Jueves	68
Viernes	193
Sábado	26
Domingo	95

24. Consulta la tabla. ¿Cuánto más trabajó Koli la semana 2 que la semana 3? 4.NBT.4

Semana	Horas trabajadas
1	12
2	16
3	9

Desviación media absoluta

Conexión con el mundo real

Basquetbol Las tablas muestran la cantidad de puntos que anotaron dos equipos.

Equipo de Ally			
52	48	60	50
56	54	58	62

Equipo de Lena			
51	48	60	49
59	50	62	61

1. Marca los conjuntos de datos en la recta numérica.

Equipo de Ally

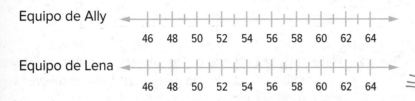

46 48 50 52 54 56 58 60 62 64

Equipo de Lena

46 48 50 52 54 56 58 60 62 64

2. Halla la media de los conjuntos de datos. Marca las medias en la recta numérica con una estrella.

3. Halla el rango de los conjuntos de datos. _____

4. Consulta las rectas numéricas. Compara y contrasta los conjuntos de datos.

Pregunta esencial

¿CÓMO te ayudan la media, la mediana y la moda a describir datos?

 Vocabulario

desviación media absoluta

 Common Core State Standards

Content Standards
6.SP.5, 6.SP.5b, 6.SP.5c

PM Prácticas matemáticas
1, 2, 3, 4, 5, 6

¿Qué **Prácticas matemáticas** PM usaste?
Sombrea lo que corresponda.

① Perseverar con los problemas
② Razonar de manera abstracta
③ Construir argumentos
④ Representar con matemáticas
⑤ Usar las herramientas matemáticas
⑥ Prestar atención a la precisión
⑦ Usar una estructura
⑧ Usar el razonamiento repetido

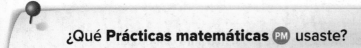

Hallar la desviación media absoluta

Ya se usó el rango intercuartil para describir la dispersión de un conjunto de datos. También se puede usar la desviación media absoluta. La **desviación media absoluta** de un conjunto de datos es la distancia promedio entre los valores de datos y la media.

Ejemplo

Tutor

1. La tabla muestra las velocidades máximas de ocho montañas rusas. Halla la desviación media absoluta del conjunto de datos. Describe qué representa la desviación media absoluta.

Velocidades máximas de montañas rusas (mi/h)			
58	88	40	60
72	66	80	48

Paso 1 Halla la media.

$$\frac{58 + 88 + 40 + 60 + 72 + 66 + 80 + 48}{8} = 64$$

Paso 2 Halla el valor absoluto de las diferencias entre los valores del conjunto de datos y la media. Los valores de datos están representados por una "x".

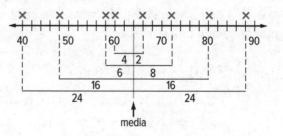
media

Paso 3 Halla el promedio de los valores absolutos de las diferencias entre los valores del conjunto de datos y la media.

$$\frac{24 + 16 + 6 + 4 + 2 + 8 + 16 + 24}{8} = 12.5$$

La desviación media absoluta es 12.5. Esto significa que la distancia promedio a la que cada valor de datos está con respecto a la media es 12.5 millas por hora.

Muestra tu trabajo.

¿Entendiste? **Resuelve este problema para comprobarlo.**

a. _____

a. La tabla muestra las velocidades de diez aves. Halla la desviación media absoluta. Redondea a la centésima más cercana. Describe qué representa la desviación media absoluta.

Velocidades de las diez aves más rápidas (mi/h)				
88	77	65	70	65
72	95	80	106	68

Comparar la variación

Puedes comparar las desviaciones medias absolutas de dos conjuntos de datos. Un conjunto de datos con una desviación media absoluta menor tiene valores de datos que están más cercanos a la media que un conjunto de datos con una variación media absoluta mayor.

 ## Ejemplo

2. **Los cinco salarios más altos y los cinco salarios más bajos del 2010 de los Yankees de Nueva York se muestran en la siguiente tabla. Los salarios están en millones de dólares y redondeados a la centésima más cercana.**

Salarios del 2010 de los Yankees de Nueva York (millones de $)	
Cinco salarios más altos	**Cinco salarios más bajos**
33.00 24.29 22.60 20.63 16.50	0.45 0.44 0.43 0.41 0.41

a. Halla la desviación media absoluta de los conjuntos de datos. Redondea a la centésima más cercana.

Halla la media de los cinco salarios más altos.

$$\frac{33.00 + 24.29 + 22.60 + 20.63 + 16.50}{5} \approx 23.40$$

La media es aproximadamente $23.40 millones.

Halla la desviación media absoluta de los cinco salarios más altos.

$$\frac{9.60 + 0.89 + 0.80 + 2.77 + 6.90}{5} \approx 4.19$$

La desviación media absoluta es aproximadamente $4.19 millones.

Halla la media de los cinco salarios más bajos.

$$\frac{0.45 + 0.44 + 0.43 + 0.41 + 0.41}{5} \approx 0.43$$

La media es aproximadamente $0.43 millones.

Halla la desviación media absoluta de los cinco salarios más bajos.

$$\frac{0.02 + 0.01 + 0 + 0.02 + 0.02}{5} \approx 0.01$$

La desviación media absoluta es aproximadamente $0.01 millones.

b. Escribe algunas oraciones para comparar la desviación.

La desviación media absoluta para los cinco salarios más bajos es mucho menor que para los cinco salarios más altos. Los datos de los cinco salarios más bajos están más juntos entre sí que los datos de los cinco salarios más altos.

Desviación media absoluta

Debajo se calcularon los valores absolutos de las diferencias entre los valores de datos y la media de los cinco salarios más altos.

$|33.00 - 23.40| = 9.60$

$|24.29 - 23.40| = 0.89$

$|22.60 - 23.40| = 0.80$

$|20.63 - 23.40| = 2.77$

$|16.50 - 23.40| = 6.90$

¿**Entendiste?** **Resuelve este problema para comprobarlo.**

b. La tabla muestra los tiempos de proyección en minutos para dos clases de películas. Halla la desviación media absoluta de los conjuntos de datos. Redondea a la centésima más cercana. Luego, escribe algunas oraciones para comparar la variación.

Tiempo de proyección de las películas (min)									
Comedia					Drama				
90	95	88	100	98	115	120	150	135	144

Práctica guiada

1. Halla la desviación media absoluta del conjunto de datos. Redondea a la centésima más cercana si es necesario. Luego, describe qué representa la desviación media absoluta. (Ejemplo 1)

Cantidad de visitantes diarios a un sitio de Internet				
112	145	108	160	122

_____

_____

2. La tabla muestra las alturas de los toboganes de agua de dos parques de atracciones acuáticos distintos. Halla la desviación media absoluta de los conjuntos de datos. Redondea a la centésima más cercana. Luego, escribe algunas oraciones para comparar las desviaciones. (Ejemplo 2)

Alturas de toboganes de agua (pies)									
Laguna					Bahía de agua				
75	95	80	110	88	120	108	94	135	126

_____

_____

_____

_____

3.  **Desarrollar la pregunta esencial** ¿Qué te indica sobre un conjunto de datos la desviación media absoluta?

_____

_____

_____

_____

¡Califícate!

☐ Entiendo cómo hallar la desviación media absoluta.

▶▶ ¡Muy bien! ¡Estás listo para seguir!

☐ Todavía tengo dudas sobre cómo hallar la desviación media absoluta.

▌▌ ¡No hay problema! Conéctate y accede a un tutor personal.

Tutor

FOLDABLES ¡Es hora de que actualices tu modelo de papel!

Práctica independiente

Conéctate para obtener las soluciones de varios pasos.

Halla la desviación media absoluta de los conjuntos de datos. Redondea a la centésima más cercana si es necesario. Luego, describe qué representa la desviación media absoluta. (Ejemplo 1)

1.

Lunas conocidas de planetas			
0	0	1	2
63	34	27	13

_____

_____

2.

Disco duro (*gigabytes*)			
640	250	500	640
720	640	250	720

_____

_____

3. La tabla muestra las longitudes de los puentes más largos de Estados Unidos y Europa. Halla la desviación media absoluta de los conjuntos de datos. Redondea a la centésima más cercana si es necesario. Luego, escribe algunas oraciones para comparar la desviación.

Puentes más largos (kilómetros)									
Estados Unidos					**Europa**				
38.4	36.7	29.3	24.1	17.7	17.2	11.7	7.8	6.8	6.6
12.9	11.3	10.9	8.9	8.9	6.1	5.1	5.0	4.3	3.9

_____

_____

_____

En los ejercicios 4 a 7, consulta la tabla que muestra la población reciente, en millones, de las diez ciudades más grandes de EE.UU.

Población de las ciudades más grandes de EE.UU. (millones)				
1.5	3.8	1.3	1.6	2.9
1.4	0.9	2.3	8.4	1.3

4. Halla la desviación media absoluta. Redondea a la centésima más cercana.

_____

5. ¿Cuántos valores de datos están a una distancia de la media menor que

una desviación media absoluta? _____

6. ¿Qué población está más lejana de la media? ¿A qué distancia de la media está esa población? Redondea a la centésima más cercana.

_____

7. ¿Hay alguna población que esté a más del doble de la desviación media

absoluta desde la media? Explica tu respuesta. _____

_____

8. ¿Qué significa la palabra *desviar*? ¿Cómo te puede ayudar a recordar a qué se

   refiere la desviación media absoluta? _____

   _____

9. ¿Cómo te ayuda a recordar cómo calcular la desviación media absoluta la

   palabra *absoluta*? _____

   _____

Problemas S.O.S. Soluciones de orden superior

10. (PM) **Razonar de manera abstracta** Crea dos conjuntos de datos, cada uno
    con cinco valores, que cumpla las siguientes condiciones.

    > *La desviación media absoluta del Conjunto A es menor que
    > la desviación media absoluta del Conjunto B.*

    > *La media del Conjunto A es mayor que la media del Conjunto B.*

    _____

(PM) **Perseverar con los problemas** En los ejercicios 11 y 12, consulta
la tabla que muestra las velocidades registradas de varios carros en
una calle concurrida.

Velocidades registradas (mi/h)					
35	38	41	35	36	55

11. Calcula la desviación media absoluta con y sin el valor de datos 55. Redondea
    a la centésima más cercana si es necesario.

    _____

    _____

12. Explica cómo incluir el valor 55 afecta la desviación media absoluta.

    _____

    _____

    _____

13. (PM) **Construir un argumento** Explica por qué la desviación media absoluta

    se calcula usando el valor absoluto. _____

    _____

14. (PM) **Perseverar con los problemas** La tabla muestra las
    temperaturas máximas durante 6 días. Si la temperatura máxima
    del día 7 es 61 °F, ¿cómo cambia la desviación media absoluta?

Temperatura máxima (°F)					
75	58	72	68	69	66

    _____

Más práctica

PM **Usar las herramientas matemáticas** Halla la desviación media absoluta de los conjuntos de datos. Redondea a la centésima más cercana si es necesario. Luego, describe qué representa la desviación media absoluta.

15.

Precios de cámaras digitales ($)				
140	125	190	148	156
212	178	188	196	224

$26.76; la distancia promedio de cada valor de datos con respecto a la media es $26.76.

a para area

media: $\dfrac{140 + 125 + 190 + 148 + 156 + 212 + 178 + 188 + 196 + 224}{10} = \$175.70$

desviación media absoluta: $\dfrac{35.7 + 50.7 + 14.3 + 27.7 + 19.7 + 36.3 + 2.3 + 12.3 + 20.3 + 48.3}{10} = 26.76$

16.

Títulos de Grand Slam en invidivuales				
14	8	7	6	5
10	11	8	8	6

Copia y resuelve Halla la desviación media absoluta de los conjuntos de datos. Redondea a la centésima más cercana. Luego, escribe algunas oraciones para comparar la desviación.

17. La tabla muestra la cantidad de dinero recaudado por dos grados en una escuela media.

Dinero recaudado ($)											
Sexto grado						Séptimo grado					
88	116	94	108	112	124	144	91	97	122	128	132

18. La tabla muestra la cantidad de puntos anotados en cada juego por dos equipos de basquetbol.

Cantidad de puntos anotados											
Lakeside Panthers						Jefferson Eagles					
44	38	54	48	26	36	58	42	64	62	70	40

19. ¿Cuáles de los siguientes enunciados son verdaderos con respecto a la desviación media absoluta de un conjunto de datos? Selecciona todas las opciones que correspondan.

☐ Describe la variación de los datos alrededor de la mediana.

☐ Describe el valor absoluto de la media.

☐ Describe la variación de los datos alrededor de la media.

☐ Describe la distancia promedio entre los valores de datos y la media.

20. La tabla muestra los precios para estacionar en tres playas distintas a lo largo de la costa. Selecciona los valores correctos para completar la siguiente representación para hallar la desviación media absoluta de los datos.

Estacionamiento en la playa ($)		
2.50	3.75	3.50

0.25	2.75	1
0.50	3.00	2
0.75	3.25	3
1.00	3.50	4
2.50	3.75	5

Halla la media:

Halla los valores absolutos de las diferencias entre los valores de datos y la media:

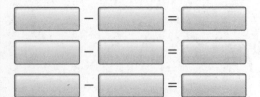

Halla la media de los valores absolutos de las diferencias:

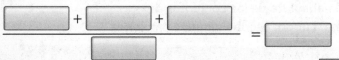

¿Cuál es la desviación media absoluta de los datos? ☐

CCSS **Estándares comunes: Repaso en espiral**

21. La tabla muestra la cantidad de helados de distintos sabores que Helados Delicia vendió en una tarde. ¿Cuál es la cantidad total de helados vendidos? **4.NBT.4** _____

Sabor	Cantidad de helados
Chocolate	57
Con galletitas	49
Crema	41
Fresa	37
Vainilla	51

22. El club de caminatas quería recorrer un sendero distinto cada día durante una semana. El lunes recorrieron 2.3 millas, el martes recorrieron 1.8 millas, el miércoles recorrieron 3.2 millas, el jueves recorrieron 1.4 millas y el viernes recorrieron 2.8 millas. ¿Cuál es la distancia total que recorrieron? **5.NBT.7**

Medidas apropiadas

Conexión con el mundo real

Observa

 Pregunta esencial

¿CÓMO te ayudan la media, la mediana y la moda a describir datos?

CCSS Common Core State Standards

Content Standards
6.SP.5, 6.SP.5c, 6.SP.5d
PM Prácticas matemáticas
1, 3, 4

Reciclar El comité ecológico tiene una campaña de reciclaje en la que reúnen latas de aluminio, botellas de plástico, periódicos y pilas. Se muestran los pesos de lo que se reunió el primer día.

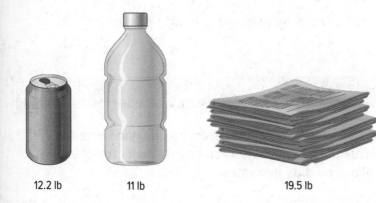

12.2 lb   11 lb   19.5 lb   13 lb

1. Halla la media del peso reunido. _____

2. Si no se incluyen los periódicos, halla la media del peso redondeada a la centésima más cercana. _____

3. ¿Cómo afecta el peso de los periódicos a la media?

_____

_____

4. ¿Cuál es la media del conjunto de datos? ¿En qué se diferencia la media si no se incluyen los periódicos?

_____

_____

¿Qué Prácticas matemáticas PM usaste?
Sombrea lo que corresponda.

① Perseverar con los problemas   ⑤ Usar las herramientas matemáticas

② Razonar de manera abstracta   ⑥ Prestar atención a la precisión

③ Construir argumentos   ⑦ Usar una estructura

④ Representar con matemáticas   ⑧ Usar el razonamiento repetido

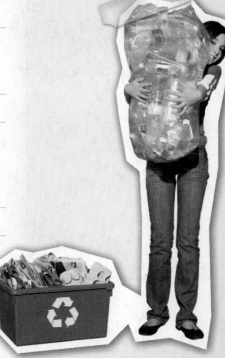

Usar la media, la mediana y la moda

Medida	Más apropiada si...
media	• los datos no tienen valores extremos.
mediana	• los datos tienen valores extremos. • no existen grandes brechas en el medio de los datos.
moda	• los datos tienen varios números repetidos.

A veces, una medida es más apropiada que otras para resumir un conjunto de datos.

Ejemplos

1. **La tabla muestra la cantidad de medallas que ganó Estados Unidos. ¿Qué medida de centro representa mejor los datos? Luego, halla la medida de centro.**

Año	1992	1996	2000	2004	2008
Cantidad de medallas	112	101	97	103	110

Como el conjunto de datos no tiene valores extremos o números que estén repetidos, la media es la que mejor representa los datos.

media $\dfrac{112 + 101 + 97 + 103 + 110}{5} = \dfrac{523}{5}$, o $104\dfrac{3}{5}$.

El número de la media de medallas ganadas es $104\dfrac{3}{5}$ medallas.

2. **La tabla muestra la temperatura del agua durante varios días. ¿Qué medida de centro representa mejor los datos? Luego, halla la medida de centro.**

Temperatura del agua (°F)			
82	85	82	81
82	82	78	

En el conjunto de datos, no hay valores extremos. Hay una temperatura repetida cuatro veces; por lo tanto, la moda 82° es la medida de centro que mejor representa los datos.

Muestra tu trabajo.

¿Entendiste? **Resuelve este problema para comprobarlo.**

a. _____

a. Los precios de varios DVD son $22.50, $21.95, $25.00, $21.95, $19.95, $21.95 y $21.50. ¿Qué medida de centro representa mejor los datos? Justifica tu elección. Luego, halla la medida de centro.

Valores extremos y medidas apropiadas

A veces los conjuntos de datos contienen valores extremos. Los valores extremos son desviaciones de la mayoría de los conjuntos de datos. El valor extremo puede afectar las medidas de centro.

Ejemplos

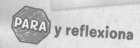

La tabla muestra el promedio de esperanza de vida de algunos animales.

Promedio de vida	
Animal	**Esperanza de vida (años)**
Elefante africano	35
Delfín nariz de botella	30
Chimpancé	50
Tortuga de Galápagos	200
Gorila	30
Ballena gris	70
Caballo	20

3. **Identifica el valor extremo del conjunto de datos.**

Comparado con otros valores, 200 años es extremadamente alto. Por lo tanto, es un valor extremo.

4. **Determina cómo el valor extremo afecta la media, la mediana y la moda de los datos.**

Halla la media, la mediana y la moda con y sin valor extremo.

Con el valor extremo

Media $\dfrac{35 + 30 + 50 + 200 + 30 + 70 + 20}{7} \approx 62$

Mediana 35

Moda 30

Sin el valor extremo

Media $\dfrac{35 + 30 + 50 + 30 + 70 + 20}{6} \approx 39$

Mediana 32.5

Moda 30

La media de la esperanza de vida disminuyó en 62 − 39, o 23 años. La mediana de la esperanza de vida disminuyó en 35 − 32.5, o 2.5 años. La moda no cambió.

5. **¿Qué medida de centro describe mejor los datos con y sin valor extremo? Justifica tu elección.**

La media se vio más afectada con el valor extremo. La mediana de la esperanza de vida cambió muy poco con y sin el valor extremo; por lo tanto, es la que describe mejor los datos en los dos casos. La moda no describe los datos muy bien ya que solo hay dos números repetidos.

Valores extremos

En el Ejemplo 3, 200 es un valor extremo.

RIC = 40

40 · 1.5 = 60

70 + 60 = 130

200 > 130

Por lo tanto, 200 es un valor extremo.

PARA y reflexiona

Si un conjunto de datos tiene un valor extremo, ¿por qué usar la mediana en lugar de la media?

¿**Entendiste?** Resuelve estos problemas para comprobarlo.

Los precios de calzado deportivo nuevo se muestran en la tabla.

Precio de calzado deportivo			
$51.95	$47.50	$46.50	$48.50
	$52.95	$78.95	$39.95

b. _____

b. Identifica los valores extremos del conjunto de datos.

c. Determina cómo el valor extremo afecta la media, la mediana y la moda de los datos. _____

_____

_____

d. Indica qué medida de centro describe mejor los datos con y sin valor extremo. _____

_____

Práctica guiada

1. La tabla muestra las temperaturas que se necesitan para distintas recetas. (Ejemplos 1 a 5)

Temperatura de cocción °F			
175	325	325	350
350	350	400	450

a. Identifica los valores extremos del conjunto de datos. _____

b. Determina cómo el valor extremo afecta la media, la mediana y la moda de los datos. _____

_____

_____

c. Indica qué medida de centro describe mejor los datos con y sin valor extremo. Justifica tu elección.

_____

_____

_____

¡Califícate!

¿Entendiste cómo escoger las medidas de centro apropiadas para un conjunto de datos? Encierra en un círculo la imagen que corresponda.

No tengo dudas. Tengo algunas dudas. Tengo muchas dudas.

Para obtener más ayuda, conéctate y accede a un tutor personal.

2. (P) **Desarrollar la pregunta esencial** ¿Cómo afecta un valor extremo la media, la mediana y la moda de un conjunto de datos?

_____

_____

_____

Práctica independiente

Conéctate para obtener las soluciones de varios pasos.

1 La cantidad de minutos que se pasaron estudiando son: 60, 70, 45, 60, 80, 35 y 45. Halla la medida de centro que mejor representa los datos. Justifica tu elección y luego halla la medida de centro. (Ejemplos 1 y 2)

_____

_____

2. La tabla muestra la caída de lluvia mensual en pulgadas durante cinco meses. Identifica el valor extremo del conjunto de datos. Determina cómo el valor extremo afecta la media, la mediana y la moda de los datos. Luego, indica qué medida de centro describe mejor los datos con y sin valor extremo. Redondea a la centésima más cercana. Justifica tu elección. (Ejemplos 3 a 5)

Mes	Junio	Julio	Agos.	Sept.	Oct.	Nov.
Caída de lluvia (pulg)	6.14	7.19	8.63	8.38	6.47	2.43

_____

_____

_____

_____

3 La tabla muestra el promedio de profundidad de varios lagos.

  a. Identifica el valor extremo del conjunto de datos. _____

  b. Determina cómo el valor extremo afecta la media, la mediana, la moda y el rango de datos. _____

  _____

  _____

Lago	Profundidad (pies)
Lago del Cráter	1,148
Lago Okoboji este	10
Lago Gilead	43
Lago Erie	62
Gran Lago Salado	14
Lago Medicine	24

  c. Indica qué medida de centro describe mejor los datos con y sin valor extremo. _____

  _____

4. **PM Construir un argumento** Completa el siguiente organizador gráfico.

Medida de centro	¿Cómo puede un valor extremo afectarla?
media	
mediana	
moda	

5. **(PM) Halla el error** Pilar está determinando qué medida de centro describe mejor el conjunto de datos {12, 18, 16, 44, 15, 15}. Halla su error y corrígelo.

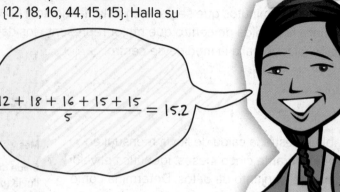

$$\frac{12 + 18 + 16 + 15 + 15}{5} = 15.2$$

6. **(PM) Justificar las conclusiones** Determina si cada enunciado es *verdadero* o *falso*. Si es verdadero, explica tu razonamiento. Si es falso, da un contraejemplo.

   Si tenemos en cuenta la media, la mediana y la moda, la mediana siempre será la más afectada por los valores extremos.

7. **(PM) Perseverar con los problemas** Suma tres valores de datos al siguiente conjunto de datos para que la media aumente 10 y la mediana no cambie.

   42, 37, 32, 29, 20

8. **(PM) Representar con matemáticas** Usa Internet para hallar datos del mundo real. Anota tus datos en el siguiente espacio.

   a. Halla la media, la mediana y la moda de tu conjunto de datos.

   b. ¿Hay valores extremos? Si es así, ¿cómo afectan las medidas de centro?

   c. ¿Qué medida de centro describe mejor los datos con y sin el valor extremo?

Más práctica

9. La cantidad de canciones descargadas por mes por un grupo de amigos fueron, 8, 12, 6, 4, 2, 0 y 10. Halla la medida de centro que represente mejor los datos. Justifica tu elección y luego halla la medida de centro. *Como el conjunto no tiene valores extremos o números que sean idénticos, la media o la mediana, 6 canciones, sería la que mejor representaría los datos.*

 No hay valores extremos y no hay números repetidos.

media: $\dfrac{0 + 2 + 4 + 6 + 8 + 10 + 12}{7} = 6$

mediana: 0, 2, 4, ⑥ 8, 10, 12

10. Las edades de los participantes en una carrera de relevos son 12, 15, 14, 13, 15, 12, 22, 16 y 11. Identifica el valor extremo en el conjunto de datos. Determina cómo el valor extremo afecta la media, la mediana y la moda de los datos. Luego, indica qué medida de centro describe mejor los datos con y sin valor extremo. _____

_____

_____

11. (PM) **Justificar las conclusiones** La tabla muestra las temperaturas máximas durante una semana. Redondea a la centésima más cercana si es necesario.

Temperaturas máximas			
29°	27°	29°	25°
28°	29°	62°	

  a. Identifica el valor extremo en el conjunto de datos. _____

  b. Determina cómo el valor extremo afecta la media, la mediana, la moda y el rango de los datos. _____

     _____

     _____

  c. Indica qué medida de centro describe mejor los datos con y sin el valor extremo. Explica tu razonamiento a un compañero. _____

     _____

     _____

     _____

12. La tabla muestra la cantidad de puntos anotados por un equipo de basquetbol durante los primeros 6 partidos. Determina si los enunciados son verdaderos o falsos.

Puntos anotados		
79	83	79
85	41	77

a. La mediana o la moda es la mejor medida de centro para representar los datos.   ☐ Verdadero   ☐ Falso

b. El rango se ve afectado por el valor extremo.   ☐ Verdadero   ☐ Falso

c. La media es la medida de centro menos afectada por el valor extremo.   ☐ Verdadero   ☐ Falso

> media
> mediana
> moda

13. Para cada conjunto de datos, elige la medida de centro más apropiada.

a. precios de reproductores de mp3: $45, $249, $77, $55, $24, $36, $60   ▭

b. años de experiencia en la enseñanza: 19, 5, 7, 24, 20, 3, 28, 2, 16   ▭

c. pronóstico de temperaturas máximas: 72°, 74°, 73°, 74°, 74°, 75°, 74°   ▭

CCSS **Estándares comunes: Repaso en espiral**

Halla el total de los conjuntos de datos. 4.NBT.4

14. {19, 16, 24, 22, 18} _____

15. {54, 48, 52, 57, 49} _____

16. {9, 5, 6, 7, 4, 11, 7} _____

17. {31, 36, 28, 34, 25} _____

18. Grafica los números 15, 18, 22, 19 y 16 en la recta numérica. 6.NS.6c

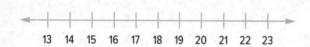

13 14 15 16 17 18 19 20 21 22 23

19. La tabla muestra la cantidad de boletos vendidos para la escuela de música durante tres días. ¿Cuántos boletos se vendieron? 4.NBT.4

_____

Día	Cantidad de boletos vendidos
Miércoles	56
Jueves	79
Viernes	68

PROFESIÓN DEL SIGLO XXI
en biología marina

Biólogo marino

¿Te fascinan las increíbles y extraordinarias criaturas del océano? ¿Crees que serías bueno para elaborar experimentos para probar teorías sobre el océano? Si es así, una profesión como biólogo marino puede ser para ti. Un biólogo marino estudia las plantas y los animales que viven en el océano. Desde el plancton microscópico hasta las ballenas de varias toneladas. Los biólogos marinos estudian los organismos que viven en la superficie y los que viven a miles de metros debajo de la superficie.

PREPARACIÓN
Profesional & Universitaria

Explora profesiones y la universidad en ccr.mcgraw-hill.com.

¿Es esta profesión para ti?

Si quieres ser biólogo marino, cursa alguna de las siguientes materias en la escuela preparatoria.

- ◆ **Biología**
- ◆ **Cálculo**
- ◆ **Química**
- ◆ **Ciencias marinas**
- ◆ **Estadística**

Averigua cómo se relacionan las matemáticas con la biología marina.

PM ¿Listo para el agua?

Usa la información del diagrama lineal y de la tabla para resolver los problemas. Redondea a la centésima más cercana si es necesario.

1. Halla la media de los datos del pez aguja. _____

2. Halla la mediana y la moda de los datos del pez aguja. _____

3. ¿Cuál es el rango de los datos del pez aguja? ¿Describirías los datos como dispersos o cercanos en cuanto a valor? Explica tu respuesta.

   _____

   _____

   _____

4. Identifica el valor extremo en los datos de arrecifes artificiales. Halla la media con y sin valor extremo.

   _____

5. Describe cómo el valor extremo afecta la media en el Ejercicio 4. _____

   _____

   _____

   _____

6. Halla la mediana y la moda de los datos sobre arrecifes artificiales. ¿Cuál representa mejor los datos? Explica tu respuesta. _____

   _____

   _____

   _____

Peces aguja (cm)

Cantidad de arrecifes artificiales en los condados de Florida						
198	62	108	34	29	73	173
96	97	9	46	21	22	69
8	83	31	79	67	61	15
105	63	34	351	13	126	36
25	12	82	35	4		

PM Proyecto profesional

Es hora de actualizar tu carpeta de profesiones. Usa Internet u otra fuente para investigar varias profesiones en biología marina. Escribe un resumen breve para comparar y contrastar las profesiones.

_____

_____

_____

_____

¿Qué materia de la escuela es la más importante para ti? ¿Cómo usarías esa materia en esta profesión?

_____

_____

_____

Repaso del capítulo

Comprobación del vocabulario

Vuelve a ordenar la palabra de vocabulario y la definición a partir de las letras que están debajo de la cuadrícula. Las letras de cada columna están mezcladas directamente debajo de cada columna.

M E D I A :

D	Ú		R	R			A										
N	N	T	O	A			L		V	T		C	D	D		D	
M̶	E̶	T	D	E	O	S	S	A	C	I	N	I	D	D	D	N	J	U	E	S
E	A	D̶	E	A̶	T	L		D	D	S	U	M	I	I	O	A		L	O	T	O
D	E	M	I̶	S		O			E	A	U	N	A		A	E				N

Completa las oraciones usando la lista de vocabulario que está al comienzo del capítulo.

1. La _____ es el números o los números que aparecen más frecuentemente en un conjunto de datos.

2. Los números que se usan para describir el centro de un conjunto de datos son las _____.

3. La diferencia entre el número mayor y el número menor en un conjunto de datos es el _____.

4. La _____ de una lista de valores es el valor que aparece en el centro de una versión ordenada de la lista, o la media de dos valores centrales, si la lista contiene un número par de valores.

5. El _____ es la distancia entre el primer y el tercer cuartil de un conjunto de datos.

6. Un valor que es mucho mayor o mucho menor que los otros valores de un conjunto de datos es un _____.

Comprobación de conceptos clave

Usa los FOLDABLES

Usa tu modelo de papel como ayuda para repasar el capítulo.

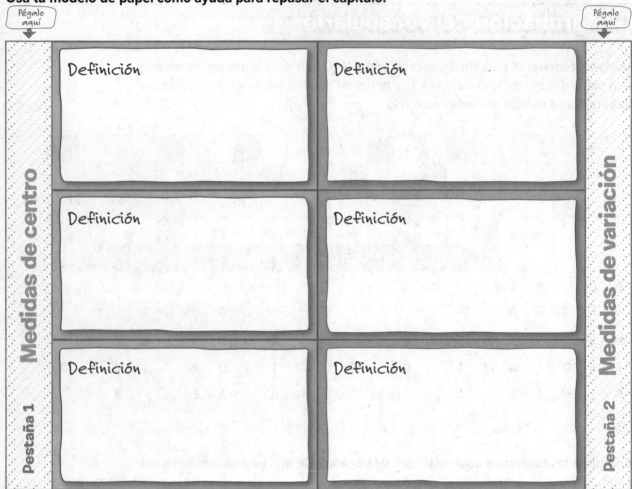

¿Entendiste?

Halla la media de los conjuntos de datos y completa el crucigrama numérico.

Horizontal

1. {563, 462, 490}
3. {260, 231, 248, 257}
5. {140, 163, 133, 116}
6. {21, 9, 18}
8. {145, 158, 182, 171}
9. {113, 82, 98, 91}
11. {7960, 8624, 8298, 8366}
12. {4625, 3989, 5465}

Vertical

1. {62, 58, 51, 41}
2. {5326, 5048, 4968}
3. {269, 293, 281}
4. {103, 89, 98, 98}
7. {720, 597, 756}
8. {142, 169, 150, 155}
10. {588, 615, 652, 653}
11. {70, 89, 90}

¡Repaso! Tarea para evaluar el desempeño

Premios deportivos

La directora de deportes de la escuela media local registró los puntos anotados en cada partido que jugaron los equipos de basquetbol de la escuela. Quiere darle a uno de los equipos un premio al "mejor desempeño", pero se perdieron algunos de los puntos anotados.

Equipo	Partido 1	Partido 2	Partido 3	Partido 4	Partido 5
Niños de 7.° grado	28	32	21	22	?
Niñas de 7.° grado	17	21	20	24	?
Niños de 8.° grado	24	32	41	20	30
Niñas de 8.° grado	43	39	46	50	52

Escribe tu respuesta en una hoja aparte. Muestra tu trabajo para recibir la máxima calificación.

Parte A
Halla el puntaje total que falta para el quinto partido de los niños de 7.° grado si la media de los primeros cinco partidos fue 24.4 puntos. La mediana de los primeros cinco partidos de las niñas de 7.° grado fue 20 puntos. ¿Puedes hallar el puntaje que falta con esta información? Explica tu respuesta.

Parte B
Olga actualmente lidera el puntaje del equipo de las niñas de 8.° grado con 50 puntos. Thomas lidera el equipo de niños de 8.° grado con 52 puntos. ¿Qué jugador obtendrá el premio al jugador más valioso de mitad de temporada según el porcentaje de los puntos totales de sus equipos?

Parte C
Halla la desviación media absoluta de los puntos totales de los niños de 8.° grado y de las niñas de 8.° grado. Usa tus respuestas para descubrir quién obtiene el premio al más constante entre los dos equipos. Explica tu respuesta.

Reflexionar

 Responder la pregunta esencial

Usa lo que aprendiste acerca de la media, la mediana y la moda para completar el organizador gráfico.

Pregunta esencial

¿CÓMO te ayudan la media, la mediana y la moda a describir datos?

	media	mediana	moda
definición			
¿Cuándo es apropiado usarla?			
¿Cómo la afecta un valor extremo?			

Responder la pregunta esencial. ¿CÓMO te ayudan la media, la mediana y la moda a describir datos?

_____

_____

tulo 12

presentaciones tadísticas

Pregunta esencial

¿POR QUÉ es importante evaluar detenidamente las gráficas?

Common Core State Standards

Content Standards
6.SP.2, 6.SP.4, 6.SP.5, 6.SP.5a, 6.SP.5b, 6.SP.5c, 6.SP.5d

PM Prácticas matemáticas
1, 2, 3, 4, 5, 6, 7

Matemáticas en el mundo real

Montaña rusa En la tabla se muestran las caídas de varias montañas rusas diferentes.

Montaña rusa	Caída (pies)
Anaconda	144
Mind Eraser	95
Scorpion	60
Thunderbolt	70

Dibuja barras para representar las caídas de las montañas rusas.

FOLDABLES®

Ayudas de estudio

1 Recorta el modelo de papel de la página FL15 de este libro.

2 Pega tu modelo de papel en la página 922.

3 Usa el modelo de papel en todo este capítulo como ayuda para aprender sobre las representaciones estadísticas.

Vocabulario

agrupamiento	distribución	simétrico
brecha	distribución de frecuencias	
diagrama de caja	gráfica lineal	
diagrama de puntos	histograma	
diagrama lineal	pico	

Repaso del vocabulario

Usar un organizador gráfico puede ayudarte a recordar los términos de vocabulario importantes. Completa el organizador gráfico para las palabras *marcar* y *gráfica*.

marcar / gráfica

Definición

Ejemplo

Representación

Haz una marca de comprobación debajo de la carita para expresar cuánto sabes sobre los conceptos. Luego, hojea el capítulo para hallar una definición o un ejemplo de ese concepto.

😠 No lo sé.   😕 Me suena.   🙂 ¡Lo sé!

Representaciones estadísticas				
Concepto	😠	😕	🙂	Definición o ejemplo
analizar distribuciones de datos				
diagramas de caja				
diagramas de puntos				
histogramas				
gráficas lineales				
seleccionar representaciones apropiadas				

¿Cuándo usarás esto?

Aquí tienes algunos ejemplos de cómo se usan las representaciones estadísticas en el mundo real.

Actividad 1 Halla una gráfica de barras en un periódico, una revista o Internet. Describe la información que muestra.

_____

_____

_____

Actividad 2 Conéctate a **connectED.mcgraw-hill.com** para leer la historieta *La investigación del coro*. ¿Cuántos boletos vendieron en total en cada uno de los grados?

_____

Daniella y Luis en
La investigación del coro

Resuelve los ejercicios de la sección
Comprobación rápida o conéctate
para hacer la prueba de preparación.

Ejemplo 1

Halla la media del conjunto de datos.

{15, 30, 20, 25, 30}

$15 + 30 + 20 + 25 + 30 = 120$ Suma.

$\dfrac{120}{5} = 24$ Divide.

La media es 24.

Ejemplo 2

Halla la mediana del conjunto de datos.

{65, 57, 33, 41, 49}

33 41 (49) 57 65   Ordena los números
de menor a mayor.

El número del medio es 49; por lo tanto,
49 es la mediana.

Comprobación rápida

Media Halla la media de los conjuntos de datos.

1. {8, 13, 21, 12, 29, 13}

2. {52, 76, 61, 58, 68}

3. {35, 18, 22, 20, 36, 31}

Muestra tu trabajo.

4. En la tabla se muestran las calificaciones de Jackson en estudios sociales durante un trimestre. ¿Cuál es la media de sus calificaciones para ese trimestre?

Calificaciones en Estudios sociales (%)					
94	89	96	93	90	99
87	97	95	93	98	97

Mediana Halla la mediana de los conjuntos de datos.

5. {56, 61, 54, 54, 58, 59}

6. {124, 131, 114, 148, 126}

7. {85, 79, 82, 90, 84, 87}

8. En la tabla se muestran las temperaturas máximas de una ciudad durante una semana. ¿Cuál es la mediana de las temperaturas?

Temperaturas máximas (°F)						
71	64	56	52	62	62	66

¿Cómo te fue?

Sombrea los números de los ejercicios de la sección
Comprobación rápida que resolviste correctamente.

① ② ③ ④ ⑤ ⑥ ⑦ ⑧

Diagramas lineales

Conexión con el mundo real

Actividades Se preguntó a los estudiantes de la clase del Sr. Cotter cuántas actividades extraescolares tienen. En la tabla se muestran sus respuestas.

Paso 1 Usa los datos para completar la tabla de frecuencias.

Cantidad de actividades

0	2	1	3
1	1	3	4
2	1	0	1
2	3	2	1

→

Cantidad de actividades

Cantidad	Conteo
0	
1	
2	
3	
4	

Paso 2 Gira la tabla para que las cantidades de actividades queden en la base de una recta numérica. En lugar de usar marcas de conteo, escribe las X sobre la recta numérica. Las X para 0 actividades ya están marcadas.

```
×
×
———————————————————→
0   1   2   3   4
```

Ahora, los datos están representados en un *diagrama lineal*.

Pregunta esencial

¿POR QUÉ es importante evaluar detenidamente las gráficas?

Vocabulario

diagrama de puntos
diagrama lineal

Common Core State Standards

Content Standards
6.SP.4, 6.SP.5, 6.SP.5a, 6.SP.5b, 6.SP.5c

PM Prácticas matemáticas
1, 3, 4

¿Qué **Prácticas matemáticas** PM usaste?
Sombrea lo que corresponda.

① Perseverar con los problemas
② Razonar de manera abstracta
③ Construir un argumento
④ Representar con matemáticas

⑤ Usar las herramientas matemáticas
⑥ Prestar atención a la precisión
⑦ Usar una estructura
⑧ Usar el razonamiento repetido

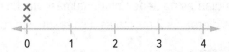

Hacer un diagrama lineal

Una manera de mostrar una imagen de los datos es hacer un diagrama lineal. Un **diagrama lineal** es una representación visual de una distribución de datos donde cada dato se muestra como un punto u otra marca, por lo general una X, sobre una recta numérica. Un diagrama lineal también se conoce como **diagrama de puntos**.

Ejemplo

1. Jazmín les preguntó a sus compañeros de clase cuántas mascotas tienen. En la tabla se muestran los resultados. Haz un diagrama lineal de los datos. Luego, describe los datos presentados en la gráfica.

Cantidad de mascotas					
3	2	2	1	3	1
0	1	0	2	3	4
0	1	1	4	2	2
1	2	2	3	0	2

Paso 1 Traza y rotula una recta numérica.

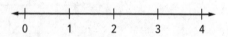

Paso 2 Escribe tantas X sobre cada número como respuestas haya con ese número. Incluye un título.

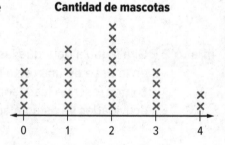

Paso 3 Describe los datos. 24 estudiantes respondieron la pregunta. Ninguno tiene más de 4 mascotas. Cuatro estudiantes no tienen ninguna mascota. La respuesta que más dieron es 2 mascotas. Esa respuesta representa la moda.

¿Entendiste? Resuelve este problema para comprobarlo.

a. Javier preguntó a los miembros de su club 4-H en cuántos proyectos participaba cada uno. En la tabla se muestran los resultados. Haz un diagrama lineal con los datos. Luego, describe los datos de la gráfica.

Cantidad de proyectos				
2	4	3	3	1
0	5	4	2	2
1	3	2	1	2

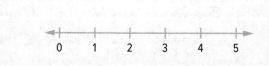

a. _____

Analizar diagramas lineales

Puedes describir un conjunto de datos usando medidas de centro, pero también con medidas de variabilidad. El rango de los datos y cualquier valor extremo también son útiles para describir los datos.

Ejemplos

Tutor

En el diagrama lineal se muestran los precios de sombreros de vaquero.

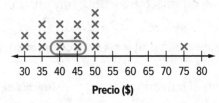

Precios de sombreros de vaquero

Precio ($)

2. **Halla la mediana y la moda de los datos. Luego úsalas para describir los datos.**

Hay 16 precios de sombreros, en dólares, representados en el diagrama lineal. La mediana está entre los datos ubicados en el octavo y el noveno lugar.

Los dos números del medio, tal como se muestra en el diagrama lineal, son 40 y 45. Por lo tanto, la mediana es $42.50. Esto significa que la mitad de los sombreros de vaquero cuestan más de $42.50, y la otra mitad cuestan menos de $42.50.

El número que aparece con más frecuencia es 50. Por lo tanto, la moda de los datos es 50. Esto significa que hay más sombreros de vaquero que cuestan $50 que cualquiera de los otros precios.

3. **Halla el rango y cualquier valor extremo en los datos. Luego, úsalos para describir los datos.**

El rango de los precios es $75 − $30, o $45. Los límites para los valores extremos son $12.50 y $72.50. Por lo tanto, $75 es un valor extremo.

¿Entendiste? **Resuelve este problema para comprobarlo.**

b. El diagrama lineal muestra la cantidad de revistas que vendió cada miembro del consejo de estudiantes. Halla la mediana, la moda, el rango y los valores extremos de los datos, si los hubiera. Luego úsalos para describir los datos.

Cantidad de revistas vendidas

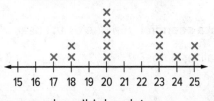

Muestra tu trabajo.

b. _____

Ejemplo

4. El diagrama lineal muestra las cantidades que James depositó en su cuenta de ahorros cada mes. Describe los datos. Incluye medidas de centro y de variabilidad.

Cantidad ahorrada ($)

La media es $46.67. La mediana es $47.50 y la moda es $50. Por lo tanto, la mayoría de los datos están cerca de las medidas de centro.

El rango de los datos es $75 − $35, o $40. El rango intercuartil es $Q_3 − Q_1$, o $50 − $37.50 = $12.50. Por lo tanto, la mitad de las cantidades están entre $37.50 y $50. Hay un valor extremo de $75.

¿Entendiste? Resuelve este problema para comprobarlo.

c. El diagrama lineal muestra los precios de los suéteres en una tienda. Describe los datos. Incluye medidas de centro y de variabilidad.

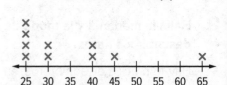

Precios de suéteres ($)

c. _____

Práctica guiada

1. Haz un diagrama lineal para el conjunto de datos. Describe los datos. Incluye medidas de centro y de variabilidad. (Ejemplos 1 a 4)

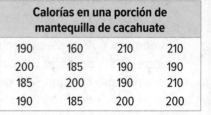

Calorías

Calorías en una porción de mantequilla de cacahuate			
190	160	210	210
200	185	190	190
185	200	190	210
190	185	200	200

¡Califícate!

¿Entendiste los diagramas lineales? Sombrea lo que corresponda.

2. (e) **Desarrollar la pregunta esencial** ¿En qué es útil usar un diagrama lineal para analizar datos? _____

Para obtener más ayuda, conéctate y accede a un tutor personal.

FOLDABLES ¡Es hora de que actualices tu modelo de papel!

Práctica independiente

Conéctate para obtener las soluciones de varios pasos.

Haz un diagrama lineal para cada conjunto de datos. Halla la mediana, la moda, el rango y los valores extremos de los datos que se muestran en el diagrama lineal. Luego, úsalos para describir los datos. (Ejemplos 1 a 3)

1 Duración de los campamentos de verano en días:
7, 7, 12, 10, 5, 10, 5, 7, 10, 9, 7, 9, 6, 10, 5, 8, 7 y 8

_____

_____

_____

_____

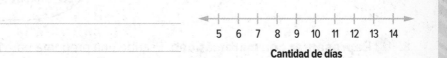

5   6   7   8   9   10   11   12   13   14

Cantidad de días

2.

Estimaciones de los estudiantes de la longitud de sus habitaciones (m)				
10	11	12	12	13
13	13	14	14	14
15	15	15	15	15
16	16	16	17	17
17	17	18	18	25

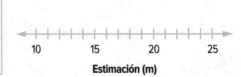

10   15   20   25

Estimación (m)

_____

_____

_____

Cantidad de canciones en listas de reproducción

3 El diagrama lineal muestra la cantidad de canciones incluidas en listas de reproducción. Describe los datos. Incluye medidas de centro y de variabilidad. (Ejemplo 4)

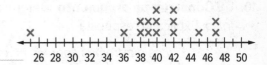

26 28 30 32 34 36 38 40 42 44 46 48 50

_____

_____

_____

_____

PM Razonar de manera inductiva En el diagrama lineal se muestra la cantidad de carreras que anotó un equipo de sóftbol en sus últimos cinco partidos. ¿Cuántas carreras necesita anotar el equipo en el próximo partido para que los enunciados sean verdaderos?

4. El rango es 10. _____

5. Otra moda es 11. _____

6. La mediana es 9.5. _____

Carreras anotadas

5   6   7   8   9   10   11   12   13   14   15

7.  **Hallar el error** Dwayne está analizando los datos del diagrama lineal. Halla su error y corrígelo.

Temperatura máxima (°F)

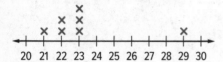

La mediana y la moda son 23 °F. El valor extremo del conjunto de datos es 20 °F.

8. PM **Representar con matemáticas** Escribe una pregunta para una encuesta que tenga una respuesta numérica. Algunos ejemplos son *¿Cuántos CD tienes?* o *¿Cuántos pies de largo mide tu habitación?* Haz la pregunta a tus amigos y familiares. Anota los resultados y organiza los datos en un diagrama lineal. Usa el diagrama lineal para sacar conclusiones acerca de los datos. Por ejemplo, describe los datos usando medidas de centro y de variabilidad.

9. PM **Perseverar con los problemas** Hay varios tamaños de *frisbees* en una colección. El rango es 8 centímetros. La mediana es 22 centímetros. El menor tamaño es 16 centímetros. ¿Cuánto mide el *frisbee* más grande de la colección?

10. PM **Construir un argumento** Determina si el enunciado es *verdadero* o *falso*. Explica tu respuesta.

Los diagramas lineales muestran datos individuales.

11. PM **Razonar de manera inductiva** El diagrama lineal muestra la cantidad de estudiantes que visitaron el Refugio Nacional de la Vida Silvestre cada día durante dos semanas. Si las cuatro X en 56 no se incluyeran en el conjunto de datos, ¿qué medida de centro se vería más afectada? Justifica tu respuesta.

Cantidad de visitantes

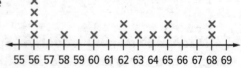

Más práctica

Haz un diagrama lineal para cada conjunto de datos. Halla la mediana, la moda, el rango y los valores extremos de los datos que se muestran en el diagrama lineal. Luego, úsalos para describir los datos.

12. Temperaturas máximas diarias en grados Fahrenheit:
71, 72, 74, 72, 72, 68, 71, 67, 68, 71, 68, 72, 76, 75, 72, 73, 68, 69, 69, 73, 74, 76, 72 y 74

Mediana: 72 °F; moda: 72 °F; rango: 9 °F; no hay valores

extremos; se representaron 24 temperaturas, en °F. La

mediana significa que la mitad de las temperaturas

máximas diarias son mayores que 72 °F y la mitad son menores. Hubo más días con una

temperatura máxima de 72 °F que con ninguna otra temperatura.

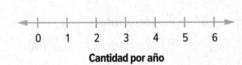

Temperaturas máximas diarias

67 68 69 70 71 72 73 74 75 76
Temperatura (°F)

13.

Cantidad de tornados				
0	1	1	1	6
0	0	0	0	0
2	1	2	0	0

0   1   2   3   4   5   6
Cantidad por año

Copia y resuelve **Describe los datos de los diagramas lineales. Muestra tu trabajo en una hoja aparte.**

14. En el diagrama lineal se muestra la cantidad de horas que los estudiantes pasan mirando televisión por la noche. Describe los datos. Incluye medidas de centro y de variabilidad.

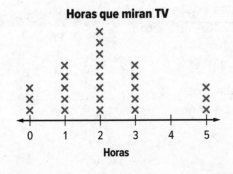

Horas que miran TV

0   1   2   3   4   5
Horas

15. (PM) **Justificar las conclusiones** En el diagrama lineal se muestran los ingredientes para pizza favoritos de los estudiantes. ¿Cuáles de las siguientes medidas puedes hallar usando el diagrama lineal: mediana, moda, rango, valores extremos? Explica tu respuesta. Luego, escribe una oración o dos para describir el conjunto de datos. Explica tu razonamiento a un compañero.

Ingredientes favoritos para pizza

Pepperoni Salchicha Champiñones Queso Ajíes
Ingrediente

16. La tabla muestra la cantidad de pisos que tienen 15 rascacielos. Haz un diagrama lineal con los datos.

Cantidad de pisos				
54	88	80	88	70
78	101	69	88	85
102	73	88	110	80

Cantidad de pisos

50 55 60 65 70 75 80 85 90 95 100 105 110

¿Cuáles son la mediana, el primer cuartil, el tercer cuartil y el rango intercuartil de los datos?

17. El diagrama lineal muestra la cantidad de tareas semanales que tienen algunos estudiantes. Determina si los enunciados son *verdaderos* o *falsos*.

Tareas semanales

a. La mediana de tareas es 2. ☐ Verdadero ☐ Falso

b. El rango de los datos es 4. ☐ Verdadero ☐ Falso

c. El rango intercuartil de los datos es 2. ☐ Verdadero ☐ Falso

---

CCSS **Estándares comunes: Repaso en espiral**

Completa el ◯ con >, < o = para que el enunciado sea verdadero. **4.NBT.2, 5.NBT.3b**

18. 26 ◯ 19

19. 89 ◯ 92

20. 5.6 ◯ 6.5

21. 11.5 ◯ 105

22. 47 ◯ 44

23. 1.52 ◯ 14.8

24. La tabla muestra la cantidad de días que varios estudiantes asistieron a una clase de gimnasia durante el mes. ¿Cuántos estudiantes asistieron a la clase de gimnasia menos de 15 días? **4.NBT.2** _____

Cantidad de días			
16	21	18	6
19	15	8	11
16	4	20	22
12	19	21	9

25. Siete amigos compararon sus calificaciones en una prueba. Sus calificaciones fueron 89, 97, 93, 95, 90, 88, 91. ¿Cuántas personas tuvieron calificaciones mayores que 90? **4.NBT.2** _____

Histogramas

Conexión con el mundo real

Pregunta esencial

¿POR QUÉ es importante evaluar detenidamente las gráficas?

Vocabulario

distribución de frecuencias

histograma

Common Core State Standards

Content Standards
6.SP.4, 6.SP.5, 6.SP.5a, 6.SP.5b

PM Prácticas matemáticas
1, 3, 4, 5, 6

Conciertos Alicia investigó sobre el precio promedio de los boletos para diferentes conciertos. En la tabla se muestran los resultados.

Precios promedio de boletos para los 10 conciertos de mayor recaudación				
$83.87	$68.54	$51.53	$62.10	$59.58
$47.22	$66.58	$88.49	$50.63	$68.98

1. Completa las columnas de conteo y frecuencia en la tabla de frecuencias.

Precios promedio de boletos para los 10 conciertos de mayor recaudación		
Precio	**Conteo**	**Frecuencia**
$25.00 a $49.99		
$50.00 a $74.99		
$75.00 a $99.99		

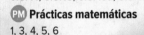

2. ¿Qué representa cada marca de conteo? _____

3. ¿Cuál es una de las ventajas de usar una tabla de frecuencias?

_____

_____

4. ¿Cuál es una de las ventajas de usar la primera tabla?

_____

_____

¿Qué Prácticas matemáticas PM usaste?
Sombrea lo que corresponda.

① Perseverar con los problemas
⑤ Usar las herramientas matemáticas

② Razonar de manera abstracta
⑥ Prestar atención a la precisión

③ Construir un argumento
⑦ Usar una estructura

④ Representar con matemáticas
⑧ Usar el razonamiento repetido

Interpretar datos

Los datos de una tabla de frecuencias pueden presentarse en forma de histograma. Un **histograma** es un tipo de gráfica de barras que se usa para mostrar datos numéricos organizados en intervalos iguales. Estos intervalos te permiten ver la **distribución de frecuencias** de los datos, o cuántos datos hay en cada intervalo.

No hay espacio entre las barras.

Como todos los intervalos son iguales, todas las barras tienen el mismo ancho.

Los intervalos que tienen una frecuencia de 0 tienen una barra cuya altura es 0.

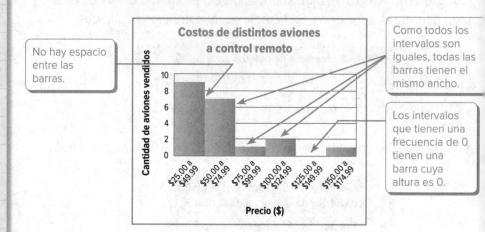

Ejemplo

Tutor

1. **Consulta el histograma de arriba. Describe el histograma. ¿Cuántos aviones a control remoto cuestan al menos $100?**

Se incluyeron $9 + 7 + 1 + 2 + 1$, o 20 precios, en dólares. Hubo más aviones a control remoto con precios entre $25.00 y 49.99 que en ningún otro rango. No se incluyó ningún avión con un precio entre $125.00 y $149.99.

Dos aviones a control remoto tuvieron precios entre $100.00 y $124.99, y un avión a control remoto tuvo un precio entre $150.00 y $174.99. Por lo tanto, $2 + 1$, o 3 aviones a control remoto tuvieron precios de al menos $100.

¿Entendiste? **Resuelve este problema para comprobarlo.**

Muestra tu trabajo.

a. _____

a. Consulta el histograma de arriba. ¿Cuántos aviones a control remoto cuestan menos de $75?

Construir un histograma

Puedes usar los datos de una tabla para construir un histograma.

Ejemplo

2. En la tabla se muestra la cantidad de turistas que visitan diariamente parques estatales seleccionados. Dibuja un histograma para representar los datos.

Turistas diarios en parques estatales seleccionados				
108	209	171	152	236
165	244	263	212	161
327	185	192	226	137
193	235	207	382	241

> **Escalas e intervalos**
> Es importante elegir una escala que incluya todos los números del conjunto de datos. El intervalo debe organizar los datos para que sea sencillo compararlos.

Paso 1 Haz una tabla de frecuencias para organizar los datos. Usa una escala de 100 a 399 con un intervalo de 50.

Turistas diarios en parques estatales seleccionados		
Turistas	**Conteo**	**Frecuencia**
100 a 149	||	2
150 a 199	⊬||	7
200 a 249	⊬|||	8
250 a 299	|	1
300 a 349	|	1
350 a 399	|	1

Paso 2 Dibuja y rotula un eje horizontal y uno vertical. Incluye un título. Muestra los intervalos de la tabla de frecuencias en el eje horizontal. Rotula el eje vertical para mostrar las frecuencias.

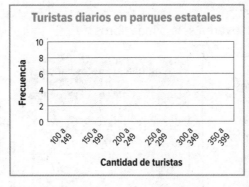

> **PARA y reflexiona**
> ¿Cuándo un histograma es más útil que una tabla con datos individuales? Explica tu respuesta abajo.

Paso 3 Para cada intervalo, dibuja una barra cuya altura esté dada por las frecuencias.

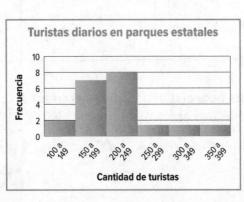

¿Entendiste? Resuelve este problema para comprobarlo.

b. En la tabla de la derecha se muestra un conjunto de calificaciones de una prueba. Elige intervalos, haz una tabla de frecuencias y construye un histograma para representar los datos.

Calificaciones de la prueba						
72	97	80	86	92	98	88
76	79	82	91	83	90	76
81	94	96	92	72	83	85
65	91	92	68	86	89	97

Calificaciones de la prueba		
Calificación	Conteo	Frecuencia

Calificaciones de la prueba

Cantidad de estudiantes

Calificación

Práctica guiada

Comprueba

1. En la tabla de frecuencias de abajo se muestra la cantidad de libros que leyeron durante las vacaciones los estudiantes de la maestra Angello. (Ejemplos 1 y 2)

   a. Dibuja un histograma para representar los datos.

   b. Describe el histograma. _____

   _____

   c. ¿Cuántos estudiantes leyeron seis o más libros? _____

Cantidad de libros leídos en las vacaciones

Frecuencia

Cantidad de libros

Cantidad de libros leídos		
Libros	Conteo	Frecuencia
0 a 2	ℍℍ I	6
3 a 5	ℍℍ ℍℍ	10
6 a 8	ℍℍ II	7
9 a 11	III	3
12 a 14	IIII	4

¡Califícate!

¿Estás listo para seguir?
Sombrea lo que corresponda.

SÍ   ?   NO

2. **Desarrollar la pregunta esencial** ¿Por qué es útil crear una tabla de frecuencias antes de hacer un histograma?

_____

_____

_____

Para obtener más ayuda, conéctate y accede a un tutor personal.

Tutor

FOLDABLES ¡Es hora de que actualices tu modelo de papel!

Práctica independiente

Conéctate para obtener las soluciones de varios pasos.

Para los Ejercicios 1 a 4, usa el histograma de la derecha. (Ejemplo 1)

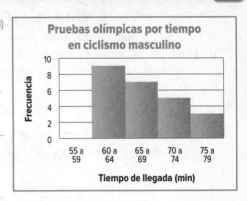

1. Describe el histograma. _____

_____

2. ¿En qué intervalo hay 7 ciclistas? _____

3 ¿Qué intervalo representa el mayor número de ciclistas?

_____

4. ¿Cuántos ciclistas lograron un tiempo menor que 70 minutos?

_____

Dibuja un histograma para representar el conjunto de datos. (Ejemplo 2)

5.

Cantidad de estados que visitaron los estudiantes de la clase de Marty		
Cantidad de estados	Conteo	Frecuencia
0 a 4	ЖΙ IIII	9
5 a 9	III	3
10 a 14	ЖΙ	5
15 a 19	III	3
20 a 24	ЖΙ I	6
25 a 29	I	1

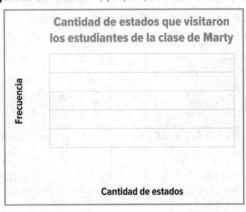

PM Usar las herramientas matemáticas Para los Ejercicios 6 y 7, consulta los histogramas de abajo.

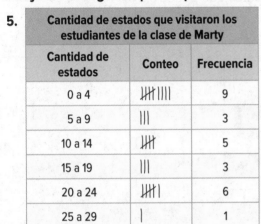

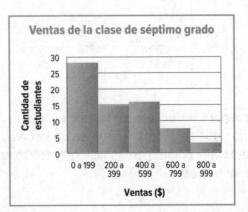

6. Aproximadamente, ¿cuántos estudiantes de los dos grados reunieron $600 o más?

_____

7 ¿En qué grado hubo más estudiantes que reunieron entre $400 y $599?

_____

8. **(PM) Responder con precisión** Los siguientes datos indican la cantidad de calorías de varios tipos de helados. {25, 35, 200, 280, 80, 80, 90, 40, 45, 50, 50, 60, 90, 100, 120, 40, 45, 60, 70, 350}

a. Dibuja un histograma para representar los datos.

b. Halla las medidas de centro.

_____

_____

c. ¿Puedes hallar las medidas de centro solamente a partir del histograma? Explica tu respuesta.

_____

_____

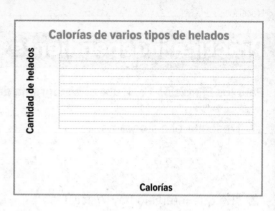

Calorías de varios tipos de helados

Cantidad de helados

Calorías

Problemas S.O.S. Soluciones de orden superior

9. **(PM) Perseverar con los problemas** Da un conjunto de datos que pueda representarse con los dos histogramas de abajo.

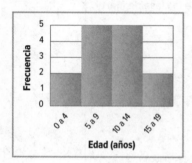

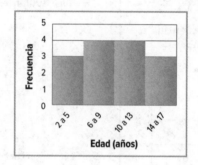

_____

10. **(PM) Justificar las conclusiones** Identifica el intervalo que no es igual a los otros tres. Explica tu razonamiento.

| 15 a 19 | 30 a 34 | 40 a 45 | 45 a 49 |

_____

11. **(PM) Razonar de manera inductiva** La tabla muestra un conjunto de alturas de plantas. Describe dos conjuntos diferentes de intervalos que se puedan usar para representar el conjunto en un histograma. Compara y contrasta los dos conjuntos de intervalos.

_____

_____

_____

Alturas de plantas (pulg)		
12	7	15
8	24	41
16	18	27
43	33	11
24	10	22

Más práctica

Para los Ejercicios 12 a 16, usa el histograma.

Edades de los jugadores de un equipo de béisbol

12. Describe el histograma. _Se reunieron las edades de_

30 jugadores. Un jugador es mayor de 35, el resto tiene

35 años o menos.

 para rea → _Suma las frecuencias para hallar el total_
de jugadores. 6 + 11 + 4 + 8 + 1 = 30

13. ¿Qué intervalo representa la mayor cantidad de jugadores?

_____

14. ¿Qué intervalo tiene 4 jugadores? _____

15. ¿Cuántos jugadores son menores de 28 años? _____

16. ¿Cuántos jugadores tienen edades en el intervalo de 32 a 35? _____

PM Usar las herramientas matemáticas Dibuja un histograma para
representar el conjunto de datos.

17.

Cantidad de cuadrangulares en una temporada		
Cuadrangulares	**Conteo**	**Frecuencia**
0 a 9	ЖЖ ЖЖ II	12
10 a 19	ЖЖ ЖЖ	10
20 a 29	ЖЖ IIII	9
30 a 39	ЖЖ IIII	9
40 a 49	ЖЖ I	6

Cantidad de cuadrangulares

Frecuencia

Cantidad de cuadrangulares

18. PM Hallar el error Pilar está analizando la tabla de frecuencias
de abajo. Halla su error y corrígelo.

Distancias desde el hogar hasta la escuela (mi)	Conteo	Frecuencia
0.1 a 0.5	ЖЖ II	7
0.6 a 1.0	III	3
1.1 a 1.5	ЖЖ	5
1.6 a 2.0	III	3

_15 personas viven
a menos de 1.5 millas
de la escuela._

_____

_____

19. El histograma muestra la cantidad de goles que marcaron los mejores jugadores de un equipo de fútbol. Explica por qué no hay una barra para el intervalo de 30 a 44 goles.

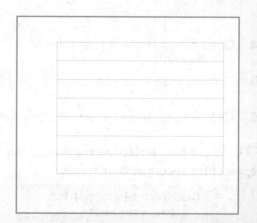

20. La tabla muestra la cantidad de flexiones que hizo cada participante de una clase de gimnasia en un minuto. Elige una escala e intervalos apropiados y construye un histograma con los datos

Cantidad de flexiones en un minuto				
30	15	34	22	28
20	25	26	31	29
27	30	19	22	28
32	31	27	23	26

CCSS **Estándares comunes: Repaso en espiral**

Divide. 4.NBT.6

21. $126 \div 3 =$ _____

22. $477 \div 9 =$ _____

23. $162 \div 6 =$ _____

24. $327 \div 5 =$ _____

25. $195 \div 2 =$ _____

26. $842 \div 4 =$ _____

27. Jamie, Tucker y Lucinda compraron una bolsa de manzanas. Jamie se quedó con 0.25 de las manzanas y Lucinda se quedó con 0.5 de las manzanas.

¿Quién se quedó con más manzanas? 5.NBT.3b _____

Diagramas de caja

 ## Conexión con el mundo real

Fútbol americano En la tabla se muestra la cantidad de anotaciones que hizo cada uno de los 16 equipos en la Conferencia Nacional de Fútbol Americano hace unos años.

Cantidad de anotaciones							
47	41	35	38	28	54	49	24
49	44	27	34	37	44	26	36

1. Marca los datos en un diagrama lineal.

Cantidad de anotaciones

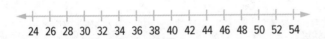

24 26 28 30 32 34 36 38 40 42 44 46 48 50 52 54

2. Halla la mediana, el límite inferior, el límite superior, el primer cuartil y el tercer cuartil de los datos. Marca una estrella en la recta numérica por cada valor.

mediana: _____   primer cuartil: _____

extremo inferior: _____   tercer cuartil: _____

extremo superior: _____

3. ¿Qué porcentaje de los equipos hizo menos de 31 anotaciones?

_____

4. ¿Qué porcentaje de los equipos hizo más de 37.5 anotaciones?

_____

 Pregunta esencial

¿POR QUÉ es importante evaluar detenidamente las gráficas?

Vocabulario

diagrama de caja

Common Core State Standards

Content Standards
6.SP.2, 6.SP.4, 6.SP.5, 6.SP.5b, 6.SP.5c

PM Prácticas matemáticas
1, 2, 3, 4, 7

¿Qué **Prácticas matemáticas** PM usaste?
Sombrea lo que corresponda.

① Perseverar con los problemas
② Razonar de manera abstracta
③ Construir argumentos
④ Representar con matemáticas
⑤ Usar las herramientas matemáticas
⑥ Prestar atención a la precisión
⑦ Usar una estructura
⑧ Usar el razonamiento repetido

Construir un diagrama de caja

Un **diagrama de caja**, o gráfica de caja y bigotes, usa una recta numérica para mostrar la distribución de un conjunto de datos usando la mediana, los cuartiles y los valores mínimo y máximo. Se dibuja una *caja,* que encierra los valores de los cuartiles, y los *bigotes,* que se extienden desde cada cuartil hasta los valores máximo y mínimo que no sean valores extremos. La mediana se marca con una línea vertical. En la figura de abajo se muestra un diagrama de caja.

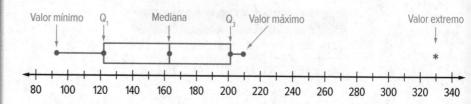

Los diagramas de caja separan los datos en cuatro partes. Aunque las partes pueden tener longitudes variables, cada una contiene el 25% de los datos. En la caja se muestra el 50% central de los datos.

Ejemplo

1. **Dibuja una gráfica de los datos de velocidades de carros.**

25   35   27   22   34   40   20   19   23   25   30

Paso 1   Ordena los números de menor a mayor. Luego, dibuja una recta numérica que cubra el rango de los datos.

Paso 2   Halla la mediana, el mínimo y máximo y el primer y tercer cuartil. Marca estos puntos sobre la recta numérica

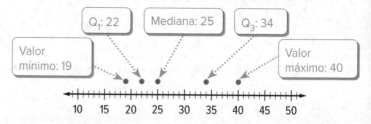

Paso 3   Dibuja la caja de manera que incluya los valores de los cuartiles. Dibuja una línea vertical que divida la caja en el valor de la mediana. Traza los bigotes desde cada cuartil hasta los puntos de los valores mínimo y máximo. Incluye un título.

Velocidades de carros

Concepto erróneo

Podrías pensar que la mediana siempre divide la caja a la mitad. Sin embargo, la mediana podría no dividir la caja a la mitad porque los datos pueden agruparse hacia uno de los cuartiles.

¿Entendiste? Resuelve este problema para comprobarlo.

a. Dibuja un diagrama de caja del siguiente conjunto de datos.

{$20, $25, $22, $30, $15, $18, $20, $17, $30, $27, $15}

a. _____

Interpretar datos

Aunque un diagrama de caja no muestra datos individuales, puedes usarlo para interpretar datos.

 Ejemplos

Consulta el diagrama de caja del Ejemplo 1.

2. ¿A más de qué velocidad conducía la mitad de los conductores?

La mitad de los 11 conductores iba a una velocidad mayor que 25 millas por hora.

3. ¿Qué indica acerca de los datos la longitud del diagrama de caja?

La longitud de la mitad izquierda de la caja es corta. Esto significa que las velocidades de la mitad inferior de los carros están concentradas. Las velocidades de la mitad más veloz de los carros están dispersas.

¿Entendiste? Resuelve este problema para comprobarlo.

b. ¿Qué porcentaje conducía a más de 34 millas por hora?

b. _____

Ejemplo

4. El diagrama de caja de abajo muestra la asistencia diaria a un club de entrenamiento físico. Halla la mediana y las medidas de variabilidad. Luego, describe los datos.

Asistencia a un club de entrenamiento físico

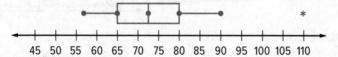

La mediana es 72.5. El primer cuartil es 65 y el tercer cuartil es 80. El rango es 54 y el rango intercuartil es 15. Hay un valor extremo en 110. Los dos bigotes tienen aproximadamente el mismo tamaño, por lo que los datos, sin el valor extremo, se distribuyen en forma pareja por debajo y por encima de los cuartiles.

Diagramas de caja

• Si la longitud de un bigote o de la caja es corta, los valores de los datos en esa parte están concentrados.

• Si la longitud de un bigote o de la caja es larga, los valores de los datos en esa parte están dispersos.

Valores extremos

Si el conjunto de datos incluye valores extremos, entonces los bigotes no llegan hasta los valores extremos, sino solo hasta el punto del valor anterior. Los valores extremos se representan con un asterisco (*) en la gráfica de caja.

c. _____

¿Entendiste? **Resuelve este problema para comprobarlo.**

c. Abajo se muestra la cantidad de partidos ganados en la Conferencia de Fútbol Americano hace pocos años. Halla la mediana y las medidas de variabilidad. Luego, describe los datos.

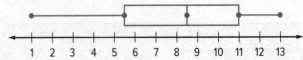

Partidos ganados en la Conferencia de Fútbol Americano

Práctica guiada

1. Usa la tabla. (Ejemplos 1 a 3)

   a. Haz un diagrama de caja con los datos.

Profundidad de terremotos recientes (km)						
5	15	1	11	2	7	3
9	5	4	9	10	5	7

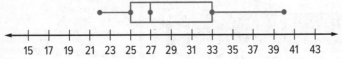

   b. ¿Qué porcentaje de los terremotos se produjeron a una profundidad de entre 4 y 9 kilómetros? _____

   c. Escribe una oración que explique qué significa la longitud del diagrama de caja. _____

   _____

2. Halla la mediana y las medidas de variabilidad para el diagrama de caja que se muestra. Luego, describe los datos. (Ejemplo 4)

Millaje promedio a gasolina de varios carros

_____

_____

_____

3.  **Desarrollar la pregunta esencial** ¿En qué se diferencia la información que se obtiene de un diagrama de caja de la que se obtiene de los mismos datos representados en un diagrama lineal? _____

_____

Nombre _____ Mi tarea _____

Práctica independiente

Conéctate para obtener las soluciones de varios pasos.

Dibuja un diagrama de caja para cada conjunto de datos. (Ejemplo 1)

1 {65, 92, 74, 61, 55, 35, 88, 99, 97, 100, 96}

35 40 45 50 55 60 65 70 75 80 85 90 95 100

2.

Costo de reproductores de MP3 ($):	
95	55
105	100
85	158
122	174
165	162

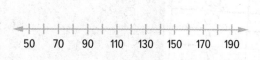

50   70   90   110   130   150   170   190

3 La tabla muestra la longitud de la línea de costa de los 13 estados ubicados en la costa atlántica. (Ejemplos 1 a 3)

Longitud de la línea de costa (mi)	
28	130
580	127
100	301
228	40
31	187
192	112
13	

a. Haz un diagrama de caja con los datos.

0   100   200   300   400   500   600

b. ¿La mitad de los estados tienen una línea de costa que es menor que cuántas millas? _____

c. Escribe una oración para describir qué indica la longitud del diagrama de caja acerca de la cantidad de millas de costa de los estados de la costa atlántica.

_____

_____

_____

4. El diagrama muestra la cantidad de calorías de una porción de algunas frutas. Halla la mediana y las medidas de variabilidad. Luego, describe los datos. (Ejemplo 4)

Cantidad de calorías

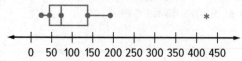

0   50   100   150   200   250   300   350   400   450

_____

_____

_____

_____

Lección 3 Diagramas de caja **883**

5. **(PM) Representar con matemáticas** Consulta la historieta de abajo para resolver los ejercicios **a** y **b**.

a. Dibuja un diagrama de caja con los datos del 7.° grado.

b. Compara los diagramas de caja. ¿Qué grado vendió más boletos? Explica tu respuesta.

_____

_____

Problemas S.O.S. Soluciones de orden superior

6. **(PM) Perseverar con los problemas** Escribe un conjunto de datos que contenga 12 valores con los cuales el diagrama de caja no tenga bigotes. Incluye la mediana, el primer y el tercer cuartil, y los valores mínimo y máximo.

_____

_____

7. **(PM) Razonar de manera abstracta** Escribe un conjunto de datos que, representado en un diagrama de caja, genere una caja larga y bigotes cortos. Dibuja el diagrama de caja.

_____

8. **(PM) Razonar de manera inductiva** ¿Qué conclusión puedes sacar a partir de un diagrama de caja donde la longitud de la caja y el bigote izquierdo es igual a la longitud de la caja y el bigote derecho?

_____

Más práctica

Dibuja un diagrama de caja para cada conjunto de datos.

9. {26, 22, 31, 36, 22, 27, 15, 36, 32, 29, 30}

15, 22, ⟨22⟩, 26, 27, ⟨29⟩, 30, 31, ⟨32⟩, 36, 36;

mediana: 29; Q_1: 22; Q_3: 32;

marca la mediana, Q_1, Q_3 y los valores mínimo y máximo sobre la recta numérica. Dibuja una caja que encierre los cuartiles y una línea que pase por el centro de la mediana. Dibuja líneas para unir los valores mínimo y máximo con la caja.

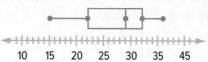

10.

Altura de las olas (pulg)		
80	51	77
72	55	65
42	78	67
40	81	68
63	73	59

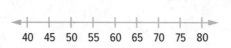

11. El diagrama de caja de abajo resume las calificaciones en una prueba de matemáticas.

Calificaciones en la prueba de matemáticas

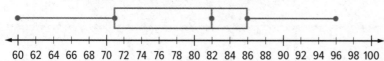

a. ¿Cuál fue la calificación más alta en la prueba? _____

b. Explica por qué la mediana no está en el medio de la caja.

_____

_____

c. ¿Qué porcentaje de las calificaciones estuvo entre 71 y 96? _____

d. ¿Qué calificación superó la mitad de los datos? _____

12. (PM) **Identificar la estructura** Halla la mediana, el primer y el tercer cuartil, y el rango intercuartil para el conjunto de datos de la tabla. Haz un diagrama de caja con los datos.

Palabras tipeadas por minuto		
80	42	65
72	63	81
67	73	40
51	68	59
77	55	78

13. ¿Cuáles de los siguientes enunciados son verdaderos acerca del diagrama de caja? Selecciona todas las opciones que correspondan.

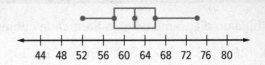

☐ La mitad de los datos son mayores que 62.

☐ La mitad de los datos se encuentran en el intervalo 62 a 74.

☐ Hay más datos en el intervalo 52 a 62 que en el intervalo 62 a 74.

☐ El valor 74 es el valor máximo.

14. La tabla muestra las estaturas, en pulgadas, de los estudiantes de un salón de clases.

a. Construye un diagrama de caja con los datos.

Estatura (pulg)

Estatura (pulg)				
62	70	60	68	64
64	53	65	51	67
60	59	57	65	61

48 50 52 54 56 58 60 62 64 66 68 70

b. ¿Cuáles son los valores del mínimo, el primer cuartil, la mediana, el tercer cuartil y el máximo de los datos?

Halla el total de los conjuntos de números. 4.NBT.4

15. {6, 8, 7, 9, 2, 4}

16. {15, 20, 35, 24, 31}

17. {16, 25, 35, 28, 31, 27}

18. {56, 58, 63, 51, 52}

19. {84, 106, 98, 88}

20. {34, 68, 23, 18, 57}

21. La tabla muestra la cantidad de rifas que vendió cada miembro del club de teatro. ¿Cuántos miembros vendieron más de 50 rifas? 4.NBT.2

Rifas vendidas				
26	32	18	53	28
35	42	29	38	50
49	51	21	34	46
42	52	50	36	20

22. Rachel saltó a la soga 6 minutos el lunes, 12 minutos el martes, 7 minutos el miércoles, 10 minutos el jueves y 8 minutos el viernes. Representa los tiempos de su entrenamiento en una recta numérica. 6.NS.6c

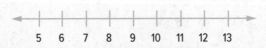

5 6 7 8 9 10 11 12 13

(PM) Investigación para la resolución de problemas
Usar una gráfica

Caso #1 Fútbol americano

CCSS **Content Standards**
6.SP.4, 6.SP.5, 6.SP.5c

(PM) **Prácticas matemáticas**
1, 3, 4

El hermano de Finn está en el equipo de fútbol americano y Finn crea una representación de la cantidad de puntos que marcó el equipo en cada partido el año pasado. Usa la información de la tabla para hacer un diagrama lineal.

¿Cuál fue la puntuación que ocurrió con mayor frecuencia?

Cantidad de puntos anotados			
35	35	43	21
49	35	21	24
34	35	21	

Comprende ¿Qué sabes?

El rango de los puntos es 49 − 21, o 28.

Planifica ¿Cuál es tu estrategia para resolver este problema?

Haz un diagrama lineal para ver qué puntuación ocurre con mayor frecuencia. Usa el rango para rotular el diagrama lineal de 20 a 50.

Resuelve ¿Cómo puedes aplicar la estrategia?

Marca las puntuaciones en el diagrama lineal.

Cantidad de puntos anotados

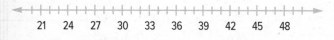

21 24 27 30 33 36 39 42 45 48

La puntuación que ocurre con más frecuencia es ☐.

Comprueba ¿Tiene sentido tu respuesta?

El equipo anotó 35 puntos cuatro veces. Ninguna otra puntuación ocurrió cuatro o más veces. Por lo tanto, la respuesta es razonable.

Analizar la estrategia Tutor

(PM) **Razonar de manera inductiva** ¿Cómo cambiarían los resultados si el equipo jugara un juego más y anotara 21 puntos?

_____

_____

Caso #2 Expectativa de vida

Distintos animales tienen distintas expectativas de vida promedio. En la tabla se muestran las expectativas de vida promedio de varios animales.

¿Cuántas animales más tienen una expectativa de vida promedio entre 11 y 15 años que una expectativa de vida promedio entre 1 y 5 años?

Expectativa de vida promedio (años)	
Caballo	20
Camello	12
Canguro	7
Cerdo	10
Conejo	5
Gorila	20
Langosta	15
León	15
Perro	12
Oso polar	20
Ratón	2
Venado	10
Zorro	9

Comprende

Lee el problema. ¿Qué se te pide que halles?

Tengo que hallar _____

_____.

¿Qué información conoces?

Animales con una expectativa de vida promedio entre

11 y 15 años: _____

Animales con una expectativa de vida promedio entre

1 y 5 años: _____

Planifica

Elige una estrategia para la resolución de problemas.

Voy a usar la estrategia _____.

Resuelve

Usa tu estrategia para la resolución de problemas y resuélvelo.

Haz un histograma. Usa intervalos de

1 a 5 años, _____ años,

_____ años y 16 a 20 años.

Por lo tanto, hay ☐ animales más con una expectativa de vida promedio entre 11 y 15 años que animales con una expectativa de vida promedio entre 1 y 5 años.

Comprueba

Usa la información del problema para comprobar tu respuesta.

Hay cuatro animales con una expectativa de vida promedio entre 11 y 15 años, y dos animales, el ratón y el conejo, con una expectativa de vida promedio entre 1 y 5 años.

Colabora

Trabaja con un grupo pequeño para resolver los siguientes casos. Muestra tu trabajo en una hoja aparte.

Caso #3 Corte de césped

Shawn cortó el césped de jardines durante el verano para ganar dinero extra. En el diagrama lineal se muestra la cantidad de jardines en los que cortó el césped cada semana.

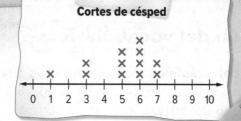

Cortes de césped

¿Cuál es la media de la cantidad de jardines en los que cortó el césped?

Caso #4 Revistas

En el diagrama de caja se muestra la cantidad de revistas que se vendieron para una colecta de un club.

Revistas vendidas

¿Cuál es la diferencia entre la mediana de la cantidad de revistas vendidas y la cantidad máxima de revistas vendidas?

Caso #5 Calificaciones en la prueba

Un maestro anotó en la tabla las calificaciones de una clase en la prueba.

Haz un diagrama lineal para hallar la mediana de las calificaciones en la prueba.

89	88	95	100
78	89	92	92
95	85	88	90
100	95	98	88
100	90	76	94

¡Usa una estrategia!

Caso #6 Ejercicio

Para entrenar para una maratón, Corina planea correr cuatro millas la primera semana y el 150% de esa cantidad de millas la semana siguiente.

¿Cuántas millas correrá Corina la semana siguiente?

Comprobación del vocabulario

1. **PM** **Responder con precisión** Define *histograma*. Usa el conjunto de datos {26, 37, 35, 49, 54, 53, 30, 36, 31, 28, 29, 33, 38, 47, 54, 50, 37, 26, 35, 51} para hacer un histograma. (Lección 2)

Comprobación y resolución de problemas: Destrezas

Haz un diagrama lineal para cada conjunto de datos. Luego, describe los datos. (Lección 1)

2. {36, 43, 39, 47, 34, 43, 47, 39, 34, 43}

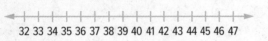

3. {63, 54, 57, 63, 52, 59, 52, 63, 61, 54}

4. En el histograma se muestra la cantidad de público que asistió a cada una de las funciones de una película.

   Describe los datos del histograma. (Lección 2)

5. **PM** **Perseverar con los problemas** En una gráfica de caja, el primer cuartil, la mediana y el tercer cuartil son *x*, *y* y 70, respectivamente. Da posibles valores para *x* e *y* de acuerdo con las siguientes condiciones. (Lección 3)

   a. La mediana separa la caja en dos cuartiles, cada uno con el mismo rango. _____

   b. La caja entre la mediana y el tercer cuartil es el doble de larga que la caja entre la mediana y el cuartil inferior. _____

Forma de distribuciones de datos

Vocabulario inicial

La **distribución** de un conjunto de datos muestra la disposición de los valores de los datos. Las palabras de abajo muestran algunas de las maneras de describir la distribución de datos. Une las palabras con sus definiciones.

agrupamiento	similitud entre el lado izquierdo y el lado derecho de la distribución
brecha	los números que no están representados por ningún dato
pico	los valores que ocurren con mayor frecuencia, o la moda
simetría	datos que están agrupados unos cerca de otros

Pregunta esencial

¿POR QUÉ es importante evaluar detenidamente las gráficas?

 Vocabulario

agrupamiento
brecha
distribución
distribución simétrica
pico

Common Core State Standards

Content Standards
6.SP.2, 6.SP.5, 6.SP.5d

PM **Prácticas matemáticas**
1, 3, 4, 5, 7

 ## Conexión con el mundo real

Paravelismo El diagrama lineal muestra los costos en dólares de practicar paravelismo con distintas compañías en una playa.

1. Traza una línea vertical por el medio de los datos. ¿Qué observas?

_____

Costos de paravelismo ($)

```
                    ×
        ×   ×   ×   ×   ×
    ×   ×   ×   ×   ×   ×   ×
×   ×   ×   ×   ×   ×   ×   ×   ×   ×
30  31  32  33  34  35  36  37  38  39  40
```

2. Usa una de las palabras que se muestran arriba para escribir una oración sobre los datos.

_____

¿Qué **Prácticas matemáticas** PM usaste?
Sombrea lo que corresponda.

① Perseverar con los problemas

② Razonar de manera abstracta

③ Construir un argumento

④ Representar con matemáticas

⑤ Usar las herramientas matemáticas

⑥ Prestar atención a la precisión

⑦ Usar una estructura

⑧ Usar el razonamiento repetido

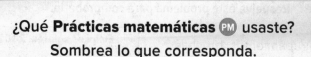

Describir la forma de una distribución

Los datos que están distribuidos de forma pareja entre el lado izquierdo y el lado derecho tienen una **distribución simétrica**. La distribución que se muestra tiene un **agrupamiento** de varios datos dentro del intervalo 10 a 12. Las **brechas** 9 y 13 no tienen datos. El valor 10 es un **pico** porque es el valor que ocurre con mayor frecuencia.

 ## Ejemplos

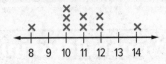

Describe la forma de las distribuciones.

1. **En el diagrama lineal se muestra la temperatura en grados Fahrenheit en una ciudad durante varios días.**

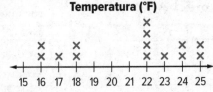

Temperatura (°F)

Puedes usar agrupamientos, brechas, picos, valores extremos y la simetría para describir la forma. La forma de la distribución no es simétrica porque el lado izquierdo de los datos no tiene el mismo aspecto que el lado derecho de los datos. Hay una brecha entre 19 y 21. Hay agrupamientos de 16 a 18 y de 22 a 25. La distribución tiene un pico en 22. No hay valores extremos.

- -

2. **En el diagrama de caja se muestra la cantidad de visitantes que entran a una tienda de regalos en un mes.**

Cantidad de visitantes a una tienda de regalos

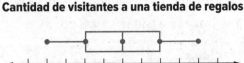

No puedes identificar brechas, picos ni agrupamientos. Las dos cajas y los dos bigotes tienen la misma longitud. Por lo tanto, los datos están distribuidos de forma pareja. La distribución es simétrica, ya que el lado izquierdo de los datos tiene el mismo aspecto que el lado derecho. No hay valores extremos.

Muestra tu trabajo.

¿Entendiste? **Resuelve este problema para comprobarlo.**

a. _____

a. Usa agrupamientos, brechas, picos, valores extremos y la simetría para describir la forma de la distribución de la derecha.

Eclipses solares: 2001 a 2010

Medidas de centro y dispersión

Concepto clave

Usa el siguiente diagrama de flujo para decidir qué medidas de centro y de dispersión son más apropiadas para describir una distribución de datos.

¿La distribución de datos es simétrica?

Sí.   No.

Usa la **media** para describir el centro. Usa la **desviación media absoluta** para describir la dispersión.

Usa la **mediana** para describir el centro. Usa el **rango intercuartil** para describir la dispersión.

PARA y reflexiona

Explica abajo qué medidas son más apropiadas para describir el centro y la dispersión de una distribución simétrica.

Si hay un valor extremo, la distribución usualmente no es simétrica.

Ejemplo

Tutor

3. En el diagrama lineal se muestra la cantidad de estados que visitaron los estudiantes de una clase.

Cantidad de estados visitados

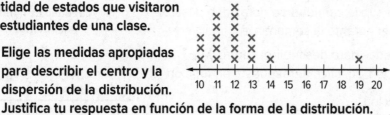

a. **Elige las medidas apropiadas para describir el centro y la dispersión de la distribución. Justifica tu respuesta en función de la forma de la distribución.**

Los datos no son simétricos, y hay un valor extremo, 19. La mediana y el rango intercuartil son las medidas apropiadas para usar.

Muestra tu trabajo.

b. **Escribe algunas oraciones para describir el centro y la dispersión de la distribución usando las medidas apropiadas.**

La mediana es 12 estados. El primer cuartil es 11. El tercer cuartil es 13. El rango intercuartil es 13 – 11, o 2 estados.

Los datos están concentrados alrededor de 12 estados. La dispersión de los datos alrededor del centro es de aproximadamente 2 estados.

¿Entendiste? Resuelve este problema para comprobarlo.

b. Elige las medidas apropiadas para describir el centro y la dispersión de la distribución. Justifica tu respuesta en función de la forma de la distribución. Luego, describe el centro y la dispersión.

Edades de jugadores de tenis (años)

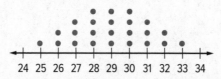

b. _____

Práctica guiada

1. En el histograma se muestran los tiempos de espera en minutos para entrar a un concierto. Describe la forma de la distribución. (Ejemplo 1)

Tiempos de espera para entrar a un concierto (min)

_____

_____

_____

_____

_____

2. En el diagrma de caja se muestran los pesos en libras de varios perros. Describe la forma de la distribución. (Ejemplo 2)

Pesos de perros (lb)

_____

_____

_____

3. En el diagrama lineal se muestra la cantidad de horas que pasaron varios estudiantes en Internet durante la semana. (Ejemplo 3)

Cantidad de horas en Internet

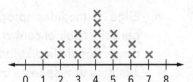

a. Elige las medidas apropiadas para describir el centro y la dispersión de la distribución. Justifica tu respuesta en función

de la forma de la distribución. _____

_____

_____

b. Escribe algunas oraciones para describir el centro y la dispersión de la distribución usando las medidas adecuadas. Redondea a la décima más cercana si es necesario.

_____

_____

_____

4. **Desarrollar la pregunta esencial** ¿Por qué la elección de la medida de centro y dispersión varía según el tipo de

representación de datos? _____

_____

_____

_____

¡Califícate!

¿Entendiste cómo describir la forma de una distribución? Encierra en un círculo la imagen que corresponda.

No tengo dudas. Tengo algunas dudas. Tengo muchas dudas.

Para obtener más ayuda, conéctate y accede a un tutor personal.

Tutor

Práctica independiente

Conéctate para obtener las soluciones de varios pasos.

1 En el histograma se muestran las velocidades promedio en millas por hora de varios animales. Describe la forma de la distribución. (Ejemplo 1)

_____
_____
_____
_____
_____

2. En el diagrama de caja se muestran las calificaciones en la prueba de ciencias de los estudiantes de la maestra Everly. Describe la forma de la distribución. (Ejemplo 2)

_____
_____
_____

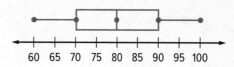

3 En el diagrama lineal se muestra la cantidad de mensajes de texto que enviaron distintos estudiantes en un día. (Ejemplo 3)

a. Elige las medidas apropiadas para describir el centro y la dispersión de la distribución. Justifica tu respuesta en función de la forma de la distribución.

_____
_____

b. Escribe algunas oraciones para describir el centro y la dispersión de la distribución usando las medidas adecuadas.

_____
_____

4. **PM** **Identificar la estructura** Completa el organizador gráfico para mostrar cuándo usar las diferentes medidas en función de la forma de la distribución.

Medida	Simétrica o no simétrica
media	
mediana	
rango intercuartil	
desviación media absoluta	

5. Una representación que no es simétrica se llama *truncada*. Una distribución que está *truncada a la izquierda* muestra datos que están más dispersos en el lado izquierdo que en el lado derecho. Una distribución que está *truncada a la derecha* muestra datos más dispersos en el lado derecho que en el lado izquierdo. El diagrama de caja muestra las alturas en pies de varios árboles.

Alturas de árboles (pies)

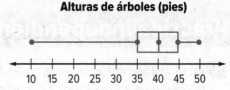

a. Explica cómo sabes que la distribución no es simétrica.

_____

b. ¿La distribución está truncada a la izquierda o truncada a la derecha? Explica tu respuesta.

_____

_____

c. Usa las medidas apropiadas para describir el centro y la dispersión de la distribución. Justifica tu elección de medidas en función de la forma de la distribución. _____

_____

_____

Problemas S.O.S. **S**oluciones de **o**rden **s**uperior

6. (PM) **Representar con matemáticas** Dibuja un diagrama lineal en el cual la mediana sea la medida más apropiada para describir el centro de la distribución.

_____

7. (PM) **Perseverar con los problemas** Explica por qué no puedes describir la ubicación específica del centro y la dispersión del diagrama de caja que se muestra usando las medidas más apropiadas.

Calorías en porciones de frutas

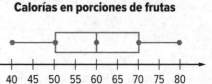

_____

_____

_____

_____

8. (PM) **Justificar las conclusiones** Mayra creó el diagrama de puntos que se muestra para representar las edades del personal de la piscina comunitaria. Llega a la conclusión de que como hay un pico en 19, la mediana es 19. También llega a la conclusión de que los dos valores 25 son valores extremos, de modo que no hay brechas. Evalúa sus conclusiones.

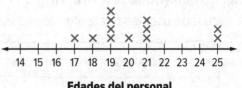

Edades del personal

_____

_____

_____

Más práctica

9. El diagrama lineal muestra los precios en dólares de varios DVD.

Describe la forma de la distribución. _Ejemplo de respuesta: La_
forma de la distribución es simétrica. El lado izquierdo de los
datos tiene el mismo aspecto que el lado derecho. Hay un
agrupamiento de $13 a $15. No hay brechas en los datos. El pico
de la distribución es $14. No hay valores extremos.

Precios de DVD ($)

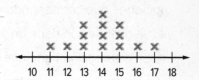

10. El diagrama de caja muestra las donaciones en dólares para obras de caridad. Describe la forma de la distribución.

Donaciones a la caridad ($)

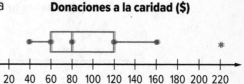

_____
_____

11. En el diagrama lineal se muestra la cantidad de millas que corrió Elisa cada semana.

a. Elige las medidas apropiadas para describir el centro y la dispersión de la distribución. Justifica tu respuesta en función de la forma de la distribución. _____

Millas que corrió cada semana

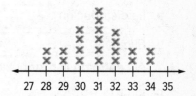

_____

b. Escribe algunas oraciones para describir el centro y la dispersión de la distribución usando las medidas apropiadas. Redondea a la décima más

cercana si es necesario. _____
_____
_____

12. **(PM) Usar las herramientas matemáticas** El diagrama lineal muestra la cantidad de hermanos de 18 estudiantes.

a. Explica cómo sabes que la distribución no es simétrica.

Cantidad de hermanos

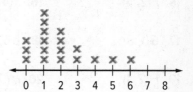

_____
_____

b. ¿La distribución está truncada a la izquierda o truncada a la derecha? Explica tu respuesta.

_____
_____

c. Usa las medidas apropiadas para describir el centro y la dispersión de la distribución. Justifica tu elección de medida en función de la forma de la

distribución. _____
_____
_____

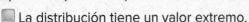

CCSS ¡Repaso! Práctica para la prueba de los estándares comunes

13. ¿Cuáles de los siguientes enunciados son verdaderos acerca del diagrama de caja? Selecciona todas las opciones que correspondan.

☐ La distribución tiene un valor extremo.

☐ La distribución tiene una brecha en los datos.

☐ La distribución es simétrica.

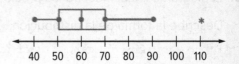

Velocidades de montañas rusas (mi/h)

14. El diagrama lineal muestra el millaje a gasolina de varios carros diferentes.

Millaje a gasolina (millas por galón)

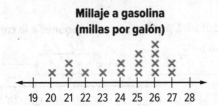

rango intercuartil
media
desviación media absoluta
mediana
no es simétrica
es simétrica

Selecciona el término correcto para completar los enunciados.

a. La distribución [_____] .

b. El/La [_____] debe usarse para describir el centro de la distribución de datos.

c. El/La [_____] debe usarse para describir la dispersión de los datos.

CCSS **Estándares comunes: Repaso en espiral**

Marca los puntos en el plano de coordenadas. 5.G.2

15. $F(2, 4)$

16. $K(4, 9)$

17. $G(1, 8)$

18. $L(5, 2)$

19. $H(2, 1)$

20. $M(9, 7)$

21. $I(8, 6)$

22. $N(5, 6)$

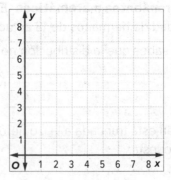

23. Callie está armando un pequeño álbum de recortes. Termina 3 páginas del álbum de recortes cada hora. ¿Cuántas páginas terminará en 12 horas? 4.NBT.5

Laboratorio de indagación

Reunir datos

 ¿CÓMO responses una pregunta estadística?

CCSS Content Standards
6.SP.4, 6.SP.5, 6.SP.5a, 6.SP.5b, 6.SP.5c, 6.SP.5d

PM Prácticas matemáticas
1, 3, 4

Aribelle encuestó a los estudiantes que esperaban en la fila para almorzar en la cafetería. Les hizo esta pregunta estadística: *¿Cuántas fotos tienen almacenadas actualmente en su teléfono celular?* Quiere organizar los datos y elegir una manera adecuada de representar los resultados de su encuesta.

Manos a la obra

Puedes reunir, organizar, representar e interpretar datos a fin de responder una pregunta estadística.

Paso 1 Haz un plan para reunir los datos. Aribelle eligió encuestar a los estudiantes en la cafetería.

Paso 2 Reúne los datos. Abajo se muestran los resultados de la encuesta.

55, 47, 58, 50, 66, 47, 54, 64, 47, 65,
43, 44, 51, 81, 54, 45, 57, 52, 58, 60

Paso 3 Organiza los datos. Ordena los valores de menor a mayor.

_____

_____

Paso 4 Describe los datos. Hubo ☐ respuestas en total. Las respuestas miden la cantidad de _____. Los datos se reunieron usando una _____. Un atributo de los datos es la mediana, que es ☐ fotos. Otro atributo es el rango intercuartil, que es ☐ fotos. Hay un valor extremo en ☐ fotos.

Paso 5 Crea una representación de los datos. Explica por qué un diagrama de caja sería una representación adecuada de los datos de Aribelle. _____

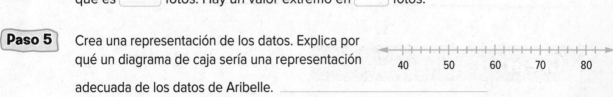

_____

_____

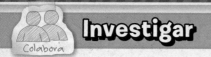

Investigar

Colabora

Trabaja con un compañero o una compañera. Reúne datos a fin de responder la pregunta estadística.

1. Escribe una pregunta estadística.

   _____

2. Reúne los datos y anota los resultados en una tabla.

3. Crea una representación de los datos.

Analizar y pensar

Colabora

4. **(PM) Representar con matemáticas** Escribe algunas oraciones para describir tus resultados. Incluye la cantidad de respuestas que anotaste, cómo mediste y reuniste las respuestas, y el patrón general que forman.

   _____

   _____

5. **(PM) Razonar de manera inductiva** Escribe algunas oraciones para describir el centro y la dispersión de la distribución.

   _____

   _____

Crear

Por tu cuenta

6. **(Indagación)** ¿CÓMO respondes una pregunta estadística?

   _____

   _____

Interpretar gráficas lineales

  Conexión con el mundo real Observa

Golf En la tabla se muestra el premio en dinero para los ganadores del Torneo de maestros.

 Pregunta esencial

¿POR QUÉ es importante evaluar detenidamente las gráficas?

Vocabulario

gráfica lineal

Common Core State Standards

Content Standards
Extension of 6.SP.4

PM **Prácticas matemáticas**
1, 3, 4

Dinero ganado por los ganadores del Torneo de maestros	
Año	**Premio ($)**
2005	1,170,000
2006	1,225,000
2007	1,305,000
2008	1,305,000
2009	1,350,000
2010	1,350,000

1. Completa la diferencia en dólares entre cada año consecutivo en los espacios en blanco de arriba.

2. Si se marcaran los datos, ¿formarían una línea recta los puntos (año, cantidad)? Explica tu respuesta.

_____

_____

3. El Torneo de maestros se realiza una vez al año. Si se hace una *gráfica lineal* con estos datos, ¿habrá datos realistas entre una fecha de torneo y otra? Explica tu respuesta.

_____

_____

 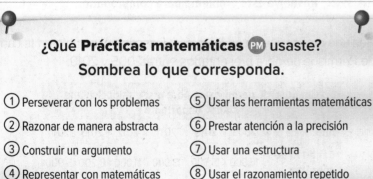

¿Qué **Prácticas matemáticas** **PM** usaste?
Sombrea lo que corresponda.

① Perseverar con los problemas
② Razonar de manera abstracta
③ Construir un argumento
④ Representar con matemáticas
⑤ Usar las herramientas matemáticas
⑥ Prestar atención a la precisión
⑦ Usar una estructura
⑧ Usar el razonamiento repetido

Hacer una gráfica lineal

Una **gráfica lineal** se usa para mostrar cómo cambia un conjunto de datos a lo largo de un período. Para hacer una gráfica lineal, elige una escala y un intervalo. Luego marca los pares de datos y traza una línea para unir los puntos.

Ejemplo

1. Haz una gráfica lineal con los datos acerca de la población mundial. Describe el cambio en la población mundial de 1750 a 2000.

Población mundial

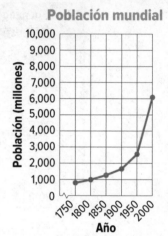

Población mundial						
Año	1750	1800	1850	1900	1950	2000
Población (millones)	790	980	1,260	1,650	2,555	6,080

Paso 1 Los datos incluyen cifras desde 790 millones hasta 6,080 millones. Por lo tanto, una escala de 0 a 10,000 millones y un intervalo de 1,000 millones son razonables.

Paso 2 Sea el eje horizontal una representación de los años. Sea el eje vertical una representación de la población. Rotula los ejes horizontal y vertical.

Paso 3 Marca los puntos para cada año y únelos.

Paso 4 Rotula la gráfica con un título.

La población mundial aumentó drásticamente desde 1750 hasta 2000.

¿Entendiste? Resuelve este problema para comprobarlo.

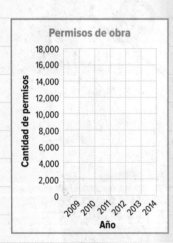

a. _____

a. Haz una gráfica lineal con los datos. Describe el cambio en la cantidad de Permisos de obra presentados entre 2005 y 2010.

Cantidad de permisos de obra presentados en una ciudad importante						
Año	2009	2010	2011	2012	2013	2014
Cantidad de permisos	16,000	15,500	13,900	11,000	8,200	5,900

Interpretar gráficas lineales

Observando la pendiente hacia arriba o hacia abajo de las líneas que unen los puntos, puedes describir tendencias en los datos y predecir eventos futuros.

Ejemplo

2. La gráfica lineal de abajo muestra el costo de matriculación en una universidad a lo largo de varios años. Describe la tendencia. Luego, predice cuánto costará la matriculación en 2020.

Observa que el aumento desde 2002 hasta 2012 es muy regular. Si se amplía la gráfica, puedes predecir que la matriculación en 2020 le costará a un estudiante aproximadamente $11,500.

¿Entendiste? Resuelve este problema para comprobarlo.

b. En la gráfica lineal se muestra el crecimiento de una planta durante varias semanas. Describe la tendencia. Luego, predice la altura de la planta a las 7 semanas.

b. _____

 Tutor

3. ¿Qué te indica la gráfica acerca de la popularidad de las patinetas?

En la gráfica se muestra que las ventas de patinetas vienen aumentando cada año. Puedes asumir que la popularidad de andar en patineta va en aumento.

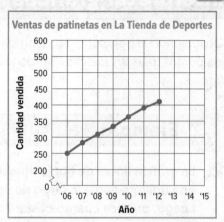

Ventas de patinetas en La Tienda de Deportes

Práctica guiada

 Comprueba

1. Haz una gráfica lineal de los datos. (Ejemplo 1)

Selvas tropicales en el planeta							
Año	1940	1950	1960	1970	1980	1990	2000	2010
Selvas tropicales existentes (millones de acres)	2,875	2,740	2,600	2,375	2,200	1,800	1,450	825

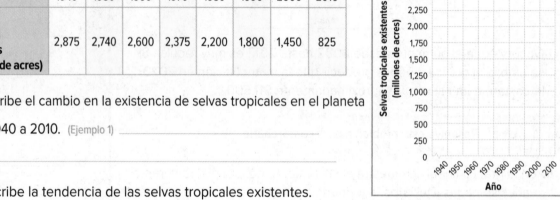

Selvas tropicales en el planeta

2. Describe el cambio en la existencia de selvas tropicales en el planeta de 1940 a 2010. (Ejemplo 1) _____

_____

3. Describe la tendencia de las selvas tropicales existentes.

(Ejemplo 2) _____

4. Haz una predicción acerca de cuántos millones de acres quedarán en 2020. (Ejemplo 2) _____

5. ¿Qué te indica la gráfica acerca de los cambios futuros en la existencia de las selvas tropicales? (Ejemplo 3) _____

_____

¡Califícate!

☐ Entiendo cómo interpretar gráficas lineales.

▶▶ ¡Muy bien! ¡Estás listo para seguir!

☐ Todavía tengo dudas acerca de cómo interpretar gráficas lineales.

▐▐ ¡No hay problema! Conéctate y accede a un tutor personal. Tutor

6. **Desarrollar la pregunta esencial** ¿Cómo puedes usar gráficas lineales para predecir datos?

_____

_____

FOLDABLES ¡Es hora de que actualices tu modelo de papel!

Práctica independiente

Conéctate para obtener las soluciones de varios pasos.

1 Haz un diagrama lineal de los datos. Luego, describe el cambio en la cantidad total que ahorró Felisa desde la semana 1 hasta la semana 5. (Ejemplo 1)

_____

_____

_____

_____

Ahorros de Felisa	
Semana	Cantidad total ($)
1	50
2	54
3	75
4	98
5	100

Ahorros de Felisa

2. Usa la gráfica de la derecha. (Ejemplos 2 y 3)

a. Describe el cambio en los tiempos ganadores de 2006 a 2010.

_____

_____

b. Haz una predicción del tiempo ganador en 2015. _____

c. Predice cuándo el tiempo ganador será menor que 500 minutos.

_____

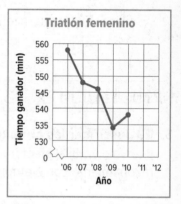

Triatlón femenino

Copia y resuelve Para el Ejercicio 3, muestra tu trabajo en una hoja aparte.

3. **PM** **Representar con matemáticas** Consulta la historieta para los ejercicios a y b.

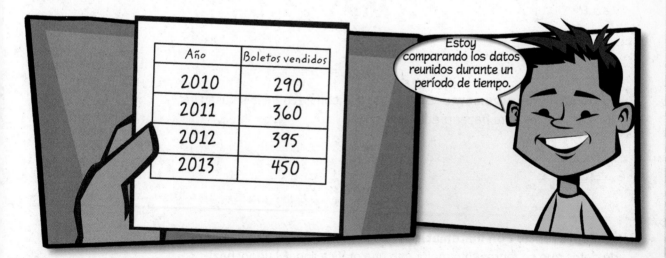

Año	Boletos vendidos
2010	290
2011	360
2012	395
2013	450

Estoy comparando los datos reunidos durante un período de tiempo.

a. Usa la información de la tabla y dibuja una gráfica lineal para mostrar los cambios en las ventas de boletos durante los últimos cuatro años.

b. Predice cuántos boletos se venderán en 2015.

4. Usa la gráfica que muestra la distancia recorrida por dos carros que iban por la misma autovía en la misma dirección.

a. Predice la distancia recorrida por el carro A después de 5 horas.

_____

b. Predice la distancia recorrida por el carro B después de 5 horas.

_____

c. ¿Cuántas millas piensas que habrá recorrido el carro A después de 8 horas?

_____

d. A partir de la gráfica, ¿después de cuántas horas habrá recorrido aproximadamente 360 millas el carro B? _____

e. A partir de la gráfica, ¿qué carro alcanzará primero una distancia de 500 millas? Explica tu razonamiento. _____

Distancia recorrida por dos carros

Problemas S.O.S. Soluciones de orden superior

5. (PM) **Justificar las conclusiones** ¿Pueden los cambios en la escala o el intervalo vertical afectar el aspecto de una gráfica lineal? Justifica tu razonamiento con ejemplos.

_____

_____

6. (PM) **Perseverar con los problemas** Consulta la gráfica del Ejercicio 4. ¿Qué conclusión puedes sacar acerca del punto en el cual se cruzan las líneas roja y azul?

_____

_____

7. (PM) **Construir un argumento** Explica por qué con frecuencia se usan las gráficas lineales para hacer predicciones.

_____

_____

_____

8. (PM) **Representar con matemáticas** Da un ejemplo de un conjunto de datos que se represente mejor con una gráfica lineal. Luego, haz una gráfica lineal que pueda representar los datos.

_____

_____

Más práctica

9. (PM) **Representar con matemáticas** Haz una gráfica lineal de los datos. Describe el cambio en las ventas en línea de boletos para el cine durante las semanas 1 a 5.

Ventas en línea de boletos para el cine	
Semana	**Cantidad de boletos**
1	1,200
2	1,450
3	1,150
4	1,575
5	1,750

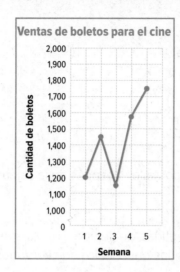

Ventas de boletos para el cine

Las ventas en línea de boletos para el cine aumentaron de la semana 1 a la semana

2, disminuyeron la semana 3 y luego aumentaron nuevamente las semanas 4 y 5.

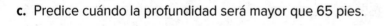

10. Usa la gráfica de la derecha.

a. Describe el cambio en la profundidad de los 10 minutos a los 35 minutos.

_____

_____

b. Predice la profundidad a los 45 minutos. _____

c. Predice cuándo la profundidad será mayor que 65 pies.

_____

_____

Profundidad del buzo por debajo del nivel del mar

11. Usa la gráfica lineal de la derecha.

a. ¿Entre qué años cambió más el tiempo ganador? Explica tu

razonamiento. _____

_____

b. Predice el tiempo ganador en los Juegos Olímpicos de 2020.

Explica tu razonamiento. _____

_____

_____

Tiempos olímpicos masculinos en 100 metros estilo mariposa

12. En la tabla se muestra la cantidad de dinero que ahorró Kailey después de 5 semanas. Construye una gráfica lineal de los datos.

Semana	Cantidad ahorrada ($)
1	15
2	34
3	42
4	60
5	78

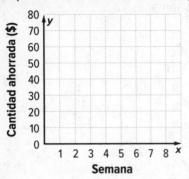

Predice cuánto habrá ahorrado Kailey después de la semana 8.

13. En la gráfica se muestra la cantidad de tiempo que Mara estudió la semana pasada. Determina si los enunciados son *verdaderos* o *falsos*.

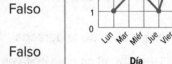

Tiempo de estudio

a. La cantidad de tiempo aumentó más del jueves al viernes.   ☐ Verdadero   ☐ Falso

b. Mara estudió la misma cantidad de tiempo el lunes y el miércoles.   ☐ Verdadero   ☐ Falso

c. La cantidad de tiempo disminuyó del lunes al martes.   ☐ Verdadero   ☐ Falso

Estándares comunes: Repaso en espiral

Halla el número más grande del conjunto. 4.NBT.2

14. {23, 34, 41, 25, 36}

15. {65, 58, 64, 56, 62}

16. {18, 16, 22, 19, 24}

Halla el total de los conjuntos de números. 4.NBT.4

17. {95, 88, 97, 89, 91}

18. {56, 71, 68, 62, 74}

19. {33, 36, 38, 29, 27}

20. En la tabla se muestran las millas que recorrió cada día la familia Smythe. ¿Cuántas millas recorrieron en total? 4.NBT.4 _____

21. Selena puede cocinar 24 galletas en 30 minutos. A esa tasa, ¿cuántas galletas puede cocinar en 90 minutos? 6.RP.3b _____

Día	Millas
Sábado	125
Domingo	84
Lunes	112

Seleccionar una representación apropiada

Conexión con el mundo real

 Pregunta esencial

¿POR QUÉ es importante evaluar detenidamente las gráficas?

CCSS **Common Core State Standards**

Content Standards
Extension of 6.SP.4

PM Prácticas matemáticas
1, 3, 4, 5, 6

Animales Las representaciones muestran la velocidad máxima de seis animales.

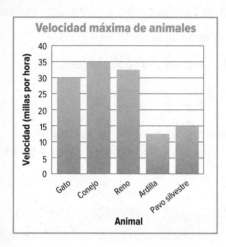

Velocidad máxima de animales

Velocidades de animales	
Velocidades	**Cantidad de animales**
1 a 5	
6 a 10	
11 a 15	
16 a 20	
21 a 25	
26 a 30	
31 a 35	

1. Usa la gráfica de barras para completar la columna de cantidad de animales en la tabla.

2. ¿Qué representación te permite hallar la velocidad máxima de un conejo?

_____

3. ¿En qué representación es más fácil hallar la cantidad de animales cuya velocidad máxima es 15 millas por hora o menos? Explica tu respuesta.

_____

_____

 ¿Qué Prácticas matemáticas PM usaste?
Sombrea lo que corresponda.

① Perseverar con los problemas   ⑤ Usar las herramientas matemáticas

② Razonar de manera abstracta   ⑥ Prestar atención a la precisión

③ Construir un argumento   ⑦ Usar una estructura

④ Representar con matemáticas   ⑧ Usar el razonamiento repetido

Representaciones estadísticas

Área de trabajo

Tipo de representación	Se usa preferentemente para
Gráfica de barras	mostrar la cantidad de elementos en categorías específicas.
Diagrama de caja	mostrar las medidas de variabilidad de un conjunto de datos, también es útil para conjuntos de datos muy grandes.
Histograma	mostrar la frecuencia de los datos divididos en intervalos iguales.
Gráfica lineal	mostrar el cambio durante un período de tiempo.
Diagrama lineal	mostrar cuántas veces se registra cada cantidad.

Con frecuencia, los datos se pueden representar de varias maneras diferentes. La representación que eliges depende de los datos y de lo que quieres mostrar.

Ejemplo

1. ¿Qué representación te permite saber cuál es la moda de los datos?

Pedidos de lasaña por noche

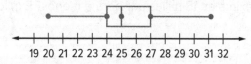

Pedidos de lasaña por noche

El diagrama lineal muestra los datos de cada noche. La cantidad de pedidos que ocurre con mayor frecuencia es 27. El diagrama de caja muestra la distribución de los datos, pero no muestra los datos individuales, por lo tanto, no muestra la moda.

¿Entendiste? Resuelve este problema para comprobarlo.

a. ¿Cuál de las representaciones de arriba te permite hallar fácilmente la mediana de los datos?

a. _____

Ejemplos

Tutor

2. En una encuesta se compararon distintas marcas de champú. En la tabla se muestra la cantidad de respuestas en las que se consideró cada marca como la primera opción. Selecciona un tipo adecuado de representación para comparar la cantidad de respuestas. Justifica tu elección.

Encuesta sobre champús favoritos			
Marca	Respuestas	Marca	Respuestas
A	35	D	24
B	12	E	8
C	42	F	11

Estos datos muestran la cantidad de respuestas que obtuvo cada marca. Una gráfica de barras es la mejor representación para comparar las respuestas.

PARA y reflexiona

¿Qué tipo de datos se representan mejor con una gráfica de barras? Explica tu respuesta abajo.

3. Haz la representación apropiada de los datos.

Paso 1 Dibuja y rotula los ejes horizontal y vertical. Agrega un título.

Paso 2 Dibuja una barra para representar la cantidad de respuestas que obtuvo cada marca.

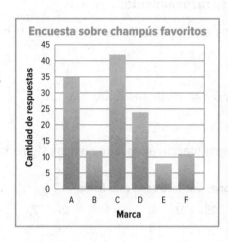

¿Entendiste? **Resuelve estos problemas para comprobarlo.**

En la tabla se muestran las calificaciones en la prueba de matemáticas de la clase del profesor Vincent.

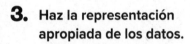

Calificaciones en la prueba de matemáticas											
70	70	75	80	100	85	85	65	75	85	95	90
90	100	85	90	90	95	80	85	90	85	90	75

b. Selecciona un tipo de representación apropiado para contar la cantidad de estudiantes que obtuvieron 85. Explica tu elección.

c. Haz una representación apropiada de los datos.

b. _____

Práctica guiada

1. ¿Qué representación hace más fácil determinar la mayor cantidad de calendarios vendidos? Justifica tu razonamiento. (Ejemplo 1)

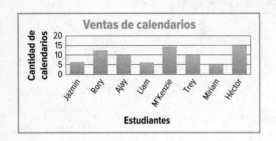

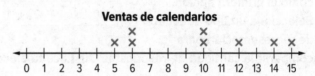

Selecciona un tipo adecuado de representación para los datos reunidos acerca de cada situación. Justifica tu razonamiento. (Ejemplo 2)

2. el almuerzo favorito de los estudiantes de sexto grado en la cafetería _____

_____

3. la temperatura desde las 6 A.M. hasta las 12:00 P.M. _____

4. Selecciona y crea una representación adecuada para los siguientes datos. (Ejemplo 3)

Cantidad de flexiones que hizo cada estudiante										
15	20	8	11	6	25	32	12	14	16	21	25
18	35	40	20	25	15	10	5	18	20	31	28

Muestra tu trabajo.

¡Califícate!

¿Entendiste cómo seleccionar una representación apropiada? Sombrea el círculo en el blanco.

Di en el blanco.

Necesito ayuda.

Para obtener más ayuda, conéctate y accede a un tutor personal.

Tutor

5. 🅟 **Desarrollar la pregunta esencial** ¿Por qué es importante elegir la representación apropiada para un conjunto de datos?

_____

_____

Práctica independiente

Conéctate para obtener las soluciones de varios pasos.

1 ¿Con qué representación es más fácil comparar las velocidades máximas de Top Thrill Dragster y Millennium Force? Justifica tu razonamiento. (Ejemplo 1)

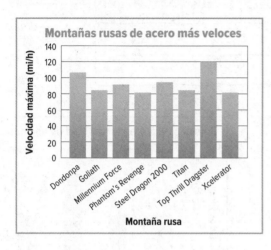

_____

Selecciona un tipo de representación apropiado para los datos reunidos sobre cada situación. Justifica tu razonamiento. (Ejemplo 2)

2. las calificaciones que obtuvieron los estudiantes en una prueba de lenguaje

_____

3. la mediana de la edad de las personas que votaron en una elección

_____

PM **Usar las herramientas matemáticas** Selecciona y crea un tipo de representación apropiado para la situación. (Ejemplo 3)

Muestra tu trabajo.

4.

País de América del Sur	Superficie acuática (km^2)	País de América del Sur	Superficie acuática (km^2)
Argentina	47,710	Guyana	18,120
Bolivia	15,280	Paraguay	9,450
Chile	12,290	Perú	5,220
Ecuador	6,720	Venezuela	30,000

_____

5. **PM** **Usar las herramientas matemáticas** Usa Internet u otra fuente para hallar un conjunto de datos que se represente en una gráfica de barras, una gráfica lineal, una tabla de frecuencias o una gráfica circular. ¿Se usó el tipo de representación más apropiado? ¿De qué otras maneras se podrían

representar esos mismos datos? _____

6. (PM) **Responder con precisión** Completa el organizador gráfico de abajo.

Representación	Lo que muestra
diagrama lineal	
histograma	
diagrama de caja	
gráfica de barras	

7. Representa los datos de la gráfica de barras usando otro tipo de representación. Compara las ventajas de cada representación.

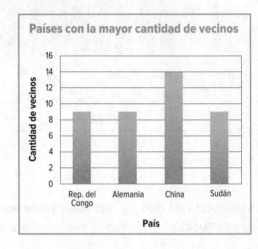

Países con la mayor cantidad de vecinos

_____

_____

_____

_____

Problemas S.O.S. Soluciones de orden superior

8. (PM) **Construir un argumento** Determina si el siguiente enunciado es *verdadero* o *falso*. Si es verdadero, explica tu razonamiento. Si es falso, da un contraejemplo.

Cualquier conjunto de datos se puede representar usando una gráfica lineal.

_____

_____

9. (PM) **Perseverar con los problemas** ¿Qué tipo de representación te permite

hallar fácilmente la moda de los datos? Explica tu razonamiento. _____

_____

_____

10. (PM) **Razonar de manera inductiva** En la tabla se muestra la cantidad de cada tipo de planta que hay en un jardín botánico. El director del jardín quiere incorporar cactus para que la frecuencia relativa de la planta sea del 50%. ¿Cuántas plantas de cactus debe incorporar el

director? _____

Tipo de planta	Frecuencia
Rosa	13
Cactus	18
Palmera	4
Helechos	15

Más práctica

11. ¿Con qué representación es más fácil ver la mediana de la distancia? Justifica tu razonamiento.

Distancia ganadora de lanzamiento olímpico masculino de jabalina, 1968 a 2008

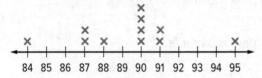

Distancias ganadoras de lanzamientos olímpicos de jabalina

Diagrama de caja; la mediana se ve fácilmente en el diagrama de caja como la línea en el interior de la caja.

Selecciona un tipo de representación apropiado para los datos reunidos sobre cada situación. Justifica tu razonamiento.

12. la cantidad de ventas que hace una compañía durante 6 meses

_____

13. los precios de cinco marcas diferentes de calzado deportivo en una tienda de artículos deportivos

_____

14. el saldo de una caja de ahorros durante un año

_____

15. la forma de la distribución de las puntuaciones de un equipo de fútbol americano durante una temporada

_____

PM **Representar con matemáticas** Selecciona y crea un tipo de representación apropiado para la situación.

16.

Cantidad de condados en distintos estados del Sur	
67	67
95	82
33	64
63	29
46	100
75	77
95	105

17. En la tabla se muestran las alturas de 15 perros diferentes. Completa los enunciados con el tipo de representación de datos más adecuado.

Alturas de perros (pulg)				
24	26	22	22	23
24	25	24	23	23
18	26	25	22	24

    a. Un(a) [_____] sería lo más apropiado para mostrar los datos divididos en intervalos iguales.

    b. Un(a) [_____] sería lo más apropiado para mostrar cuántas veces ocurre cada altura.

    c. Un(a) [_____] sería lo más apropiado para mostrar la distribución y dispersión de los datos.

18. Relaciona las situaciones con el tipo de representación que mejor las representa.

    | gráfica de barras |
    | histograma |
    | gráfica lineal |
    | diagrama lineal |

    la materia favorita de los estudiantes en el salón de la maestra Ling [_____]

    el peso que aumenta un cachorro en un año [_____]

    la cantidad de *hits* que hizo Dylan en cada partido de béisbol esta temporada [_____]

    la cantidad de cada tipo de sándwich que vende una tienda de comidas durante el almuerzo [_____]

CCSS **Estándares comunes: Repaso en espiral**

Divide. 5.NBT.6

19. $36 \div 12 =$ _____

20. $108 \div 12 =$ _____

21. $138 \div 23 =$ _____

22. $204 \div 17 =$ _____

23. $192 \div 12 =$ _____

24. $390 \div 15 =$ _____

25. $324 \div 36 =$ _____

26. $540 \div 36 =$ _____

27. $792 \div 12 =$ _____

28. Mide el lápiz de abajo al centímetro más cercano. Luego, representa tu medición en metros. 5.MD.1 _____

Laboratorio de indagación
Usar unidades y herramientas adecuadas

 indagación ¿CÓMO determinas un atributo mensurable?

 **Content Standards**
6.SP.5, 6.SP.5a, 6.SP.5b, 6.SP.5c

 Prácticas matemáticas
1, 3, 4

Cada artículo en una mochila tiene diferentes atributos, como color, tamaño y peso. Algunos de los atributos de los objetos se pueden medir.

Manos a la obra

Puedes elegir la unidad y la herramienta apropiadas para medir un objeto.

Paso 1 Selecciona un objeto de tu salón de clases, como un escritorio, un libro, una mochila o un cesto de papeles.

Paso 2 Haz una lista de todos los atributos mensurables de tu objeto en la lista del paso 3; por ejemplo, longitud, peso o masa, tiempo o capacidad.

Paso 3 Selecciona una herramienta adecuada y mide cada atributo. Registra las mediciones usando unidades apropiadas en la tabla de abajo.

Objeto	Atributo	Herramienta	Medición

Paso 4 Elige un objeto diferente con al menos un atributo que requiera usar una herramienta diferente para las mediciones. Luego, repite los pasos 1 a 3.

Objeto	Atributo	Herramienta	Medición

Paso 5 Escribe y resuelve un problema del mundo real en el que una de tus mediciones se necesite para resolver el problema.

_____

_____

Investigar

Trabaja con un compañero o una compañera. Elige un atributo común a varios objetos semejantes y usa la unidad y la herramienta apropiada para medirlos.

1. Elige un conjunto de objetos y un atributo mensurable.

   _____

2. Mide el atributo y registra los resultados en una tabla. Luego, crea una representación de los datos.

Analizar y pensar

3. **PM** **Representar con matemáticas** Escribe algunas oraciones para describir tus datos. Incluye la cantidad de observaciones, cómo mediste los datos y el

   patrón general de los datos. _____

   _____

   _____

   _____

4. **PM** **Hacer una conjetura** Explica cómo influye en la forma de la representación

   la manera en la que mides los objetos. _____

   _____

   _____

Crear

5. **Indagación** ¿CÓMO determinas un atributo mensurable?

   _____

   _____

PROFESIÓN DEL SIGLO XXI
en Ciencias ambientales

Ingeniería ambiental

¿Te preocupa la protección del medio ambiente? Si es así, deberías considerar una carrera en ciencias ambientales. Los ingenieros ambientales aplican principios de ingeniería y también de biología y química para desarrollar soluciones que mejoren la calidad del aire, el agua y la tierra. Participan en el control de la contaminación, el reciclaje y la eliminación de residuos. Los ingenieros ambientales también buscan métodos para conservar los recursos y reducir el daño ambiental causado por la construcción y la industria.

PREPARACIÓN
Profesional
& Universitaria

Explora profesiones y la universidad en ccr.mcgraw-hill.com.

¿Es esta profesión para ti?

¿Te interesa la profesión de ingeniero ambiental? Cursa alguna de las siguientes materias en la escuela preparatoria.

◆ Álgebra
◆ Biología
◆ Ciencias ambientales
◆ Historia ambiental

Averigua cómo se relacionan las matemáticas con las ciencias ambientales.

PM ¡Pensar en verde!

Usa la información de la tabla para resolver los problemas. Redondea a la décima más cercana si es necesario.

1. Halla la media, la mediana y la moda de los datos de porcentajes de vidrio reciclado.

   _____

2. Si se elimina el condado Lee de los datos de latas de aluminio recicladas, ¿qué cambia más: la media, la mediana o la moda? ¿Tiene sentido? Explica tu razonamiento.

   _____

   _____

   _____

3. Halla el rango, los cuartiles y el rango intercuartil de los datos del porcentaje de papel de periódico reciclado. _____

4. Halla los valores extremos, si los hay, en los datos de porcentajes de botellas plásticas recicladas. _____

5. Haz un diagrama de caja de los datos de porcentajes de vidrio reciclado.

6. Consulta el diagrama de caja que hiciste en el Ejercicio 5. Compara las partes de la caja y las longitudes de los bigotes. ¿Qué te dice esto acerca de los datos? _____

   _____

   _____

   _____

   _____

Porcentaje de materiales que se reciclan				
Condado	Latas de aluminio	Vidrio	Periódicos	Botellas plásticas
Broward	15	13	41	7
Dade	4	17	28	15
Duval	31	17	81	7
Hillsborough	14	21	38	23
Lee	48	16	66	53
Orange	12	29	33	16
Polk	6	26	22	8

PM Proyecto profesional

Es hora de actualizar tu carpeta de profesiones. Describe un problema ambiental que te preocupe. Explica como trabajarías tú, como ingeniero ambiental, para resolver el problema. Luego, investiga cómo están trabajando actualmente los científicos ambientales en relación con este tema.

_____

_____

_____

_____

Elige tu actividad favorita en la escuela o tu trabajo como voluntario favorito. ¿Podrías hacerlo en alguna profesión? Si es así, ¿de qué se trata?

_____

_____

Repaso del capítulo

Comprobación del vocabulario

Escribe el término correcto para cada pista del crucigrama.

Horizontales

3. la disposición de un conjunto de datos

8. datos que están agrupados unos cerca de otros

9. diagrama que muestra la frecuencia de datos en una recta numérica

Verticales

1. diagrama lineal que se forma con puntos

2. tipo de gráfica de barras que se usa para mostrar datos numéricos organizados en intervalos iguales

4. la moda de los datos

5. que tiene un lado de su distribución con el mismo aspecto que el otro lado

6. espacio o intervalo vacío en un conjunto de datos

7. diagrama que se construye usando cinco valores

Usa los FOLDABLES

Usa tu modelo de papel como ayuda para repasar el capítulo.

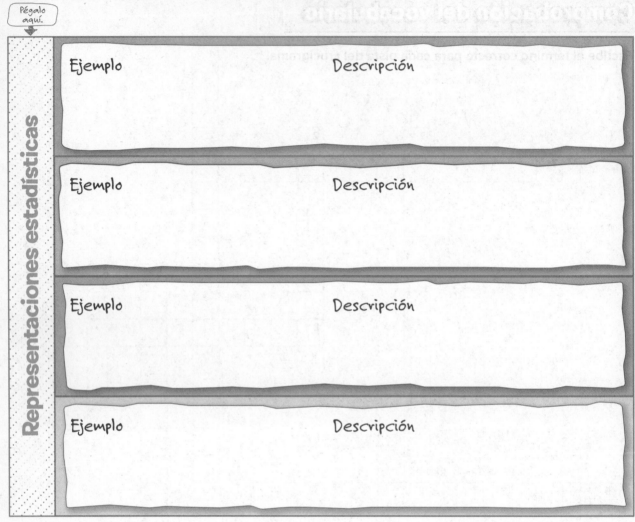

Pégalo aquí.

Representaciones estadísticas

Ejemplo	Descripción
Ejemplo	Descripción
Ejemplo	Descripción
Ejemplo	Descripción

¿Entendiste?

Encierra en un círculo el término o el número correcto para completar las oraciones.

1. Es mejor usar un(a) (diagrama lineal, gráfica lineal) para mostrar el cambio a lo largo del tiempo.

2. Un(a) (agrupamiento, brecha) es el espacio en una gráfica que no tiene valores de datos.

3. La mediana de un conjunto de datos se ve claramente en un(a) (gráfica de caja, histograma).

4. Un(a) (diagrama lineal, gráfica de caja) muestra la moda del conjunto de datos.

5. Si un conjunto de datos es simétrico, la dispersión se debe describir con el/la (rango intercuartil, desviación media absoluta).

¡Repaso! Tarea para evaluar el desempeño

Cena de Acción de Gracias

El comedor comunitario local está preparando el presupuesto de su cena anual de Acción de Gracias y necesita predecir cuántas personas asistirán. Se muestra la cantidad de personas que asistieron en los últimos años. El costo de preparar cada plato es $3.

Año	1	2	3	4	5	6	7	8
Cantidad de personas	140	150	150	80	100	110	60	175

Escribe tus respuestas en una hoja aparte. Muestra tu trabajo para recibir la máxima calificación.

Parte A

Construye una gráfica de caja para mostrar la información. A partir de tu gráfica, si el año 9 asiste a la cena una cantidad promedio de personas, ¿cuánto costará la cena?

Parte B

En la gráfica se muestra la cantidad exacta de personas que asistieron los años 1 a 9. ¿Cuántas comidas se sirvieron en el comedor comunitario el año 9? ¿Cuál fue el presupuesto total para la comida? ¿Cuánto se acercó el presupuesto real a la predicción del presupuesto que hiciste en la parte A? Explica tu respuesta.

Cantidad de comidas servidas por año

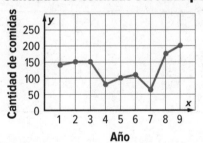

Parte C

La gráfica de caja muestra la cantidad de comidas servidas del año 1 al año 10. ¿Qué puedes determinar acerca de la cantidad de comidas servidas el año 10? Explica tu respuesta.

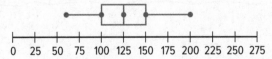

Reflexionar

 Respuesta a la pregunta esencial

Usa lo que aprendiste acerca de las representaciones estadísticas para completar el organizador gráfico.

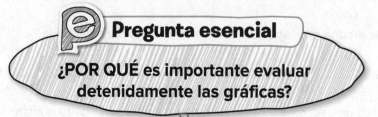

Pregunta esencial

¿POR QUÉ es importante evaluar detenidamente las gráficas?

¿Cuándo se usa?	
Gráfica lineal	
Histograma	
Diagrama lineal	
Diagrama de caja	

 Responder la pregunta esencial. ¿POR QUÉ es importante evaluar detenidamente las gráficas?

_____

_____

PROYECTO DE LA UNIDAD

Observa ▶

Hagamos ejercicio Hacer actividad física regularmente no solo te mantiene en forma, sino que te ayuda a pensar con claridad y mejora tu estado de ánimo. En este proyecto, harás lo siguiente:

- **Colaborar** con tus compañeros mientras investigan acerca de un buen estado físico.
- **Compartir** los resultados de su investigación de una manera creativa.
- ⓟ **Reflexionar** sobre por qué aprender matemáticas es importante.

Para el final de este proyecto, ¡quizá podrías ser el entrenador personal de tu familia!

Colaborar

Colabora

ⓤ **Conéctate** Trabaja con tu grupo para investigar y completar las actividades. Usarás tus resultados en la sección Compartir de la página siguiente.

1. Haz una encuesta al menos a diez estudiantes acerca de la cantidad de veces que hacen actividades deportivas u otra actividad física cada semana. Halla la media. Luego, haz un diagrama de puntos de los datos.

2. Investiga 15 actividades físicas y la cantidad de calorías que se queman en una hora de cada una de esas actividades. Registra la información y dibuja una gráfica de caja para representar los datos.

3. Crea un programa de entrenamiento para correr en una carrera de 5 km. Incluye la cantidad de semanas necesarias para entrenar y cómo van aumentando las millas que deberás correr. Calcula la cantidad de calorías que quemas cada vez que corres. Dibuja una gráfica lineal para representar los datos.

4. Busca un menú de un restaurante de comidas rápidas que incluya la cantidad de calorías de cada una de sus comidas. Registra la cantidad de calorías que consumiría una persona si comiera en el restaurante cada una de las comidas del día. Construye una gráfica apropiada para mostrar tus resultados.

5. Investiga lo que el Departamento de Agricultura de los Estados Unidos (USDA, por sus siglas en inglés) considera una dieta saludable. En función de lo que aprendas, planifica las comidas de todo un día. Usa una representación estadística para comparar la dieta de ese día con la dieta del día del ejercicio 4.

Con tu grupo, decidan una manera de compartir lo que han aprendido acerca de un buen estado físico. Abajo se enumeran algunas sugerencias, pero ustedes también pueden pensar en otras maneras creativas de presentar la información. Recuerden mostrar cómo usaron las matemáticas para hacer cada una de las actividades de este proyecto.

- Escriban un artículo para la sección de alimentación o salud de una revista en línea.
- Interpreten a un pediatra y creen una presentación digital que promueva el buen estado físico.

Consulta la nota de la derecha para relacionar este proyecto con otras materias.

 con Artes del lenguaje

Conocimiento sobre la salud

Imagina que escoges una profesión como entrenador físico. Haz un folleto que puedas repartir para obtener clientes. Incluye lo siguiente en tu folleto:

- tablas y gráficas
- muestras de testimonios de clientes satisfechos

Reflexionar

6. **Responder la pregunta esencial** ¿Por qué aprender matemáticas es importante?

a. ¿Cómo usaron lo que aprendieron acerca de las medidas estadísticas como ayuda para comprender por qué aprender matemáticas es importante?

_____

_____

_____

b. ¿Cómo usaron lo que aprendieron acerca de las representaciones estadísticas como ayuda para comprender por qué aprender matemáticas es importante?

_____

_____

_____

Glosario/Glossary

El glosario en línea contiene palabras y definiciones en los siguientes 13 idiomas:

Árabe	Coreano	Hmong	Ruso	Urdu
Bengalí	Criollo haitiano	Inglés	Tagalo	Vietnamita
Cantonés	Español	Portugués brasileño		

Español

English

agrupamiento   Conjunto de datos que se agrupan.

cluster   Data that are grouped closely together.

álgebra   Lenguaje matemático que usa símbolos, incluyendo variables.

algebra   A mathematical language of symbols, including variables.

altura   La distancia más corta desde la base de un paralelogramo hasta su lado opuesto.

height   The shortest distance from the base of a parallelogram to its opposite side.

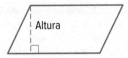

altura inclinada   Altura de cada cara lateral.

slant height   The height of each lateral face.

análisis dimensional   Proceso que incluye las unidades de medida al hacer cálculos.

dimensional analysis   The process of including units of measurement when you compute.

analizar   Usar observaciones para describir y comparar datos.

analyze   To use observations to describe and compare data.

ángulo   Dos semirectas con un extremo común forman un ángulo. Las semirectas y el vértice se usan para nombrar el ángulo.

angle   Two rays with a common endpoint form an angle. The rays and vertex are used to name the angle.

∠ABC, ∠CBA o ∠B

∠ABC, ∠CBA, or ∠B

ángulo agudo   Ángulo que mide más de 0° y menos de 90°.

acute angle   An angle with a measure greater than 0° and less than 90°.

ángulo llano   Ángulo que mide exactamente 180°.

straight angle   An angle that measures exactly 180°.

ángulo obtuso   Cualquier ángulo que mide más de 90°, pero menos de 180°.

obtuse angle   Any angle that measures greater than 90° but less than 180°.

ángulo recto   Ángulo que mide exactamente 90°.

right angle   An angle that measures exactly 90°.

ángulos complementarios   Dos ángulos son complementarios si la suma de sus medidas es 90°.

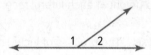

∠1 y ∠2 son complementarios.

complementary angles   Two angles are complementary if the sum of their measures is 90°.

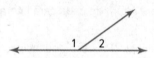

∠1 and ∠2 are complementary angles.

ángulos suplementarios   Dos ángulos son suplementarios si la suma de sus medidas es 180°.

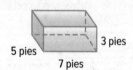

∠1 y ∠2 son suplementarios.

supplementary angles   Two angles are supplementary if the sum of their measures is 180°.

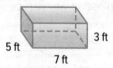

∠1 and ∠2 are supplementary angles.

área total   La suma de las áreas de todas las superficies (caras) de una figura de tres dimensiones.
$$A_t = 2\ell h + 2\ell a + 2ha$$

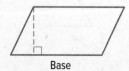

$$A_t = 2(7 \times 3) + 2(7 \times 5) + 2(3 \times 5)$$
$$= 142 \text{ pies cuadrados}$$

surface area   The sum of the areas of all the surfaces (faces) of a three-dimensional figure.
$$S.A. = 2\ell h + 2\ell w + 2hw$$

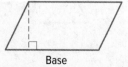

$$S.A. = 2(7 \times 3) + 2(7 \times 5) + 2(3 \times 5)$$
$$= 142 \text{ square feet}$$

Bb

base   Cualquier lado de un paralelogramo.

Base

base   Any side of a parallelogram.

Base

base En una potencia, el número usado como factor. En 10^3, la base es 10. Por lo tanto, $10^3 = 10 \times 10 \times 10$.

base Una de las dos caras paralelas congruentes de un prisma.

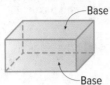

brecha Espacio o intervalo vacío en un conjunto de datos.

base In a power, the number used as a factor. In 10^3, the base is 10. That is, $10^3 = 10 \times 10 \times 10$.

base One of the two parallel congruent faces of a prism.

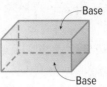

gap An empty space or interval in a set of data.

cara Una superficie plana.

cara lateral Cualquier superficie plana que no sea la base.

centro Un punto dado del cual equidistan todos los puntos de un círculo.

círculo Conjunto de todos los puntos en un plano que equidistan de un punto dado llamado centro.

circunferencia La distancia alrededor de un círculo.

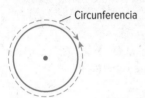

coeficiente El factor numérico de un término que tiene una variable.

congruente Que tiene la misma medida.

constante Un término que no varía.

coordenada x El primer número de un par ordenado, que corresponde a un número en el eje x.

coordenada y El segundo número de un par ordenado, que corresponde a un número en el eje y.

cuadrado Rectángulo con cuatro ángulos rectos y cuatro lados congruentes.

face A flat surface.

lateral face Any face that is not a base.

center The given point from which all points on a circle are the same distance.

circle The set of all points in a plane that are the same distance from a given point called the center.

circumference The distance around a circle.

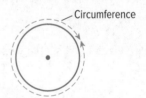

coefficient The numerical factor of a term that contains a variable.

congruent Having the same measure.

constant A term without a variable.

x-coordinate The first number of an ordered pair. The x-coordinate corresponds to a number on the x-axis.

y-coordinate The second number of an ordered pair. The y-coordinate corresponds to a number on the y-axis.

square A rectangle having four right angles and four congruent sides.

cuadrados perfectos Números cuya raíces cuadradas son números enteros no negativos. 25 es un cuadrado perfecto, porque la raíz cuadrada de 25 es 5.

perfect square Numbers with square roots that are whole numbers. 25 is a perfect square because the square root of 25 is 5.

cuadrantes Las cuatro regiones de un plano de coordenadas separadas por el eje *x* y el eje *y*.

quadrants The four regions in a coordinate plane separated by the *x*-axis and *y*-axis.

cuadrilátero Figura cerrada que tiene cuatro lados y cuatro ángulos.

quadrilateral A closed figure having four sides and four angles.

cuartiles Valores que dividen un conjunto de datos en cuatro partes iguales.

quartiles Values that divide a data set into four equal parts.

Dd

datos Información, por lo general numérica, que se reúne con fines estadísticos.

data Information, often numerical, which is gathered for statistical purposes.

decágono Polígono que tiene diez lados.

decagon A polygon having ten sides.

decimal exacto Un decimal se llama exacto cuando el dígito que se repite es 0.

terminating decimal A decimal is called terminating if its repeating digit is 0.

decimal periódico Forma decimal de un número racional.

repeating decimal The decimal form of a rational number.

definir la variable Elegir una variable y establecer lo que representa.

defining the variable Choosing a variable and deciding what the variable represents.

desigualdad Enunciado matemático que indica que dos cantidades no son iguales.

inequality A mathematical sentence indicating that two quantities are not equal.

desviación media absoluta Medida de variación en un conjunto de datos numéricos que se calcula sumando las distancias entre el valor de cada dato y la media, y, luego, dividiendo entre la cantidad de valores.

mean absolute deviation A measure of variation in a set of numerical data, computed by adding the distances between each data value and the mean, then dividing by the number of data values.

diagrama de caja Diagrama que se construye con cinco valores.

box plot A diagram that is constructed using five values.

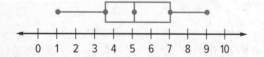
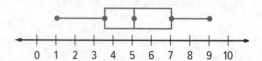

diagrama de puntos Diagrama que muestra la frecuencia de los datos en una recta numérica. También se lo llama diagrama lineal.

dot plot A diagram that shows the frequency of data on a number line. Also known as a line plot.

diagrama de tallo y hojas Sistema donde los datos se organizan de menor a mayor. Por lo general, los dígitos de los valores de posición menores forman las hojas y los valores de posición más altos forman los tallos.

stem-and-leaf plot A system where data are organized from least to greatest. The digits of the least place value usually form the leaves, and the next place-value digits form the stems.

Tallo	Hojas
1	2 4 5
2	
3	1 2 3 3 9
4	0 4 6 7

4 | 7 = 47

Stem	Leaf
1	2 4 5
2	
3	1 2 3 3 9
4	0 4 6 7

4 | 7 = 47

diagrama lineal Diagrama que muestra la frecuencia de los datos sobre una recta numérica. También se lo llama diagrama de puntos.

line plot A diagram that shows the frequency of data on a number line. Also known as a dot plot.

diámetro La distancia a través de un círculo que pasa por el centro.

diameter The distance across a circle through its center.

Diámetro

Diameter

dibujo a escala Dibujo que se usa para representar objetos que son demasiado grandes o pequeños para ser dibujados en su tamaño real.

scale drawing A drawing that is used to represent objects that are too large or too small to be drawn at actual size.

distribución La disposición de los valores de datos.

distribution The arrangement of data values.

distribución de frecuencias Cantidad de datos que hay en cada intervalo.

frequency distribution How many pieces of data are in each interval.

distribución simétrica Datos que están distribuidos simétricamente.

symmetric distribution Data that are evenly distributed.

Ee

ecuación Oración matemática que muestra que dos expresiones son iguales. Una ecuación tiene el signo igual, =.

equation A mathematical sentence showing two expressions are equal. An equation contains an equals sign, =.

eje de simetría Recta que divide una figura en dos mitades que se reflejan.

line of symmetry A line that divides a figure into two halves that are reflections of each other.

Eje de simetría

Line of symmetry

eje x   Recta horizontal de las dos rectas numéricas perpendiculares en un plano de coordenadas.

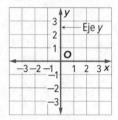

x-axis   The horizontal line of the two perpendicular number lines in a coordinate plane.

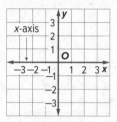

eje y   Recta vertical de las dos rectas numéricas perpendiculares en un plano de coordenadas.

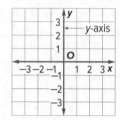

y-axis   The vertical line of the two perpendicular number lines in a coordinate plane.

encuesta   Pregunta o conjunto de preguntas diseñadas para reunir datos sobre un grupo específico de personas o población.

survey   A question or set of questions designed to collect data about a specific group of people, or population.

entero   Cualquier número del conjunto {... −4, −3, −2, −1, 0, 1, 2, 3, 4 ...}, en el que "..." significa que continúa infinitamente.

integer   Any number from the set {... −4, −3, −2, −1, 0, 1, 2, 3, 4 ...} where ... means *continues without end.*

entero negativo   Número que es menor que cero y se escribe con el signo −.

negative integer   A number that is less than zero. It is written with a − sign.

entero positivo   Número mayor que cero. Puede escribirse con o sin el signo +.

positive integer   A number that is greater than zero. It can be written with or without a + sign.

escala   Conjunto de todos los valores posibles de una medida dada, incluyendo el número menor y el mayor del conjunto, separados por los intervalos usados.

scale   The set of all possible values of a given measurement, including the least and greatest numbers in the set, separated by the intervals used.

escala   Razón que compara las medidas de un dibujo o modelo con las medidas del objeto real.

scale   The scale gives the ratio that compares the measurements of a drawing or model to the measurements of the real object.

estadística   Reunir, organizar e interpretar datos.

statistics   Collecting, organizing, and interpreting data.

evaluar   Calcular el valor de una expresión reemplazando las variables por números.

evaluate   To find the value of an algebraic expression by replacing variables with numbers.

exponente   En una potencia, es el número que indica las veces que la base se usa como factor. En 5^3, 3 es el exponente. Por lo tanto, $5^3 = 5 \times 5 \times 5$.

exponent   In a power, the number that tells how many times the base is used as a factor. In 5^3, the exponent is 3. That is, $5^3 = 5 \times 5 \times 5$.

expresión algebraica   Combinación de variables, números y, por lo menos, una operación.

algebraic expression   A combination of variables, numbers, and at least one operation.

expresión numérica   Combinación de números y operaciones.

numerical expression   A combination of numbers and operations.

expresiones equivalentes   Expresiones que poseen el mismo valor.

equivalent expressions   Expressions that have the same value.

Ff

factorizar la expresión   El proceso de escribir expresiones numéricas o algebraicas como el producto de sus factores.

factor the expression   The process of writing numeric or algebraic expressions as a product of their factors.

figura compuesta   Figura formada por triángulos, cuadriláteros, semicírculos y otras figuras de dos dimensiones.

composite figure   A figure made of triangles, quadrilaterals, semicircles, and other two-dimensional figures.

figura de tres dimensiones   Una figura que tiene largo, ancho y alto.

three-dimensional figure   A figure with length, width, and height.

figuras congruentes   Figuras que tienen el mismo tamaño y la misma forma; los lados y los ángulos correspondientes que tienen la misma medida.

congruent figures   Figures that have the same size and same shape; corresponding sides and angles have equal measures.

figuras semejantes   Figuras que tienen la misma forma, pero no necesariamente el mismo tamaño.

similar figures   Figures that have the same shape but not necessarily the same size.

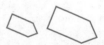

fórmula   Ecuación que muestra la relación entre ciertas cantidades.

formula   An equation that shows the relationship among certain quantities.

fracción   Número que representa la parte de un todo o la parte de un conjunto.

fraction   A number that represents part of a whole or part of a set.

$$\frac{1}{2}, \frac{1}{3}, \frac{1}{4}, \frac{3}{4}$$

$$\frac{1}{2}, \frac{1}{3}, \frac{1}{4}, \frac{3}{4}$$

función   Relación que asigna exactamente un valor de salida a un valor de entrada.

function   A relationship that assigns exactly one output value to one input value.

función lineal   Función cuya gráfica es una recta.

linear function   A function that forms a line when graphed.

Gg

gráfica circular   Gráfica que muestra los datos como parte de un todo. En una gráfica circular, los porcentajes suman 100.

circle graph   A graph that shows data as parts of a whole. In a circle graph, the percents add up to 100.

Área de los océanos

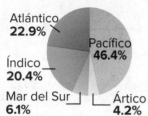

Atlántico **22.9%**
Índico **20.4%**
Mar del Sur **6.1%**
Pacífico **46.4%**
Ártico **4.2%**

Area of oceans

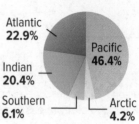

Atlantic **22.9%**
Indian **20.4%**
Southern **6.1%**
Pacific **46.4%**
Arctic **4.2%**

gráfica lineal   Gráfica que se usa para mostrar cómo cambian los valores durante un período de tiempo.

line graph   A graph used to show how a set of data changes over a period of time.

Hh

heptágono   Polígono con siete lados.

heptagon   A polygon having seven sides.

hexágono   Polígono con seis lados.

hexagon   A polygon having six sides.

histograma   Tipo de gráfica de barras que se usa para mostrar datos numéricos que se han organizado en intervalos iguales.

histogram   A type of bar graph used to display numerical data that have been organized into equal intervals.

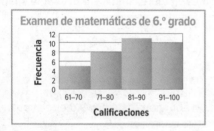

Examen de matemáticas de 6.º grado
Frecuencia
Calificaciones
61–70 71–80 81–90 91–100

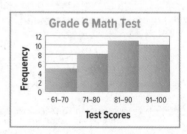

Grade 6 Math Test
Frequency
Test Scores
61–70 71–80 81–90 91–100

hojas   Dígitos del menor valor de posición en un diagrama de tallo y hojas.

leaves   The digits of the least place value of data in a stem-and-leaf plot.

Ii

intervalo   La diferencia entre los valores sucesivos de una escala.

interval   The difference between successive values on a scale.

lados correspondientes   Lados de figuras semejantes que son iguales.

corresponding sides   The sides of similar figures that "match."

marcar   Hacer un punto en el lugar que corresponde a un par ordenado.

graph   To place a dot at a point named by an ordered pair.

máximo común divisor (M.C.D.)   El mayor de los factores comunes de dos o más números. El máximo común divisor de 12, 18 y 30 es 6.

Greatest Common Factor (GCF)   The greatest of the common factors of two or more numbers. The greatest common factor of 12, 18, and 30 is 6.

media   La suma de los números en un conjunto de datos dividida entre la cantidad total de datos.

mean   The sum of the numbers in a set of data divided by the number of pieces of data.

mediana   Medida del centro en un conjunto de datos numéricos. La mediana de una lista de valores es el valor que aparece en el centro de una versión ordenada de la lista, o la media de los dos valores centrales, si la lista contiene un número par de valores.

median   A measure of center in a set of numerical data. The median of a list of values is the value appearing at the center of a sorted version of the list—or the mean of the two central values, if the list contains an even number of values.

medidas de centro   Números que se usan para describir el centro de un conjunto de datos. Estas medidas incluyen la media, la mediana y la moda.

measures of center   Numbers that are used to describe the center of a set of data. These measures include the mean, median, and mode.

medidas de variación   Medida que se usa para describir la distribución de los datos.

measures of variation   A measure used to describe the distribution of data.

mínimo común denominador (m.c.d.)   El mínimo común múltiplo de los denominadores de dos o más fracciones.

least common denominator (LCD)   The least common multiple of the denominators of two or more fractions.

mínimo común múltiplo (m.c.m.)   El menor número entero no negativo, mayor que cero, que sea el múltiplo común de dos o más números.

El m.c.m. de 2 y 3 es 6.

least common multiple (LCM)   The smallest whole number greater than 0 that is a common multiple of each of two or more numbers.

The LCM of 2 and 3 is 6.

moda   Número o números de un conjunto de datos que aparecen con más frecuencia.

mode   The number(s) or item(s) that appear most often in a set of data.

modelo plano   Figura de dos dimensiones que puede usarse para hacer una figura de tres dimensiones.

net   A two-dimensional figure that can be used to build a three-dimensional figure.

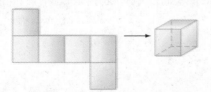

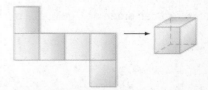

modificación a escala . Dividir o multiplicar dos cantidades relacionadas por un mismo número.

scaling To multiply or divide two related quantities by the same number.

muestra Grupo escogido de manera aleatoria que se usa para reunir datos.

sample A randomly selected group chosen for the purpose of collecting data.

Nn

nonágono Polígono que tiene nueve lados.

nonagon A polygon having nine sides.

notación de barra Barra que se coloca sobre los dígitos que se repiten para indicar el patrón que se repite indefinidamente. También se lo llama arco.

bar notation A bar placed over digits that repeat to indicate a number pattern that repeats indefinitely.

número racional Número que puede escribirse como una fracción.

rational number A number that can be written as a fraction.

números compatibles Números que son fáciles de usar para hacer cálculos mentales.

compatible numbers Numbers that are easy to use to perform computations mentally.

Oo

octágono Polígono que tiene ocho lados.

octagon A polygon having eight sides.

operaciones inversas Operaciones que se *anulan* mutuamente. Por ejemplo, la suma y la resta son operaciones inversas.

inverse operations Operations which *undo* each other. For example, addition and subtraction are inverse operations.

opuestos Dos enteros son opuestos si, en la recta numérica, se representan con puntos que equidistan de cero en direcciones opuestas. La suma de dos opuestos es cero.

opposites Two integers are opposites if they are represented on the number line by points that are the same distance from zero, but on opposite sides of zero. The sum of two opposites is zero.

orden de las operaciones Reglas que establecen qué operación debes realizar primero, cuando hay más de una operación involucrada.

1. Resuelve todas las operaciones dentro de los símbolos de agrupamiento, como los paréntesis.
2. Calcula las potencias.
3. Multiplica y divide en orden de izquierda a derecha.
4. Suma y resta en orden de izquierda a derecha.

order of operations The rules that tell which operation to perform first when more than one operation is used.

1. Simplify the expressions inside grouping symbols, like parentheses.
2. Find the value of all powers.
3. Multiply and divide in order from left to right.
4. Add and subtract in order from left to right.

origen Punto de intersección de los ejes *x* e *y* en un plano de coordenadas.

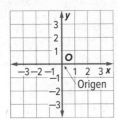

Origen

origin The point of intersection of the *x*-axis and *y*-axis on a coordinate plane.

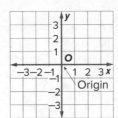

Origin

Glosario/Glossary

Pp

par ordenado Par de números que se utiliza para ubicar un punto en un plano de coordenadas. Un par ordenado se escribe de la siguiente forma: (coordenada *x*, coordenada *y*).

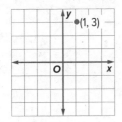

ordered pair A pair of numbers used to locate a point on the coordinate plane. The ordered pair is written in the form (*x*-coordinate, *y*-coordinate).

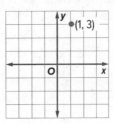

paralelogramo Cuadrilátero cuyos lados opuestos son paralelos y congruentes.

parallelogram A quadrilateral with opposite sides parallel and opposite sides congruent.

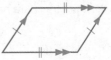

pentágono Polígono que tiene cinco lados.

pentagon A polygon having five sides.

perímetro La distancia alrededor de una figura.

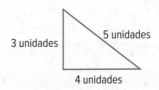

$P = 3 + 4 + 5 = 12$ unidades

perimeter The distance around a figure.

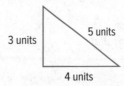

$P = 3 + 4 + 5 = 12$ units

pi Razón entre la circunferencia de un círculo y el diámetro del mismo. La letra griega π representa este número. El valor de pi es siempre 3.1415926... .

pi The ratio of the circumference of a circle to its diameter. The Greek letter π represents this number. The value of pi is always 3.1415926....

Glosario GL11

pico Valor que ocurre con más frecuencia en un diagrama de puntos.

peak The most frequently occurring value in a line plot.

pirámide Figura de tres dimensiones con al menos tres lados triangulares que se encuentran en un vértice común y con una sola base que es un polígono.

pyramid A three-dimensional figure with at least three triangular sides that meet at a common vertex and only one base that is a polygon.

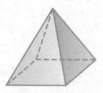

plano Superficie plana que se extiende infinitamente en todas las direcciones.

plane A flat surface that goes on forever in all directions.

plano de coordenadas Plano en el que una recta numérica horizontal y una recta numérica vertical se intersecan en sus puntos cero.

coordinate plane A plane in which a horizontal number line and a vertical number line intersect at their zero points.

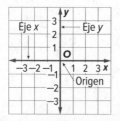

población El grupo total de individuos o de artículos del cual se toman las muestras para hacer estudios.

population The entire group of items or individuals from which the samples under consideration are taken.

polígono Figura cerrada simple formada por tres o más segmentos de recta.

polygon A simple closed figure formed by three or more straight line segments.

porcentaje Razón que compara un número con 100.

percent A ratio that compares a number to 100.

potencias Números que se escriben con exponentes. La potencia 3^2 se lee *tres a la segunda potencia*, o *tres al cuadrado*.

powers Numbers expressed using exponents. The power 3^2 is read *three to the second power,* or *three squared.*

precio unitario El costo por unidad.

unit price The cost per unit.

pregunta estadística Una pregunta que se anticipa y da cuenta de una variedad de respuestas.

statistical question A question that anticipates and accounts for a variety of answers.

primer cuartil En un conjunto de datos con la mediana M, el primer cuartil es la mediana de los valores menores que M.

first quartile For a data set with median M, the first quartile is the median of the data values less than M.

prisma Figura de tres dimensiones que tiene por lo menos tres caras laterales rectangulares y dos caras paralelas, una superior y otra inferior.

prism A three-dimensional figure with at least three rectangular lateral faces and top and bottom faces parallel.

prisma rectangular   Prisma cuyas bases son rectangulares.

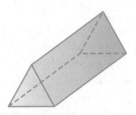

rectangular prism   A prism that has rectangular bases.

prisma triangular   Prisma cuyas bases son triangulares.

triangular prism   A prism that has triangular bases.

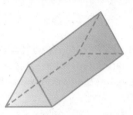

progresión aritmética   Progresión en la cual la diferencia entre dos términos consecutivos es constante.

arithmetic sequence   A sequence in which the difference between any two consecutive terms is the same.

progresión geométrica   Secuencia en la que cada término se halla al multiplicar el término anterior por el mismo número.

geometric sequence   A sequence in which each term is found by multiplying the previous term by the same number.

promedio   La suma de dos o más cantidades dividida entre el número de cantidades; la media.

average   The sum of two or more quantities divided by the number of quantities; the mean.

propiedad asociativa   Forma en la que se agrupan los números que no altera su suma o producto.

Associative Property   The way in which numbers are grouped does not change the sum or product.

propiedad conmutativa   El orden en el que se suman o multiplican números no altera la suma o el producto.

Commutative Property   The order in which numbers are added or multiplied does not change the sum or product.

propiedad de igualdad en la división   Si divides ambos lados de una ecuación entre un mismo número diferente de cero, ambos lados permanecerán iguales.

Division Property of Equality   If you divide each side of an equation by the same nonzero number, the two sides remain equal.

propiedad de igualdad en la multiplicación   Si multiplicas ambos lados de una ecuación por un mismo número diferente de cero, los dos permanecerán iguales.

Multiplication Property of Equality   If you multiply each side of an equation by the same nonzero number, the two sides remain equal.

propiedad de igualdad en la resta   Si restas el mismo número a ambos lados de una ecuación, los dos lados permanecerán iguales.

Subtraction Property of Equality   If you subtract the same number from each side of an equation, the two sides remain equal.

propiedad de igualdad en la suma   Si sumas el mismo número en ambos lados de una ecuación, los dos lados permanecen iguales.

Addition Property of Equality   If you add the same number to each side of an equation, the two sides remain equal.

propiedad distributiva   Para multiplicar una suma por un número, multiplica cada sumando por el número que esté afuera de los paréntesis.

Distributive Property   To multiply a sum by a number, multiply each addend by the number outside the parentheses.

propiedades Enunciados que son verdaderos para cualquier número.

properties Statements that are true for any number.

propiedades de identidad Propiedades que establecen que la suma de cualquier número y 0 es igual al número y que el producto de cualquier número y 1 es igual al número.

Identity Properties Properties that state that the sum of any number and 0 equals the number and that the product of any number and 1 equals the number.

proporción Ecuación que indica que dos razones o tasas son equivalentes.

proportion An equation stating that two ratios or rates are equivalent.

proporción porcentual Razón o fracción que compara la parte de una cantidad con el total. La otra razón es el porcentaje equivalente escrito como una fracción con denominador 100.

$$\frac{parte}{todo} = \frac{porcentaje}{100}$$

percent proportion One ratio or fraction that compares part of a quantity to the whole quantity. The other ratio is the equivalent percent written as a fraction with a denominator of 100.

$$\frac{part}{whole} = \frac{percent}{100}$$

punto Ubicación exacta en el espacio que se representa con una marca.

point An exact location in space that is represented by a dot.

Rr

radio Distancia desde el centro de un círculo hasta cualquier punto del mismo.

radius The distance from the center to any point on the circle.

raíz cuadrada Factores que se multiplican para formar cuadrados perfectos.

square root The factors multiplied to form perfect squares.

rango Diferencia entre el número mayor y el número menor en un conjunto de datos.

range The difference between the greatest number and the least number in a set of data.

rango intercuartil Medida de variación en un conjunto de datos numéricos; es la distancia entre el primer y el tercer cuartil del conjunto de datos.

interquartile range A measure of variation in a set of numerical data, the interquartile range is the distance between the first and third quartiles of the data set.

razón Comparación de dos cantidades mediante una división. La razón de 2 a 3 puede escribirse como 2 de cada 3, 2 a 3, 2 : 3, o $\frac{2}{3}$.

ratio A comparison of two quantities by division. The ratio of 2 to 3 can be stated as 2 out of 3, 2 to 3, 2 : 3, or $\frac{2}{3}$.

razón unitaria Tasa unitaria en la que el denominador es la unidad.

unit ratio A unit rate where the denominator is one unit.

razones equivalentes Razones que expresan la misma relación entre dos cantidades.

equivalent ratios Ratios that express the same relationship between two quantities.

recíprocos Cualquier par de números cuyo producto sea 1. Como $\frac{5}{6} \times \frac{6}{5} = 1$, $\frac{5}{6}$ y $\frac{6}{5}$ son recíprocos.

reciprocals Any two numbers that have a product of 1. Since $\frac{5}{6} \times \frac{6}{5} = 1$, $\frac{5}{6}$ and $\frac{6}{5}$ are reciprocals.

recta Conjunto de *puntos* que forman una trayectoria recta infinita en direcciones opuestas.

line A set of *points* that form a straight path that goes on forever in opposite directions.

rectángulo   Paralelogramo con cuatro ángulos rectos.

rectangle   A parallelogram having four right angles.

rectas paralelas   Rectas en un plano que nunca se intersecan.

parallel lines   Lines in a plane that never intersect.

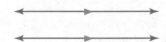

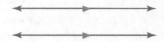

rectas secantes   *Rectas* que se intersecan o cruzan en un *punto* común.

intersecting lines   *Lines* that meet or cross at a common *point*.

reflexión   El reflejo invertido que se genera al invertir una figura sobre una recta

reflection   The mirror image produced by flipping a figure over a line.

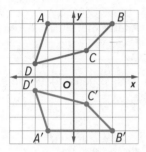

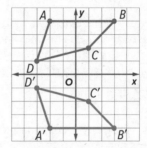

regla de funciones   Expresión que describe la relación entre cada valor de entrada y salida.

function rule   An expression that describes the relationship between each input and output.

relación   Conjunto de pares ordenados como (1, 3), (2, 4) y (3, 5). Una relación también puede mostrarse en una tabla o gráfica.

relation   A set of ordered pairs such as (1, 3), (2, 4), and (3, 5). A relation can also be shown in a table or a graph.

resolver   Reemplazar una variable por un valor que haga que un enunciado sea verdadero.

solve   To replace a variable with a value that results in a true sentence.

rombo   Paralelogramo que tiene cuatro lados congruentes.

rhombus   A parallelogram having four congruent sides.

Ss

secuencia   Lista de números en un orden específico, como 0, 1, 2, 3 o 2, 4, 6, 8.

sequence   A list of numbers in a specific order, such as 0, 1, 2, 3, or 2, 4, 6, 8.

segmento de recta   Parte de una *recta* que conecta dos puntos.

line segment   A part of a *line* that connects two points.

semirrecta   Recta que tiene un extremo y que se extiende infinitamente en una sola dirección.

ray   A line that has one endpoint and goes on forever in only one direction.

signo igual   Símbolo que indica igualdad, =.

equals sign   A symbol of equality, =.

signo radical   Símbolo que se usa para indicar una raíz cuadrada no negativa, $\sqrt{}$.

radical sign   The symbol used to indicate a nonnegative square root, $\sqrt{}$.

simetría axial   Las figuras que coinciden exactamente al doblarse a la mitad tienen simetría axial.

line symmetry   Figures that match exactly when folded in half have line symmetry.

solución   Valor de la variable de una ecuación que hace verdadera la ecuación. La solución de $12 = x + 7$ es 5.

solution   The value of a variable that makes an equation true. The solution of $12 = x + 7$ is 5.

Tt

tabla de frecuencias   Tabla que muestra la cantidad de datos que corresponden a un intervalo dado.

frequency table   A table that shows the number of pieces of data that fall within the given intervals.

tabla de funciones   Tabla que organiza las entradas, la regla y las salidas de una función.

function table   A table organizing the input, rule, and output of a function.

tabla de razones   Tabla cuyas columnas contienen pares de números que tienen una misma razón.

ratio table   A table with columns filled with pairs of numbers that have the same ratio.

tallo   Los dígitos del mayor valor de posición de los datos en un diagrama de tallo y hojas.

stems   The digits of the greatest place value of data in a stem-and-leaf plot.

tasa   Razón que compara dos cantidades que tienen diferentes tipos de unidades.

rate   A ratio comparing two quantities with different kinds of units.

tasa de cambio   Tasa que describe cómo cambia una cantidad con respecto a otra. Por lo general, se expresa como tasa unitaria.

rate of change   A rate that describes how one quantity changes in relation to another. A rate of change is usually expressed as a unit rate.

tasa unitaria   Tasa simplificada para que tenga un denominador igual a 1.

unit rate   A rate that is simplified so that it has a denominator of 1.

tercer cuartil   Para un conjunto de datos con la mediana M, el tercer cuartil es la mediana de los valores mayores que M.

third quartile   For a data set with median M, the third quartile is the median of the data values greater than M.

término   Cada parte de una expresión algebraica separada por un signo más o un signo menos.

term   Each part of an algebraic expression separated by a plus or minus sign.

término   Cada uno de los números de una secuencia.

term   Each number in a sequence.

términos semejantes   Términos cuyas variables están elevadas a la misma potencia.

like terms   Terms that contain the same variable(s) to the same power.

trapecio Cuadrilátero con un único par de lados paralelos.

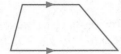

trapezoid A quadrilateral with one pair of parallel sides.

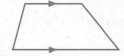

triángulo Figura con tres lados y tres ángulos.

triangle A figure with three sides and three angles.

triángulo acutángulo Triángulo con tres ángulos agudos.

acute triangle A triangle having three acute angles.

triángulo equilátero Triángulo con tres lados congruentes.

equilateral triangle A triangle having three congruent sides.

triángulo escaleno Triángulo sin lados congruentes.

scalene triangle A triangle having no congruent sides.

triángulo isósceles Triángulo que tiene por lo menos dos lados congruentes.

isosceles triangle A triangle having at least two congruent sides.

triángulo obtusángulo Triángulo que tiene un ángulo obtuso.

obtuse triangle A triangle having one obtuse angle.

triángulo rectángulo Triángulo que tiene un ángulo recto.

right triangle A triangle having one right angle.

Uu

unidades cúbicas Se usan para calcular el volumen. Indican la cantidad de cubos de cierto tamaño que se necesitan para llenar una figura de tres dimensiones.

3 unidades cúbicas

cubic units Used to measure volume. Tells the number of cubes of a given size it will take to fill a three-dimensional figure.

3 cubic units

Glosario GL17

Glosario/Glossary

valor absoluto   Distancia entre un número y el cero en la recta numérica.

absolute value   The distance between a number and zero on a number line.

valor extremo   Dato que es mucho mayor o menor que los otros valores en un conjunto de datos.

outlier   A value that is much greater than or much less than than the other values in a set of data.

variable   Un símbolo, en general una letra, que se usa para representar un número.

variable   A symbol, usually a letter, used to represent a number.

variable dependiente   La variable en una relación cuyo valor depende del valor de la variable independiente.

dependent variable   The variable in a relation with a value that depends on the value of the independent variable.

variable independiente   Variable en una función cuyo valor está sujeto a elección.

independent variable   The variable in a function with a value that is subject to choice.

vértice   El punto en el que se intersecan dos o más caras del prisma.

vertex   The point where three or more faces intersect.

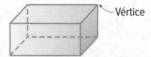
Vértice

Vertex

volumen   Cantidad de espacio dentro de una figura de tres dimensiones. El volumen se mide en unidades cúbicas.

volume   The amount of space inside a three-dimensional figure. Volume is measured in cubic units.

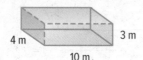
4 m   3 m   10 m

$V = 10 \times 4 \times 3 = 120$ metros cúbicos

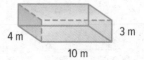
4 m   3 m   10 m

$V = 10 \times 4 \times 3 = 120$ cubic meters

Respuestas seleccionadas

Conéctate para obtener las soluciones de varios pasos.

Ayuda en línea

Capítulo 6 Expresiones

Página 428 Capítulo 6 Antes de seguir...

1. 343 **3.** 6,561 **5.** $1\frac{5}{9}$ **7.** $\frac{1}{20}$

Páginas 437 y 438 Lección 6-1 Práctica independiente

1. 6^2 **3.** 5^6 **5** 27^4 **7** $6 \times 6 \times 6 \times 6$; 1,296
9 $\frac{1}{8} \times \frac{1}{8} = \frac{1}{64}$ **11** 1.0625 **13.** 1,100.727 **15a.** Los
valores siguientes se hallan dividiendo la potencia anterior
entre 2. **15b.** Los valores siguientes se hallan dividiendo la
potencia anterior entre 4. **15c.** Los valores siguientes se hallan
dividiendo la potencia anterior entre 10. **15d.** Todo número
distinto de cero que tenga un exponente 0 tiene un valor de 1.

Potencias de 2	Potencias de 4	Potencias de 10
$2^4 = 16$	$4^4 = 256$	$10^4 = 10,000$
$2^3 = 8$	$4^3 = 64$	$10^3 = 1,000$
$2^2 = 4$	$4^2 = 16$	$10^2 = 100$
$2^1 = 2$	$4^1 = 4$	$10^1 = 10$
$2^0 = 1$	$4^0 = 1$	$10^0 = 1$

17. 10^8; Ejemplo de respuesta: $10^7 = 10,000,000$ y $10^8 =$
100,000,000. 100,000,000 está mucho más cerca de
230,000,000 que 10,000,000.

Páginas 439 y 440 Lección 6-1 Más práctica

19. 10^3 **21.** 9^2 **23.** 13^5 **25.** 0.06 × 0.06; 0.0036
27. 8,100 pies cuadrados **29.** 42.875 millas **31.** Hay 25
fichas en la 5.ª figura; hay 81 fichas en la 9.ª figura; hay 121
fichas en la 11.ª figura. **33.** 8 **35.** $87

Páginas 445 y 446 Lección 6-2 Práctica independiente

1. 9 **3.** 106 **5** 117 **7.** 112 **9.** 5 × $7 + 5 × $5 + 5 × $2;
$70 **11** 3 × 10 + 2 × 5; 40 bocaditos **13a.** (34 − 12) ÷ 2 + 7
13b. ejemplo de respuesta: 34 − (12 ÷ 2) + 7 =
34 − 6 + 7 = 28 + 7 = 35 **15a.** 7 + 3 × (2 + 4) = 25
15b. $8^2 ÷ (4 × 8) = 2$ **15c.** No necesita paréntesis.

Páginas 447 y 448 Lección 6-2 Más práctica

17. 6 **19.** 61 **21.** 35 **23.** 22 **25.** 3 × 16 + 8^2; $112
27. 4($0.50) + 3($2.25); $8.75 **29.** 9 **31.** 14 **33.** $37

Páginas 453 y 454 Lección 6-3 Práctica independiente

1. 12 **3.** 18 **5.** 1 **7** 20 **9.** $\frac{1}{8}$ m^3 **11** $415.80
13. 29 **15.** 7 p^2 **17.** En las expresiones numéricas y en las
expresiones algebraicas se incluyen operaciones. Una
expresión algebraica, como 6 + a, incluye números y
variables, mientras que una expresión numérica, como 6 + 3,
solamente incluye números.

Páginas 455 y 456 Lección 6-3 Más práctica

19. 24 **21.** 14 **23.** 3 **25.** 22 **27.** $117 **29.** $81\frac{1}{2}$
31. 180 **33.** 6 pies **35.** = **37.** < **39.** 14 + 8 = 22

Páginas 465 y 466 Lección 6-4 Práctica independiente

1. a = ancho; $a − 6$ **3** t = edad de Tracey; $t − 6$
5 s = cantidad de miembros del Senado; $4s + 35$; 435
miembros **7.** $2.54x$; 30.48 cm **9.** m = edad de Marcela;
$\frac{1}{3}m + 2$; Justin tiene 23 años y Aimé tiene 42 años.
11. c = total de la orden de un cliente; $2 + 0.2c$ **13.** A veces;
ejemplo de respuesta: $x − 3$ e $y − 3$ representan los mismos
valores solamente cuando $x = y$.

Páginas 467 y 468 Lección 6-4 Más práctica

15. m = la cantidad de manzanas; $4 × m$, o $4m$ **17.** j = costo
de la cena de James; $j − 5$ **19.** b = costo de una partida de
bolos; $3b + 2$; $14 **21.** c = número de canciones en la
biblioteca musical de Damián; $2c + 17$; 27 canciones
23a. Falso **23b.** Verdadero **25.** 7.8 **27.** 14.5

*Página 471 Investigación para la resolución de
problemas Represéntalo*

Caso 3. al equipo 3 **Caso 5.** 352 personas

Páginas 477 y 478 Lección 6-5 Práctica independiente

1. Sí; propiedad asociativa. **3** No; la primera expresión
equivale a 17, y la segunda equivale a 1. **5.** No; la primera
expresión equivale a 32, no a 0. **7** 75,000 · 5 y
5 · 75,000 **9.** $42r$ **11** 3 **13.** ejemplo de respuesta:
12 + (8 + 5) y (12 + 8) + 5 **15.** ejemplo de respuesta: 24 ÷ 12 =
2 y 12 ÷ 24 = 0.5 **17.** Ejemplo de respuesta: Se reescribe
48 + 82 como 48 + (52 + 30). Al usar la propiedad asociativa,
48 + (52 + 30) = (48 + 52) + 30. Por lo tanto 48 + 82 = 130.

Páginas 479 y 480 Lección 6-5 Más práctica

19. Sí; propiedad de identidad. **21.** Sí; propiedad conmutativa.
23. ejemplo de respuesta: (12 + 24) + 6 y 12 + (24 + 6)
25. $x + 6$ **27.** $8n$ **29.** $m + 15$ **31.** 2 × (12 × 25) + 15 × 20;
(2 × 12) × 25 + 15 × 20; 15 × 20 + (2 × 12) × 25
33. 10 + 5 **35.** 200 + 9 **37.** 80 centavos; como 3 monedas
de 10¢ + 5 monedas de 10¢ = 8 monedas de 10¢, y 8
monedas de 10¢ × 10 centavos = 80 centavos, el valor del
dinero que donaron es 80 centavos.

Páginas 489 y 490 Lección 6-6 Práctica independiente

1. 9(40) + 9(4) = 396 **3** 7(3) + 7(0.8) = 26.6 **5.** 66 + 6x
7 6(43) − 6(35) = 6(43 − 35); 48 mi **9.** 6(9 + 4)
11. 11(x + 5) **13.** 7(11x + 3) **15.** 0.37; ejemplo de respuesta:
0.1(3.7) = 0.1(3) + 0.1(0.7) = 0.3 + 0.07 = 0.37 **17.** ejemplo de
respuesta: El amigo no multiplicó 5 y 2. La expresión
5(x + 2) = 5x + 10.

connectED.mcgraw-hill.com

Respuestas seleccionadas RS1

Páginas 491 y 492   Lección 6-6   Más práctica

19. 152   **21.** 11.7   **23.** $3x + 21$ **25.** $9(2.50 + 4) =$
$9(2.50) + 9(4)$; $58.50   **27.** $3(9 + 4)$ **29.** $4(4 + 5)$
31. $6(5 + 2x)$ **33a.** No.   **33b.** Sí.   **33c.** Sí.   **33d.** No.
35. 12.23   **37.** 3.6   **39.** 384 onzas líquidas

Páginas 499 y 500   Lección 6-7   Práctica independiente

1. $11x$ **3** $45x$ **5.** $21x + 35y$ **7** $6(4x + 3y)$
9. $4(x + 6) + 4x$; $8x + $24   **11** $6(3s + 2c) = 18s + 12c$
13. 9   **15a.** $3(x + 0.75) + 2x$; $5x + $2.25   **15b.** $6(x + 3) + 2x$;
$8x + $18   **15c.** $2(x + 1.50) + 3x$; $5x + $3   **17.** Ejemplo de
respuesta: Las expresiones son equivalentes porque nombran
el mismo valor, independientemente de por qué número se
reemplace y.   **19.** $6x + 33$

Páginas 501 y 502   Lección 6-7   Más práctica

21. $9x$ **23.** $21x$ **25.** $28x + 20y$ **27.** $5(2x + 3y)$
29. $4(x + 3 + 2)$; $4x + $20   **31.** $4(5a + 3j) = 20a + 12j$
33. términos: $2x, 3y, x, 7$; términos semejantes: $2x, x$;
coeficientes: 1, 2, 3; constante: 7   **35.** $2x + 3(x + 3) + (x + 6)$;
$6x + 15$ **37.** $\frac{2}{7}$ **39.** 28

Página 505   Repaso del capítulo   Comprobación del vocabulario

Horizontales
5. evaluar   **9.** exponente   **11.** equivalente
Verticales
1. álgebra   **3.** potencias   **7.** base

*Página 506   Repaso del capítulo   Comprobación de conceptos
clave*

1. $12x + 12$ **3.** $3x - 6$ **5.** $2(x + 3)$

Capítulo 7 Ecuaciones

Página 512   Capítulo 7   Antes de seguir...

1. 1.11   **3.** 2.69   **5.** $\frac{1}{3}$ **7.** $\frac{13}{40}$ mi

Páginas 517 y 518   Lección 7-1   Práctica independiente

1 25   **3.** 5   **5.** 13   **7.** 3   **9.** 11   **11.** 5 partidos
13 35 estudiantes   **15.** Ejemplo de respuesta: $m + 8 = 13$
17. Verdadero; como $m + 8$ no es igual a ningún valor
específico, no hay restricciones sobre el valor de m.
19. Ejemplo de respuesta: $14 + x$ es una expresión algebraica.
$14 + x = 20$ es una ecuación algebraica.

Páginas 519 y 520   Lección 7-1   Más práctica

21. 8   **23.** 7   **25.** 6   **27.** 5   **29.** 18   **31.** 8 galletas   **33.** 8 pies
35. $35 + d = 80$; 45 años   **37.** 63   **39.** 115   **41.** 93

Página 529 y 530   Lección 7-2   Práctica independiente

1 3   **3.** 2   **5** $m + 22 = 118$; 96 pulg   **7.** $\frac{2}{5}$ **9** $\frac{1}{4}$
11. ejemplo de respuesta: $56 = 44 + x$; $36 = 24 + m$
13. $x + 9 = 11$; la solución de la otra ecuación es 3.
15. El valor de y disminuye de a 4.

Páginas 531 y 532   Lección 7-2   Más práctica

17. 3   **19.** 5   **21.** 5   **23.** $9 + x = 63$; 54 pulgadas   **25.** $\frac{1}{10}$
27. $\frac{1}{2}$ **29a.** $x + 15 = 85$ **29b.** $70   **31.** 38   **33.** 19   **35.** 17

Páginas 539 y 540   Lección 7-3   Práctica independiente

1. 9   **3** 4   **5.** 3.4   **7.** $e - 6 = 15$; 21 años   **9.** 21
11. 1   **13** $x - 56 = 4$; $60   **15.** Elisa no hizo la operación
inversa. Debería sumar 6 a cada lado para cancelar la resta de 6.
17. Ejemplo de respuesta: Usaría lo que sé sobre familias de
operaciones para volver a escribir la ecuación $b + 7 = 16$. La
solución es 9.

Páginas 541 y 542   Lección 7-3   Más práctica

19. 6   **21.** 4   **23.** 14.7   **25.** $15 = v - 14$; 29 votos   **27.** 19
29. $\frac{1}{2}$ **31.** $x - 12 = 3$; $15   **33a.** Verdadero   **33b.** Falso
33c. Verdadero   **35.** 114   **37.** 104   **39.** 63

*Página 545   Investigación para la resolución de problemas
Probar, comprobar y revisar*

Caso 3. cinco problemas que valen 2 puntos cada uno
y dos problemas que valen 4 puntos cada uno
Caso 5. $3 \times 4 + 6 \div 1 = 18$

Páginas 555 y 556   Lección 7-4   Práctica independiente

1 6   **3.** 6   **5.** 2   **7.** $4a = 58$; $14.50   **9.** $\frac{1}{2}$
11 a. $25p = 2{,}544$; 107.76 puntos   b. $20p = 2{,}150$; 107.5
puntos

13.

distancia	=	tasa	×	tiempo	68
272 millas		t		4 horas	

15. $4b = 7$; la solución para las otras ecuaciones es 4.
17. Ejemplo de respuesta: La familia Walker recorrió 240 millas
en 4 horas. ¿Cuál fue su velocidad promedio? 60 millas por
hora; La familia Walker viajó a un promedio de 60 millas por
hora.

Páginas 557 y 558   Lección 7-4   Más práctica

19. 5   **21.** 4   **23.** 2   **25.** 7   **27.** $1{,}764 = 28r$; 63 mi/h   **29.** 5
31. 3   **33.** 4   **35a.** Falso   **35b.** Verdadero   **35c.** Falso
37. 23   **39.** 52   **41.** 9   **43.** 21 bolsas

Páginas 565 y 566   Lección 7-5   Práctica independiente

1 20   **3** 15.04   **5** $\frac{x}{4} = 3$; 12 docenas

7.

+	−
propiedad de igualdad en la resta	propiedad de igualdad en la suma
×	÷
propiedad de igualdad en la división	propiedad de igualdad en la multiplicación

9. Verdadero; ejemplo de respuesta: Dividir entre 3 es lo mismo que multiplicar por $\frac{1}{3}$.   **11a.** $d = 50t$

11b.

Tiempo (días)	1	2	3	4	5
Distancia (millas)	50	100	150	200	250

11c. 50 días

Páginas 567 y 568   Lección 7-5   Más práctica

13. 84   **15.** 169   **17.** 56   **19.** 3   **21.** $\frac{x}{3} = 2$; 6 huevos

23. $\frac{s}{4} = 16$; 64 pulg   **25.** $\frac{x}{6} = 8$; \$48   **27.** >   **29.** =   **31.** >

33. 60 pulg

Página 571   Repaso del capítulo   Comprobación del vocabulario

Horizontales

1. en la suma   **5.** resolver   **7.** solución   **8.** en la división

Verticales

3. operaciones inversas

Página 572   Repaso del capítulo   Comprobación de conceptos clave

1. $x = 16$ **3.** $x = 24$ **5.** $x = 68$

Capítulo 8 Funciones y desigualdades

Página 578   Capítulo 8   Antes de seguir...

1. >   **3.** <   **5.** 46   **7.** 3

Páginas 583 y 584   Lección 8-1   Práctica independiente

1

Entrada (x)	3x + 5	Salida
0	3(0) + 5	5
3	3(3) + 5	14
9	3(9) + 5	32

3.

Entrada (x)	x + 2	Salida
0	0 + 2	2
1	1 + 2	3
6	6 + 2	8

5

Cantidad de invitados (x)	30 ÷ x	Magdalenas por invitado (y)
6	30 ÷ 6	5
10	30 ÷ 10	3
15	30 ÷ 15	2

7. 56 millas

9.

Años (x)	223 millones × \$10 × x
1	\$2,230,000,000
2	\$4,460,000,000
3	\$6,690,000,000

11. Cualquier número entre 0 y 1; ejemplo de respuesta: Para dividir una fracción, se multiplica por el recíproco. Si la fracción está entre 0 y 1, el recíproco es mayor que 1.

13. Ejemplo de respuesta: Natalie hace colchas para beneficencia. Tiene 48 yardas de tela para hacer colchas. Haz una tabla que muestre la cantidad de colchas que puede hacer que tengan 2, 3 y 4 yardas de tela.

Páginas 585 y 586   Lección 8-1   Más práctica

15.

Entrada (x)	4x + 2	Salida
1	4(1) + 2	6
3	4(3) + 2	14
6	4(6) + 2	26

17.

Entrada (x)	2x − 6	Salida
3	2(3) − 6	0
6	2(6) − 6	6
9	2(9) − 6	12

19.

Horas (x)	55x	Millas (y)
3	55(3)	165
4	55(4)	220
5	55(5)	275

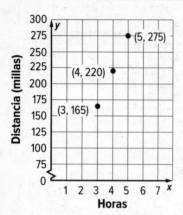

21a. Falso   **21b.** Verdadero   **21c.** Verdadero   **23.** 2
25. 56   **27.** 72   **29.** Abby tiene el doble de dinero por mes.

Páginas 591 y 592   Lección 8-2   Práctica independiente

1 sumar 9 al número de posición; $n + 9$; 21   **3.** Ejemplo de
respuesta: Es una progresión geométrica. Cada término se
halla multiplicando el término anterior por 3; 486, 1,458, 4,374.
5. sumar 12; 52, 64   **7.** sumar $\frac{1}{2}$; $4\frac{1}{4}$, $4\frac{3}{4}$ **9.** 29.6
11. progresión aritmética; 4.75, 5.75   **13** Progresión
aritmética; cada término se halla sumando 2 al término
anterior; $10 + 2 = 12$; 12 cajas.   **15.** El valor de cada término
es el cuadrado de la posición; n^2; 10,000.

Páginas 593 y 594   Lección 8-2   Más práctica

17. Resta 4 al número de posición; $n - 4$; 8   **19.** Cada término
se halla multiplicando el término anterior por 3; 324, 972,
2,916   **21.** sumar 3; 13, 16   **23.** sumar $1\frac{1}{2}$; $7\frac{1}{2}$, 9   **25.** 19.3
27. 2; 96; geométrica   **29.** 84   **31.** $13.50

Páginas 599 y 600   Lección 8-3   Práctica independiente

1. $y = 6x$

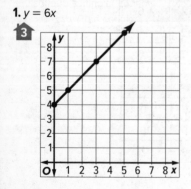

5.

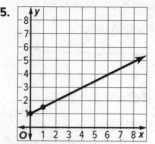

Entrada (x)	1	2	3	4	$y = 5x$
Salida (y)	5	10	15	20	

9. Ejemplo de respuesta: Ray ahorra $7 por mes para comprar
un reproductor de DVD. La variable y representa la cantidad
total ahorrada. La variable x representa la cantidad de
semanas.   **11.** ejemplo de respuesta:

$y = x + 3$		
Entrada (x)	1	2	3
Salida (y)	4	5	6

Inverso de $y = x + 3$		
Entrada (x)	4	5	6
Salida (y)	1	2	3

$y = x - 3$

Páginas 601 y 602   Lección 8-3   Más práctica

13. $y = 10x$
15.

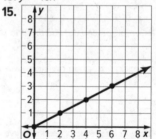

17.

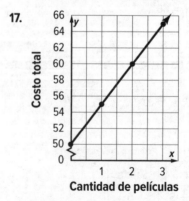

19a. Verdadero   **19b.** Verdadero   **19c.** Falso

21–27.

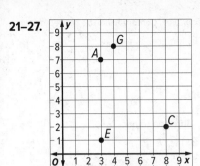

29.

Día	Tiempo de estudio (min)
Lunes	20
Martes	45
Miércoles	30
Jueves	45

2 horas y 20 minutos

Páginas 607 y 608   Lección 8-4   Práctica independiente

1 **a.** $v = 400d$

b.

Cantidad de días, d	1	2	3
Libras comidas, v	400	800	1,200

c.

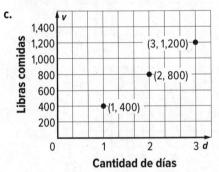

Cantidad de días

La gráfica es una línea recta porque cada día la cantidad de vegetación aumenta 400 libras.

3 **a.** $c = 3 + 1.75$, donde c representa la cantidad ganada y t representa la cantidad de tareas

b.

Cantidad de tareas, t	1	2	3
Cantidad ganada (\$), c	4.75	6.50	8.25

c.

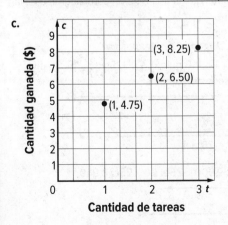

Cantidad de tareas

d. \$11.75   **e.** La variable independiente es la cantidad de tareas, y la variable dependiente es la cantidad ganada.
5. No; las líneas de las gráficas se encontrarán solamente a la hora cero.   **7.** $c = 25 + 2p$

Páginas 609 y 610   Lección 8-4   Más práctica

9. Musiquero: $t = 45c$; Mil Discos: $t = 35c$, donde t representa el costo total y n representa la cantidad de horas
11. $d = 0.18c + 4$; \$10.30   **13.** <   **15.** <   **17.** >
19. miércoles

Página 613   Investigación para la resolución de problemas
Hacer una tabla

Caso 3. 35 cubos   **Caso 5.** 50 y 36

Páginas 621 y 622   Lección 8-5   Práctica independiente

1 5   **3.** Sí.   **5.** sin asientos o colgante   **7** enero y febrero;
\$0.75   **9.** ejemplo de respuesta: 0, 1, y 2   **11.** $a > c$; ejemplo de respuesta: Si $a > b$, entonces está a la derecha de b en una recta numérica. Si $b > c$, entonces está a la derecha de c en la recta numérica. Por lo tanto, a está a la derecha de c en una recta numérica.   **13a.** 5 y 6   **13b.** −3, −2 y −1   **13c.** 4   **13d.** ninguno

Páginas 623 y 624   Lección 8-5   Más práctica

15. 0   **17.** No.   **19.** Carmen, Eliot y Ryan   **21.** Júpiter; Saturno   **23.** 5 + 3   **25.** 5 × 8   **27.** 6; 4

Páginas 629 y 630   Lección 8-6   Práctica independiente

1. $p \leq 35$ **3** $p < 437$
5.

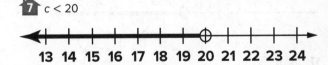

7 $c < 20$

9. Mei usó el signo incorrecto. "Al menos" significa que los valores serán mayores que 10 pero incluirán al 10; $c \geq 10$.
11. Ejemplo de respuesta: Cuando una desigualdad tiene los signos de mayor que o menor que, no incluye el número dado. Por lo tanto, $x > 5$ y $x < 7$ no incluyen el 5 ni el 7 respectivamente. Cuando se usan los signos de mayor que o igual a, y menor que o igual a, se incluyen los números dados. Por lo tanto, $x \geq 5$ y $x \leq 7$ incluyen el 5 y el 7 respectivamente.

Páginas 631 y 632   Lección 8-6   Más práctica

13. $g \leq 50$ **15.** $p > 200$
17.

19. $t < 4$

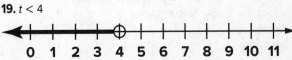

21a. Verdadero   **21b.** Falso   **21c.** Verdadero   **23.** 5
25. 8   **27.** 5
29.

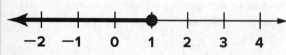

```
    25  26  27  28  29  30  31  32  33  34  35
```

Páginas 639 y 640   Lesson 8-7   Práctica independiente

1. $y \leq 1$

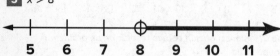

```
   −2   −1   0    1    2    3    4
```

3 $x > 8$

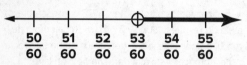

```
    5    6    7    8    9    10   11
```

5 $0.1x \leq 5.00$; $x \leq 50$; el máximo es 50 letras.

7 $p > \dfrac{53}{60}$

```
   50   51   52   53   54   55
   --   --   --   --   --   --
   60   60   60   60   60   60
```

9. Ejemplo de respuesta: Un avión tiene capacidad para 53 pasajeros y hay 32 pasajeros a bordo. ¿Cuántos pasajeros más caben en el avión?   **11.** Sí; ejemplo de respuesta: $x > 5$ no expresa la misma relación que $5 > x$. Sin embargo, $x > 5$ es la misma relación que $5 < x$.

Páginas 641 y 642   Lección 8-7   Más práctica

13. $a < 5$

```
    2    3    4    5    6    7    8
```

15. $d \geq 9$

```
    6    7    8    9    10   11   12
```

17. $g < 12$

```
    9    10   11   12   13   14   15
```

19. $25m \geq 5,000$; $m \geq 200$; deben vender un mínimo de 200 mochilas.

21. $n \geq \dfrac{3}{14}$

```
    0    1    2    3    4
         --   --   --   --
         14   14   14   14
```

23. $y + 1 > 6$; $z - 4 > 1$ **25.** 144   **27.** 192   **29.** 66   **31.** 15 pies²

Página 645   Repaso del capítulo   Comprobación del vocabulario

Horizontales

1. progresión aritmética   **3.** progresión geométrica
7. función lineal   **9.** desigualdad

Verticales

5. progresión

Página 646   Repaso del capítulo   Comprobación de conceptos clave

1. 24   **3.** geométrica   **5.** función

Capítulo 9   Área

Página 656   Capítulo 9   Antes de seguir...

1. 32 cm²   **3.** 18 cm²   **5.** 14   **7.** 12

Páginas 665 y 666   Lección 9-1   Práctica independiente

1. 9 unidades²   **3** 72 cm²   **5.** $166\dfrac{1}{2}$ pies²

7 no; Para que el área del primer piso sea 20,000 pies² y la base sea 250 pies, la altura debe ser 20,000 ÷ 250 o 80 pies.
9a. Se dan ejemplos de respuestas.

Base (cm)	Altura (cm)	Área (cm²)
1	4	4
2	4	8
3	4	12
4	4	16
5	4	20

9b.

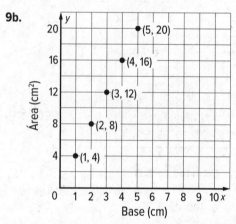

9c. Parece formar una recta.   **11.** Ejemplo de respuesta: Tanto los paralelogramos como los rectángulos tienen bases y alturas. Por lo tanto, la fórmula $A = bh$ se puede usar para las dos figuras. La altura de un rectángulo es la longitud de uno de sus lados, mientras que la altura de un paralelogramo es la longitud de la altura.

Páginas 667 y 668   Lección 9-1   Más práctica

13. 20 unidades²   **15.** 180 pulg²   **17.** 325 yd²   **19.** 25 mm
21. ejemplo de respuesta: 196 pies²

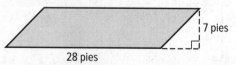

28 pies   7 pies

23. 84 cm²   **25a.** 9,000   **25b.** 60   **25c.** 8,940
27.

29. 11 canciones

Respuestas seleccionadas

Páginas 677 y 678   Lección 9-2   Práctica independiente

1. 24 unidades^2 **3** 747 pies^2 **5.** 19 cm

7 a. $\frac{5x}{2}$ b.

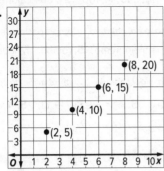

c. Los puntos parecen formar una recta.

9. La fórmula es $\frac{1}{2}bh$, no bh.

$$100 = \frac{b \cdot 20}{2}$$
$$b = 10 \text{ m}$$

11. ejemplo de respuesta:

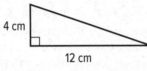

4 cm

12 cm

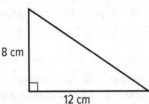

8 cm

12 cm

El área del primer triángulo es 24 cm^2; el área del segundo triángulo es 48 cm^2; 1:2 o $\frac{1}{2}$.

Páginas 679 y 680   Lección 9-2   Más práctica

13. $7\frac{1}{2}$ unidades^2 **15.** 87.5 m^2 **17.** 21 m   **19.** 47.3 cm

21a. 27 pies^2 **21b.** 3 bolsas   **23.** $\frac{7x}{2}$; ejemplo de respuesta: El área es el producto de la altura (7), la base (x) y $\frac{1}{2}$, o $\frac{7x}{2}$.

25. trapecio   **27.** rombo   **29.** 3 ejes

Páginas 689 y 690   Lección 9-3   Práctica independiente

1 168 yd^2 **3.** 112 m^2 **5.** 16 mm   **7** a. 7,000 pies^2
b. 4 bolsas
9. ejemplo de respuesta:

2 cm $A = 9 \text{ cm}^2$

3 cm

4 cm

11. Ejemplo de respuesta: Las longitudes de las bases pueden redondearse a 20 m y 30 m, respectivamente. El área puede redondearse a 250 m^2. Divido 250 entre (20 + 30), o 50, y luego multiplico por 2. La altura h es aproximadamente 10 m.
13. Como sé que la fórmula del área del paralelogramo es $A = bh$, puedo dibujar dos trapecios congruentes y rotar uno para formar un paralelogramo. Después de multiplicar la base y la altura, puedo dividir entre 2 para hallar el área del trapecio.

Páginas 691 y 692   Lección 9-3   Más práctica

15. 121 cm^2 **17.** 187.6 pies^2 **19.** 3 millas   **21.** 1,904 pulg^2
23. 100 cm^2 **25a.** Verdadero   **25b.** Falso   **27.** 256   **29.** 24 pulg

Página 695   Investigación para la resolución de problemas
Dibujar un diagrama

Caso 3. 25 globos   **Caso 5.** 272 clientes

Páginas 701 y 702   Lección 9-4   Práctica independiente

1 El perímetro es 4 veces el perímetro original. El perímetro de la figura original es 36 cm y el perímetro de la figura nueva es 144 cm; 144 cm ÷ 36 cm = 4.   **3** El área se multiplica por $\frac{1}{3} \cdot \frac{1}{3}$, o $\frac{1}{9}$ del área original. El área de la figura original es 315 yd^2 y el área de la figura nueva es 35 yd^2; 35 yd^2 ÷ 315 yd$^2 = \frac{1}{9}$.   **5.** Uso el área y la longitud para hallar el ancho de la cama matrimonial. El ancho de la cama es 4,800 ÷ 80, o 60 pulgadas. Por lo tanto, el ancho de la cama de la casa de muñecas es $60 \cdot \frac{1}{12}$, o 5 pulgadas. La longitud de la cama de la casa de muñecas es $80 \cdot \frac{1}{12}$, o $6\frac{2}{3}$, pulgadas.
7. ejemplo de respuesta:

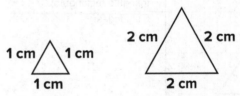

1 cm   1 cm

1 cm

2 cm   2 cm

2 cm

9. Cuadrado grande: 12 unidades; cuadrado pequeño: 6 unidades; ejemplo de respuesta: Las longitudes de los lados de un cuadrado son iguales. Divido 48 entre 4 y obtengo una longitud de lado de 12. La longitud de lado del cuadrado más pequeño es la mitad del grande, por lo tanto, 6 unidades.

Páginas 703 y 704   Lección 9-4   Más práctica

11. El perímetro es 6 veces el perímetro original. El perímetro de la figura original es 30 pies y el perímetro de la figura nueva es 180 pies; 180 pies ÷ 30 pies = 6.   **13.** El perímetro es $\frac{1}{4}$ del perímetro del original. El perímetro de la figura original es 80 m y el perímetro de la figura nueva es 20 m; $\frac{1}{4} \cdot 80$ m = 20 m. El área es $\frac{1}{4} \cdot \frac{1}{4}$, o $\frac{1}{16}$ del área original. El área de la figura original es 240 m^2 y el área de la figura nueva es 15 m^2; 15 m^2 ÷ 240 m$^2 = \frac{1}{16}$.

15a. 4   **15b.** 4   **15c.** 25

17.

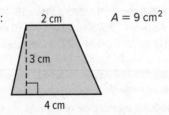

1   3   5

19.

−6   −4   −2

21. 15 yd; 10 yd

1 $DE = 5$ unidades, $EF = 3$ unidades, $FG = 5$ unidades, $GD = 3$ unidades; 16 unidades   **3.** 120 cm

5. 28 unidades cuadradas

7

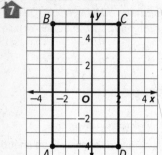

rectángulo; 45 unidades^2

11. Ejemplo de respuesta: Resto las coordenadas x de los puntos con las mismas coordenadas y para hallar la longitud de 2 de los lados. Luego, resto las coordenadas y de los puntos con las mismas coordenadas x para hallar la longitud de los otros 2 lados. Luego, sumo los 4 lados para hallar el perímetro.

13. $AB = 2$ unidades, $BC = 3$ unidades, $CD = 2$ unidades, $DA = 3$ unidades; 10 unidades   **15.** 54 pies

17. 24 unidades cuadradas

19.

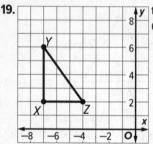

triángulo rectángulo; 6 unidades^2

21.

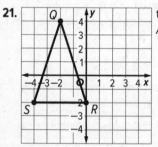

triángulo isósceles; $A = 12$ unidades^2

23. un conjunto de lados paralelos; cuatro vértices; dos ángulos agudos   **25.** No tiene lados que sean congruentes. Un par de lados opuestos son paralelos.   **27.** rectángulo

1 58.6 pulg^2 **3.** 189 pies^2 **5** a. 467.4 pies^2
b. $467.4 \div 350 \approx 1.34$; como se deben comprar galones enteros de pintura, se necesitarán 2 galones de pintura. A \$20 cada uno, el costo será $2 \times \$20$, o \$40.   **7.** Ejemplo de respuesta: Sumo las áreas de un rectángulo y un triángulo; área del rectángulo: $3 \times 4 = 12$; área del triángulo: $\frac{1}{2} \times 3 \times 3 = 4.5$; $12 + 4.5 = 16.5$. Por lo tanto, el área aproximada es $16.5 \times 2,400$, o 39,600 mi^2.   **9.** El área se multiplica por 4; área original: 159.9 cm^2; área nueva: 639.6 cm^2

11. 66.2 m^2 **13.** 10,932 pies^2 **15a.** Falso   **15b.** Verdadero
15c. Falso   **17.** 432   **19.** 14,400   **21.** 864 calorías

1. polígono   **3.** paralelogramo   **5.** rombo   **7.** figura compuesta

1. $A = \frac{1}{2}h(b_1 + b_2)$ **3.** $A = \frac{1}{2}(9.8)(7 + 12)$ **5.** $A = 93.1$

Capítulo 10   Volumen y área total

1. 214.5   **3.** 172.8   **5.** 44   **7.** 101

1. 132 m^3 **3** 171 pulg^3 **5.** 17 m   **7.** 3 mm
9 a. $50\frac{5}{8}$ pulg^3 b. $16\frac{7}{8}$ pulg^3 c. 75%   **11.** No, el volumen de la figura es 3^3, o 27 unidades cúbicas. Si se duplican las dimensiones, el volumen sería 6^3, o 216 unidades cúbicas, es decir ocho veces el volumen original.   **13.** Ejemplo de respuesta: Una caja mide 7 pulgadas de largo, 9 pulgadas de ancho y 4 pulgadas de alto. ¿Cuál es el volumen de la caja?; 252 pulg^3.

15. 1,430 pies^3 **17.** 2,702.5 pulg^3 **19.** 360 mi^3 **21a.** 2,520; 14; 9   **21b.** 20   **23.** triángulo acutángulo   **25.** triángulo rectángulo   **27.** Isósceles; ejemplo de respuesta: El triángulo tiene dos lados congruentes.

1. 336 m^3 **3** 104.0 cm^3 **5** 108 pulg^3 **7.** 8 pulg   **9.** 10 yd
11. Para hallar el área de la base, Amanda debía multiplicar por $\frac{1}{2}$. El área de la base del prisma es 6 cm^2, no 12 cm^2. Por lo tanto, el volumen del prisma es 42 cm^3.   **13.** El prisma rectangular tiene capacidad para más caramelos de menta que el prisma triangular. El prisma rectangular tiene un volumen de 144 pulg^3, mientras que el volumen del prisma triangular es 72 pulg^3.

15. 346.5 pies^3 **17.** 380 pulg^3 **19.** 10,395 pulg^3 **21.** 15 m
23. 48 pies^3 **25.** $B = 48$ m^2, $h = 5$ m; $B = 24$ m^2, $h = 10$ m; $B = 12$ m^2, $h = 20$ m   **27.** 9 unidades^2 **29.** 15 unidades^2

Caso 3. Sí; ejemplo de respuesta:
$8 + 10 + 12 + 14 + 16 + 18 + 20 = 98$; como $98 < 100$, tiene suficientes sillas.   **Caso 5.** 16 cajas

1. 2,352 yd^2 **3** 3,668.94 m^2 **5.** 1,162 cm^2
7 Paquete A: 492 pulg^2; paquete B: 404 pulg^2; el paquete A tiene mayor área total; no, el volumen del paquete B es mayor.   **9.** 48 pulg^2; 144 pulg^2

Páginas 769 y 770   Lección 10-3   Más práctica

13. 324 m^2 **15.** 384.62 cm^2 **17a.** 316.5 pulg^2 **17b.** 534 pulg^2
17c. 207.75 pulg^2 **19.** la cantidad de papel para regalo que se necesita para cubrir una caja; la cantidad de pintura que se necesita para cubrir una estatua   **21.** 218   **23.** Equilátero; ejemplo de respuesta: Los tres lados miden 15 pulgadas.

Páginas 777 y 778   Lección 10-4   Práctica independiente

1. 1,152 yd^2 13.6 m^2 aproximadamente 21.4 yd^2
7. 279.2 pulg^2 **9.** 7.5 pulg   **11.** Ejemplo de respuesta: el prisma A con bases que son triángulos rectángulos que miden 3 por 4 por 5, con una altura de 1; el prisma B con bases que son triángulos rectángulos que miden 1 por 1 por 1.4 con una altura de 10; el prisma A tiene un mayor volumen, mientras que el prisma B tiene una mayor área total.

Páginas 779 y 780   Lección 10-4   Más práctica

13. 537 pies^2 **15.** 70.8 pulg^2 **17.** 282.7 cm^2 **19.** 428.1 cm^2
21a. Falso   **21b.** Falso   **21c.** Verdadero   **23.** obtusángulo
25. rectángulo

Páginas 787 y 788   Lección 10-5   Práctica independiente

1. 24 m^2 126.35 cm^2 **5.** 143.1 mm^2 52 cm^2
9. 132 pulg^2 **11.** 110 pies^2; ejemplo de respuesta: Una pirámide tiene una sola base cuadrangular. Para hallar el área total, debería sumar 25 + (4 · 21.25).   **13.** Sería más corto subir por la altura inclinada. El extremo inferior de la altura inclinada está más cerca del centro de la base de la pirámide que el extremo inferior del borde lateral.

Páginas 789 y 790   Lección 10-5   Más práctica

15. 223.5 pies^2 **17.** 383.25 cm^2 **19.** 923 pulg^2 **21.** 14 pulg
23a. Falso   **23b.** Verdadero   **23c.** Verdadero
23d. Verdadero   **25.** 100   **27.** $8.25

Página 793   Repaso del capítulo   Comprobación del vocabulario

1. figura de tres dimensiones   **3.** volumen   **5.** prisma
rectangular   **7.** vértice   **9.** cara lateral

Página 794   Repaso del capítulo   Comprobación de conceptos clave

Horizontales
1. 480.4   **5.** 8
Verticales
1. 40   **3.** 520

Capítulo 11 Medidas estadísticas

Página 804   Capítulo 11   Antes de seguir...

1. 68.75   **3.** $21.60   **5.** 24.20   **7.** 115.2 millas

Páginas 813 y 814   Lección 11-1   Práctica independiente

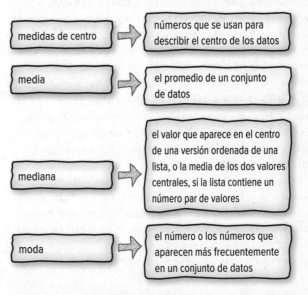 88% $25   **5.** 88   **7.** ejemplo de respuesta: páginas leídas: 27, 38, 26, 39, 40   **9.** 0.17; ejemplo de respuesta: La suma de los puntajes de los 99 estudiantes debe ser 82 × 99, u 8,118. Al sumar la puntuación de 99, la

suma de 100 estudiantes es 8,217. Entonces, la nueva media es 82.17. La media aumentó a 82.17 − 82, o 0.17.

Páginas 815 y 816   Lección 11-1   Más práctica

11. 56 pulg   **13.** 26 boletos   **15.** $80; ejemplo de respuesta: Multiplico 59 por 6 y resto las otras cifras de la tabla.   **17.** >
19. <   **21.** <   **23a.** 399 millas   **23b.** Charlotte

Páginas 821 y 822   Lección 11-2   Práctica independiente

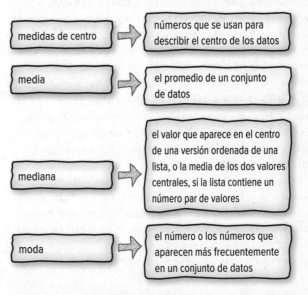 89; ninguno; no hay moda para comparar.   **3.** Los valores son cercanos. La mediana y la moda son iguales, 44 mi/h, y la media es aproximadamente 45.6 mi/h, un poco mayor. Los datos siguen las medidas de centro, ya que son cercanos a las medidas de centro.   Moda; la moda de las temperaturas de Louisville es 70° y la moda de las temperaturas de Lexington es 76°. Como 76° − 70° = 6°, se usó la moda para hacer la afirmación.   **7.** $21   **9.** Ejemplo de respuesta: La mediana o la moda son las que mejor representan los datos. La media, 8, es mayor que todos excepto uno de los valores de datos.

Páginas 823 y 824   Lección 11-2   Más práctica

11. Mediana: 23; moda: 44; la moda es 21 años más que la mediana.   **13.** Mediana: 12.5; moda: ninguna; no hay moda para comparar.   **15.** Se dan ejemplos de respuestas.

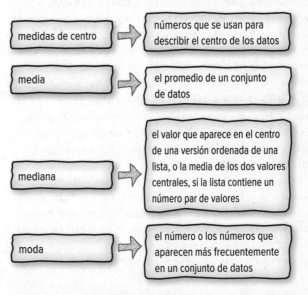

medidas de centro → números que se usan para describir el centro de los datos

media → el promedio de un conjunto de datos

mediana → el valor que aparece en el centro de una versión ordenada de una lista, o la media de los dos valores centrales, si la lista contiene un número par de valores

moda → el número o los números que aparecen más frecuentemente en un conjunto de datos

17a. Falso   **17b.** Verdadero   **17c.** Verdadero   **19.** 58
21. 56   **23.** 52   **25.** 36 millas

Página 827   Investigación para la resolución de problemas
Usar razonamiento lógico

Caso 3. 42 clientes   **Caso 5.** 6 estudiantes; 10 estudiantes

Páginas 833 y 834   Lección 11-3   Práctica independiente

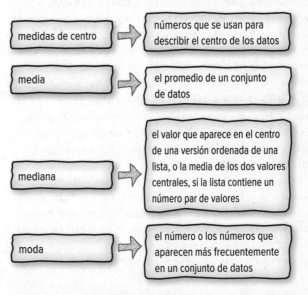 **a.** 1,028   **b.** 923.5; 513; 1,038   **c.** 525   **d.** ninguno
mediana: 357.5; Q$_1$: 19; Q$_3$: 422; RIC: 124
5. Rango: 63; mediana: 7.5; Q$_3$: 30.5; Q$_1$: 0.5; RIC: 30; ejemplo de respuesta: La cantidad de lunas de los planetas varía mucho. El RIC y el rango son grandes.   **7.** Ejemplo de respuesta: La mediana es correcta, pero Hiroshi la incluyó

cuando estaba hallando el tercer y el primer cuartil. El primer cuartil es 96, el tercer cuartil es 148 y el rango intercuartil es 52. **9.** Ejemplo de respuesta: El tercer cuartil es la mediana de la mitad superior de los datos y el primer cuartil es la mediana de la mitad inferior de los datos. **11.** Conjunto A: rango: 20; RIC: 4; conjunto B: rango: 20; RIC: 1; ejemplo de respuesta: El RIC brinda más información, específicamente que la mitad del medio de los datos en el conjunto B están más juntos entre sí que la mitad del medio de los datos del conjunto A.

Páginas 835 y 836   Lección 11-3   Más práctica

13a. NFC   **13b.** NFC: mediana: 86, Q_3: 113, Q_1: 68, RIC: 45; AFC: mediana: 80, Q_3: 94, Q_1: 76, RIC: 18   **13c.** Ejemplo de respuesta: La AFC tiene una mediana de 80 penales y la NFC tiene una mediana de 86 penales. La AFC tiene un RIC de 18 penales, mientras que la NFC tiene un RIC de 45 penales. Los rangos fueron 47 penales para la AFC y 78 penales para la NFC.   **15.** La mitad de jugadores ganó más de 10.5 juegos y la mitad ganó menos de 10.5 juegos; El rango de los datos es 13 juegos; No hay valores extremos.   **17.** 32   **19.** 19   **21.** 19.5   **23.** 167 millas

Páginas 841 y 842   Lección 11-4   Práctica independiente

1 17.88 lunas; ejemplo de respuesta: La distancia promedio de cada valor de datos con respecto a la media es 17.88 lunas. **3.** Estados Unidos: 9.77 km; Europa: 2.87 km; ejemplo de respuesta: La desviación media absoluta de las longitudes de los puentes en Estados Unidos es mayor que la desviación media absoluta de las longitudes de los puentes de Europa. Las longitudes de los puentes de Europa están más cercanas a la media.

5 ocho   **7.** Sí; ejemplo de respuesta: El doble de la desviación media absoluta es 2 × 1.50 millones, o 3.00 millones. Como 5.86 millones > 3.00 millones, la población de 8.4 millones está a más de 3.00 millones de la media.   **9.** Ejemplo de respuesta: Me ayuda a recordar tomar el valor absoluto de la diferencia entre los valores de datos y la media.   **11.** con el valor de datos de 55: 5.33 millas por hora; sin el valor de datos de 55: 2 millas por hora   **13.** Ejemplo de respuesta: La desviación media absoluta es la distancia promedio a la que está cada valor de datos con respecto a la media. Como la distancia no puede ser negativa, se usan los valores absolutos de las diferencias.

Páginas 843 y 844   Lección 11-4   Más práctica

15. $26.76; la distancia promedio de cada valor de datos con respecto a la media es $26.76.   **17.** Sexto grado: $10.67; séptimo grado: 16.67; ejemplo de respuesta: La desviación media absoluta del dinero recaudado por sexto grado es menor que la desviación media absoluta del dinero recaudado por séptimo grado. Las cantidades de dinero recaudado por sexto grado están más cerca de la media.   **19.** Describe la variación de los datos alrededor de la media; Describe la distancia promedio entre los valores de datos y la media.   **21.** 235 helados

Páginas 849 y 850   Lección 11-5   Práctica independiente

1 La media representa mejor los datos. No hay valores extremos; media: 56.4 minutos.   **3a.** 1,148   **b.** Con el valor

extremo, la media es 216.83 pies, la mediana es 33.5 pies, no hay moda y el rango es 1,138. Sin el valor extremo, la media es 30.6 pies, la mediana es 24 pies, no hay moda y el rango es 52.   **c.** Con valor extremo, la mejor medida es la mediana; sin valor extremo, la mejor medida es la media.   **5.** Pilar no incluyó el valor extremo. La media es 20. La mediana, que es 15.5, es la que describe mejor los datos porque el valor extremo afecta la media más de lo que afecta la mediana.   **7.** ejemplo de respuesta: 125, 32 y 19

Páginas 851 y 852   Lección 11-5   Más práctica

9. Como el conjunto no tiene valores extremos o números que sean idénticos, la media o la mediana, 6 canciones, sería la que mejor representaría los datos.   **11a.** 62°   **11b.** Con el valor extremo, la media es 32.71°, la mediana es 29°, la moda es 29° y el rango es 37°. Sin el valor extremo, la media es 27.83°, la mediana es 28.5°, la moda es 29° y el rango es 4°.   **c.** Ejemplo de respuesta: Con el valor extremo, la mejor medida es la moda; sin el valor extremo, la mejor medida es la moda; el valor extremo no afecta la moda, pero afecta la media y la mediana.   **13a.** mediana   **13b.** media   **13c.** moda   **15.** 260   **17.** 154   **19.** 203 boletos

Página 855   Repaso del capítulo   Comprobación del vocabulario

1. moda   **3.** rango   **5.** rango intercuartil

Página 856   Repaso del capítulo   Comprobación de conceptos clave

Horizontales
1. 505   **3.** 249   **5.** 138   **9.** 96   **11.** 8312
Verticales
1. 53   **3.** 281   **7.** 691   **11.** 83

Capítulo 12 Representaciones estadísticas

Página 862   Capítulo 12   Antes de seguir...

1. 16   **3.** 27   **5.** 57   **7.** 84.5

Páginas 867 y 868   Lección 12-1   Práctica independiente

1 **Duración de los campamentos de verano**

Cantidad de días

Mediana: 7.5; moda: 7; no hay valores extremos; se representaron 18 campamentos de verano en total. La mediana significa que la mitad de los campamentos de verano dura más de 7.5 días y la mitad dura menos. Hay más campamentos que duran 7 días que cualquier otra cantidad de días.   **3** Ejemplo de respuesta: Se representaron 15 listas de reproducción; media: 40; mediana: 40; modas: 40 y 42; por lo tanto, la mayoría de los datos está cerca de las medidas de centro. C_1: 38; C_3: 42; RIC: 4, lo que

significa que la mitad de las listas de reproducción tienen entre 38 y 42 canciones; hay un valor extremo en 25.　**5.** 11　**7.** El valor extremo del conjunto de datos es 29 °F, no 20 °F.
9. 24 cm　**11.** La moda; ejemplo de respuesta: Con los cuatro valores, la media es 61.36, la mediana es 62 y la moda es 56. Sin los cuatro valores, la media es 63.5, la mediana es 63.5 y las modas son 62, 65 y 68. Si no se incluyen los cuatro valores, la medida que más cambia es la moda.

Páginas 869 y 870　Lección 12-1　Más práctica

13.

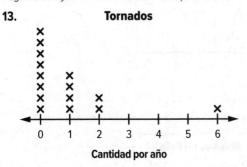

Tornados

Cantidad por año

Mediana: 0; moda: 0; rango: 6; valor extremo: 6; se representaron 15 cantidades de tornados. La mediana significa que la mitad de la cantidad de tornados fueron mayores que cero y la mitad fueron cero.
15. Ejemplo de respuesta: La mediana, el rango y el valor extremo no existen porque los datos no son numéricos. La moda es *pepperoni*, porque más estudiantes prefieren pepperoni a cualquier otro aderezo. El diagrama muestra las respuestas de 10 personas. Hay 5 aderezos diferentes. Hay dos aderezos que solo fueron elegidos por una persona.　**17a.** Verdadero
17b. Verdadero　**17c.** Falso　**19.** <　**21.** <　**23.** <　**25.** 4

Páginas 875 y 876　Lección 12-2　Práctica independiente

1. Ejemplo de respuesta: Participaron 24 ciclistas. Ninguno terminó con un tiempo menor que 60 minutos.　**3** 60 a 64 minutos
5.

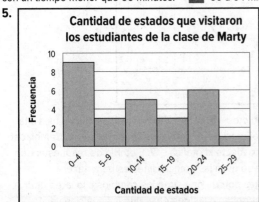

Cantidad de estados que visitaron los estudiantes de la clase de Marty

Cantidad de estados

7 en sexto grado　**9.** ejemplo de respuesta: edades de los estudiantes en el campamento de verano: 3, 4, 5, 7, 7, 8, 8, 10, 10, 11, 13, 14, 15, 15　**11.** Ejemplo de respuesta: Un conjunto de intervalos podría ser de 0 a 45, con intervalos de 5. Otro

conjunto podría ser de 0 a 50, con intervalos de 10. Si se usan intervalos menores, habrá menos valores en cada intervalo, y por lo tanto, las barras del histograma serán más cortas.

Páginas 877 y 878　Lección 12-2　Más práctica

13. 24 a 27 años　**15.** 17
17.

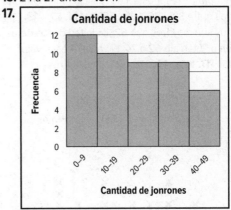

Cantidad de jonrones

Frecuencia

Cantidad de jonrones

19. Ejemplo de respuesta: No hubo jugadores que hayan marcado 30 a 44 goles en su carrera.　**21.** 42　**23.** 27
25. 97.5　**27.** Lucinda

Páginas 883 y 884　Lección 12-3　Práctica independiente

1

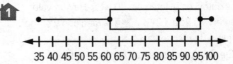

35 40 45 50 55 60 65 70 75 80 85 90 95 100

3 **a.** **Longitud de la línea de costa (mi)**

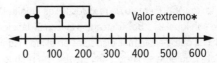

Valor extremo∗

0　100　200　300　400　500　600

3b. 127 mi　**3c.** Ejemplo de respuesta: La longitud de la gráfica de caja muestra que la cantidad de millas de línea de costa para el 25% superior de los estados varía mucho. La cantidad de millas de línea de costa para la mitad inferior está concentrada.
5a. **Venta de entradas**

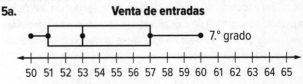

7.° grado

50　51　52　53　54　55　56　57　58　59　60　61　62　63　64　65

5b. 6.° grado; ejemplo de respuesta: La mediana, el límite superior, el primer y el tercer cuartil son más altos en los datos del 6.° grado.　**7.** Ejemplo de respuesta: {28, 30, 52, 68, 90, 92}

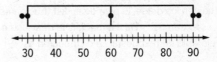

30　40　50　60　70　80　90

Páginas 885 y 886 Lección 12-3 Más práctica

9.

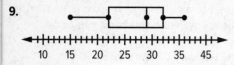

11a. 96 **11b.** Ejemplo de respuesta: Las calificaciones estaban más concentradas entre 82 y 86. **11c.** 75% **11d.** 82 **13.** La mitad de los datos son mayores que 62; La mitad de los datos se encuentran en el intervalo 62 a 74; El valor 74 es el valor máximo. **15.** 36 **17.** 162 **19.** 376 **21.** 3 miembros

*Página 889 Investigación para la resolución de problemas
Usar una gráfica*

Caso 3. 5 jardines
Caso 5. 91

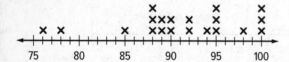

Páginas 895 y 896 Lección 12-4 Práctica independiente

1 Ejemplo de respuesta: La forma de la distribución no es simétrica. Hay un agrupamiento de 1 a 79. La distribución tiene una brecha de 80 a 199. El pico de la distribución está en el lado izquierdo de los datos, en el intervalo 20 a 39. Hay un valor extremo en el intervalo 200 a 219. **3 a.** Mediana y rango intercuartil; ejemplo de respuesta: La distribución no es simétrica. **b.** Ejemplo de respuesta: Los datos están concentrados alrededor de 23.5 mensajes de texto. La dispersión de los datos alrededor del centro es aproximadamente 3 mensajes de texto. **5a.** Ejemplo de respuesta: Las longitudes de los bigotes no son iguales. **5b.** Truncada a la izquierda; ejemplo de respuesta: Los datos están más dispersos en el lado izquierdo, ya que el bigote izquierdo es largo. **5c.** Ejemplo de respuesta: Uso la mediana y el rango intercuartil para describir el centro y la dispersión, ya que la distribución no es simétrica. Los datos están concentrados alrededor de 40 pies. La dispersión de los datos alrededor del centro es 10 pies. **7.** Ejemplo de respuesta: La distribución es simétrica. Las medidas apropiadas para describir el centro y la dispersión son la media y de la desviación media absoluta. Una gráfica de caja muestra la ubicación de la mediana y el rango intercuartil, pero no muestra la ubicación de la media o la desviación media absoluta.

Páginas 897 y 898 Lección 12-4 Más práctica

9. Ejemplo de respuesta: La forma de la distribución es simétrica. El lado izquierdo de los datos tiene el mismo aspecto que el lado derecho. Hay un agrupamiento de $13 a $15. No hay brechas en los datos. El pico de la distribución es $14. No hay valores extremos. **11a.** La media y la desviación media absoluta; ejemplo de respuesta: La distribución es

simétrica y no hay valores extremos. **11b.** Ejemplo de respuesta: Los datos están concentrados alrededor de 31 millas. La dispersión de los datos alrededor del centro es aproximadamente 1.3 millas. **13.** La distribución tiene un valor extremo; La distribución tiene una brecha en los datos.

15–21.

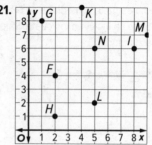

23. 36 páginas

Páginas 905 y 906 Lección 12-5 Práctica independiente

1

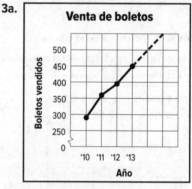

Ejemplo de respuesta: Los ahorros totales de Felisa aumentaron poco las semanas 1 y 2, luego aumentaron mucho en las semanas 3 y 4, y un poco menos la semana 5.

3a.

3b. 500 boletos **5.** Si la escala vertical es mucho más alta que el valor máximo, la gráfica se verá más plana. Cambiar el intervalo no afecta la gráfica. **7.** Ejemplo de respuesta: Con frecuencia se usan las gráficas lineales para hacer predicciones porque muestran los cambios a lo largo del tiempo y permiten a las personas que las analizan ver tendencias en los datos y, de ese modo, hacer predicciones.

Páginas 907 y 908   Lección 12-5   Más práctica

9.

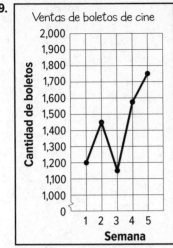

Ventas de boletos de cine

Las ventas en línea de boletos para el cine aumentaron de la semana 1 a la semana 2, disminuyeron la semana 3 y luego aumentaron nuevamente las semanas 4 y 5.   **11a.** 1992 y 1996; el tiempo ganador disminuyó en aproximadamente 1 segundo.   **11b.** Ejemplo de respuesta: 48.50 segundos; a partir de la tendencia de 1992 a 2008, el tiempo ganador fue disminuyendo.   **13a.** Verdadero   **13b.** Falso
13c. Falso   **15.** 65   **17.** 460   **19.** 163   **21.** 72 galletas

Páginas 913 y 914   Lección 12-6   Práctica independiente

1 La gráfica de barras; la gráfica de barras muestra las velocidades máximas, no solo el intervalo en el que ocurren los datos.   **3.** Gráfica de caja; la gráfica de caja muestra claramente la mediana.

7

Cantidad de vecinos

```
    ✗
    ✗
    ✗           ✗
←—+—+—+—+—+—+—+—+—+—→
  7  8  9  10 11 12 13 14 15
```

Ejemplo de respuesta: El diagrama lineal te permite ver fácilmente cuántos países tienen una cantidad dada de vecinos. La gráfica de barras, en cambio, te permite ver la cantidad de vecinos que tiene cada país.   **9.** Ejemplo de respuesta: el diagrama lineal; puedo ubicar fácilmente los valores con más X para hallar la moda.

Páginas 915 y 916   Lección 12-6   Más práctica

11. Gráfica de caja; la mediana se ve fácilmente en la gráfica de caja como la línea en el interior de la caja.   **13.** Gráfica de barras; una gráfica de barras permite comparar los precios.   **15.** Ejemplo de respuesta: gráfica de caja; una gráfica de caja muestra fácilmente la dispersión de los datos.   **17a.** histograma   **17b.** gráfica lineal   **17c.** gráfica de caja   **19.** 3   **21.** 6   **23.** 16   **25.** 9   **27.** 66

Página 921   Repaso del capítulo   Comprobación del vocabulario

Horizontales
1. diagrama de puntos   **5.** simétrico   **7.** gráfica de caja
Verticales
3. distribución   **9.** diagrama lineal

Página 922   Repaso del capítulo   Comprobación de conceptos clave

1. gráfica lineal   **3.** gráfica de caja   **5.** desviación media absoluta

Índice

Rr

$$=$$

Plantillas

Nombre _____

Plantillas

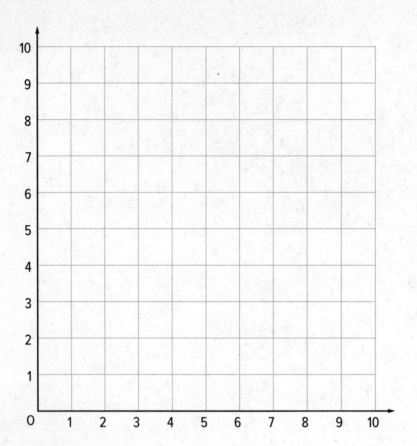

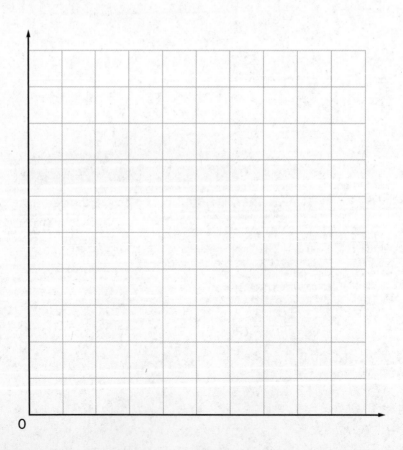

¿Qué son los modelos de papel y cómo los creo?

Los modelos de papel son organizadores gráficos tridimensionales que te ayudan a crear guías de estudio para cada capítulo de este libro.

Paso 1 Fíjate en la contratapa de tu libro para hallar el modelo de papel correspondiente al capítulo que estás estudiando. Sigue las instrucciones de la parte superior de la página para cortarlo y armarlo.

Paso 2 Fíjate en la Comprobación de conceptos clave al final del capítulo. Alinea las pestañas y adhiere tu modelo de papel a esta página. Las pestañas punteadas muestran dónde poner tu modelo de papel. Las pestañas rayadas indican dónde pegar el modelo de papel.

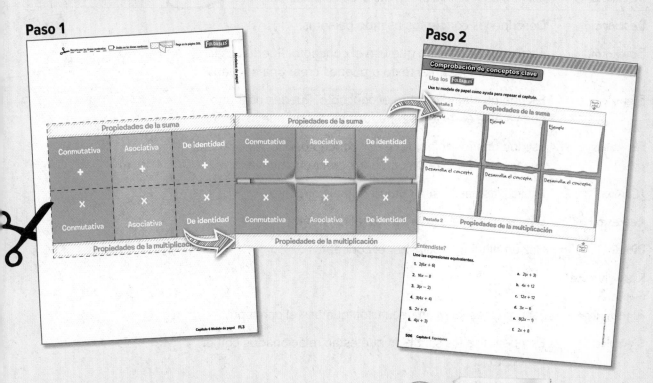

¿Cómo sabré cuándo usar mi modelo de papel?

Cuando llegue el momento de trabajar con tu modelo de papel, verás el logotipo en la parte inferior de la caja **¡Califícate!** en las páginas de Práctica guiada. Esto te indica que es el momento de actualizarlo con conceptos de esa lección. Una vez que hayas completado tu modelo de papel, úsalo para estudiar para la prueba del capítulo.

¡Califícate!

Entendiste los porcentajes y las proporciones? Encierra en un círculo la imagen que corresponda.

No tengo dudas.   Tengo algunas dudas.   Tengo muchas dudas.

Para obtener más ayuda, conéctate y accede a un tutor personal.

FOLDABLES ¡Es hora de que actualices tu modelo de papel!

¿Cómo completo mi modelo de papel?

No hay dos modelos de papel en tu libro que se parezcan. Sin embargo, en algunos, se te pedirá que completes información similar. A continuación hay algunas de las instrucciones que verás al completar tu modelo de papel. ¡**DIVIÉRTETE** aprendiendo matemáticas mientras usas los modelos de papel!

Instrucciones y lo que significan

Se usa para...	Completa la oración explicando cuándo debería usarse el concepto.
Definición	Escribe una definición en tus propias palabras.
Descripción	Describe los conceptos usando palabras.
Ecuación	Escribe una ecuación que use el concepto. Puedes usar una que ya esté en el texto o puedes crear una nueva.
Ejemplo	Escribe un ejemplo sobre el concepto. Puedes usar uno que ya esté en el texto o puedes crear uno nuevo.
Fórmulas	Escribe una fórmula que use el concepto. Puedes usar una que ya esté en el texto o puedes crear una nueva.
¿Cómo...?	Explica los pasos que comprende el concepto.
Representación	Dibuja un modelo para ilustrar el concepto.
Dibujo	Haz un dibujo para ilustrar el concepto.
Resuelve de manera algebraica	Escribe y resuelve una ecuación que use el concepto.
Símbolos	Escribe o usa los símbolos que están relacionados con el concepto.
Desarrolla el concepto	Escribe una definición o una descripción con tus propias palabras.
En palabras	Escribe las palabras que se relacionan con el concepto.

Conoce a la autora de los modelos de papel: Dinah Zike

Dinah Zike es conocida por diseñar manipulativos prácticos que son usados a nivel nacional e internacional por maestros y padres. Dinah es una explosión de energía e ideas. Su entusiasmo y alegría por el aprendizaje inspira a todos los que están en contacto con ella.

Propiedades de la suma

conmutativa	asociativa	de identidad
+	**+**	**+**
×	**×**	**×**
conmutativa	asociativa	de identidad

Propiedades de la multiplicación

✂ Recorta por las líneas punteadas.   ⬜ Dobla en las líneas continuas.   Pégalo en la página 506.   **FOLDABLES**

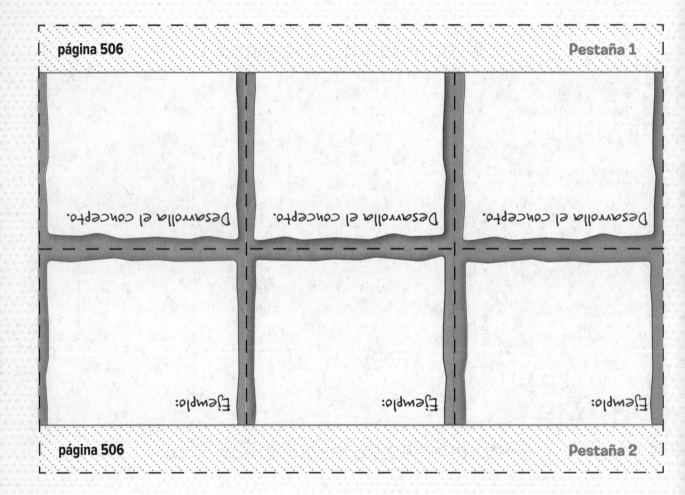

página 506   Pestaña 1

Desarrolla el concepto.   Desarrolla el concepto.   Desarrolla el concepto.

Ejemplo: Ejemplo: Ejemplo:

página 506   Pestaña 2

Recorta por las líneas punteadas.   Dobla en las líneas continuas.   Pégalo en la página 572.   FOLDABLES

Modelos de papel

ecuaciones

Representaciones   Símbolos

suma $(+)$

Representaciones   Símbolos

resta $(-)$

Representaciones   Símbolos

multiplicación $(\times)$

Recorta por las líneas punteadas.   Dobla en las líneas continuas.   Pégalo en la página 572.   **FOLDABLES**

página 572 Pestaña 4

Desarrolla el concepto.

página 572   Pestaña 3

Desarrolla el concepto.

página 572   Pestaña 2

Desarrolla el concepto.

página 572   Pestaña 1

Desarrolla el concepto.

Recorta por las líneas punteadas.   Dobla en las líneas continuas.   Pégalo en la página 646.   FOLDABLES

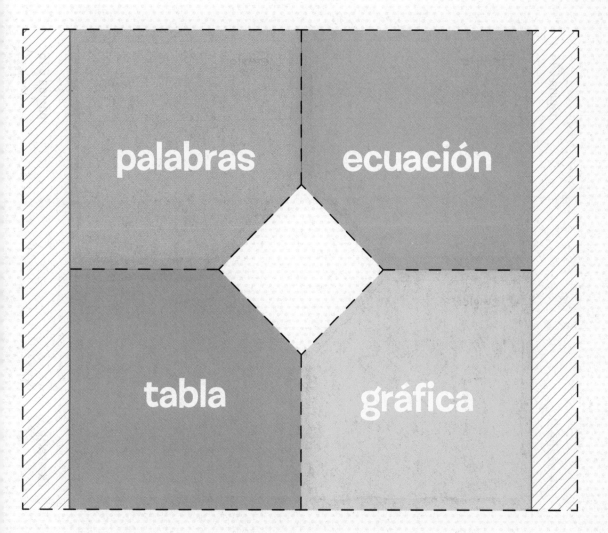

✂ Recorta por las líneas punteadas.　　　☐ Dobla en las líneas continuas.　　　　Pégalo en la página 646.　　　FOLDABLES®

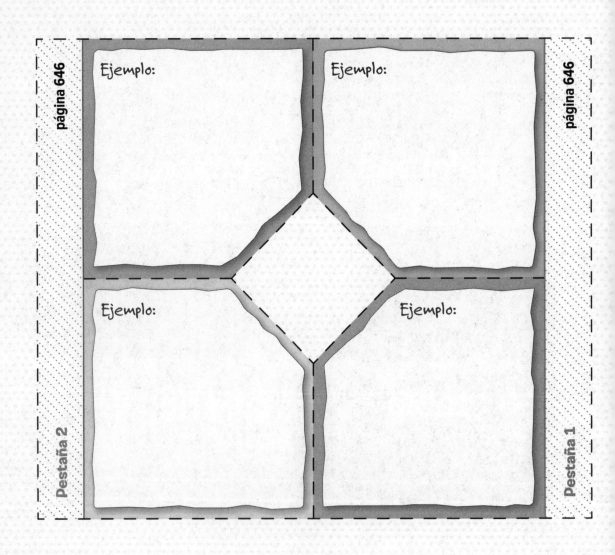

página 646

Ejemplo:

Ejemplo:

página 646

Ejemplo:

Ejemplo:

Pestaña 2

Pestaña 1

Área

| paralelogramos | triángulos | trapecios |

Recorta por las líneas punteadas.   Dobla en las líneas continuas.   Pégalo en la página 728.   **FOLDABLES**

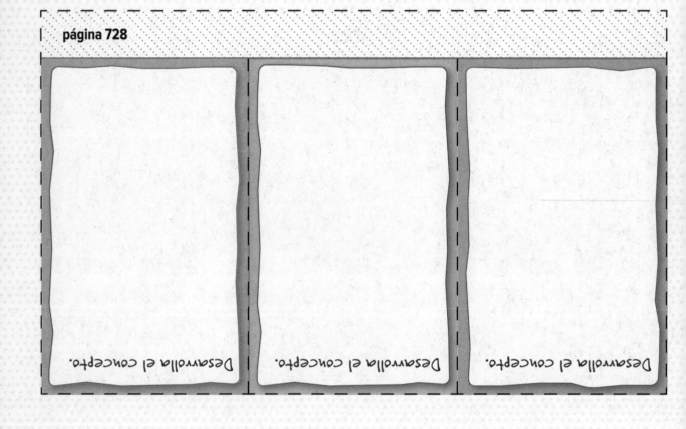

página 728

Desarrolla el concepto.   Desarrolla el concepto.   Desarrolla el concepto.

Recorta por las líneas punteadas.   Dobla en las líneas continuas.   Pégalo en la página 728.

✂ Recorta por las líneas punteadas.　　▭ Dobla en las líneas continuas.　　　　Pégalo en la página 794.　　**FOLDABLES**

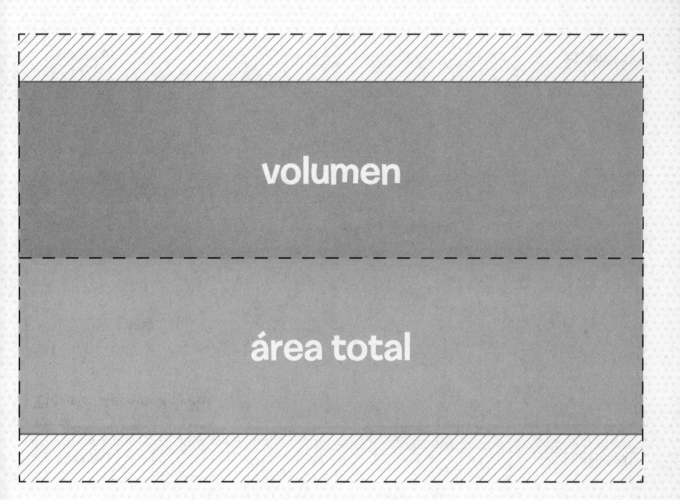

volumen

área total

✂ Recorta por las líneas punteadas.   ▭ Dobla en las líneas continuas.   Pégalo en la página 794.   **FOLDABLES**

página 794   Pestaña 1

Fórmulas

Representación

Ejemplos del mundo real:

página 794   Pestaña 2

✂ Recorta por las líneas punteadas.   ▭ Dobla en las líneas continuas.   Pégalo en la página 794.

Medidas de centro

Medidas de variación

media	rango
mediana	cuartiles
moda	desviación media absoluta

Recorta por las líneas punteadas.　　Dobla en las líneas continuas.　　Pégalo en la página 856.　　**FOLDABLES**

Ejemplo:

Ejemplo:

Ejemplo:

Ejemplo:

Ejemplo:

Ejemplo:

Pestaña 2

Pestaña 1

Recorta por las líneas punteadas.　　Dobla en las líneas continuas.　　Pégalo en la página 856.

Representaciones estadísticas

diagrama lineal

histograma

diagrama de caja

gráfica lineal

✂ Recorta por las líneas punteadas.　　▭ Dobla en las líneas continuas.　　Pégalo en la página 922.　　**FOLDABLES**®

Se usa para...

Se usa para...

Se usa para...

Se usa para...

página 922